Jetzt helfe ich mir selbst

AF123254

Start-Schwierigkeiten

Dieser Wegweiser soll Ihnen helfen, bei streikendem Motor den Fehler einzukreisen. In Frage kommen fast immer nur zwei Störungsursachen: Zünd- oder Kraftstoffanlage. Der aussichtsreichste Weg: Von beiden Gruppen die Anfangsfrage beantworten und falls diese bejaht werden können, mit dem Wegweiser für die Zündanlage beginnen. Entsprechend unserer Tabelle läßt sich der

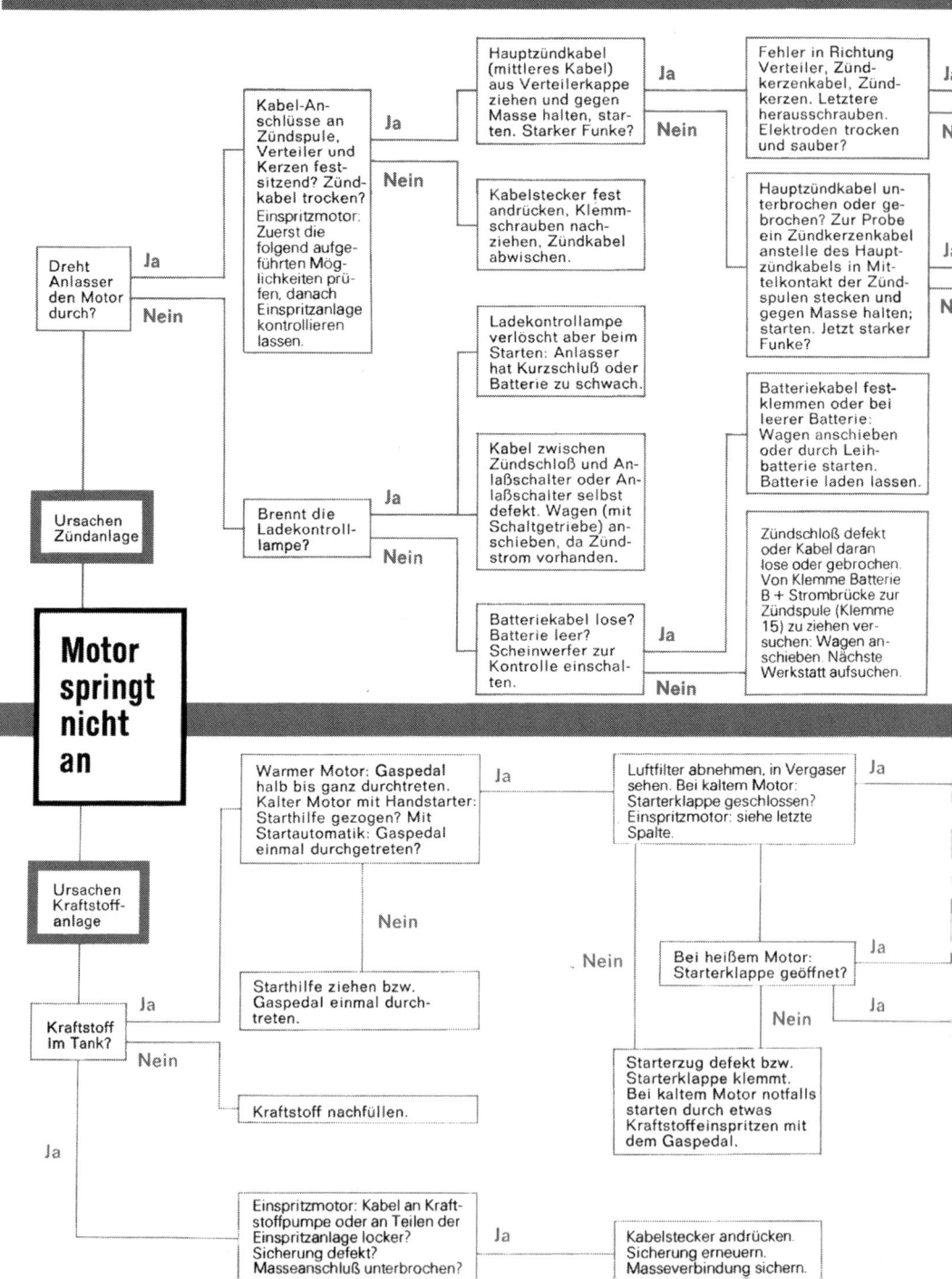

Motor auch bei Störungen, die während einer Fahrt auftreten, durchprüfen. Man beachte auch die näheren Ausführungen zu den einzelnen Punkten in den betreffenden Kapiteln und die damit verbundenen speziellen Störungshilfen, die auf den rechts unten angegebenen Seiten zu finden sind. Dieses Schema gilt auch für die meisten anderen Automobilfabrikate.

Kerzenstecker auf herausgeschraubte Zündkerze stecken: mit Anlasser starten. Starker Funke an Elektrode?

Ja

Nein

Obgleich Zündanlage wahrscheinlich in Ordnung, möglichst neue Zündkerzen einsetzen (alte Kerzen können unter Druck versagen). Springt Motor nun an?

Ja

Nein

Falls jedoch öfter Anlaßschwierigkeiten, Zündkerzenkabel auf Bruch- und Knickstellen untersuchen und Motoreinstellung überprüfen lassen.

Fehler in der Kraftstoffanlage suchen.

Motor ersoffen durch zu starkes Betätigen der Beschleunigungspumpe; Starten mit konstant durchgetretenem Gaspedal. Kerzen trocknen, besser gegen trockene austauschen. Motor bei offenen Zündkerzenlöchern ohne Gasgeben mit Anlasser innen trocknen.

Statt Zündkerze Schraubenzieher oder dicken Nagel in Zündkabelstecker drücken und gegen Masse kurzschließen; Anlasser betätigen. Funken zwischen Schraubenzieherklinge und Masse?

Ja

Nein

Zündkerzen defekt, austauschen.

Verteilerkappe innen naß (nach Motorwäsche) oder gebrochen (Kriechstrom zur Masse) oder Verteilerfinger defekt oder Zündkerzenkabel gebrochen.

Hauptzündkabel austauschen.

Zu starker Funke: Kontakte blau angelaufen, wahrscheinlich Kondensator defekt.

Guter Funke: Motor jetzt mit Anlasser durchdrehen. Funken beim Abheben der Kontakte?

Ja

Nein

Unterbrecher in Ordnung, Fehler in der Zündspule (Sekundärwicklung).

Unterbrecherhebel hebt nicht ab oder hat lahme Feder oder Halteschraube sitzt nicht fest.

Fehler in Richtung Unterbrecher (Verteilerunterteil), Kondensator, Zündspule. Verteilerdeckel abnehmen, Wagen bei eingelegtem höchstem Gang schieben, bis Unterbrecherkontakt geschlossen; Zündung einschalten. Unterbrecherhebel abheben (mit Schraubenzieher, Kugelschreiber). Funke zu sehen und zu hören?

Ja

Nein

Unterbrecherkontakt verschmort? Wenn ja, dann austauschen.

Zündspule (Primärwicklung) in Ordnung? Dünnes Kabel von Klemme 1 der Spule abziehen, statt dessen Prüflampe anklemmen und an Masse halten; Zündung einschalten: Leuchtet Prüflampe dauernd auf?

Ja

Nein

Kondensator oder dünnes Kabel von Klemme 1 der Spule zum Unterbrecher ist defekt.

Zündspule (Primärwicklung) oder Kabel zwischen Zündschloß u. Klemme 15 der Spule defekt.

---

rd Vergaser mit Kraft-
ff versorgt?
fung: Die von der
aftstoffpumpe zum Ver-
ser führende Zuleitung
Vergaser abziehen.
rz Anlasser betätigen.
uft Benzin heraus?
rsichtig handhaben,
ppen unterlegen, damit
hts auf Auspuff tropft.)

Ja

Nein

Vergaser wird mit Kraftstoff versorgt. Störungen im Vergaser: 1. Möglichkeit: Schwimmer oder Schwimmernadelventil klemmt. Gegen Vergaser klopfen oder Vergaserdeckel abnehmen und Ventil gängig machen oder auswechseln. 2. Möglichkeit: Leerlaufdüse verstopft. Herausschrauben und reinigen.

tor etwas abkühlen las-
, später Startautomatik
ntrollieren lassen.

Zulauf zum Vergaser oder zu den Einspritzventilen gestört. Leitung vom Tank an Kraftstoffpumpe abnehmen. Läuft Benzin heraus?

Nein

Ja

lauf vom Tank unterbro-
en. Zum Beispiel Tank-
lüftung verklemmt oder
stopft. Tankauslauf
schmutzt oder Leitung
uetscht. Knickstelle be-
tigen, Belüftung prüfen.

Zulauf vom Tank bis vor Pumpe in Ordnung. Pumpe fördert nicht. Evtl. Sieb verschmutzt, sonst siehe Kapitel Kraftstoffpumpe. Bei Einspritzmotor evtl. Kraftstoffilter oder Druckregler defekt.

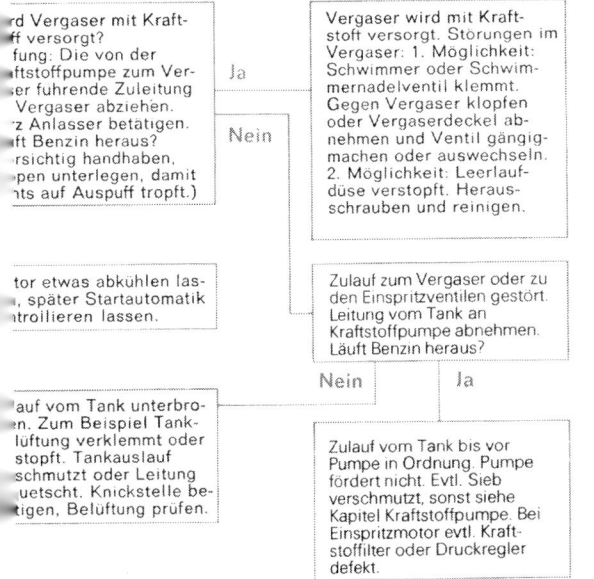

Eingehende Störungstabellen finden Sie auf den Seiten

14/15	Zu hoher Verbrauch
122	Vergaser
127	Kupplung
154	Bremsanlage
177	Sicherungen
181	Batterie u. Lichtmaschine
214	Öldruckanzeige

Dieter Korp

Opel Kadett C
August '73 bis Juli '79
alle Modelle

Jetzt helfe ich mir selbst

Unter Mitarbeit von
Wolfgang Schmarbeck

Motorbuch Verlag Stuttgart

Umschlagentwurf und Buchgestaltung: Peter Werner / Siegfried Horn.
Titelbild: Wolfgang Schmarbeck.

ISBN 3-87943-366-9

Auflage Nr. 114 682
Copyright © Motorbuchverlag, Postfach 1370, 7000 Stuttgart 1.
Eine Abteilung des Buch- und Verlagshauses Paul Pietsch GmbH & Co. KG.
Alle Rechte vorbehalten, einschließlich auszugsweiser Wiedergabe. Übersetzung,
Radio- und Fernsehübertragung.
Die in diesem Buch enthaltenen Ratschläge werden nach bestem Wissen
und Gewissen erteilt, jedoch unter Ausschluß jeglicher Haftung.
Idee und Gestaltung des Störungsfahrplans in der vorderen Buchklappe: Verfasser.
Manuskripterstellung: Redaktion Dipl.-Ing. Dieter Korp,
Zeisigweg 1, 7250 Leonberg 7.
Fotos: Dunlop 1, Opel 8, Schmarbeck 108, Thaer 1, Archiv Verfasser 2.
Werkszeichnungen: Bosch 1, Opel 9, Schmarbeck 1, Solex 2, Teroson 1.
Den Schaltplan in der hinteren Buchklappe fertigte Raimund Schmarbeck
nach Werksunterlagen.
Satz: Staib & Mayer, Vereinigte Druckereien, 7000 Stuttgart
Druck: KN Digital Printforce GmbH, Schockenriedstraße 37, 70565 Stuttgart
Printed in Germany.

Sie finden in diesem Buch

Seite
- 7 Vorwort — So bleibt Ihr Auto mobil
- 9 Prüfen ohne Werkzeug — Mit sauberen Händen
- 18 Werkstatt und Reparaturen — Der Weg zum Arzt
- 25 Werkzeug und andere Hilfen — Die Axt im Haus
- 32 Schleppen und Abschleppen — An der Leine führen

Pflege der Karosserie

- 35 Die Wagenwäsche — Unter der Brause
- 38 Die Lackpflege — Glänzende Einfälle
- 42 Der Winterschutz — Kalte Berechnung
- 50 Die Karosserie — Haus aus Stahl

Pflege nach Plan

- 59 Schaubild Motorraum — Welche Teile kennen Sie?
- 60 Wartung – wann und wo? — Kur-Verordnung
- 64 Der kleine Wartungsdienst — Hausaufgaben
- 66 Schmieren – was und wie? — Öl in Dosen

Pflege des Motors

- 77 Des Motors Innenleben — Führung durchs Kraftwerk
- 95 Kühlung und Heizung — Des Wassers Kraft
- 104 Vom Tank zur Kraftstoffpumpe — Nachschub-Aufgaben
- 108 Vergaser-Beschreibung — Das Mischwerk
- 113 Vergaser-Praxis — Umweltfreundliche Einstellung

Antrieb und Fahrwerk

123	Die Kupplung	–	Die richtige Verbindung
128	Getriebe bis Achsantrieb	–	Übersetzt und übertragen
133	Vorder- und Hinterachse, Lenkung	–	Gut auf den Beinen
141	Die Bremsen	–	Halten Sie mal!
155	Räder und Reifen	–	Die Schuhe Ihres Autos

Die elektrische Anlage

167	Die Batterie	–	Energiekonserve
174	Elektrische Leitungen	–	Stromversorgung
178	Lichtmaschine und Anlasser	–	Hilfsmaschinen
186	Die Zündanlage	–	Blitze im Zylinder
201	Scheinwerfer und Leuchten	–	Sehen und gesehen werden
208	Die Signaleinrichtungen	–	Absichtserklärungen
212	Instrumente und Geräte	–	Heinzelmännchen
222	Elektronische Benzineinspritzung	–	Gemisch aus dem Computer

Dies und jenes

226	Technische Daten	–	Zahlen und Werte
231	Änderungen am Opel Kadett	–	Entwicklungsjahre
232	Stichwortverzeichnis	–	Wegweiser
234	Erläuterungen zum Schaltplan		

Vorwort

So bleibt Ihr Auto mobil

Die anhaltenden Preis- und Kostensteigerungen zwingen dazu, einen wirtschaftlichen Wagen zu fahren. Der Kadett kommt derartigen Überlegungen weitgehend entgegen. Denn er hat sich den Ruf erworben, genügsam und zuverlässig zu sein. Aber Autos, die wie ein Mühlrad ständig einsatzbereit sind, gibt es nicht. Abgesehen von regelmäßig vorzunehmenden Wartungsarbeiten tritt irgendwann einmal ein Defekt auf, der die Weiterfahrt behindert. Beides, Inspektionen und Reparaturen, müssen nicht immer Anlaß zu großen Geldausgaben sein. Würden Sie z. B. resignieren, wenn unterwegs plötzlich der Zeiger des Kühlwasser-Thermometers in bedrohliche Höhe klettert?*
Mit Hilfe dieses Buches können Sie sowohl den größten Teil der anfallenden Pflegearbeiten wie auch eventuell nötige Instandsetzungen selbst erledigen. Kosten zu sparen, das ist der Hauptzweck des vor Ihnen liegenden Handbuches. Unter Vermeidung schwer verständlicher Fachsprache weiht es Sie in die ›Geheimnisse‹ Ihres Kadett ein und vermittelt das Wissen, das jeder zum Betrieb seines Autos braucht. Sie gewinnen mit diesem Buch vor allem aber die Möglichkeit, den Wert Ihres Wagens optimal zu erhalten. Außerdem können Sie sich für unvermeidliche Werkstattbesuche rüsten und für die turnusmäßigen Besuche beim TÜV sachkundige Vorbereitungen treffen.
Dieses Buch behandelt die im Grunde sehr ähnlichen drei Versionen des Opel Kadett C, der 1973 den Kadett B ablöste, und die 1975 eingeführten Modelle ›City‹ und GT/E sowie den 1977 erschienenen Typen 16 S, Rallye 1,6 und Rallye E. Alle Änderungen bis zum Produktionsende der gesamten Baureihe sind ebenfalls berücksichtigt.
Der Kadett C vereint die positiven Eigenschaften seiner Vorgänger und hat ein Plus an Wartungsfreundlichkeit. So werden Sie bei Ihrem Vorhaben unterstützt, den Ansprüchen Ihres Autos gerecht zu werden und – nochmals sei es hervorgehoben – Geld und Zeit zu sparen.
Die auf den folgenden Seiten dargebotenen Ratschläge wären kaum möglich geworden, hätten nicht viele freundliche Menschen Ihre Erfahrungen beigesteuert. Herzlichen Dank dafür!

Die Verfasser

---

* Wie auf Seite 99 zu lesen, dürfte ein defekter oder klemmender Thermostat die Ursache sein. Er verhindert die normale Zirkulation des Kühlwassers. Der Thermostat läßt sich mit wenigen Handgriffen ausbauen und danach kann die Reise weitergehen.

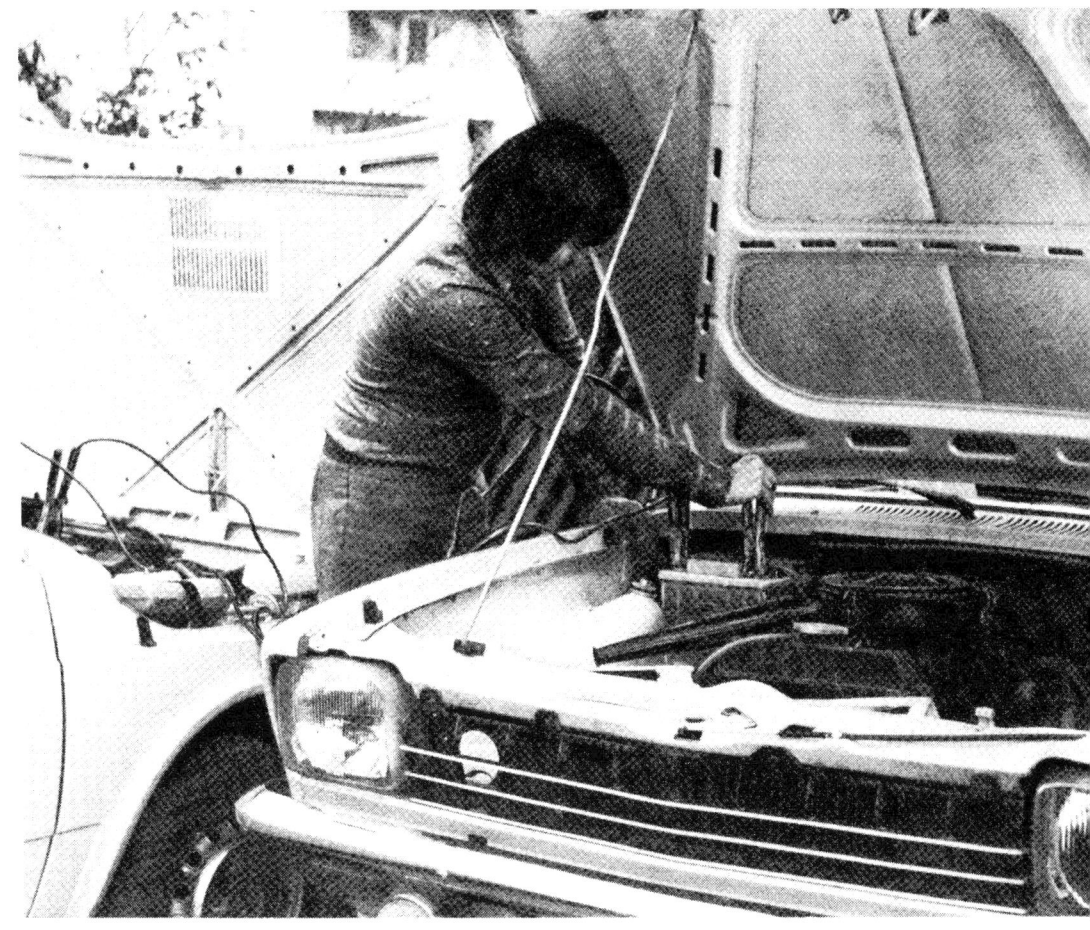

Das können auch Sie, wenn Ihr Kadett einmal wegen kraftloser Batterie nicht mehr anspringen sollte. Bitten Sie einen anderen Autofahrer, sich mit seinem Wagen neben Ihr unwilliges Gefährt zu stellen. Verbinden Sie mit Hilfe eines Satzes Starthilfekabel Ihre Batterie mit der des anderen. Dabei werden die Kabel an den Batteriepolen – Plus an Plus und Minus an Minus, siehe Seite 168 – angeklemmt. Wenn jetzt der hilfsbereite Autofahrer seinen Motor startet und Gas gibt, damit dessen Lichtmaschine kräftig Strom spendet, können Sie Ihren Opel-Motor starten und ihm wieder auf die Sprünge helfen. Voraussetzung bei der ganzen Geschichte ist nur, daß der andere Wagen ebenfalls eine 12-Volt-Anlage besitzt, aber eine solche findet man heute ja in den meisten Autos.

Vor allem in der kalten Jahreszeit, wenn das große Batteriesterben einsetzt, bewährt sich diese Methode glänzend. Ähnlich einfach kann man anderen Überraschungen, die einem als Autofahrer manchmal zustoßen, ein Schnippchen schlagen.

Prüfen ohne Werkzeug

Mit sauberen Händen

Der ständig steigende Benzinpreis hat den Autofahrern das Selbsttanken beschert, wobei man für rund 3 Pfennig Ersparnis je Liter Kraftstoff seinen Benzintank selbst wieder auffüllen kann. Aber der freundliche Tankwart, der sonst unsere Scheiben geputzt, den Ölstand und den Reifendruck kontrolliert und destilliertes Wasser in die Batterie nachgefüllt hat, bleibt jetzt in seinem Häuschen sitzen und kassiert nur noch. Während man durch Plakate an den Tankstellen noch ständig an den rechten Ölstand im Motor erinnert wird (schließlich liegt im Ölverkauf eine recht ansehnliche Gewinnspanne), muß man an die übrigen kleinen Kontrollen selbst denken.

Sie müssen keineswegs ein Fachmann sein, um sich über den Zustand Ihres Opel Kadett im Klaren zu sein. Dazu brauchen Sie noch nicht einmal Werkzeug und sogar die Hände bleiben sauber. Ganz gewiß verfügen Sie über so viel Beobachtungsgabe, um auch in größeren Zeiträumen allmählich entstehende, äußerlich sichtbare Veränderungen festzustellen, und damit ist nicht nur die Bildung von Rost gemeint.

Wie einfach es ist, lediglich mit dem Auge verschiedene Kontrollen durchzuführen, das werden Sie gleich beim Lesen des hier folgenden Abschnitts erkennen.

Wenn man erkunden will, ob sich die Technik des Autos in einwandfreiem Zustand befindet, muß man eine Probefahrt vornehmen. Probefahrten fangen aber schon im Stand an.

Prüfen im Stand

Gehen Sie gelegentlich um Ihren Wagen herum. Bei hellem Tageslicht sieht man am ehesten

- Kratzer im Lack,
- Beulen,
- Rostansatz,

und im gleichen ›Arbeitsgang‹ beurteilt man den
- Zustand der Reifen.

Zu jeder Tages- oder Nachtzeit läßt sich die Beleuchtungsanlage überprüfen:
- Abblendlicht?
- Standlicht?
- Fernlicht?
- Rückleuchten?
- Bremslichter?
- Alle Lichtspender sauber?

Machen Sie die Motorhaube auf:
- Ölstand?
- Vergaser feucht?
- Keilriemenspannung?
- Zündkabel locker?
- Fehlt Kühlwasser?
- Scheibenwaschbehälter gefüllt?
- Stand der Bremsflüssigkeit?
- Batteriepole sauber?

Starten Sie jetzt den Motor und nehmen Sie Ihr Gehör zu Hilfe:
- Ungleichmäßiger Leerlauf?
- Ventilgeräusche?
- Sonstige, früher nicht wahrgenommene Geräusche?

Betrachten Sie den Standplatz des Wagens: Neue Ölflecken? Wenn ja, woher? Nun hat jedes Auto ja auch eine Unterseite, und die sieht man höchst selten. Nutzen Sie zu dieser Betrachtung den nächsten Ölwechsel bei Ihrer Tankstelle, wenn der Opel über einer Grube oder auf einer Hebebühne steht. Sollte bis dahin aber noch längere Zeit vergehen, tun Sie zur Beruhigung Ihres Gewissens folgendes: Nehmen Sie Packpapier, alte Zeitungen oder praktischer noch ein nicht mehr verwendetes Kunststofftischtuch, worauf Sie sich legen können, und kriechen Sie so weit wie möglich unter Ihren Wagen. Schauen Sie sich in Ruhe und der Reihe nach an:

- Öl am Kurbelgehäuse, Getriebe?
- Bremsleitungen verrostet?
- Anschlüsse der Bremsleitungen feucht?
- Handbremsseil locker?
- Stoßdämpfer ölverschmiert?
- Auspuff durchgerostet?
- Unterbodenschutz angegriffen?
- Rostansatz?

Zeitsparend ist es, wenn Sie diese Kontrollen ›unten herum‹ bei wenigstens einseitig hochgebocktem Wagen vornehmen. Dann können Sie nämlich zugleich noch feststellen, ob die Räder schwergängig sind und ob die Radlager zu viel Spiel haben.

Wenn Sie bei Ihrer Untersuchung mit einzelnen Punkten nicht zufrieden sind, so können Sie es selbst beurteilen, wie Sie Abhilfe schaffen wollen, indem Sie im Stichwortverzeichnis dieses Buches den entsprechenden Abschnitt suchen und durchlesen. Welche Möglichkeiten der Eigenhilfe sich bieten oder wie eventuell die Werkstatt vorgehen würde, um einen Schaden zu beheben – die Beschreibung wird Sie zu dem für Sie günstigsten Entschluß führen. Der Sinn dieses Buches ist es ja, Ihnen Ratschläge zu erteilen, wie Sie in möglichst perfekter und zugleich kostengünstigster Art den Zustand Ihres Autos erhalten können. Dieses Wie finden Sie jeweils in den einzelnen Kapiteln.

Probefahrt

Nach Beendigung der Untersuchung in dem eben beschriebenen Schema muß man natürlich auch beobachten, wie sich das Auto während der Fahrt verhält. Probefahrten, die in den Werkstätten nach Inspektionsdiensten und nach größeren Reparaturen vorgenommen werden, führen dort nicht immer zu echten Aufschlüssen. Zeitmangel im Betrieb und Verkehrsdichte vor dem Werkstattor verhindern oder verfälschen manchmal diese wichtige Kontrolle. Der Fachmann kommt auch zu aufschlußreichen Beobachtungsergebnissen, wenn der Wagen auf dem Prüfstand steht.

Die selbstausgeführte Probefahrt bietet Ihnen das Gefühl der Fahrsicherheit und läßt rechtzeitig eventuelle Mängel erkennen. Jedermann kann – je nach Erfahrung – seine eigene Methode entwickeln, eine solche Probefahrt mit wirklichen Erkenntnissen über sein Auto zu beenden, ohne irgendwelchen Täuschungen zu unterliegen. Wir möchten vorschlagen, die Reihenfolge der Kontrollen nach folgendem Schema einzuhalten:

Bremsen – Lenkung – Motor – Kupplung – Getriebe – Elektrik.

- Bremsen: Siehe Abschnitt ›Bremsen prüfen‹ im Kapitel ›Die Bremsen‹.
- Wagen mit Gas und ohne Gas fahren und rollen lassen, Hände vom Lenkrad. Der Wagen darf nicht einseitig wegziehen (die Straße darf nicht gewölbt sein, gilt auch für den Bremsversuch). Lenkung kurz anreißen und loslassen: Kommt der Wagen von selbst in die Geradeausrichtung zurück? Stellt sich die Lenkung nach der Kurve ohne Nachhilfe zurück? Läßt sich das Lenkrad leicht drehen? Kein zu großes Spiel in der Lenkung?
- Rollt der Wagen leicht (Motor im Leerlauf, Schalthebel neutral) weiter? (Sonst nicht zurückgezogene Bremsbeläge oder zu schwergängige Räder.)

Eigentlich sollte man es öfter tun als andere Wagenbesitzer: die Beleuchtungsanlage kontrollieren. Bequemer hat es natürlich der, der sich bei dieser Probe helfen lassen kann. Aber es geht auch, wenn man alleine ist und das Funktionieren der einzelnen Lampen bei allen Schaltungen separat überprüft.

■ Läuft der Motor im Leerlauf leise und gleichmäßig? Auch nach längerer Fahrt? Sauberer Übergang und ruckfreies Beschleunigen beim Gaswegnehmen aus höherer Geschwindigkeit: Unübliche Geräusche von Motor, Getriebe, Auspuff? Patschen im Vergaser oder Knallen im Auspuff?
Weitere Prüfungen: Trennt die Kupplung beim Schalten (kein Kratzen im Getriebe)? Rutscht sie beim scharfen Gasgeben gleich nach dem Schalten und entlastetem Kupplungspedal durch (Motor dreht hoch, ohne daß der Wagen schneller wird)?
■ Funktionieren alle Scheinwerfer, Leuchten und Kontrollampen? Arbeiten die Blinker richtig? Zeigen die Instrumente an? Arbeitet die Heizung richtig?

Prüfen vor der TÜV-Kontrolle?

Daß die Autos alle zwei Jahre dem Technischen Überwachungsverein vorgeführt werden müssen, hat durchaus seinen Sinn. Ohne diese Prüfungen würde die Verkehrssicherheit allgemein sinken. Wann der nächste Vorführtermin für Ihren Wagen festgelegt ist, das ersehen Sie aus der farbigen Plakette auf dem hinteren polizeilichen Kennzeichenschild, außerdem auch auf der Rückseite des Kraftfahrzeugscheins.
Gefaßt können Sie der bisweilen gefürchteten Kontrolle entgegensehen, wenn Sie Ihren Opel anhand dieses Buches liebevoll gepflegt haben. In Selbsthilfe oder in der Werkstatt abgestellte Mängel beweisen dem Prüfer Ihr Interesse und lassen seine Beurteilung bei einem eventuell noch entdeckten leichten Mangel milder ausfallen, als wenn er ein im ganzen verkommenes Fahrzeug vor sich hätte. Es gehört also auch dazu, die Wagenunterseite direkt vor der Fahrt zum TÜV gründlich reinigen zu lassen. Das bekommt man an jeder Tankstelle gemacht. Das Fahrwerk und die Bremsleitungen müssen für den Prüfer mühelos – also ohne Dreckkruste – zu erkennen sein. So vorbereitet, dürfte die TÜV-Untersuchung nicht zum Schrecken ausarten.
Als selbstbewußter Heimwerker werden Sie natürlich Ihren Opel vorher unter die Lupe nehmen. Die nicht serienmäßigen Anbauteile, etwa fremde Auspufftöpfe, überlaute Signalhörner, Eigenbau-Schaltungen und dergleichen mehr sind zu entfernen. Der Auspuff ist auf Durchrostung, die Reifen sind auf Profiltiefe zu prüfen.
Sollten Sie einer Werkstatt den Auftrag erteilen wollen, Ihren Wagen speziell für die TÜV-Kontrolle vorzubereiten, kann das für Sie teuer werden. Solche Kunden sind gerne gesehen. Manche geschäftstüchtige Werkstatt könnte Ersatzteil- und Reparaturkosten auf die Rechnung setzen, daß Sie staunen würden. Gewitzte Autobesitzer handeln umgekehrt. Sie führen erst einmal ihren

Bei schlechtem Wetter verschmutzen nicht nur die Scheinwerfer, sondern auch die Rückleuchten. Die anhaftende Verschmutzung setzt die Leuchtkraft erheblich herab, vermindert die Sicht des Autofahrers bei Dunkelheit und verhindert, daß die nachfolgenden Verkehrsteilnehmer diesen Wagen und die Absichten seines Fahrers (Bremsen, Blinken) rechtzeitig erkennen. Halten Sie deshalb unterwegs gelegentlich an, um alle Lichtscheiben zu reinigen – auch wenn es draußen nicht gerade gemütlich ist.

gesäuberten Wagen dem TÜV vor. Dort erklären Sie, daß sie sich über eventuelle Mängel informieren wollen. Nach der Kontrolle überreicht der Prüfer einen schriftlichen Befund, nach dem sich jetzt die Werkstatt richten soll. Der ausdrückliche Hinweis, nur die vermerkten Mängel zu beheben, verhilft zu einer preislich angemessenen Instandsetzung. Danach stellt man den Wagen ein zweites Mal dem TÜV vor, möglichst unter Beifügung der detaillierten Rechnung. Nun wird man die neue Prüfplakette ohne Ärger erhalten. Wenn dieser erneute Besuch auch eine Nachgebühr kostet, spart man dabei schließlich doch.

Was Sie vor dem Besuch beim TÜV außerdem noch zu beachten haben, finden Sie in einzelnen, diesbezüglichen Abschnitten des vorliegenden Buches erklärt. An dieser Stelle sei besonders auf die Seiten 90, 115 und 157 hingewiesen.

Und noch einige Hinweise: Die Untersuchung braucht nicht bei einer TÜV-Stelle am Wohnort zu erfolgen (man kann sich also eine solche aussuchen, bei der man sich mehr Entgegenkommen verspricht). Ungünstige Prüfzeiten sind die Tage vor den Ferien und vor den Feiertagen, allgemein jedoch das Frühjahr. Eine Anmeldung ist nicht immer möglich, doch man kann mit einzelnen Prüfstellen Termine vereinbaren. Man muß nicht persönlich mit seinem Wagen vorfahren, sondern kann einen anderen damit beauftragen.

Kraftstoffverbrauch messen

Verkehrsverhältnisse und Witterung beeinflussen den Verbrauch eines Autos, insbesondere aber die Fahrweise dessen, der da schaltet und Gas gibt, außerdem die Belastung des Wagens. Fallen dabei negative Umstände zusammen, wird der Benzinverbrauch merklich höher als normal liegen. Zu hoher Verbrauch kann natürlich auch andere Ursachen haben, wie Sie gleich noch sehen werden. Um aber realistisch beurteilen zu können, wann und warum der Verbrauch eventuell zu hoch ist, beherzigen Sie bitte folgendes: Gleichmäßiges und aufmerksames Fahren ist immer rentabler als ein sehr flotter und nervöser Fahrstil. Bei den gestiegenen Benzinpreisen ist es für viele Autofahrer wichtig zu wissen, welche Sparmöglichkeiten gegeben sind. Der Rat zu einer überlegten Fahrweise ist hier am Platze.

Was ist der Normverbrauch?

Den Normverbrauch kann man in der eigenen Fahrpraxis auch erreichen, wenn man so fährt, wie es die DIN-Vorschrift 70 030 für die Ermittlung des Kraftstoff-Normverbrauches vorschreibt: Der Wagen muß mit halber Nutzlast und gleichbleibend bei ¾ seiner Höchstgeschwindigkeit auf ebener Straße bei vorschriftsmäßigem Reifendruck gefahren werden. Zu der so ermittelten Verbrauchsmenge wird noch ein Sicherungszuschlag von 10 % gegeben. Seit 1979 gibt es allerdings neue Richtlinien, den Normverbrauch zu ermitteln. Er setzt sich jetzt aus drei Verbrauchswerten bei 90 km/h, 120 km/h und im simulierten Stadtverkehr zusammen. Diese Werte gibt es jedoch für den Kadett C nicht mehr, denn dessen Produktion lief ja im Juli 1979 aus. Hier die Verbrauchswerte nach der alten DIN-Norm in Liter/100 km:

Kadett	10	12	12 S Schalt.	12 S Autom.	16 S Schalt.	16 S Autom.	Rallye 1,6	19 E	Rallye E
Limousine	7,5 l	8,5 l	8,1 l	8,9 l	9,7 l	10,3 l	–	–	–
Caravan; City	7,5 l	8,5 l	8,1 l	8,9 l	9,7; 9,9 l	10,3; 10,5 l	–	–	–
Coupé	7,3 l	8,5 l	7,9 l	8,7 l	9,2 l	9,7 l	9,2 l	8,9 l	8,8 l

Im allgemeinen muß man damit rechnen, einen höheren Durchschnittsverbrauch als den mit ›Normverbrauch‹ bezeichneten Wert zu erzielen, und nur unter sehr günstigen Bedingungen wird man diese Angaben unterschreiten können. Im großen Durchschnitt wird der Verbrauch schließlich zwischen 9 und 11 Liter/100 km liegen, und kommen dann noch dauernder Stadtbetrieb oder winterliche Bedingungen hinzu, sieht die Rechnung noch böser aus. Allerdings können Sie sich als Besitzer eines Autos unterhalb der 1 500-cm^3-Hubraumgrenze freuen: Die Schwankungen im Verbrauch bei einem kleinen Wagen wirken sich wesentlich geringer aus als bei einem starkmotorisierten Wagen, bei dem eine 50 % Verbrauchssteigerung wegen des an sich schon hohen Normverbrauchs ganz erheblich in Geld geht.

Recht günstige Werte erreicht der Kraftstoffkonsum beim kleinsten Kadett, der nicht umsonst als ›Spar-Kadett‹ bezeichnet wird. Bei anhaltender, gleichmäßiger Autobahnfahrt wird der ›Durst‹ 7,5 Liter beim 40 PS-Kadett, etwa 9,5 Liter beim 52 PS-Kadett und bis zu 9 Liter beim 60 PS-Kadett betragen. Ist das Auto mit einem automatischen Getriebe ausgerüstet, erhöht sich die letzte Angabe noch durchschnittlich um 0,5 bis 1,0 Liter.

Bei Verwendung eines Dachgepäckträgers steigt der Verbrauch bei allen Modellen um 1,0 bis maximal 2,0 Liter auf 100 km an, je nach dem zusätzlichen Luftwiderstand, also der Sperrigkeit des mitgeführten Gepäcks.

Verbrauchsmessung mit Fahrtenbuch

Eine wirklich brauchbare Aussage über den Durchschnittsverbrauch bringt nach unseren Erfahrungen nur eine über mindestens 1000 und mehr Kilometer sorgsam verbuchte Messung. In solch einer Langstrecke über mehrere Tage oder Wochen mischen sich in der Regel alle Fahrweisen, so daß man einen echten Durchschnittsverbrauch erhält. Für diese laufende Verbrauchsbeobachtung eignet sich am besten ein ordentlich geführtes Fahrtenbuch (erhält man kostenlos an seiner Stamm-Tankstelle). Die Verbrauchsrechnung geht dann so:

■ Stets Tankquittungen mit getankter Menge verlangen und diese im Fahrtenbuch eintragen.

■ Alle paar tausend Kilometer sorgsam volltanken und genauen km-Stand bei dieser Volltankung notieren.

■ Alle Nachfüllmengen zwischen zwei km-Eintragungen und die letzte Volltankung zusammenzählen (also ohne die Volltankung bei der ersten Km-Eintragung! Denn sie ist ja Ausgangsbasis).

■ Die errechnete Verbrauchsmenge durch gefahrene Kilometer (mehr als 1000 km!) teilen und mit 100 multiplizieren = Liter-Verbrauch pro 100 km.

Beispiel: Letzte km-Eintragung mit Volltankung 36 784, vorletzte Notierung km-Stand 35 434, ergibt 1 350 km Meßstrecke. Getankt wurden nach km-Stand 35 434 (ohne die damalige Volltankung!) bis einschließlich km-Stand 36 784 insgesamt 140,3 Liter. 140,3 : 1350 = 0,104 (das ist der Liter-Verbrauch pro 1 Kilometer). 0,104 x 100 = 10,4 Liter Verbrauch pro 100 km.

Zu hoher Verbrauch

Lassen Sie sich von den sagenhaften Niedrigverbräuchen Ihrer Nachbarn nicht beeindrucken! Bei näherer Nachprüfung würden sich diese angeblichen Verbrauchswerte vermutlich spürbar in Richtung Wirklichkeit verschieben.

Außerdem kann man gar nicht dauernd sparsam fahren, das lassen die heutigen Verkehrsverhältnisse überhaupt nicht zu. Es ist nicht vertretbar, als rollendes Verkehrshindernis zu erscheinen, dessen Fahrer sich scheut, auf das Gaspedal zu treten. Ständiger, allzu geiziger Blick auf den Kraftstoffanzeiger schadet am Ende auch. Denn Motoren, die fortwährend niedrigtourig und lahm gefahren werden, erreichen besonders auf kurzen Strecken kaum die günstige Betriebstemperatur. Sie unterliegen – trotz scheinbar schonender Fahrweise – einem höheren Verschleiß und leiden unter Rückstandsablagerung aus der unvollkommenen Verbrennung von Kraftstoff und Öl.

Falls sich also das kostbare Naß nicht durch ein Loch im Tank ins Freie verflüchtigt, und wenn auch Ihre Fahrweise Ihrer Ansicht nach benzinsparend sei und der Motor Ihres Opel trotzdem über alle Maßen ›säuft‹, dann mag der Grund dazu in einer der nachstehend beschriebenen Ursachen zu suchen zu sein.

Fahrerursachen

■ Unruhiger Gasfuß. Die Beschleunigungspumpe spritzt bei jedem leichten Pedaldruck bis zu einem Fingerhut zusätzlich in den Vergaser.

■ Beschleunigen mit voll durchgetretenem Gaspedal.
Man spart Benzin durch langsames Niederdrücken des Gaspedals in der Weise zunehmend, wie der Motor annehmen kann.

■ ›Bleifuß‹ fahren. Die Differenzgeschwindigkeit zwischen dauerndem Vollgas und leicht zurückgenommenem Gasfuß ist unwesentlich. Der Benzinverbrauch sinkt jedoch bei besonnener Fahrweise spürbar.

■ Zugknopf der Startvorrichtung ist nicht hineingeschoben.

■ Die Gänge beim Beschleunigen nicht zu weit ausdrehen! Besonders günstig ist der Verbrauch, wenn Sie zügig beschleunigen, aber früh hochschalten. Oftmals wird geraten, den Motor nicht bei niedriger Drehzahl zu ›quälen‹. Diese Auffassung deckt sich nicht mit neueren Untersuchungs-Ergebnissen: Der Motor wird bei niedriger Drehzahl und hoher Last weniger beansprucht als bei hoher Drehzahl und Teillast. Eine bestimmte Leistung kann sowohl mit Teillast bei einer höheren als auch mit hoher Last bei einer niedriger Drehzahl erreicht werden. Bei Teillast ist jedoch der Verbrauch höher, denn ein Motor weist nahe der sogenannten Vollast-Kennlinie die günstigsten Verbrauchswerte auf.

■ Bei jedem längeren Halt den Motor abstellen, z. B. vor einer Eisenbahnschranke, Baustellenampel oder im Verkehrsstau. Bereits bei 5 Sekunden Wartezeit haben Sie Benzin gespart.

Wagenursachen

■ Hohe Belastung (Urlaubsgepäck) kostet mehr Verbrauch. Man merke sich: 100 kg Zuladung erfordern ca. 0,5 – 1 Liter mehr Benzin auf 100 km.

■ Zu niedriger Reifendruck erhöht den Rollwiderstand. Vor Autobahnfahrt Luftdruck prüfen. Falls nötig, erhöhen. (Siehe Seite 162 und 225!)

- Zu knappes Radlagerspiel oder schleifende Bremsbeläge machen die Räder schwergängig. Handbremse muß auch richtig eingestellt sein.
- Radeinstellung der Vorderräder stimmt nicht. Beidseitige Abnutzung der Reifen und unsaubere Lenkeigenschaften lassen dies erkennen.
- Reifenart beeinflußt den Verbrauch. Gürtelreifen verhelfen zur Sparsamkeit, M+S-Reifen sowie Haftreifen erhöhen den Rollwiderstand und damit den Verbrauch.

Motorursachen

- Ein neuer Motor braucht durchschnittlich 5000 km, bei ungünstigen Fahrbedingungen bis zu 10 000 km, bis er die vorteilhaftesten Leistungs- und Verbrauchswerte erreicht.
- Verschmutztes Luftfilter behindert eine optimale Zylinderfüllung.
- Schwimmer klemmt oder ist porös, oder Schwimmerventil ist undicht. Siehe Kapitel ›Vergaser‹.
- Vergaser-Startvorrichtung klemmt bei eingerücktem Zugknopf. Siehe Kapitel ›Vergaser‹.
- Zündung nicht in Ordnung. Zündzeitpunkt verstellt. Zündkerzen verschmutzt, locker oder verbraucht. Siehe Kapitel ›Zündanlage‹.
- Kraftstoffpumpe ohne ordnungsgemäße Förderleistung. Siehe Kapitel ›Vom Tank zur Kraftstoffpumpe‹.
- Kraftstoffleitungen gelockert. Kurz nach dem Abstellen des Wagens meist mit einem Blick unter das Fahrzeug festzustellen, wenn Benzin auf den Boden tropft.
- Starker Motorverschleiß. Schlecht schließende Ventile. verschlissene Kolben und Zylinder ergeben mangelhafte Kompression und führen zu Leistungsverlusten und ansteigendem Verbrauch.

Äußere Ursachen

- Vorwiegend Stadtverkehr. Der Motor dreht zuviel im Leerlauf. Notwendige Betriebstemperatur wird nicht erreicht. Beschleunigen nach Kreuzungen läßt sich meist nicht vermeiden, steigert aber den Verbrauch erheblich.
- Niedrige Außentemperaturen lassen den Motor nicht warm werden. Schmierstoffe in Motor, Getriebe und Radlagern bleiben länger steif und leisten Widerstand.
- Schnee und Matsch, aber auch Kurven und schlechte Straßenoberflächen erhöhen den Rollwiderstand.
- Gebirgsstrecken zwingen zum vielen Schalten und Beschleunigen. Winterlicher Stadtverkehr kann den Verbrauch bis auf 15 Liter ansteigen lassen.

Die Benzin-Qualität

- Mit Normal-Kraftstoff kommt in der Bundesrepublik der 40-PS-Motor des Kadett 10 und der 52-(55-)PS-Motor des Kadett 12 N aus. Für leistungsstärkere Kadett-Motoren ist Superkraftstoff vorgeschrieben.
- Ob man für einen Motor Normal- oder Superkraftstoff braucht, hängt vor allem von seiner Verdichtung ab. Als Faustregel gilt hierzulande, daß ein Motor mit einer Verdichtung über 8,5 : 1 Superkraftstoff braucht. Das paßt genau auf unsere Motoren für den Kadett 10 (Verdichtung 7,9 : 1) und Kadett 12 N (Verdichtung 7,8 : 1). Dagegen braucht der mit 8,8 : 1 verdichtende 75-PS-Motor des Kadett 16 S bereits Superkraftstoff, ebenso natürlich die noch höher verdichtenden weiteren Kadett-Motoren (siehe Seite 226). Die kW-(PS-)Leistung eines Motors spielt dagegen eine geringe Rolle, denn es gibt hubraumgrößere Motoren mit 110 PS, die ohne weiteres mit Normal-Kraftstoff betrieben werden können.

Klingeln und Klopfen

■ Wesentlicher Unterschied zwischen Normal- und Superkraftstoff ist die jeweilige »Klopffestigkeit«. Wird nämlich ein Normalkraftstoff zu hoch verdichtet, entzündet er sich von selbst, entweder schon vor dem Überspringen des Zündfunkens (wie das nur beim Dieselkraftstoff erwünscht ist) oder während des Zündfunkens in der gegenüberliegenden Ecke des Verbrennungsraumes. Diese Kraftstoff-Explosion, die den Motor bis ins letzte Kurbelwellenlager erschüttert und deshalb so motorschädigend ist, wird als Klopfen oder Klingeln hörbar.

■ Dieses Klingeln oder Klopfen tritt mit ungenügend klopffestem Kraftstoff einerseits bei scharfem Gasgeben aus niedrigen Drehzahlen auf (Beschleunigungsklopfen), wenn Sie beispielsweise im dritten Gang aus 20 bis 30 km/h heraus scharf beschleunigen wollen oder schaltfaul einen Berg hinauf fahren, also den Motor quälen. Dieses Klopfgeräusch läßt sich bei Aufmerksamkeit hören. Erste Abhilfe: Fuß vom Gaspedal, herunterschalten und nur noch behutsam beschleunigen, bis sich Gelegenheit zum Tanken klopffesteren Kraftstoffes ergibt.

■ Noch gefährlicher, da von den starken Fahrgeräuschen fast stets überdeckt, ist das sogenannte »Hochdrehzahlklopfen« bei zumeist hohen Geschwindigkeiten, das vor allem bei Superkraftstoff-Motoren auftreten kann.

ROZ und MOZ

■ Wie klopffest ein Kraftstoff ist, wird mit der sogenannten Oktanzahl gekennzeichnet (Kurzzeichen OZ). Dazu wird jeder Kraftstoff in einem speziellen Prüfmotor mit Meßkraftstoffen verglichen, die jeweils bestimmte Prozentanteile des sehr klopffesten Iso-Oktan (Klopffestigkeit 100) enthalten. Beginnt zum Beispiel ein zu prüfender Kraftstoff bei der gleichen Prüfmotoreinstellung zu klopfen, bei der ein Meßkraftstoff mit 95 % Oktan zu klopfen beginnt, hat der geprüfte Kraftstoff ganz einfach 95 OZ. Dabei gibt es zwei unterschiedliche Prüfmethoden, von denen die bekanntere die »Research-Methode« (Kurzzeichen ROZ) und die schwierigere die »Motor-Methode« (Kurzzeichen MOZ) heißt.

Nach der in der Bundesrepublik gültigen DIN-Vorschrift 51 600 (runde Plakette auf den Zapfsäulen!) muß Superkraftstoff mindestens 97,4 ROZ und mindestens 87,2 MOZ haben. Bei Normalkraftstoff werden mindestens 91 ROZ und 82 MOZ verlangt. Die tatsächlich angebotenen Kraftstoffe liegen hierzulande durchweg um einige Punkte über diesen DIN-Mindestforderungen.

Kraftstoffwahl im Ausland

■ Aber nicht in allen umliegenden Ländern reicht die dort angebotene Normalkraftstoff-Qualität für die Motoren der Kadett 10 und 12 N aus. Deshalb empfehlen wir, in Österreich, Ungarn, Rumänien, Italien und Jugoslawien halb Super und halb Normal zu tanken. Superqualität braucht man aber in Bulgarien, Polen, Portugal, in der DDR (außerhalb der Devisen-Tankstellen) und in der Türkei auch für die Normalkraftstoff-Motoren.

■ Ausreichend klopffeste Superqualität mit mindestens 97 ROZ gibt es für die anspruchsvolleren Kadett-Motoren überall im europäischen Ausland mit Ausnahme Polens (94 ROZ) und der Türkei (95 ROZ). Etwas klingelanfällig kann es mit 96 ROZ für Super in Bulgarien und in der Tschechoslowakei werden (Stand Anfang 86).

■ Klopft es trotz Super aus dem Kadett-Motor, läßt sich dies in gewissen Grenzen durch Verstellen des Zündzeitpunktes in Richtung »spät« ausgleichen. Der Zündzeitpunkt (siehe Seite 194/195) wird dann nicht auf OT eingestellt, sondern die Marke auf der Kurbelwellenkeilriemenscheibe soll bereits um 4 bis 5 mm (entspricht etwa 3 bis 4° Kurbelwellenumdrehung) an der

Wulstmarke auf dem Steuergehäusedeckel vorbeigelaufen sein, wenn die Prüflampe aufleuchtet. Auf keinen Fall mehr Spätzündung einstellen, das gibt Motorüberhitzung. Erheblichen Leistungsabfall des Motors hat man sowieso.

■ Nach scharfer Fahrt kann bei manchen Kadett-Motoren nach dem Abstellen der Zündung der Motor stoßend und ruckelnd weiter drehen. Dieses »Nachdieseln« geschieht durch glühende Rückstände im Zylinder, die den über die Leerlaufdüse einströmenden Kraftstoff entzünden.
Das Nachdieseln ist für die Motoren besonders gefährlich. Um schweren Schäden vorzubeugen, muß der Motor sofort »abgewürgt« werden: Kupplung treten, Gang einlegen, Bremse treten und Kupplung kommen lassen – der Motor bleibt stehen.
■ Geschieht dies bei Ihrem Kadett öfter, sollten Sie eine elektromagnetische Abschaltdüse einbauen lassen (bei allen N-Motoren ab Herbst 76 serienmäßig), die beim Abstellen der Zündung jeden Kraftstoffzufluß zum Vergaser absperrt.

Nachdieseln

Das »Blei« im Kraftstoff dient nicht nur als Klopfbremse, sondern wirkt an den Ventilsitzringen der Auslaßventile wie ein Schmiermittel – es federt den Aufschlag des Ventils beim Schließen ab. Bei bleifreiem Benzin ist dieser Schmiereffekt nicht gegeben. Unsere Kadett-Motoren besitzen keine entsprechend gefertigten Ventilsitzringe. Sie dürfen deshalb keinesfalls mit bleifreiem Benzin gefahren werden.

Bleifreies Benzin

Das optimistische Tachometer schwindelt meistens einige Prozente dazu. Der Gesetzgeber erlaubt dies sogar: In den oberen beiden Dritteln des Anzeigenbereiches darf das Tachometer bis zu + 7 Prozent zuviel anzeigen. Bei Opel ist man auch nur relativ ehrlich: Im Durchschnitt beträgt die Voreilung etwa 3 Prozent. So sind angezeigte 100 km/h effektiv nur 97 km/h und angezeigte 120 km/h sind effektiv 116 km/h; eine Messung beim City ergab jedoch echte 108 km/h statt 120 km/h. Sie können die Voreilung auf einer ebenen, mäßig befahrenen Autobahnstrecke nachprüfen. Voraussetzungen: Beifahrer(in) mit Stoppuhr, notfalls Armbanduhr mit Sekundenzeiger. Bei Vollgas die Zeit für einen Kilometer messen lassen. Die Tachonadel darf dabei während der Messungen nicht mehr ansteigen, was einen kilometerlangen Anlauf bedingt. Die Höchstgeschwindigkeit wird bei Gegen- und Seitenwind nicht erreicht, und sie wird durch Rückenwind oder abgefahrene Reifen gleichfalls verfälscht. Ebenso haben Gürtelreifen einen kleineren Abrollumfang, und zu wenig Luftdruck bereitet Ihrem Auto zusätzliche Mühe.
Aus der Praxis: Der Kadett 10 erreicht in der Regel 125 km/h, und gute Exemplare können es auch auf 128 km/h bringen. Beim 12 N sind es etwa 138 km/h. Der Kadett 12 S läuft wenigstens 142 km/h und der 16 S etwa 157 km/h (ab 1977: 162 km/h). Beim Coupé beträgt die Spitzengeschwindigkeit rund 3 km/h mehr und beim City etwa 3 km/h weniger. Der Aero läuft (mit Dach) 142 km/h, und der GT/E bringt es auf runde 185 km/h. Alle diese Angaben beziehen sich auf mit Schaltgetriebe ausgerüstete Wagen.
Mit automatischem Getriebe ausgestattete Wagen sind ein wenig bedächtiger, und von den eben angeführten Werten muß man jeweils runde 5 km/h abziehen.
Um gute 10 km/h bis maximal 25 km/h verringert sich die Höchstgeschwindigkeit, wenn sperrige Dachlast mitgeführt wird. Opel empfiehlt ohnehin, den Kadett mit Dachgepäck nicht schneller als 100 km/h zu fahren.

Die Höchstgeschwindigkeit

Werkstatt und Reparaturen

Der Weg zum Arzt

Sicher gehören Sie nicht zu den Leuten, die ihr Auto schonungslos beanspruchen. Aber können Sie sich auch dazu überwinden, rechtzeitig eine Werkstatt aufzusuchen, wenn Sie erkannt haben, daß irgendein Wehwehchen – von Ihnen selbst nicht zu heilen – in der Autoklinik behandelt werden muß? Wartung und Pflege des Wagens zwingen zu Kompromissen, weil man nicht alles selbst machen kann, sondern manchmal das Wissen und Können anderer in Anspruch nehmen muß. Das ist keine Schande. Vor allem dann soll man bald den Weg zur Werkstatt einschlagen, wenn es sich um Arbeiten an der Bremsanlage und an der Lenkung handelt.

Schließlich hat man auch nicht immer die geeigneten Werkzeuge und Meßinstrumente, und manche Reparatur ist für den Fachmann ein Kinderspiel, für den Heimwerker aber eine Schinderei. Freilich kostet anderer Leute Arbeit Geld. Was Sie wissen sollten, bevor Sie Ihr Auto in die Werkstatt bringen, das haben wir auf den folgenden Seiten zusammengestellt.

Umgang mit der Werkstatt

Oft sind gute Auto-Werkstätten aber überlastet und der hilfsbereiteste Werkstattchef kann einem Kunden nicht immer so schnell entgegenkommen, wie dieser hofft. Darum ein paar Ratschläge zum Entschärfen dieser Probleme:

■ Wartungsdienste und voraussehbare Reparaturen möglichst rechtzeitig persönlich oder telefonisch anmelden und Termin vereinbaren.

■ Möglichst morgens zwischen 7 und 8 Uhr vorfahren; dann werden die Arbeiten für den Tag eingeteilt. Notfalls den Wagen am Vorabend hinbringen.

■ Ganz klaren Reparaturauftrag geben (dieses Buch soll dazu helfen). Zum Beispiel: Ölwechsel: ja oder nein? Wollen Sie das teuerste Öl? Es wird oft ungefragt beim Ölwechsel aufgefüllt. Zündkerzen austauschen: ja oder nein?

■ Vor dem Werkstattaufenthalt sollten Sie Ablagefächer, Handschuhfach und Kofferraum ausräumen einschließlich Werkzeug, Reservekanister und Abschleppseil. Die Werkstatt übernimmt keine Haftung, wenn derartige Dinge abhanden kommen.

■ Es erhöht nicht gerade die Arbeitsfreude des Mechanikers, wenn er das Auto unter dicken Schmutzkrusten erst freilegen muß. Gönnen Sie dem Kadett je nach der fälligen Reparatur eine Wäsche oben, im Motorraum oder an der Unterseite.

■ Ausgetauschte oder ersetzte Teile wandern auf den Schrotthaufen. (Rückgabe-Austauschteile natürlich ausgenommen.) Lassen Sie auf dem Auftrag vermerken, daß man die defekten Teile in den Kofferraum legt oder zur Hand hält. Dadurch haben Sie eine gewisse Kontrolle der Werkstattarbeit.

■ Wenn Sie anderer Meinung als die Leute von der Werkstatt sind, toben Sie nicht durch die Werkshalle – Sie erheitern nur die Lehrlinge –, sondern sprechen Sie sachlich und ruhig mit dem zuständigen Mann. Lassen Sie sich seine Gründe so erklären, daß Sie sie als Laie verstehen können.

- Ein nettes Wort hellt auch verärgerte ölige Gesichter wieder auf; eine freundliche Stimmung der Leute, die an Ihrem Wagen arbeiten, überträgt sich auf die Qualität ihrer Arbeit.
- Bei Abnahme des reparierten Wagens sollten Sie noch auf dem Werkstatthof möglichst viele Funktionen Ihres Wagens prüfen und auch versuchen, ein kleines Stück hin und her zu fahren. Solange Sie noch im Bereich der Werkstatt sind, lassen sich Beanstandungen besser und überzeugender anbringen.
- Kleinere Werkstätten fern der Großstädte haben oft mehr Zeit und arbeiten preiswerter, sind aber mit Ersatzteilen nicht so eingedeckt wie größere Betriebe.
- Wagen möglichst nicht kurz vor Feiertagen oder großen Schulferien in die Werkstatt bringen – man ist dann oft überlastet.
- Unterwegs immer einen kleinen Block und Bleistift mit sich führen, damit Sie nicht vergessen, was Sie dem Werkstattmann mitteilen wollten.
- Bei Uneinigkeiten mit der Werkstatt können Sie sich – kostenlos – an eine der Schiedsstellen des Kfz-Handwerks wenden (Adressen von den Automobilclubs, dem TÜV oder dem DAT). Ist man mit dem Schiedsspruch nicht einverstanden, so steht dem Autofahrer noch die Möglichkeit offen, den ordentlichen Rechtsweg zu beschreiten, die Werkstatt ist hingegen an das Urteil gebunden. In manchen Fällen genügt übrigens schon die Drohung, zur Schiedsstelle zu gehen um den Werkstattbesitzer zum Einlenken zu bewegen, denn bei der Innung will keine Werkstatt schlecht angesehen sein.

Werkstatt-Garantie

Die Neuwagen-Garantie Ihres Opel Kadett ist natürlich längst abgelaufen. Aber seitdem die zwischen ADAC und dem Zentralverband des Kraftfahrzeughandwerks ausgehandelten ›Kraftfahrzeug-Reparaturbedingungen 1974‹ in Kraft sind, müssen auch die im Zentralverband des Kfz-Handwerks organisierten Werkstätten (das sind alle autorisierten Werkstätten) Garantie auf ihre Reparaturen leisten:
- 6 Monate Garantie ohne Kilometerbegrenzung auf einwandfreie Reparatur.
- Stellt sich ein Reparaturfehler im angegebenen Zeitraum heraus, muß die Werkstatt den Fehler völlig kostenlos beheben – also nicht nur die Kosten eines defekten Teiles etwa (wie bei der seitherigen Neuwagen-Garantie) müssen übernommen werden, sondern auch alle Montagekosten.
- Darüber hinaus müssen dem Autobesitzer für die Dauer der ›Nachbesserung‹ (also die Garantie-Reparatur) kostenlos ein Ersatzfahrzeug zur Verfügung gestellt oder 80% der Mietwagenkosten ersetzt werden, wenn die ursprüngliche Reparatur von der Werkstatt grob fahrlässig oder die Nachbesserung schuldhaft mangelhaft ausgeführt wurde.
- Auch für Folgeschäden muß die Werkstatt heute haften. Ereignet sich durch unsachgemäße Reparatur ein Unfall, haftet die Werkstatt bei Personenschäden bis zu 500 000 DM. Ferner hat die Werkstatt die Abschleppkosten und die Instandsetzung des Fahrzeugs zu übernehmen.
- Ist eine Instandsetzung nicht mehr möglich, hat die Werkstatt den Wiederbeschaffungswert des Fahrzeugs zu ersetzen.
- Für Schäden und Verlust des Fahrzeugs während des Werkstattaufenthalts muß die Werkstatt ebenfalls gerade stehen.
- Wird ein Fahrzeug infolge mangelhafter Reparatur innerhalb des Garantie-Zeitraumes mehr als 30 km entfernt vom Reparaturbetrieb betriebsunfähig, muß die Werkstatt benachrichtigt werden und diese entscheidet, ob sie das Fahrzeug abschleppen will oder ob man die Nachbesserung in einer näher gelegenen Fachwerkstatt auf ihre Kosten vornehmen lassen kann.

■ Natürlich muß der Autobesitzer einen erkannten Reparaturmangel sofort der Werkstatt mitteilen. Er darf nach dem Wortlaut der Bestimmungen z.B. nicht bis zur Rückkehr aus dem Urlaub warten, sondern muß vom Urlaubsort aus schreiben!

Was wird es wohl kosten?

Die am häufigsten gestellte Frage in der Werkstatt lautet: ›Was kostet das?‹ Drei Arten der Beantwortung sind dann möglich.

■ Der Reparaturannehmer oder Meister schätzt über den Daumen. Die hierbei genannte Zahl ist völlig unverbindlich, und der tatsächliche Rechnungsbetrag kann wesentlich höher ausfallen.

■ Der genaue Zeitaufwand einer Routinereparatur wird aus der schon genannten Arbeitspositionsliste herausgesucht und im Auftragsformular – von dem Sie eine Kopie erhalten müssen – neben der jeweiligen Reparatur aufgeführt. Diese Methode hat sich in der Praxis eingebürgert, und die Preise sind für die Werkstatt verbindlich, sofern sich keine Zusatzarbeiten ergeben.

■ Ein verbindlicher, schriftlicher Kostenvoranschlag – an den sich die Werkstatt übrigens drei Wochen lang halten muß – lohnt sich nur bei umfangreichen Reparaturen. Wir denken dabei an einen Unfallschaden oder die Beseitigung von Durchrostungen. Der Meister schaut sich den Wagen dazu genau an und sucht die Preise für die Arbeiten und Ersatzteile heraus. Diesen Zeitaufwand darf die Werkstatt nur dann in Rechnung stellen, wenn dies zuvor ausdrücklich mit dem Kunden vereinbart wurde.

Ein derartiger Kostenvoranschlag kann bei einem Schadensfall auch als Nachweis gegenüber der Versicherung gelten.

Überschreiten des Kostenvoranschlags

■ Nach den bisherigen Kfz-Reparaturbedingungen durften die Reparaturkosten ohne Rückfrage beim Besitzer auch um 15–20 % höher ausfallen. Diese Klausel gilt nicht mehr. Sind entsprechende Überschreitungen der bei Auftragserteilung festgehaltenen Zirka-Preise zu erwarten, muß die Werkstatt den Kunden hierüber vorab unterrichten. Allerdings muß er dann kurzfristig erreichbar sein, sonst kann die Werkstatt nach eigenem Gutdünken weiter verfahren. Daher empfiehlt es sich, am Reparaturtag wenigstens telefonisch errreichbar zu sein, um bei der Fahrzeugabholung keine Überraschung zu erleben.

■ Der schriftlich erstellte und verbindliche Kostenvoranschlag darf keinesfalls überschritten werden. Hier muß der Wagenbesitzer in jedem Fall gefragt werden, ob er Zusatzarbeiten und damit einem höheren Preis zustimmt.

In der Betriebsanleitung zum Kadett findet man vieles, was man über sein Auto wissen möchte, nicht oder nur unvollständig beschrieben. Es liegt natürlich auch nicht im Sinn einer solchen Betriebsanleitung, daß der Autobesitzer darin Anleitungen für Reparaturarbeiten erhält. Aber selbst dann, wenn man nur einfache Pflegedienste selbst ausführen oder kontrollieren möchte, hilft die Betriebsanleitung oft nicht weiter. Diese Lücke schließt das vorliegende Buch und hilft dabei, den Opel betriebssicher zu halten.

Offiziell keine Austauschteile

Für Aggregate, die erfahrungsgemäß nicht das ganze Autoleben aushalten, wie Motor, Getriebe, Kupplung, Hinterachse und dergleichen, hat Opel kein offizielles Austauschsystem. Es werden vom Werk nur neue Ersatzteile geliefert, die jeweils der neuesten Produktion entstammen. Dadurch können inzwischen eventuell vorgenommene Verbesserungen mit übernommen werden. Ähnlich wie bei Ford ist man im Haus Opel der Meinung, daß es bei den heutigen rationellen Produktionsverfahren preiswerter sei, Neuteile herzustellen, anstatt die notwendigen Arbeitskräfte an die Aufbereitung überholungsbedürftiger Altteile zu stellen. Das machen sich Spezialbetriebe zunutze (z. B. die darin führende Firma ›Kolben-Motor‹, Magstadt bei Stuttgart), die auf ihre Weise die ausrangierten Aggregate generalüberholen, und so kann es durchaus vorkommen, daß Ihnen Ihre Opel-Werkstatt, die mit solch einem Betrieb zusammenarbeitet – oder gar selbst Gebrauchtteile aufarbeitet –, bei Bedarf einen ›Austausch-Motor‹ anbietet. Dagegen ist an sich nichts einzuwenden, nur muß man sich darüber klar sein, daß bei vorzeitig auftretenden Schäden nicht die Firma Opel in Rüsselsheim, sondern die betreffende Opel-Werkstatt bzw. deren Anlieferer Garantie leisten muß.

Der Teile-Motor

Mit dem Opel-Teile-Motor bietet sich eine weitere Besonderheit. Dabei handelt es sich um einen neuen, aber nur teile-weisen Motor. Ein solcher Motor besteht aus dem Zylinderblock mit kompletten Kolben, Pleuelstangen, Kurbel- und Nockenwelle einschließlich sämtlicher Lager, Ölpumpe, Kurbel- und Nockenwellenrad mit einem Satz Dichtungen. Der Teile-Motor wird von der Werkstatt durch Teile aus dem Alt-Motor wie Zylinderkopf, Ölwanne, Vergaser, Lichtmaschine, Anlasser usw. ergänzt.
Stellt sich bei der Motor-Überholung bzw. dem Umbau vom Alt- auf den neuen Teile-Motor heraus, daß etwa die Lichtmaschine überholt oder gar durch eine neue ersetzt werden muß, dann werden die betreffenden Arbeiten und die benötigten Teile extra berechnet. Man kann also beim Kadett im voraus den Preis für eine Motor-Überholung nur nach genauer Prüfung der Anbauteile bestimmen.
Natürlich ist beim Kadett auch nach herkömmlicher Art eine spezielle Reparatur des betreffenden Aggregates möglich, also beispielsweise Zylinder schleifen, Ventile einschleifen, Kurbelwelle neu lagern, neue Kolben einbauen usw. Solche Arbeiten sind zwar billiger, rentieren sich aber tatsächlich nur, wenn der Motor noch keine zu hohe Kilometerleistung hinter sich hat. Sind auf dem Tacho vielleicht schon 80 000 km abzulesen, wird eine solche Reparatur nur noch selten sinnvoll sein, denn auch die anderen Motorteile sind inzwischen wahrscheinlich schon so weit abgenutzt, daß sie bald nach dem reparierten Teil den Geist aufgeben und die vorhergegangene Reparatur sinnlos macht. Man muß da schon einen Opel-Meister finden und um Rat fragen, wie man preiswert zu einem wieder vollwertigen Auto kommt.

Ersatzteile

Da die Anzahl der Ersatzteile einen dicken Katalog füllt und sich ihre Preise auch von Zeit zu Zeit ändern, hat es wenig Sinn, hier eine Ersatzteilpreisliste zusammenzustellen, zumal inzwischen die Preisbindung aufgehoben wurde. Auch ist es mit dem einfachen Preis allein zumeist nicht getan. Sehr oft müssen neben dem defekten Teil noch die anschließenden oder mit diesem in Zusammenhang stehenden Teile ausgewechselt (und bezahlt) werden. Das gilt nicht nur für Dichtungen, Schrauben und dergleichen, auch einzelne Bremsbeläge lassen sich nicht ersetzen, sondern es müssen alle Bremsbeläge zumindest einer Achse ausgetauscht werden. Ebenso kann man Zahnräder nur paarweise ersetzen. Wenn Sie sich bei Ihrer Opel-Werkstatt Ersatzteile zum Selbsteinbau kaufen, sollten Sie nicht zu fragen vergessen, ob auch irgendwelche Nachbarteile ersetzt werden müssen.

Fingerzeig: *Im Laufe der Produktionszeit des Opel Kadett wurden viele Einzelteile im Detail geändert. Beim Ersatzteilkauf kann es deshalb oft Schwierigkeiten geben, weil nicht klar wird, welche der verschiedenen Ausführungen gebraucht wird. Um sich unnötige Wege zu sparen, empfiehlt es sich, immer die Fahrgestell- bzw. die Motornummer und das Datum der Erstzulassung bei sich zu haben. Nach diesen Daten sucht dann der Lagerist das jeweils passende Teil aus. Noch besser: gleich das Altteil mitnehmen und vergleichen. Dann kann nichts schiefgehen.*

Verschleißteile

Ölfilter, Luftfilter, Glühlampen, Zündkerzen, Unterbrecherkontakte, Auspuffanlagen, Bremsbeläge und Stoßdämpfer kann man auch im Zubehörhandel, Großmarkt und Waren- oder Versandhaus erwerben, wobei die Preise bis zu 50 % unter dem jeweiligen Werkstattpreis liegen können. Falls Sie günstige Einkaufsquellen nutzen wollen, dann mit zwei Einschränkungen: Nur Bremsbeläge aus der Vertragswerkstatt sind entsprechend getestet worden und versprechen bestmögliche Bremsverzögerung: Eigenversuche mit Billigware können lebensgefährlich werden. Preisgünstige Stoßdämpfer sollten Sie auch nur von bekannten Herstellern kaufen, wobei allerdings die großen Versand- und Warenhäuser auch unter eigenem Namen Markenfabrikate vertreiben. Billige Auspuffanlagen passen bisweilen nicht so exakt wie Originalteile, auch kann es mit der Lebensdauer Enttäuschungen geben. Wichtig, wenn Sie einen neuen Motor eingesetzt bekamen: Im ersten Jahr sollten Sie mit Rücksicht auf den Garantieverlust keine Fremdteile wie Ölfilter, Luftfilter, etc. einbauen.

Werkstattkosten

Nicht so konkret ist die Frage nach dem Stundenlohn, der zum Schluß in der Summe der Rechnung erscheint, zu beantworten. Rund 2 250 Opel-Werkstätten und Servicestellen in Deutschland stehen für Reparaturen zu Diensten. Mit den Ersatzteilpreisen allein ist es bei Reparaturen noch nicht getan. Der oftmals beträchtliche Arbeitslohn kommt hinzu. Aber auch hierzu ist durchaus ein Kostenvoranschlag möglich. Die Firma Opel hat für alle Werkstattarbeiten in einem Katalog sogenannte ›Arbeitswerte‹ festgelegt. Ein solcher Arbeitswert entspricht 5 Minuten Arbeitszeit, d.h. eine Reparatur, für die 12 Arbeitswerte ermittelt wurden, soll von einer ordentlichen Werkstatt in einer Stunde erledigt sein (siehe auch Seite 63). Wenn sie länger braucht, ist es ihr Schaden und umgekehrt ihr Gewinn. Insofern ist die Reparaturberechnung – wenigstens Opeloffiziell – überall gleich.
Unterschiedlich ist jedoch der Verrechnungspreis für einen Arbeitswert (abgekürzt: AW). Den muß die Werkstatt nach ihren eigenen Unkosten – Löhne, Gehälter, Gebäude- und Geräteamortisation, allgemeine Betriebskosten usw. – festlegen. So kann der AW in der einen Opel-Werkstatt weniger als in der anderen kosten. Der Begriff „Festpreise" ist gemäß einer Opel-Empfehlung Händler-bezogen, wobei die Kalkulation von Ort zu Ort verschieden ausfällt. Deshalb lohnt es sich bei größeren Reparaturen unter Umständen, irgendwo auf dem Land zu einer Opel-Werkstatt zu gehen, wo die allgemeinen Unkosten nicht so hoch sind und der Meister keine so hohen Löhne zahlen muß. Da Sie aber bei der Auftragserteilung – falls möglich – Ihre Telefonnummer angegeben und erklärt haben, man müsse Sie bei weiterreichenden Repa-

raturen zuvor fragen – vergessen Sie das niemals – brauchen Sie keine Furcht vor umwerfend hohen Reparaturrechnungen zu haben. Reparaturen, die im Interesse der Verkehrssicherheit erforderlich sind – etwa ausgeleierte Lenkungsteile –, können Sie allerdings nicht ablehnen, wenn sie die Werkstatt als dringend notwendig feststellt.

Entsprechend der seit einiger Zeit gültigen Preisauszeichnungsverordnung findet der Kunde heute in jeder Werkstatt einen „Auszug aus unserem Dienstleistungsangebot", einen Aushang, der ihm die Kosten für die wichtigsten und häufigsten Werkstattarbeiten nennt.

Werkstätten haften schließlich für Folgeschäden, die sich aus falsch oder unsachgemäß erfolgten Reparaturen ergeben. Ein genereller Ausschluß der Haftung würde den Kunden rechtlos machen. (Urteil des Landesgerichts München I: 8 O 617/71.)

Von autorisierten Werkstätten kann auch die im Zweijahres-Turnus erfolgende TÜV-Prüfung vorgenommen werden. Nur sollte man bei entsprechendem Auftrag bedenken, daß die Werkstatt kein Wohltätigkeitsinstiut ist, sondern Geld verdienen will. Ein Blanko-Auftrag könnte also mit Arbeiten ausgenutzt werden, die mit der TÜV-Kontrolle wenig zu tun haben.

Der Spezialist macht's möglich

Natürlich können einmal Schäden oder Störungen den Opel-Besitzer in eine Werkstatt dirigieren. Dort ist er gut bedient. Zwar ist der Weg zu ihr oft nicht weit, aber Arbeitsüberlastung der Werkstatt führt manchmal zu zeitlichen Verzögerungen. Dann kann – in manchen Fällen – der Spezialist gezielter helfen. Einer Karosserie- oder Reifenwerkstatt, einer Autolackiererei oder -polsterei z.B. ist es gleichgültig, welches Markenzeichen der Wagen trägt. Die Spezialwerkstätten sind auf ihrem Gebiet mit jedem Wagen vertraut und können besondere Wünsche eher erfüllen.

Hierbei sind auch die Elektro-Werkstätten zu erwähnen, innerhalb dieser den Bosch-Diensten eine besondere Bedeutung zukommt. Diese im ganzen Bundesgebiet anzutreffenden Vertretungen können nicht nur Ersatzteile wie Zündkerzen, Glühbirnen, Unterbrecherkontakte oder auch größere Aggregate sofort liefern, sondern sie verfügen auch über Motor-Testgeräte und Fachkräfte, die mit Einstellarbeiten an Zündung und Vergaser vertraut sind. Ein Adressenverzeichnis dieser Betriebe erhalten Sie über die Robert Bosch GmbH, Robert-Bosch-Platz 1, 7016 Gerlingen-Schillerhöhe.

Neben dieser Liste sollte man auch das Anschriftenverzeichnis der Solex-Dienste im Wagen mitführen. Ihr Opel ist mit einem Vergaser dieses Namens bestückt, und Firmenvertretungen von Solex gibt es in vielen Städten. Hierüber erteilt die Pierburg GmbH & Co. KG, Postfach 838, 4040 Neuß 13, gern Auskunft.

Nicht zuletzt sei dazu geraten, daß man sich eine Aufstellung der Opel-Werkstätten besorgt. Eine solche erhalten Sie bei Ihrem Opel-Händler. Dort bekommt man auch ein Verzeichnis der an Wochenenden und nach Geschäftszeit dienstbereiten Opel-Betriebe in Autobahnnähe, die im Sommerhalbjahr ihre Hilfeleistung anbieten.

Auch Tankstellen können helfen

Suchen Sie sich eine gut geführte Stamm-Tankstelle, die nicht nur auf Selbstbedienung spezialisiert ist. Denn an SB-Tankstellen darf Ihnen, entsprechend gesetzlicher Vorschriften, nicht geholfen werden und dementsprechend ist dort auch meist nur jemand zum Kassieren da. An anderen Tankstellen, die (vielleicht neben einigen Selbstbedienungs-Zapfsäulen) auch Tankstellen-Service leisten, sind Sie mit kleineren autotechnischen Nöten besser aufgehoben, denn diese Tankstellen bieten in der Regel mehr als nur Benzin für den Tank. Dort gibt es durchweg alle Möglichkeiten zum Ölwechsel sowie Einrichtungen für Reifen- und Batteriedienst. An ausgewählten Tankstellen, deren Inhaber in der Regel Kraftfahrzeugmeister sind, finden sich auch Motor-Prüfgeräte zum Einstellen von Vergaser und Zündung (z.B. Esso System-Diagnose und Aral Motor-Prüfdienst). Noch ein Vorteil: Bei der Tankstelle können Sie zuschauen, bei vielen Werkstätten ist das dagegen nicht möglich.

Regelrechte Kraftfahrzeug-Reparaturen gehören allerdings nicht an Tankstellen. Denn dort fehlt es am zumeist erforderlichen Spezialwerkzeug, oft am Spezialwissen und vor allem sind Tankstellen in der Regel gegen solches Reparaturrisiko nicht haftpflichtversichert! Das könnte bösen Ärger geben und ein vernünftiger Tankstellenhalter wird deshalb schon von sich aus echte Fahrzeugreparaturen ablehnen – man muß dafür Verständnis haben.

Pannenhilfe

Bei überraschenden Pannen finden Sie in diesem Handbuch eine Reihe von Hinweisen zur planmäßigen Störungssuche, wobei der ›Entstörungs-Fahrplan‹ in der vorderen Buchklappe besonders wichtig ist. Denn Hilflosigkeit unterwegs kann teuer werden. Denken Sie einmal an die Abschleppkosten, für die man schnell einen Hundertmarkschein hinlegen muß und die sich mit einem ›Gewußt wie‹ oft vermeiden lassen. Mit einiger Sachkenntnis wird man fast immer einen Weg finden, die nächste Werkstatt mit eigener Kraft anzusteuern, falls nicht gerade ein Unfall solche improvisierte Fortbewegung ausschließt.

Dabei noch ein Tip zum Umgang mit diesem Buch: Der Opel-Kadett ist ein Fahrzeugtyp, den das Werk mit verschieden starken Motoren ausrüstet. Entsprechend unterschiedlich sind gewisse technische Einzelheiten, die folglich in diesem Buch nebeneinander behandelt sein müssen. Sie werden also einzelne Abschnitte finden, die auf Ihr Modell nur teilweise zutreffen, und es gibt solche, die speziell die Besonderheiten Ihres Wagens behandeln.

Ein weiterer Tip: Kennzeichnen Sie sich die Stellen, die auf den folgenden Seiten Ihr Auto besonders betreffen, mit einem Farbstift. Dann finden Sie im Notfall schnell, was Sie suchen, und Verwechslungen, die in der Nervosität einer solchen Situation vorkommen, sind ausgeschlossen. Außerdem bietet auch der Rand der einzelnen Seiten Platz für Notizen: Eigene und anderer Leute Erfahrungen auf einem bestimmten Sachgebiet sind manchmal wert, festgehalten zu werden.

Werkzeug und andere Hilfen

Die Axt im Haus

Wenn Sie sich ansehen, was dem Kadett als Bordwerkzeug mitgegeben ist, werden Sie sofort feststellen, daß Sie damit allenfalls ein Rad wechseln können. Sollten Sie sonst an Ihrem Auto irgendwo einmal schrauben, nachstellen oder drehen müssen, so wären Sie damit völlig verlassen.
Allerdings ist diese mangelhafte Ausrüstung keine böse Absicht, sondern die früher einmal übliche größere Anzahl mitgelieferter Werkzeuge fiel im Laufe der Zeit einfach der Kalkulation zum Opfer. Inzwischen sind die Autos auch weniger störanfällig geworden und die Autohersteller vertrauen auf ihr mehr oder weniger dichtes Services-Netz. Wer sich als Autobesitzer aber vorgenommen hat, diese und jene Wartungsarbeiten selbst auszuführen und wer beabsichtigt, auch kleinere Defekte – die immer einmal auftreten können – zu beheben, der muß zumindest über den Grundstock einer Werkzeugausrüstung verfügen.

Empfehlenswerte Grundausrüstung

Vorrangig beim Werkzeugkauf ist die Frage nach der Qualität. Dazu kann Ihnen das Bordwerkzeug des Opel nicht als Vorbild dienen. Nur mit wirklichem gutem Werkzeug läßt sich leicht und zuverlässig arbeiten. Mit schlechtem Werkzeug kann zur Not auch einmal ein Werkmeister hantieren – er weiß sich zu helfen. Aber ein Heimwerker, der damit nur nebenbei und ungelernt umgeht, ist mit schlechtem Schraubenschlüssel und Schraubenzieher sehr schnell am Ende seiner Kunst.
Doch gutes Werkzeug ist nicht billig. Deshalb ist es wichtig, sein Geld zweckmäßig anzulegen und nicht aufs Geratewohl draufloszukaufen. Denn in ganzen Werkzeugkästen oder in manchen anderen, in Bausch und Bogen gekauften Werkzeugen wird vieles nie benötigt; dagegen ist für Opel-Wagen verschiedenes Spezialwerkzeug brauchbar, das man in allgemeinen Werkzeugkästen nicht findet.

Dies ist das gesamte serienmäßige Bordwerkzeug des Opel, wenn man vom Wagenheber einmal absieht. Wer sich darauf verlassen will, ist sehr schnell verlassen. Im Opel-Werk erwartet man auch gar nicht, daß der Besitzer des Autos sich mit diesem Radmutterschlüssel zufrieden gibt. Was an Werkzeug mitgeführt werden soll und was weniger dringend gelegentlich gebraucht wird, darüber geben die nachfolgenden Seiten Aufschluß.

Werkzeug-Größen

Wesentliche Arbeiten am Kadett kann man durchführen, wenn man den heimischen Werkzeugschrank mit einer Ausrüstung auffüllt, wie sie sich aus der folgenden Liste ergibt. Anschließend ist die Verwendungsmöglichkeit der einzelnen Werkzeuge erläutert, wonach entschieden werden kann, welche Arbeiten selbst ausgeführt werden sollen.

2 Doppel-Gabelschlüssel 8 x 9, 10 x 11
2 Ringschlüssel 8 x 10, 13 x 15
4 Gabel-Ringschlüssel SW 13, 17, 19, 27
2 Rohrsteckschlüssel 8 x 10, 13 x 15
1 Inbusschlüssel SW 8
2 Schraubenzieher Größe 2 und 6, für Querschlitzschrauben
2 Schraubenzieher für Kreuzschlitzschrauben, verschiedene Größen
1 Vergaser-Schraubenzieher, kurze Form, für Querschlitzschrauben
1 Rohrzange, 240 mm lang
1 Kombizange, isolierter Griff
1 Seitenschneider
1 Türfederzange
1 Schlosserhammer, 300 Gramm
1 Fühlerblattlehre, darin 0,05; 0,10; 0,15; 0,20; 0,25; 0,30;
1 Flachmeißel und 1 Kreuzmeißel
1 Körner
1 Durchschläger, 3 mm
1 Satz Schlüsselfeilen, flach, dreikant, rund
Falls Bordwerkzeug nicht mehr vorhanden:
1 Zündkerzenschlüssel SW 21
1 Radmutterschlüssel SW 19

Bedeutung der Größenangaben

In Deutschland und vielen anderen Ländern ebenso werden Maschinenteile und Werkzeuge nach dem metrischen Maßsystem gemessen. Bei Opel ist es also wie bei Daimler-Benz oder VW, daß man mit dem in Deutschland gebräuchlichen Werkzeug alle Arbeiten an diesen Autos ausführen kann. Vielleicht ist es für Sie neu zu hören, daß es Wagen gibt (vor allem englische und amerikanische), bei denen man mit unserem Werkzeug nicht viel ausrichten kann, weil in jenen Ländern immer noch ein Maßsystem in Zoll üblich ist. Die Bedeutung dieses im ersten Augenblick unerheblich erscheinenden Unterschiedes liegt für Sie als Opel-Besitzer einfach darin, daß Sie keine ›englischen‹ Schraubenschlüssel verwenden dürfen. Solche Schlüssel passen nicht genau auf die Schrauben und man beschädigt mit ihnen nur die Flanken von Schraubenköpfen und Muttern.

Bei Schraubenmuttern und Schrauben mit Sechskantkopf mißt man den Abstand der sich gegenüberliegenden Flanken in Millimeter oder Zoll und schreibt auf den passenden Schraubenschlüssel die entsprechende Schlüsselweite (Kurzbezeichnung SW). Ein Doppelgabelschlüssel – man nennt ihn auch vielfach Maulschlüssel – mit der Bezeichnung 12 x 14 hat also eine Gabel für eine 12 mm breite und am anderen Ende für eine 14 mm breite Schraube. Im metrischen System werden demnach alle Größen in Zentimeter und Millimeter angegeben, im amerikanischen Maß-System in Zoll.

Keine Maßangaben in Millimetern oder Zoll haben die für Opel typischen Vielzahnsteckschlüssel für die aus Platzersparnis verwendeten Innenzwölfkantschrauben, mit denen Zylinderkopf sowie weitere Motorteile befestigt sind. Die Größen der innenverzahnten Einsteköffnungen richten sich nach der Größe des Schraubengewindes. Das Gewinde dieser sogenannten XZN-Schrauben

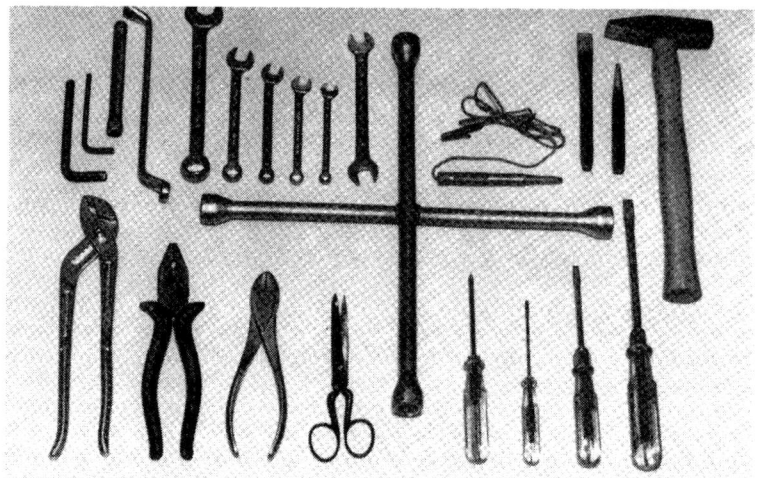

Werkzeuge, die wir als Grundausrüstung für Opel Kadett vorschlagen.
(Oben): Inbusschlüssel SW 8, Steckschlüssel SW 8/10, Gabel-Ringschlüssel SW 17, SW 11, SW 10, SW 9, SW 8, Doppelgabelschlüssel SW 10/13, Radkreuzschlüssel, Prüflampe, Meißel, Körner, Schlosserhammer.
(Unten): Rohrzange, Kombizange, Seitenschneider, Schere, Kreuzschlitzschraubenzieher und drei verschiedene Größen Schlitzschraubenzieher. Zur Ausrüstung gehört auch noch ein Kerzenschlüssel SW 21.

ist metrisch, wird also auch in Millimetern gemessen und trägt vor der Maßzahl dementsprechend die Bezeichnung „MW". Zum Beispiel dient der Vielzahnschlüssel MW 81 zum Abschrauben der Ölpumpe, und der Schlüssel MW 110 ist für die Zylinderkopfschrauben vorgesehen.

Welches Werkzeug zu welchem Zweck?

Bei den Autos von Opel werden Schrauben und Muttern verwendet, die auf wenige Normgrößen beschränkt sind. Deshalb kommt man mit einer verhältnismäßig geringen Anzahl von Schraubenschlüsseln aus. Besonders oft sind die Schlüsselweiten 10, 13 und 19 vertreten, aber (wie man es aus der Liste ersehen kann) es werden noch eine ganze Reihe anderer Schlüssel benötigt. Hier nur einige Beispiele: den 10er Schlüssel braucht man für die Batteriekabel und für andere elektrische Anschlüsse, aber auch für die Schrauben des Ventildeckels (ein Steckschlüssel ist allerdings geeigneter).

Einen Maulschlüssel SW 11 muß man zum Auswechseln der Benzinpumpe haben, und die Größe 13 wird zum Nachstellen der Handbremse, für einen Anlasserkabelanschluß, zum Demontieren der Lichtmaschine und des Thermofühlers, aber auch für die Halterung der Hupe und des Verteilers benötigt. Ein Ringschlüssel SW 17 dient zum Nachstellen der Hinterradbremsen, mit einem Ringschlüssel SW 19 ist die Ölablaßschraube und die Kurbelwellenriemenscheibe zu drehen, und für die Lichtmaschinenhalterung braucht man auch noch einen Schlüssel SW 27. Zur Kontrolle des Getriebeöls kann man auf den Inbusschlüssel SW 8 und beim Entlüften der Bremsen auf einen Maulschlüssel SW 9 nicht verzichten.

In unseren Sortiment sind verschiedenartige Schraubenzieher aufgeführt. Sie können sich stattdessen auch einen Einsteck-Werkzeugsatz mit entsprechend verschiedenen Einsteck-Klingen für Querschlitz- und Kreuzschlitzschrauben kaufen. Sie sind alle notwendig, denn allein die elektrische Anlage hat beide Schraubenarten in verschiedenen Größen. Der kurze Schraubenzieher mit 3 mm breiter Klinge für Querschlitzschrauben und dickem Griff ist besonders für stramm angezogene Schrauben an Vergaser und Stromanlage wichtig. Rohrzange, Kombizange und der Seitenschneider zum Abkneifen von Kabeln dienen als allgemeine Hilfswerkzeuge, ebenso Hammer, Meißel, Körner und die feinen Feilen in verschiedenen Ausführungen. Die Fühlerblattlehre wird zum Ventileinstellen, Messen des Elektrodenabstandes der Zündkerzen und der Unterbrecherkontakte gebraucht. Für die Zündkerzen braucht man einen Zündkerzenschlüssel, der für die tief im Motorblock steckenden Zündkerzen einen langen Schaft haben sollte.

Ergänzung nach Wunsch

Wer oft an seinem Auto hantiert und vielleicht noch andere handwerkliche Ambitionen hat, kann die Werkzeugausrüstung natürlich noch vervollständigen. Andere Gabelschlüssel als die bisher genannten sind nicht notwendig, aber die Ergänzung des Ringschlüssel-Sortiments führt zu mehr Freude bei der Arbeit. Leichtere Arbeit ermöglichen auch in vielen Fällen die sogenannten ›Nüsse‹. Diese Steckeinsätze gibt es in Sechskant- und Zwölfkantausführung zu kaufen. Wir bevorzugen die sechskantigen Nüsse, da sie selbst auf stark verrosteten Schrauben nicht so schnell durchrutschen. In Verbindung mit einer vielzahnigen Knarre und den dazugehörigen Winkel- und Verlängerungsstücken läßt es sich mit diesen Stecknüssen auch noch auf engstem Raum oder an für normale Schraubenschlüssel unzulänglichen Stellen arbeiten.

Umgang mit Werkzeug

Wohl in den meisten Fällen kostet das Werkzeug Ihr eigenes, hart verdientes Geld. Pflegen Sie es darum sorgsam und nutzen Sie es richtig aus. Ein jedes Werkzeug ist für einen bestimmten Zweck geschaffen. Ein Schraubenschlüssel ist kein Hammer und ein Schraubenzieher ist kein Meißel – mit der Kleiderbürste putzt man sich auch nicht die Schuhe.

Wer mit der Zange einer Schraube oder Mutter zuleibe rückt, ist ein Rohling ohne Gefühl: Vielleicht hat sich die Mutter gelöst, aber die Kanten der Zange haben die Ecken und Flanken der Befestigung derart beschädigt, daß später jeder Schraubenschlüssel abgleiten muß. Eine Zange ist zum Halten da, nur mit der Rohrzange darf, ihrem Namen gemäß, an Rohren und Wellen gedreht werden, aber auch nicht an Schrauben.

Schraubenzieher sollen eine gerade, aber nicht scharf geschliffene Klingenspitze haben, damit sie im Schraubenschlitz festen Halt findet, sich nicht herausdreht und den Schraubenkopf beschädigt. Mit einem Schleifstein kann man verschiedene Werkzeuge einsatzbereit halten, z. B. stumpfe Meißel schärfen, und er eignet sich auch zum Bearbeiten mancher Werkstücke.

Im Gebrauch verschmutztes Werkzeug sollte man alsbald reinigen. Es könnte ja sein, daß Sie im Sonntagsdress nur mal eben den Leerlauf am Vergaser regulieren müssen, aber nur den ölverschmierten Schraubenzieher zur Hand haben, mit dem Sie vor vier Wochen die Dreckkruste an der Ölwanne abkratzten. Andererseits soll Werkzeug immer leicht eingeölt oder eingefettet sein, damit es durch Rost nicht unansehnlich wird, denn man weiß ja nie, ob man den 13er Schlüssel in den nächsten Tagen schon wieder braucht. Zusätzliches Werkzeug, das man unterwegs im Wagen dabeihaben will, wickelt man in alte Leinentücher und hält dieses Bündel mit dem Gummiring eines Weckglases zusammen.

Solche Kleinteile müßte man eigentlich immer im Auto mitführen: Schrauben mit Muttern und Sicherungsringen, Unterlegscheiben, Karosserieschrauben und Dichtungsringe werden sehr schnell einmal benötigt. Ist man mangels dieser ›Kleinigkeiten‹ auf die Werkstatt angewiesen, sind weit mehr Geld und Zeit erforderlich. Einige Ventilkappen und Ventileinsätze gehören ebenfalls ins Ersatzteilkästchen. Die Blechschrauben (Mitte) können in passende Löcher der Karrosserie eingedreht werden, ohne daß dort ein Gewinde nötig ist.

Hilfe für die Wagenpflege

Verschiedene Hilfsgeräte, die in der Werkzeug-Grundausrüstung nicht fehlen dürfen, müssen Sie sich noch zusätzlich anschaffen. Als immer wieder dienliche Hilfen seien genannt:
Ölspritzkännchen
Reifendruckprüfer
Prüflampe
Fensterleder, 1. Qualität
Autoschwamm oder Waschhandschuh
Waschbürste mit Stiel
Waschpinsel ohne Metallfassung
Wie und wann diese Hilfsgeräte benutzt werden, das ist in den diesbezüglichen Kapiteln dieses Buches beschrieben.

Flüssige Hilfen

Als Rostlöser für festgerostete Schrauben hat sich »Caramba Rasant« bei uns besonders bewährt. Damit sind auch hartnäckige Auspuff- oder Stoßdämpferschrauben zu lösen. Im Gegensatz zu herkömmlichen Rostlösern sollten Sie das Lösemittel nicht lange einwirken lassen, sondern sofort an der Verschraubung drehen, allenfalls beim Schrauben gelegentlich nachsprühen. Andere Rostlöser, die mehreren Zwecken dienen sollen, wie z. B. »Caramba Super«, Teroson mo Universal«, »Liqui Moly Multi Spray«, »Molykote Multigliss«, »1z Multi Oil« und andere sind zwar ebenfalls gute Rostlöser, aber wegen ihrer vielseitigen Pflichten als Schmiermittel, Rostschützer, Isoliersprays eben doch nicht von der hohen Rostlösewirksamkeit des »Caramba Rasant«.

Die letztgenannten Rostlöser besitzen eine besondere Kriechfähigkeit in engste Ritzen, feinste Poren und unterwandern jeden feinen Wasserfilm, so daß sie auch als Kontakt- oder Isoliersprays verwendet werden können. Sie trennen durch das Unterwandern der Feuchtigkeit den stromleitenden Wasserfilm vom Metall und verhindern damit Kurzschluß oder Kriechströme in der Auto-Elektrik. Wirksamer ist auch hierzu der Spezialist, wie z. B. »Molykote Kontakt-Spray«, der seinerseits nicht als Rostlöser oder Schmiermittel taugt.

Die Mehrzweck-Rostlöser, von denen wir einige genannt haben, erweisen ihre feuchtigkeitsunterwandernde Fähigkeit auch an den Türschlössern des Autos: Sie halten das Türschloß als Schmiermittel leichtgängig und verhindern im Winter durch ihre Feuchtigkeitsverdrängung das Einfrieren.

Sollen fettverschmierte Motorteile, die Innenseiten der Felgen oder der ganze Motorraum gereinigt werden, dann gibt es hierzu, ebenfalls in Sprühdosen, spezielle Motor-Reiniger (besonders wirksam fanden wir den von Aral). Damit wird das betreffende Teil eingesprüht und nach wenigen Minuten mit Wasser

Flüssige und fette Spezialisten für die Fahrzeugpflege:
1 – Motorreiniger zum Anlösen schmutziger Fettkrusten; 2 – Intensiv-Entfettungsspray für wasserempfindliche Teile; 3 – hochwirksamer Schnellrostlöser; 4, 5, 6 – Mehrzweck-Sprays zum Rostlösen, Schmieren u. a.; 7 – Isolierspray, speziell feuchtigkeitsverdrängend; 8 – Gleitlack mit trockener Gleitfläche; 9 – Sprühfett mit weichem Schmierfilm; 10 – Festschmierstoff-Montagepaste; 11 – Mehrzweckfett für Radlager u. a.; 12 – Kupfer-Schraubenpaste; 13 – Batterie-Polschutzfett; 14 – vielseitiges Haushaltsöl; 15 – Graphitölspray für schwer zugängliche Schmierstellen.

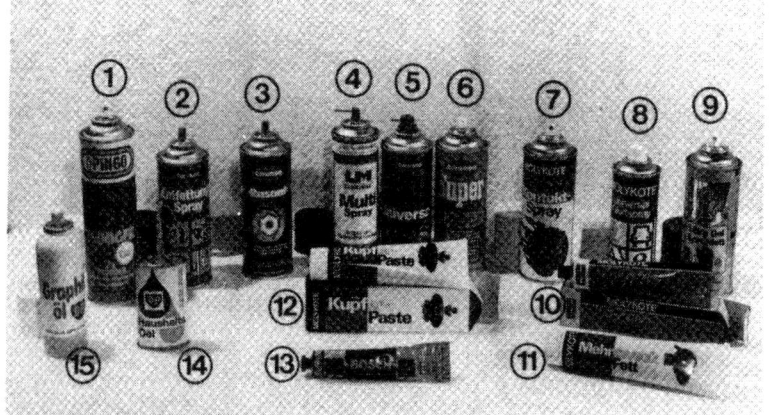

abgespritzt oder mit dem Pinsel abgewaschen. Selbst die dicksten Fettkrusten lösen die »Motor-Reiniger« und geben dazu den Teilen noch Glanz.

Hilfen unterwegs

Gehören Sie zu den sorglosen Menschen, in deren Auto man keinen Reservekanister findet und wo das Ersatzrad wie ein erschlaffter Luftballon ein trauriges Dasein ohne Luftdruck fristet? Oder sind Sie ein Pessimist und schleppen in Ihrem Wagen dauernd ein ganzes Arsenal von Werkzeugen mit? Der Mittelweg ist hier meist goldene Richtigkeit. Was man mitnehmen sollte, sei hier genannt; vielleicht dient es nur dazu, anderen hilflosen und unbekümmerten Autofahrern unterwegs zu helfen:

- Reservekanister
- Abschleppseil
- Ersatzglühlampen
- Sicherungen
- Zündkerzen
- Rolle Draht
- Klebeband, Tesa-Film
- 2 m Elektrokabel 1,5 mm^2
- 1 m Zündkabel
- 1–2 m benzinfesten Schlauch
- Starthilfekabel
- Brettchen zum Unterlegen für Wagenheber
- Ersatzkeilriemen

Ersatzteile bei Auslandsreisen

Der Opel-Service ist auch in anderen Ländern gut organisiert. Mehr als 4 000 Opel-Werkstätten in Europa, Vorderasien und Nordafrika sind eine recht nette Versicherung. Trotzdem beruhigt es, wenn man fern der Heimat einige Dinge bei sich hat, die man vielleicht gebrauchen kann. Sinnvolle Werkzeugwahl und die schon genannten Hilfen vorausgesetzt, wird man noch folgende Ersatzteile in Lappen wickeln und verstauen:

- 1 Zündspule
- 1 Satz Unterbrecherkontakte
- 1 Verteilerläufer
- 1 Kondensator
- 1 Schwimmer
- 1 Benzinpumpe
- Schlauchstück für Kühlanlage
- 1 Reserveschlauch für Reifen
- 2 Reifenmontierhebel
- Reifenflickzeug
- Ventileinsätze für Reifen
- kräftige Fußluftpumpe
- einige Muttern, Schrauben und Sicherungsringe gängiger Größe
- Zylinderkopfdichtung

Die empfohlenen Ersatzteile besitzen genaue Typenbezeichnungen, die Sie zumeist auf den Originalteilen in Ihrem Opel vermerkt finden. Allerdings ist bei Neukäufen zu überprüfen, ob dieses oder jenes Ersatzteil eine Veränderung erfahren hat, was durch technische Weiterentwicklung möglich sein kann.
Außerdem kann man in Verlegenheit kommen und zusätzlich gebrauchen:

- Motoröl, Menge je nach geplanter Fahrtstrecke
- Flasche mit destilliertem Wasser (Ostblockstaaten!) für Batterie
- Handwaschpaste
- Handlampe

Opel-Werkstätten geben für Auslandsreisen Tips für Ersatzteile und Zusatzwerkzeuge. Daneben kann man dort komplett zusammengestellte und versiegelte Hilfspakete erhalten. Nach der Reise gibt man diesen Reparatursatz gegen Preiserstattung wieder an die Werkstatt zurück, wenn nichts gebraucht wurde. Für gute Kunden werden auch nur teilweise nicht gebrauchte Reparatursätze wieder zurückgenommen und angerechnet. Ratschläge dazu (z. B. auch über zusätzlichen Unterbodenschutz) erteilt die Adam Opel AG, Abteilung Technischer Kundendienst, 609 Rüsselsheim. Ferner gibt es bei Opel interne Merkblätter für Auslandsfahrten, speziell in den Ostblock und in die Tropen.

So verstaut man am besten Werkzeug und Hilfsmittel, die man unterwegs immer dabei haben sollte. Schraubenschlüssel und Ersatzteile, die während der Fahrt im Kofferraum herumpoltern, schaffen eine unerfreuliche Geräuschkulisse. Reservekanister, Schneeketten und eventuell andere notwendige Utensilien bindet man fest. Dann ist man auch sicher, daß solche Dinge bei einer Notbremsung keinen Schaden stiften.

Selbsthilfeschule

Wir können Ihnen hier nur den ehrlich gemeinten Rat geben: Fassen Sie sich ein Herz und versuchen Sie's! Viele andere Autobesitzer, die genau so einmal angefangen haben wie Sie, eigneten sich selbst ein erhebliches Maß an Auto-Wissen an und haben daneben noch eine Portion Handwerkskunst entwickelt, die man sonst vielleicht nur in einer entsprechenden Lehre eingepaukt bekommt. Und sogar dann, wenn Sie vielleicht nicht sehr praktisch veranlagt sind oder über wenig Zeit verfügen, bieten Ihnen die nachfolgenden Kapitel ein erhebliches Quantum an Wissensvertiefung über die Intimitäten eines Autos, besonders Ihres Opel Kadett.

Wenn Sie lieber unter berufener Anleitung an Ihrem Wagen werkeln wollen, so gibt es dafür in einigen Großstädten spezielle Betriebe. Beispielsweise bieten die Autohobby-Mietwerkstätten in Frankfurt, Nieder-Kirchweg 113, in Köln, Genterstraße 13–15 und in Mainz-Mombach, Industriestraße 5, wie auch die Autoselbsthilfe Fibier & Co. in Hamburg 50, Ruhrstraße 48–56, derartige Möglichkeiten. Teilweise werden sogar fachgerechte Lackierungen ausgeführt.

Erkundigen Sie sich auch nach Pannen- und ähnlichen Kursen (z. B. über einen Autoclub oder Volkshochschulen), durch die manches Wissenswerte hängenbleibt.

Schleppen und Abschleppen

An der Leine führen

Kein Autofahrer ist davor geschützt, daß sein Gefährt unterwegs plötzlich streikt. Dabei spielt es keine Rolle, um welches Fabrikat es sich handelt – alle Autos sind nur Menschenwerk. Wenn man dann festgestellt hat, daß es mit eigener Kraft nicht mehr weiter geht und fremde Hilfe in Anspruch genommen werden muß, hat man die Wahl zwischen Abschleppdienst und Abschleppseil. Die zweite Entscheidung ist freilich nur sinnvoll, wenn man ein Seil dabei hat; ein kameradschaftlicher anderer Verkehrsteilnehmer, der mit seinem Wagen des Weges kommt und die Notlage bemerkt, findet sich bestimmt. Sichern Sie Ihr liegengebliebenes Auto ordungsgemäß ab und schwenken Sie Ihr Seil so, daß die anderen sehen, was Sie wollen. Wer dann anhält, hilft Ihnen Geld sparen.

Denn die Kosten für professionelle Abschleppdienste sind hoch. Abgesehen davon bringt man Ihr krankes Auto vielleicht an einen unerwünschten Ort und behandelt es dort auch noch nach der Holzhammermethode. Doch auch ein seriöser Abschleppdienst will Geld verdienen.

Das eigene Seil

Das zulässige Gesamtgewicht beträgt beim Kadett, je nach Ausführung, zwischen 1140 kg und 1305 kg. Damit gehören diese Wagen in die Mittelklasse der Automobile, was man beim Kauf eines Seils berücksichtigen sollte. Vielleicht kommen Sie unterwegs auch einmal selbst in die Lage, einen schweren Wagen abschleppen zu wollen, dann wird Ihr Hilfswille von einem ›Bindfaden‹ nicht unterstützt. Besorgen Sie sich also ein starkes Seil.

Vom Zubehörhandel wird ein reichhaltiges Sortiment preiswerter Abschleppseile aus Perlon, Hanf oder Stahl angeboten. Jede dieser Sorten hat ihre Vor- und Nachteile. Perlonseile dehnen sich beim Abschleppen, verhüten also am besten, daß beim Anrucken an den beiden Fahrzeugen etwas verbogen wird. Dafür sind Perlonseile scheuer- und hitzeempfindlich. Wenn sie an einer Karosseriekante oder Stoßstange schaben oder an den heißen Auspuff kommen, sind sie schnell hin. Deshalb muß ein Perlonseil unbedingt verschiebbare Ledermanschetten haben, die es vor scharfen Kanten und heißem Auspuff schützen. Hanfseile sind besonders preiswert, aber dick; ihre Lebensdauer ist der von Perlonseilen überlegen. Stahlseile sind ziemlich spröde zu handhaben und besonders wenig nachgiebig. Wenn man diese Sorte ins Auge faßt, dann nur mit ›Ruckdämpfer‹. Das ist eine Schraubenfeder oder ein Gummistück, das aus der Seilmitte eine dehnfähige Schlinge bildet.

Im Schlepptau

Um den Kadett abschleppen zu können, ist das Seil durch eine der beiden Ösen, die rechts und links im Radeinbau angebracht sind, hindurchzufädeln. Nur an einem dieser beiden Halter schleppen! Alle Versuche, ein Seil an den Teilen der Radaufhängung anzubringen, führen unweigerlich zu kostspieligen Schäden an derselben.

Etwas Gelenkigkeit gehört schon dazu, das Seil am Kadett anzubringen. Außerdem muß man berücksichtigen, daß die Blechschürze unter der vorderen Stoßstange verhältnismäßig tief nach unten gezogen ist, weshalb das Seil am ziehenden Wagen nicht zu hoch angebracht werden darf. Andernfalls gibt es neben dem schon bestehenden Defekt zusätzlichen Blechschaden.

Sich abschleppen lassen ist kein Kinderspiel. Vorsichtige Fahrweise des Ziehenden ist die Grundbedingung der Rücksichtnahme auf sein Anhängsel. Im geschleppten Wagen müssen Sie die Verkehrssituation vor Ihrem Zugwagen beobachten und beinahe vorausahnen: Sie müssen eher bremsen als Ihr Helfer vorn, damit das Seil immer straff bleibt, ihn also praktisch mitbremsen.

Um an dem Schleppwagen vorbei gute Sicht voraus zu haben, wird das Seil bei diesem links angeknüpft. So kann die Zugmaschine scharf rechts fahren und der Geschleppte lenkt leicht versetzt zur Fahrbahnmitte hin, falls er nicht über gute Sicht durch die Fenster des ziehenden Fahrzeugs verfügt.

Die hinter diesem Geleitzug fahrenden Verkehrsteilnehmer müssen sehen können, wann Sie bremsen. Also: Zündung einschalten, sonst leuchten die Bremslichter nicht auf. Haben Sie jedoch einen längeren Weg in dieser für Sie benzinsparenden Weise des Autofahrens vor sich, dann ist es ratsam, das blau-schwarze Kabel an der Zündspule zu lösen, damit sie sich nicht aufheizt und Schaden nimmt. Eingeschaltete Zündung verhindert zudem das Einrasten des Lenkschlosses, wodurch schon häufig Unfälle passierten. Zumindest also den Schlüssel auf Stellung ›O‹ = ›Aus‹

Fingerzeig: *Die Bremskraftunterstützung funktioniert nur bei laufendem Motor. Zum Abbremsen des geschleppten Wagens ist ein höherer Pedaldruck nötig.*

Abschleppen des Automatik-Kadett

Wenn Ihr Kadett ein automatisches Getriebe besitzt, darf er nur bei der Wählhebelstellung ›N‹ geschleppt werden. Dabei soll die Geschwindigkeit von 50 km/h nicht überschritten werden, und die Schleppstrecke darf nicht mehr als 50 km betragen. Das hängt mit der Ölversorgung der Getriebeautomatik zusammen, deren Ölpumpe nur bei laufendem Motor angetrieben wird.

Zum Abschleppen über eine größere Entfernung ist entweder die Hinterachse anzuheben und dabei das Lenkrad in Geradeausstellung der Vorderräder zu fixieren (diese Maßnahme ist nur durch einen Abschleppdienst möglich), oder man muß die Kardanwelle vom Differential der Hinterachse lösen, damit sich der Lauf der Hinterräder nicht auf das Getriebe überträgt.

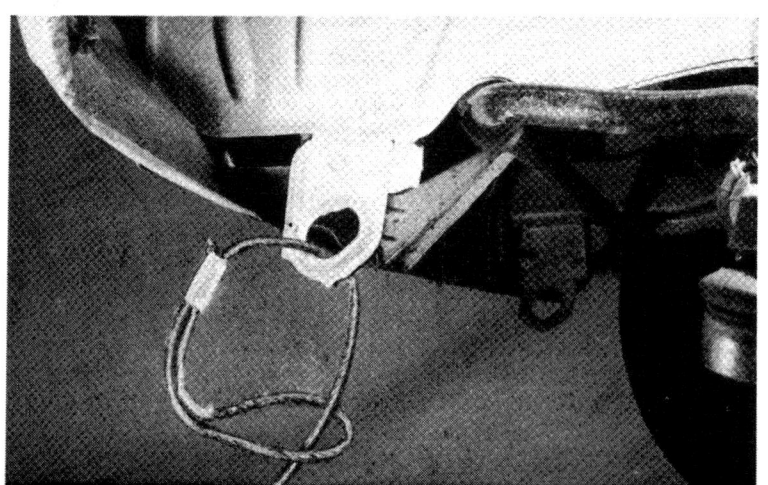

Am Kadett darf das Abschleppseil nur an eine der beiden Ösen vorn angebracht werden. Damit hat man die Gewißheit, daß am Wagen nichts beschädigt wird. Im Bild Seite 139 ist die hintere Abschleppöse zu erkennen.

Einen anderen abschleppen

Praktischerweise verfügt der Opel auch hinten über zwei Abschleppösen, wo man das Seil am Wagenunterbau links oder rechts befestigen kann. Allerdings paßt nicht jeder Seilverschluß durch diese Ösen. Zur Not muß man das Seil zu einer Schlaufe abknicken, diese durch die Öse ziehen und daran dann den Verschluß befestigen oder das andere Seilende durch die Schlaufe ziehen.
Bei älteren Wagen kann die Blechlasche der nach unten gerichteten Öse angerostet sein und bei starker Beanspruchung eventuell abbrechen. Dann muß man die Hilfeleistung einem anderen überlassen.
Die Beifahrer des abzuschleppenden Wagens läßt man möglichst in den Zugwagen umsteigen. Dann ist das Anhängegewicht niedriger.
Hoffentlich beherrscht der, dem Sie helfen wollen, die primitivsten Regeln der Abschleppkunst. Handzeichen und Lichtsignale müssen Sie mit ihm verabreden, und außerdem hat er zuerst zu bremsen – das geschleppte Auto muß praktisch den Schleppwagen mit abbremsen.

Abschleppen nach dem Gesetz

Das Abschleppen ist eine Notmaßnahme. Es darf nur dazu dienen, den aus eigener Kraft nicht fahrfähigen Wagen in die nächste zumutbare Werkstatt oder an seinen nahegelegenen Heimatort zu bringen. Die Autobahn muß bei der nächsten Abfahrt verlassen werden. Der Fahrer des abgeschleppten Fahrzeugs braucht keinen Führerschein zu besitzen, und für den Fahrer des schleppenden Wagens genügt der Führerschein Klasse 3. Wird jedoch ein betriebsfähiges Kraftfahrzeug geschleppt, ist für dessen Lenker der entsprechende Führerschein erforderlich. Das gilt auch beim Anschleppen.
Jede Schleppvorrichtung ist in der Mitte rot (durch Lappen) zu markieren, 5 m Länge darf nicht überschritten werden. Nur der Halter des abschleppenden Wagens haftet für alle auftretenden Schäden. Zur Schleppfahrt müssen beide Wagen die Warnblinkanlage einschalten.

Anhängerbetrieb

Will man an seinem Opel einen Anhänger mitziehen, ist (unter Verwendung einer TÜV-geprüften Anhängerkupplung) zu beachten, daß die Anhängelast ein bestimmtes Gewicht nicht überschreiten darf. Im Kapitel ›Technische Daten‹ ist aufgeführt, wie schwer ein Anhänger höchstens sein darf. Da sich dieses Gewicht nach dem Charakter des Zugwagens richtet, handelt es sich hierbei zwangsläufig um Leichtgewichte. Es wird auch unterschieden, ob es sich um einen gebremsten oder ungebremsten Hänger handelt. Befolgt man diese Vorschriften genau, bekommt man später mit der Obrigkeit keinen Ärger. Die Eignung des Fahrwerks für den Anhängerbetrieb kann durchweg als befriedigend bezeichnet werden. Wenn man die Motoreignung der Kadett-Typen in das Verhältnis zu den jeweils genehmigten Anhängelasten setzt, so ergeben sich natürlich etwas unterschiedliche Bewertungen.

Es ist nicht ratsam, die erlaubte Anhängelast vollständig auszuschöpfen. Der Wagen wird es Ihnen danken, wenn er auf der Urlaubstour nach Rimini nicht die Puste verliert. In jedem Fall lohnt sich der Einbau von verstärkten Hinterfedern, die Opel vorrätig hat. Sie verhindern das sonst starke Absinken des Wagenhecks durch den Druck auf die Anhängerkupplung. Noch wirkungsvoller ist die auch nachträglich einzubauende Niveauregulierung, die Opel für die hier besprochenen Modelle seit August 1976 anbietet.
Bei Anschluß einer vom Zugwagen betätigten Anhängerbremse unter Verwendung eines ›Hydrakup‹-Gerätes muß das Bremssystem mit einem unterdruckbetätigten Volumenvergrößerungsgerät ausgerüstet werden. Bei Anhänger mit Auflaufbremse ist keine Änderung der Fahrzeugbremsen nötig

Die Wagenwäsche
Unter der Brause

Wahrscheinlich freuen Sie sich beim Anblick Ihres Kadett, wenn er blitz und blank vor Ihnen steht, frei von Staub und Dreck und ohne Reste angetrockneter Regentropfen. Wie lang aber wird die Pracht anhalten? Schon das nächste Gewitter hinterläßt seine Spuren, die vorbeifahrenden Wagen verspritzen den Matsch der Gosse über Ihr Gefährt, und womöglich sorgt eine nahe Baustelle für einen festhaftenden Überzug von Zementmehl. Heißt es dann gleich wieder, mit Schwamm und Bürste der gemarterten Karosserie auf den Leib zu rücken? Wie oft man sein Auto wäscht, ist die Frage der Mentalität. Manch einer fährt monatelang mit seinem schmuddeligen Wagen durch die Gegend (was kümmert's ihn!) und andere wischen eifrig jede Rußflocke vom glänzenden Lack, die es wagte, sich dort niederzulassen. Was der erste vernachlässigt, übertreibt der zweite.

Natürlich: Auto-Waschen muß auch sein. Wichtiger aber ist es, sich um die Betriebs- und Verkehrssicherheit seine Automobils zu sorgen.
Fortwährende Reinigungsprozeduren können dem Lack mehr Schaden als Nutzen bringen. Es ist weniger schlimm, gelegentlich mit einem schmutzigen Wagen herumzufahren, als durch womöglich unsachgemäße häufige Säuberungsarbeiten das Äußere des Wagens in einen Schandfleck zu verwandeln, an dem man dann keine Freude mehr hat.
Man darf das Auto nie im Sonnenschein waschen. Das Blech läßt sich überhaupt nicht so schnell abledern, wie die Sonnenstrahlen das Wasser auf der heißen Karosserie wegtrocknen. Harmlos sind dabei die Flecke, die sich durch Kalk- und Schmutzrückstände bilden. Die Brennglaswirkung einzelner Wassertropfen läßt jedoch Verfärbung des Lackes entstehen, die man nur durch Polieren entfernen kann (siehe nächstes Kapitel).
Ungeeignet zum Wagenwaschen sind ebenfalls die Temperaturen um Null Grad. Das anschließende Abledern zum Trocknen nutzt dann wenig, weil sich das Wasser in Fugen und Karosserienähten verkriecht und bei solchen Temperaturen kaum noch verdunstet. Sobald es gefriert, beginnt es hinter Zierleisten und Gummidichtungen sein zerstörerisches Werk. Eis nimmt mehr Raum ein als Wasser und entwickelt bei dieser Ausdehnung eine Kraft, die den unterwanderten Karosserieteilen schlecht bekommt.
Dessen ungeachtet ist es nötig, dem Auto auch im Winter ab und zu einen Waschtag zu gönnen. In dieser Jahreszeit kommt es darauf an, die Auftausalze zu entfernen, die an der Karosserie und an der Unterseite des Wagens antrocknen und mit jeder Feuchtigkeit erneut die Korrosion unterstützen. Ohnehin sind solche Salze feuchtigkeitsanziehend, was ihre Aggressivität fördert. Nur sollte man nach der Wäsche für ein warmes Plätzchen sorgen, wo der Wagen richtig durchtrocknet. Die fürsorgliche Arbeit ist nahezu umsonst, wenn man das zwangsläufig an vielen Stellen noch feuchte Auto in der Kälte abstellt.

Waschen zur rechten Zeit

Großmutters Messingputzmittel Sidol, mit einem Lappen auf der Windschutzscheibe verrieben und dann blank poliert, ist das einfachste und wirksamste Mittel, selbst gegen die sogenannte ›Silikonpest‹. Die Reinigung gelingt aber auch, wie es hier geschieht, ganz perfekt mit üblichen Haushaltsspülmitteln. Auf den Scheibeninnenseiten niedergeschlagener Zigarettenrauch läßt sich auch mit Sidol entfernen.

Viel Wasser

Falls Sie zum Waschen Ihres Opel keine ausreichenden Mengen Wasser zur Verfügung haben, lassen Sie es lieber bleiben!
Nur der ununterbrochene Wasserfluß weicht den Schmutz auf und schwemmt ihn schon teilweise weg, ohne den Lack zu beschädigen. Reibt man dagegen den Schmutz mit zu wenig Wasser weg, werden zugleich Staub- und Sandkörnchen über den Lack geschmirgelt, die ihn zerkratzen und schließlich zerstören. Anfangs wird noch nicht sichtbar, was sich nach einer Reihe solcher Torturen offenbart: Bei schräg auffallendem Licht werden in Streifen und Kreisen verlaufende Schleifspuren erkenntlich, die der Beweis für eine angegriffene Lackoberfläche sind.
Wie der Tankwart die Autos nur mit dem Wasserschlauch wäscht und wie auch in der automatischen Waschanlage Unmengen von Wasser auf den Wagen herniederströmen, sollten auch Sie nicht mit Wasser sparen. Vor allem aber neuer Lack ist noch weich und keineswegs widerstandsfähig. Daher darf er nur mit klarem Wasser ohne irgendwelche Zusätze gereinigt werden. Automatische Waschanlagen sind für Wagen mit neuem Lack möglichst zu meiden. Ablagerungen aus chemischen Verunreinigungen der Luft (Industrieabgase) und Auftausalze – also die sonst nicht üblichen Arten von Verschmutzung der Karosserie – spült man am besten auch nur mit fließendem Wasser vom Lack weg. Gleiches gilt für die von Insekten verunzierte Vorderfront des Wagens nach sommerlicher Fahrt. Vorher drückt man nasses Zeitungspapier auf den Fliegenfriedhof und läßt die Sache über Nacht aufweichen. Am nächsten Tag macht das Entfernen der Insektenreste keine Mühe mehr.

Mit Schlauch oder Eimer

Die für das Wagenwaschen nötige Wassermenge kann man am besten durch einen Schlauch herbeischaffen. Doch der Wasserhahn, an den der Schlauch angeschlossen ist, darf nicht zu weit aufgedreht werden. Sonst besorgt der harte Wasserstrahl das, was wir gerade vermeiden wollen: Schmirgelspuren auf dem Lack.
Sollte kein Garagenvorplatz mit Wasseranschluß zur Verfügung stehen, dann muß der Bedarf an Wasser mit Eimern herbeigeschleppt werden. Ein einzelner Eimer reicht dazu nicht aus, weil die Waschbrühe viel schneller trübe wird, als dem Lack lieb ist. Auf keinen Fall mit dem nassen Schwamm auf dem trockenen Schmutz herumwischen! Wie bei der Wäsche mit dem Schlauch soll genügend Wasser verbraucht werden, dazu läßt man den Schwamm im Eimer sich stets vollsaugen. Hartnäckiger Schmutz an Stoßstangen und Felgen kann man mit normaler Wurzelbürste entfernen.

Automatische Waschanlagen

Die rotierenden – wenn auch relativ weichen – Waschbürsten bearbeiten den Lack ziemlich intensiv. Bei einem stark verschmutzten Auto wird dem Dreck gar nicht die Zeit gelassen, richtig aufzuweichen, obwohl dabei etwa 200 bis 250 Liter Wasser auf die Karosserie herniederregnen. Die Lackoberfläche kann somit angegriffen werden, weil eine solche automatische Behandlung gewissermaßen ›gefühllos‹ vor sich geht. Da nutzt auch kein beigemengtes ›konservierendes‹ Wachs, das eher dem schnellen Trocknen nach dieser Wäsche dienen soll. Zumindest ein frischlackiertes Auto sollte man aus einer derartigen Anlage fernhalten.

Die Kadett-Karosserie erweist sich in der Schnellwaschanlage relativ reinigungsgünstig; vor allem wird auch beim Coupé das Schrägheck gut gereinigt. Dagegen kommen die Waschbürsten nur schlecht an die unteren Partien am Bug und Heck, die von Stoßstangen überdeckt sind. Auch der Außenspiegel und eventuell angebrachte Zusatzscheinwerfer sind nach der Bearbeitung in der Waschanlage nicht immer in der alten, richtig eingestellten Position.

Ratsam ist es in jedem Fall, Waschanlagen antizyklisch (werktags, tagsüber) zu besuchen. Dann hat man dort mehr Zeit und Ihr Wagen wird gründlicher ›eingeweicht‹, was besonders bei starker Verschmutzung wichtig ist.

Motorwäsche mit Vorsicht

Im Laufe der Zeit verschmutzt auch der Motorraum. Aus Gründen zusätzlicher Kühlung und guter Zugänglichkeit ist der Motorraum unten nicht verschlossen. Der eingefangene Straßenschmutz vermischt sich mit Öl und Fett zu einer fest haftenden Schicht, die man mit klarem Wasser nicht beseitigen kann. Ein verdreckter Motor ist aber keine Empfehlung für den Wagenbesitzer, ganz abgesehen davon, daß man damit rechnen muß, auch im Sonntagsdress schnell einen Handgriff ausführen zu müssen, der nicht ohne Spuren am Rockärmel bleibt.

An Tankstellen und in Zubehörgeschäften bekommt man geeignete Motorreiniger, die es als ›Kaltreiniger‹ in größeren Gebinden zum Auftragen mit dem Waschpinsel oder in praktischen Sprühdosen gibt. Nach einer gewissen Einwirkzeit kann die ganze Sache mit einem schwachen Wasserstrahl weggespült werden. Um ganz sicher zu gehen, sollten aber zuvor wichtige Teile der elektrischen Anlage (Verteiler, Kerzenstecker) mit Lappen oder Folie (Plastiktüte) abgedeckt werden, damit das nachfolgende Starten des Motors nicht im Versuch erstickt.

Bekanntlich ist Wasser für die Funktion elektrischer Anlagen abträglich. Besonders Wasserdampf dringt gerne in den Verteilerdeckel und leitet dort den Zündfunken in Richtungen, wo er nicht hin soll. Sorgfältiges Auswischen des Deckels hilft dann meistens; müheloser werden die notwendigen Funkenbahnen durch spezielle Kontakt-Sprühmittel gefördert, trotz eingetretener Feuchtigkeit. Sogar Chromschutzspray nutzt bei solchem Mißgeschick.

Eine einfache, aber wirkungsvolle Methode ist es, den Motor mit einem mit Petroleum getränkten Lappen zu reinigen.

Die Lackpflege

Glänzende Einfälle

Bei der Pflege der äußeren Erscheinung Ihres Autos können Sie viel Unheil verhüten, wenn Sie nicht jedes erstbeste Mittel anwenden, das bei oberflächlicher Beurteilung dafür geeignet erscheint. Einige Kosmetikartikel werden mit großem Aufwand angepriesen, sind aber für das Blechkleid Ihres Wagens (und auch für das des Nachbarn, obwohl der von der Wirkung jener Wundersalbe begeistert ist) ebenso schädlich wie Salzsäure zum Händewaschen.
Erhöhte Vorsicht ist geboten, so lange das Auto noch jung und der Lack noch weich und widerstandslos ist. Alle Pflegemittel wirken dann aggressiv und schädigend. Wenn es aber im Laufe der Zeit nötig wird, dem auf natürliche Weise gealterten Lack wieder Frische zu geben, dann muß man an die Mittel, die man gedenkt anzuwenden, strenge Maßstäbe anlegen. Bevor man sich nicht der schonenden Eigenschaften solcher Mittel völlig sicher ist, soll man lieber von ihrem Gebrauch Abstand nehmen.
Merken Sie sich bei der Pflege Ihres Opel bitte eins: Die Wagenwäsche mit viel Wasser bleibt die beste Lackpflege!

Auch Lack ›altert‹

Die Ansprüche, die an den Autolack gestellt werden, sind gewaltig. Sommerhitze und winterliche Kälte, Hagelschauer, mit Salz vermischter Schneematsch und aufgeschleuderter Schmutz sollen keinerlei Spuren hinterlassen, und dabei wird noch erwartet, daß sich die hauchdünne Lackschicht allen Bewegungen und Vibrationen des Blechs geschmeidig anpaßt. Diese Strapazen kann ein Lack nicht ewig aushalten.
Mit der Zeit verliert der Lack seine Elastizität, seine Poren erweitern sich, Feuchtigkeit dringt in die Farbschicht und zermürbt sie von innen, kurz, er ›altert‹. Der in den heute üblichen Kunstharzlacken enthaltene Weichmacher, der für die Elastizität zuständig ist, verflüchtigt sich allmählich und die einzelnen Farbkörnchen liegen nicht mehr eingebettet im Lack, sondern stehen – mikroskopisch sichtbar – spröde ab. Der Lack ist stumpf geworden.
Ein solches trauriges Stadium ist noch nicht erreicht, wenn das Wasser noch in kleinen Tropfen über den Lack perlt und nicht ›teigig‹ zerrinnt. Es genügt dann immer noch, das Auto mit klarem Wasser zu waschen.

Nicht zu Tode pflegen

Erst dann, wenn die Lackoberfläche nach der Wäsche mit klarem Wasser stumpf bleibt, sollte die eigentliche Lackpflege einsetzen. Aber eine Armbanduhr repariert man auch nicht mit einem Vorschlaghammer, daher sollen die Pflegemittel, die man jetzt braucht, mit Bedacht ausgesucht und angewendet werden. Die dauernde Benutzung eines Poliermittels bedeutet, daß eines Tages die hauchdünne Lackschicht wegpoliert ist.
Je sparsamer man mit Pflegemitteln umgeht, um so länger hat man an dem Lack seines Autos Freude. Nur das Mittel, das gerade noch die erstrebte Wirkung zeigt, bedeutet für den Lack eine Daseinsverlängerung.

Polieren Sie Ihr Autor nur, wenn es sich wirklich als dringend notwendig erweist. Und verwenden Sie dazu nur die mildesten Mittel! Während dieser Arbeit darf die Sonne nicht zuschauen, es sei denn, sie lugt nur kurzzeitig einmal durch ein Wolkenloch, denn sie erwärmt das Karosserieblech und stört so die Wirksamkeit der Pflegemittel.

Haushaltspülmittel sind Gift für den Lack

Vollkommen falsch ist es, die Außenhaut des Wagens mit den bekannten (und sonst auch bewährten) Spülmitteln reinigen zu wollen. Das gilt auch dann, wenn sie ›nebenbei‹ zur Autopflege empfohlen werden. Es ist selbstverständlich, daß solche Mittel tadellos reinigen, aber den Lack des Autos laugen sie aus und zermürben ihn bis auf den Grund. Bei Gegenständen mit strukturell undurchlässigen Oberflächen wie etwa Gläser und Kacheln können die alles reinigenden Flüssigkeiten keinen Schaden anrichten – der stets poröse Autolack reagiert auf sie jedoch mit Zerfall.

Lackpflege von Stufe zu Stufe

Alter und Zustand des Lackes sind Maßstab für die Art der Lackpflegemittel. Die Qualität dieser Mittel allein ist nicht von Ausschlag.
Wenn man das Glück hat, auf einen fachkundigen Verkäufer zu treffen, kann man ihm den tatsächlichen Bedarf schildern. Ohne ihn ist man auf Begriffe angewiesen, die – obwohl von Pflegemittelherstellern verwendet – zur Verwirrung beitragen. Die folgenden Abschnitte sollen etwas klärend wirken.

Auto-Shampoo

Bereits die in Verbindung mit der Wagenwäsche verwendbaren Auto-Shampoos enthalten die Möglichkeit, den Lack eher auszulaugen als zu pflegen. Sie sollen den Schmutz, der sich mit reinem Wasser nicht ohne weiteres entfernen läßt, lösen. Da sie aber gewöhnlich fettlösend sind, ›magern‹ sie den Lack aus, der dadurch auf die Dauer spröde wird. Dagegen soll ein gutes Auto-Shampoo, das stets alkalifrei sein muß, dem Lack gewisse ›Nährstoffe‹ zuführen, die ihn frisch und elastisch erhalten: es soll, wie die Experten sagen, ›rückfettend‹ sein. Ob dem so ist, bleibt fraglich, nachdem Versuche verantwortungsbewußter Pflegemittelhersteller gezeigt haben, daß nach zwei Jahren der Lack nie mit Shampoo gewaschener Wagen wesentlich besser ist als jener, der ständig mit Shampoos gepflegt wurde. Es ist ja auch unverständlich, wie die fettlösenden Bestandteile des Shampoos in den Lackporen nach getaner Arbeit des Reinigungsprozesses durch Wachsteilchen ersetzt werden sollen. Das funktioniert nur in der Theorie richtig.

Waschkonservierer und Waschpolitur

Es gibt Hersteller, die kombinieren ihr Auto-Shampoo mit Waschkonservierer. Ein solches Mittel beschichtet während der Wäsche den Lack mit einem schützenden Lackfilm. Eigentlich soll man den Wagen zuerst mit klarem Wasser vollkommen sauber waschen und danach den Waschkonservierer anwenden. (Siehe vorstehenden Abschnitt).

**Spezial-
waschmittel**

Hartnäckiger Schmutz läßt sich mit Spezialwaschmitteln auflösen. Sie beseitigen Flugrost und Zementstaub und gebieten der Korrsion auf und unter dem Lack Einhalt. Im Gegensatz zum Auto-Shampoo sind sie säurehaltig. ›Bostik wie neu‹ (Bostik, 637 Oberursel) und ›abomar‹ (Loba-Chemie, Wien), Importeur Erich Artweger, 8415 Nittenau) gehören zu diesen Mitteln. Letzteres wurde durch wirkungsvolle Beseitigung von Eisenbahnschmutz bekannt. Eine solche Auto-Kosmetik muß unter allen Umständen im Schatten erfolgen, ohne daß die Sonne zusieht, sonst kann es zu verheerenden Lackverfleckungen kommen. Zum Auftragen der Mittel nimmt man eine breite, weiche Bürste. Nach dem Abschluß der Prozedur pflegt man den sorgfältig abgelederten Lack mit einem Konservierungsmittel.

**Lackkonser-
vierungsmittel**

Gesunden und noch einwandfreien Lack erhält man über geraume Zeit vor Witterungsunbill geschützt, wenn man ihn mit Lackkonservierungsmitteln behandelt. Solche kennt man unter den Bezeichnungen »Autowachs«, »Hartglanz« und »Sprühwachs«, doch auch manche »Autopolish« sind Lackkonservierer, obwohl sie eine polierende Wirkung versprechen. Wie beim Waschkonservierer (jedoch ohne milchige Trübung) wird eine Schutzschicht über den Lack gedeckt. Diese Wachsschicht ist blank zu reiben, wobei die Watte von der Lackfarbe nichts annehmen darf, sonst handelt es sich um ein Poliermittel mit schleifenden und lacklösenden Bestandteilen, die im Konservierer nichts zu suchen haben. Leider enthalten Lackkonservierer meistens Silikon. Wird es vom Regen auf die Windschutzscheibe gespült, verursacht es dort sichtstörende Schlieren. Beim Ausbessern von Lackschäden müssen zudem die Silikonbestandteile vorher weggewaschen werden, weil sonst die neue Farbe nicht haftet.

**Lackpolitur und
Schleifpolier-
paste**

Das sind die schwersten Geschütze, die nur bei stark verwitterten Lacken und nur selten angewendet werden dürfen. Vor allem Schleifpolierpaste, die fast schon so ›grob‹ wie Handwaschpaste aussieht und von den meisten Lackpflegemittelherstellern gar nicht für Selbstpfleger angeboten wird, sollte nur zum Auspolieren von Schrammen oder nach einer Streifberührung mit einem fremden Fahrzeug zum Wegpolieren des fremden Lackes benutzt

Von Opel gibt es eine ganze Reihe von Pflegemitteln, mit denen man Lack, Chrom und Polster bei Frische halten kann. Wie man mit den einzelnen Präparaten umgeht und wie man sie anwendet, ist auf ihren Behältnissen jeweils vermerkt. Daneben kann man noch die ›Blitz-Blank-Box‹ erhalten, in der man Schwamm, Shampoo, Chrompflegemittel, Hartwachsspray und eine wasserundurchlässige Schürze findet.

werden. An der starken Farbe, die in der Watte hängen bleibt, können Sie die schnelle und scharfe Wirkung erkennen, die manchen Autopfleger – auch die Wagenpfleger an manchen Tankstellen – verlockt, schon bei geringerem Anlaß zu dieser Brisanzgranate zu greifen. Das ist aber falsch, denn der Kunstharzlack hält dies nur ein paarmal aus. Vor allem nimmt Schleifpolierpaste die härteste oberste Schicht des Lackes weg; darunter ist der Lack ›weicher‹ und weniger widerstandsfähig, so daß er nach einigen Schleifpoliturbehandlungen immer wieder nach Politur ›schreit‹. Bis die Grundierung herausschaut.

Fingerzeig: *Mehr über alle mit der Lackierung zusammenhängende Fragen in Band 45 dieser Buchreihe (›Die Auto-Karosserie‹).*

Der Winterschutz
Kalte Berechnung

Es nutzt nicht viel, sich erst bei Einbruch des Winters darüber zu orientieren, welche Maßnahmen zu ergreifen sind, um gut durch die kalte Jahreszeit zu kommen. Vorkehrungen dieser Art können dann schon zu spät sein (siehe z. B. nächsten Abschnitt). Die Einsatzbereitschaft des Wagens, die im winterlichen Verkehr gleichermaßen wie im Sommer vorhanden sein muß, hängt von allerlei kleineren Faktoren ab, deren Summe die erwünschte Sicherheit verleiht. Halbheiten zahlen sich nicht aus. Wer sich gegen Grippe impfen ließ, ist noch lange nicht gegen Lungenentzündung gefeit.

Neben den Methoden, mit Ihrem Auto anstandslos während frostiger Tage dem Frühling entgegenzufahren, zeigt Ihnen dieses Kapitel außerdem die Möglichkeiten zum Werterhalt des Wagens. Gerade dann, wenn das Auto im Winter herumsteht, leidet es mehr als bei einer Pause im Sommer. Ist man bei Schnee und Matsch viel unterwegs, muß man ebenfalls vorgesorgt haben, damit sich der schöne Kadett nicht allmählich in eine Rostmumie verwandelt. Das wollen wir verhindern.

Kühlflüssigkeit frostfest?

Außer den Wagen mit luftgekühltem Motor besitzen alle heute gebauten Autos eine Wasserkühlung mit Überdruck-Kühlsystem. So befindet sich auch im Kühlkreislauf des Kadett ab Werk eine Dauerfüllung, die bis −30°C frostfest ist. Diese Angabe gilt aber nur, wenn kein klares Wasser nachgefüllt wurde. Ist man sich über die frostsichere Eigenschaft des Kühlmittels nicht im klaren, kann man sich den Kühlerinhalt an einer Tankstelle ausspindeln lassen. Ähnlich wie ein Säureheber zum Batterieprüfen (siehe Seite 171) gestaltet ist, zeigt die Spindel an, bei welcher Temperatur das Kühlmittel gefrieren wird. Entsprechend muß Frostschutzmittel nachgefüllt werden. Opel empfiehlt dazu den Opel-Kühlerfrostschutz Katalog Nr. 1940680 An einigen Tankstellen kann man auch Frostschutzmittel literweise aus dem Faß bekommen. Das ist etwa halb so teuer wie andere, in Dosen erhältliche Markenfrostschutzmittel. Zur Not mischt man sich selbst aus einem Teil Glyzerin, einem Teil Spiritus und zwei Teilen Wasser eine bis −20 °C frostsichere Kühlflüssigkeit, die allerdings den Nachteil hat, daß Spiritus schneller verdunstet. In jedem Fall muß man eine neue Frostschutzflüssigkeit vor dem Einfüllen durchmischen, am besten im Eimer.

Opel schreibt nicht vor, das Kühlmittel alle zwei Jahre zu wechseln, wie es von anderen Autofirmen und von den Frostschutzmittel-Herstellern empfohlen wird. Voraussetzung ist allerdings, daß man den ›Opel-Kühlerfrostschutz‹ im Kühlsystem eingefüllt hat. Es wird behauptet, daß die Frostschutzmittel mit der Zeit ›altern‹ und ihre Schutzeigenschaft gegen Korrosion verlieren. Wir konnten das bislang jedoch nicht beobachten.

Tatsächlich verhindert die Schutzfüllung aber die Bildung von Rückständen und Oxydation, deshalb ist an ihrer Stelle möglichst kein Wasser zu verwenden.

Und jeder weiß: Reines Wasser wirkt unter Null verheerend, es friert ein (Eis nimmt mehr Raum ein als Wasser) und sprengt Kühler und Motorblock.
Ein kleines Trostpflaster ist es zu wissen, daß für Schäden, die auf einem in der Werkstatt vergessenen Frostschutzmittel beruhen, die Werkstatt aufkommen muß.

Frostschutz für den Scheibenwascher
Pflegearbeit Nr. 27

Im Kadett ist der Behälter für das Scheibenwaschwasser zugänglich untergebracht, aber sein Inhalt - von Motor kaum erwärmt - friert auch während der Fahrt ein. Wenn der Wagen über Nacht in der Kälte stand, dann ist das klare Wasser garantiert zu Eis geworden.
Frostschutzmittel verhindern solche unliebsamen Überraschungen. Bei Opel gibt es für Waschwasser ›Reinigungs- und Frostschutzmittel Katalog Nr. 1758265‹, das im Mischverhältnis 1 : 3 bis –13° C und im Verhältnis 1 : 1 bis –18° C vor Einfrieren schützt. Daneben gibt es an Tankstellen eine Fülle von Spezialmitteln, die man dem Scheibenwaschwasser beimischen kann. Einige von ihnen lösen sogar den Öldunst vorausgefahrener Qualmer auf der Windschutzscheibe auf.
Billiger, jedoch von seinem typischen Geruch begleitet, ist Brennspiritus. Er wird im Verhältnis 1 : 1 dem Wasser im Scheibenwaschbehälter durch Schütteln desselben beigemischt und hält noch bei klirrendem Frost die Windschutzscheibe sauber. Die Scheibendichtung wird durch den Spiritus nicht angegriffen.

Reifen im Winter

Bevor man sich im Winter mit seinem Auto in den Verkehr begibt, muß man sich vergegenwärtigen, daß die geänderten Straßenverhältnisse eine aufmerksame und zurückhaltende Fahrweise verlangen. Die Verzögerung, die beim Bremsen auf schneebedeckter Fahrbahn erreicht werden kann, ist um rund das Doppelte geringer als auf nasser Fahrbahn, und auf einer mit Eis bedeckten Straße sieht die Sache noch viel böser aus. Im Gefälle leidet die Verzögerung unter einer zusätzlichen Verzugsdauer, hervorgerufen von dem kräftiger als in der Ebene schiebenden Wagengewicht. Daher muß der Sicherheitsabstand den Gegebenheiten ausreichend angepaßt sein.
Trotz Heckantrieb ist der Kadett recht wintertauglich. Die Seitenführungskräfte, die zum Schleudern führen können, werden bei dieser Antriebsart allerdings nicht wie beim Frontantrieb abgebaut. Man verbessert jedoch die Richtungsstabilität (nicht nur bei Glätte!) durch folgende Faktoren:
- Gleichartige Bereifung auf allen Rädern
- Richtiger Luftdruck
- Gutgängige Bremsen, richtige Qualität der Bremsbeläge
- Nicht scharf kuppeln oder voll beschleunigen
- Beim Bremsen auskuppeln

Im Kapitel ›Die Reifenwahl‹ wird die Bedeutung und Nützlichkeit einzelner Reifentypen noch besprochen. Hier soll vorerst das derzeitige Angebot unter winterlichen Gesichtspunkten beleuchtet und die Wintereigenschaften dieser Reifen beurteilt werden.

Diagonal-Reifen reichen kaum aus

Auftausalze befreien die Straße immer wieder schnell von Schnee und Eis. Oft herrschen also ›gemäßigte‹ Winterverhältnisse, aber mit den bis 1975 serienmäßigen Diagonal-Reifen wird man nicht recht froh werden. Nicht umsonst heißen sie auch ›Sommer-Reifen‹ und nur derjenige wird mit ihnen das ganze Jahr auskommen, der im Winter wenig unterwegs ist.

Gürtelreifen besitzen beschränkte Wintereigenschaften

Radialreifen, wie die Gürtelreifen auch heißen, warten auf Schnee mit einer relativ günstigen Griffigkeit auf, die sie durch ihren stabilen Laufgürtel, der die Auflagefläche nicht auf der Fahrbahn walken läßt, erhalten. Um Tükken an Steigungen zu mildern, kann man auch Unterlegmatten oder Sand (Säckchen mit scharfem Splitt mitführen) zu Hilfe nehmen. Welche Gürtelreifen für die Kadett-Modelle zugelassen sind, ist auf Seite 157 nachzulesen. Wagenbesitzer, die in Gegenden mit milden Wintern wohnen und in dieser Zeit nicht sehr viel fahren, brauchen sich kaum besondere Reifen anzuschaffen. Die Straßen sind meistens nach kurzer Zeit geräumt und das gestreute Salz verhindert in der Regel die Eisbildung.

M+S-Reifen können nicht alles

In Gegenden, wo mit Schnee und Eis zu rechnen ist, läßt sich jedoch die Anschaffung besonderer Winterreifen durch die nur gering belastete Hinterachse des Opel Kadett nur selten umgehen. Mit zwei M + S (= Matsch und Schnee-)Reifen auf der Antriebsachse fühlte man sich früher für den Winter gut gerüstet. Aber diese Kombination ist gefährlich, wenn Sie auf Matsch oder Eis bremsen müssen, können die sommerbereiften Vorderräder den Wagen nicht in der Spur halten und den richtigen Bodenkontakt herstellen.

Die richtige Lösung für Winterbereifung sind vier M + S-Radialreifen, die heute viel feiner profiliert sind als früher und dadurch leiser und komfortabler abrollen. Die Entwicklung, die in den heutigen Winterreifen steckt, hat aber auch ihren Preis. Wer ein wenig sparen will, kann Wintergürtelreifen in runderneuerter Ausführung kaufen. Renommierte Runderneuerer liefern ihre Reifen ebenfalls mit neuen Profilen und für den Winter abgestimmter Gummimischung.

Früher wurden die Wintergürtelreifen oft in herkömmliche und solche in Haftausführung unterschieden. Der Begriff Haftreifen taucht heute aber kaum mehr auf.

Fingerzeige: *Bei Temperaturen um den Gefrierpunkt bildet sich auf dem Eis beim Darüberrollen ein feiner Wasserfilm, der die Haftfähigkeit auch von Winterreifen gefährlich verringert.*

Die meisten M + S-Reifen dürfen auch auf trockener Fahrbahn nur mit höchstens 160 km/h gefahren werden. Dementsprechend tragen sie hinter der Reifengrößenbezeichnung den Kennbuchstaben »Q« (z. B. 175/70 R 12 82 Q). Weil die mit 105 PS und mehr ausgestatteten Kadett-Modelle aber eine amtliche Spitzengeschwindigkeit von mehr als 160 km/h haben, muß bei montierten M + S-Reifen dieser Art ein Aufkleber für 160 km/h Höchstgeschwindigkeit auf das Armaturenbrett gepappt werden. Aber es gibt auch »schnellere« M + S-Reifen für 180 km/h (Kennbuchstabe »S«) oder 190 km/h (Kennbuchstabe »T«) von einigen Reifenfirmen. Bei Interesse Reifenhändler fragen.

Reifendruck im Winter

Durch eine Luftdruckerhöhung von etwa 0,2 bar (bar etwa gleich atü) wird eine zusätzliche Stabilität erreicht. Diese Tatsache sollte man sich im Winter zunutze machen, weil man dadurch zugleich die Aufstandsfläche etwas verkleinert. Somit wird die Last, die pro Quadratzentimeter auf den Boden (auf Schnee und Eis) drückt, erhöht. Die Profilstollen und -kanten können dann besser greifen. Deshalb hatten auch unsere Väter weniger Kummer beim Fahren im Winter. Die alten Autos besaßen große und schmale Reifen, die mit Schnee und Matsch elegant fertig wurden, weil sich auf ihrer kleinen Aufstandfläche die Wagenlast wirkungsvoller konzentrierte.

Die für die Autobahn auch im Sommer empfohlene Luftdruckerhöhung um 0,2 bar ist in dem eben erteilten Ratschlag schon inbegriffen. Ein Mehr von 0,4 bar wäre für Winterfahrten zuviel des Guten.

Gleitschutzketten

Gleitschutzketten – wie sie fachlich richtig statt ›Schneeketten‹ heißen – sind das sicherste Mittel, um mit allen winterlichen Erscheinungen auf der Straße fertig zu werden. Nicht nur im verschneiten Hochgebirge beweisen sie ihren größten Effekt, sondern auch auf Glatteis und verharschtem Schnee sind sie unübertroffen.

Dennoch sind Gleitschutzketten nicht sehr beliebt, weil sie je nach Straßenzustand auf- und abmontiert werden müssen. Auf trockener oder nur nasser Straße nutzen sich die Kettenglieder schnell ab und wenn man damit schneller fährt, können womöglich die Fetzen fliegen. Deshalb gilt mit Ketten die vorgeschriebene Höchstgeschwindigkeit von 50 km/h.

Es war früher ein guter Tip, sich für Fahrten in schneereiche Gebiete ein komplettes sechstes Rad anzuschaffen und dieses ebenso wie das ohnehin vorhandene Reserverad daheim in Ruhe mit Ketten zu versehen und mitzunehmen. Statt unterwegs umständlich Ketten zu montieren, wurden nur die Räder der Antriebsachse ausgewechselt. In den letzten Jahren haben aber die Kettenhersteller praktische und fast narrensichere Montierhilfen entwickelt. Damit ist nun das Kettenauflegen leichter als das Auswechseln von Rädern geworden. Dennoch: Ein probeweises Auflegen der Ketten zu Hause nach der mitgelieferten Anleitung ist zu empfehlen. Im Schnee und mit kalten Fingern geht dann doch alles etwas schwerer und man ist froh, wenn man die Montage schon beherrscht. Die Kette darf nicht zu stramm angezogen werden, sonst wird sie zu sehr belastet und kann reißen oder das Reifenprofil beschädigen. Zwischen Kette und Reifenlauffläche sollte etwa die flache Hand geschoben werden können, dann kann die Kette etwas ›wandern‹.

Schaffen Sie sich nur feingliedrige Spurketten an. Alle anderen, wie ›Leiter‹-›Zickzack‹- oder ›Gummikreuz‹-Ketten sind veraltet, teils gefährlich und erreichen nicht die Wirkung von Spurketten (siehe Abbildung).

Bei der Benutzung von Gleitschutzketten ist man gezwungen, eine Kombizange und eine Rolle besonders zähen Draht mit auf die Reise zu nehmen. Denn unterwegs passiert es leicht, daß etwa losgerissene Kettenglieder wieder eingehängt oder ersetzt werden müssen. Allerdings gibt es beispielsweise von Erlau (Hersteller der praktischen, aber teuren und in einem Arbeitsgang anzulegenden Euromont-Ketten) Kettenglieder, -haken und -ringe als Ersatzstücke. Zu RUD-Ketten erhält man einen Servicegutschein, der eine Reparatur oder Umarbeitung defekter Ketten ermöglicht.

Für einmaligen oder kurzzeitigen Schneekettenbedarf lohnt es sich, bei den Schneeketten-Verleihstationen des ADAC solche auszuleihen.

Praktische Hilfen unterwegs

Im Winter braucht man unterwegs manchmal einige der hier genannten Utensilien, die kaum Geld kosten, aber gute Dienste leisten können.

- ■ Eis-Schaber, um vereiste Scheiben zu reinigen. Er muß aus Kunststoff sein, damit die Scheiben nicht zerkratzt werden. Man kann so ein Ding auch als ›Teig-Schaber‹ – für die Kuchenteigschüssel – im Haushaltswarengeschäft kaufen.
- ■ Sandsäckchen, um an vereister Steigung eine Fahrbahn zum Anfahren streuen zu können. Am besten sind dichte Leinen- oder Kunststoffsäckchen mit möglichst scharfem Sand oder feinem Kies.
- ■ Schneeschaufel, um sich bei starkem Schneefall einen Weg bahnen zu

können. Damit es ein auch wirklich brauchbares Gerät ist, möglichst eine breite Kohlenschaufel mit kurzem, abnehmbarem Stiel nehmen, damit man sich auch durch eine hohe Schneewehe graben kann. Zur Not kann man Schnee auch mit einer Radkappe wegschaufeln.

■ Anti-Beschlagtuch, mit dem die von innen beschlagene Windschutzscheibe und Heckscheibe abgerieben werden kann. Die Imprägnierung, die das Beschlagen etwa für eine Woche verhindert, reicht in dem Tuch für eine Saison. Dann wird das Tuch ausgewaschen und als normales Staubtuch verwendet.

■ Zwei alte Teppichstreifen, jeweils einen halben Meter breit und mindestens 1,5 m lang aus einem alten Teppich oder Kokosläufer. Diese Stücke kann man zum Anfahren unter die Hinterräder legen, wenn es auf Glatteis nicht mehr weitergeht. Was für diesen Zweck im Zubehörhandel an Gummimatten usw. angeboten wird, taugt dagegen nicht viel. Wichtig ist, daß an beiden Stücken jeweils eine starke Schnur befestigt ist. Damit wird der Teppichstreifen an die hintere Stoßstange angehängt, bevor man ihn vor den antreibenden Hinterrädern ausbreitet.

Start bei strenger Kälte

Die ovalen Ausschnitte geben die Aufstandsfläche eines Reifens an und vermitteln eine Vorstellung davon, bei welchen Gleitschutzketten der größte Kontakt mit der Fahrbahn besteht. Von diesen Ketten sind die Leiter- und Zickzack-Ketten (1 und 2) nicht zu empfehlen, dagegen sind die Kreuz-Kette (3) und die Spurkreuz-Ketten (4 und 5) wirkungsvoll genug, um im Schnee besonders gut zu greifen. Diese bieten auch bei Glatteis echte Sicherheit, während die beiden erstgenannten Ketten wegen ihrer un-

Wie alle Opel-Modelle besitzen auch die drei Kadett-Versionen relativ gute Starteigenschaften. Man muß aber im Winter besonders beachten, daß der Kadett mit Starterzug (Luftklappenzug) ausgerüstet ist (siehe Seite 111). Weitere Ratschläge sind:

■ Falls Schaltgetriebe, Kupplungspedal treten (steifes Getriebeöl bremst).
■ Sprühflaschen (z. B. ›Startpilot‹) aus dem Zubehörhandel mit besonders leicht vergasbarem Anlaßstoff besorgen. Dieser wird – möglichst von zweiter Person – beim Anlassen in den Vergaserstutzen gespritzt (Luftfilterdeckel abnehmen). Auch Feuerzeugbenzin vergast recht gut.
■ Zündkerzen: Elektrodenabstand muß stimmen. Es kann helfen, die Kerzen herauszuschrauben und an Flamme oder Ofen zu erwärmen.
■ Batterie in beheiztem Raum aufbewahren und erst zum Start einsetzen.
■ Um sorgfältige Vergasereinstellung bemüht sein.
■ Zündleitungen, Zündspule und Verteiler peinlich sauber halten. Weißliche Schicht von Streusalz ist elektrisch leitend. Abwaschen und gut trocknen.

Dünneres Motoröl bei Frost

gleichmäßigen und unvollkommenen Auflage den Wagen bei einer Notbremsung unkontrolliert rutschen lassen.
Zu Gleitschutzketten gehört – von den Herstellern zumeist verschwiegen – als unvermeidbares Hilfsmittel eine Kombizange und eine Rolle besonders zäher Draht. Denn unterwegs passiert es leicht, daß etwa losgerissene Kettenglieder wieder eingehängt oder ersetzt werden müssen. Allerdings gibt es beispielsweise von Erlau Kettenglieder, -haken und -ringe als Ersatzstücke

Opel empfiehlt, bei länger anhaltenden Temperaturen unter 0° C HD-Öl der Viskosität SAE 20 W 20 zu verwenden. Bei länger anhaltenden Temperaturen um −20° C kann man auch HD-Öl SAE 5 W 30 oder Einbereichsöl SAE 10 verwenden. Dünneres Motoröl erleichtert das Anlassen und hat bei Kälte eine

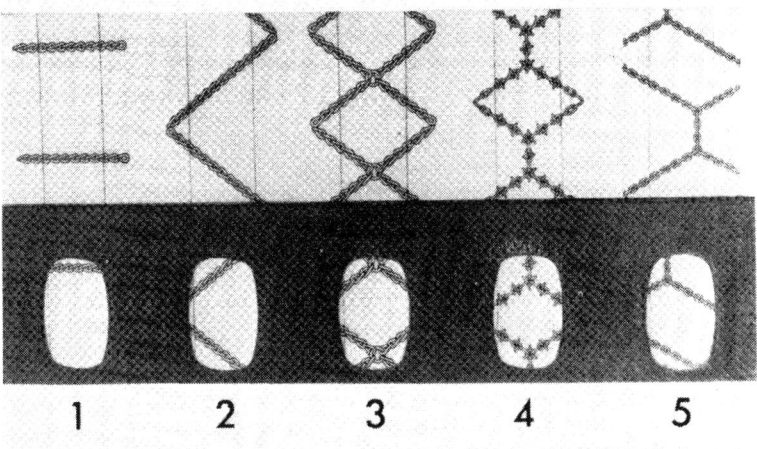

1   2   3   4   5

sofort einsetzende, bessere Schmierwirkung. Was für nahezu alle anderen Opel-Modelle gilt, sollte man auch beim Kadett bedenken. Das Einbereichsöl SAE 10 eignet sich weniger für hohe Dauergeschwindigkeiten. In den Opel-Motoren kann die Möglichkeit auftreten, daß bei hoher Motortemperatur auf den Gleitstellen der Film dieses ›dünnen‹ Öls reißt und die Schmierfähigkeit aussetzt.

Da Motoröl im Winter, vor allem bei vielen Stadtfahrten, stark beansprucht wird, sollte man im Frühjahr rechtzeitig an Ölwechsel denken. Dieser ist im Kapitel ›Schmieren aller Teile‹ beschrieben.

Schutz für die Wagenunterseite

Aufgeschleuderter Dreck und Splitt wirken während der Fahrt auf den Bauch des Wagens wie ein Sandstrahlgebläse und im Winter vollbringt das von Auftausalzen durchsetzte Schmelzwasser zugleich ein grausames Werk. Dazu tritt die Heimtücke, daß diese Salze in den unzugänglichsten Winkeln und Hohlräumen des Autos antrocknen und auch den folgenden Sommer hindurch immer wieder Spritzwasser aufsaugen, wodurch sich bösartige Rostnester bilden. Mancher Autobesitzer hat sich schon mit maßlosem Erschrecken die Unterseite seines noch gar nicht übermäßig alten Wagens angesehen. Und auch der TÜV handelt dann gnadenlos, wenn der Rost das Blech papierdünn werden ließ und Fahrzeugteile mit ehemals tragender Funktion nur noch von der danebenliegenden Metallumgebung festgehalten werden.

Serienmäßiger Unterbodenschutz

Zur Verhinderung von Rost verwendet Opel an gefährdeten Stellen der Autos verzinkte Blechteile. Als Schutz für den Unterboden erfolgt eine Behandlung des Unterbaues mit einer Schutzschicht auf PVC-Basis im Schleuderbereich der Räder, die als einmalige Vorkehrung gedacht ist, also während der gesamten Laufzeit des Wagens halten soll. Die übrigen unteren Partien des Opel erhalten auf Rostschutzgrundierung eine weniger ausdauernde Wachsschicht.

Den Unterboden sollte man vor dem nächsten Winter erneut behandeln. Dieser Opel-Empfehlung können wir hier nur beipflichten. Solch ein Saison-Unterbodenschutz reicht jedoch höchstens für einige Monate.

Bei einem älteren Gebrauchtwagen sollten Sie sich keinen Illusionen hingeben; hier hilft kein Unterbodenschutz mehr, wenn der oder die Vorbesitzer bislang nichts zum Schutz der Unterseite getan hatten. Unterbodenschutz auf vorhandenen Rost aufzutragen, hat allenfalls moralische Wirkung – der Rost setzt seine Tätigkeit dann eben vorläufig unsichtbar fort. Wer gar vor dem TÜV-Termin noch schnell etwas Unterbodenschutz auf durchgerostete Bleche kleistert, wird mit hundertprozentiger Sicherheit wieder nach Hause geschickt und muß das kunstvolle ›Make-up‹ durch handfeste Bleche ersetzen (hierfür gibt es von verschiedenen Firmen spezielle Reparaturbleche zum Einschweißen). Wenn Sie aber ein gepflegtes Exemplar Ihr eigen nennen, das bereits in zurückliegender Zeit einen richtigen Unterbodenschutz erhielt, dann sollten Sie diese Schutzschicht weiterhin erhalten.

Unterbodenschutz kontrollieren und ausbessern

Mindestens einmal im Jahr muß der aufgetragene Unterbodenschutz kontrolliert und eventuell nachgearbeitet werden. Wenn Sie einen hellen und günstigen Arbeitsplatz haben, wo sich der Opel sicher aufbocken läßt, können Sie das selbst machen. Sie brauchen dazu eine helle Handlampe und ein Spachtelwerkzeug oder abgebrochenes Messer, mit dem Sie verdächtige Stellen ankratzen und damit prüfen können, ob der alte Unterbodenschutz nicht locker sitzt oder unterrostet ist.

Nach einer gründlichen Unterwagenwäsche – am besten an einer Tankstelle, die ein Heißdampfstrahlgerät hat – werden alle schadhaften Stellen sorgsam ausgekratzt mit Spachtelwerkzeug, Schaber und Drahtbürste. Alle Rostansätze so weit wie möglich bis aufs blanke Metall abschleifen und den letzten Porenrost mit einem Roststopper ›einbalsamieren‹. Bewährt hat sich dazu ›Terotex Rostprimer‹ von Teroson, der zugleich die Haftfestigkeit des nachfolgenden Unterbodenschutzmaterials verbessert.

Zum eigentlichen Ausbessern benötigen Sie sowohl streichbares Material für die größeren Flächen und überall dort, wo Sie mit dem Pinsel hinkommen, denn es läßt sich dickschichtiger auftragen. Für schwer zugängliche Fugen und Ecken brauchen Sie außerdem eine Sprühdose mit Unterbodenschutz, am besten Tectyl von Valvoline, denn die Tectyl-Sprühdose hat einen schräg nach oben strahlenden Sprühkopf, was für diese Arbeit sehr praktisch ist.

Beim Auftragen jeglichen Unterbodenschutzes müssen Bremsanlage (Leitungen, Bremsscheiben und -trommeln), Lenkungsteile, Motor, Getriebe und Gelenkwelle abgedeckt werden. Auf jeden Fall sollte man nach dem Einsprühen sofort die Wirkung der Bremsen überprüfen und feststellen, ob Sprühdunst an die Bremsscheiben oder in die Bremstrommeln geraten ist. Keinesfalls sofort, wie üblich, losfahren, sondern mit betätigten Bremsen und wenig Gas so lange ›schleichen‹, bis sich die normale Bremswirkung einstellt.

Hohlraumkonservierung

Auch mit dem besten Unterbodenschutz sind Sie leider noch nicht vor Rostfraß sicher. In den Hohlräumen der Karosserie bildet sich Kondenswasser, und durch allerlei Ritzen und Löcher kann Spritzwasser eindringen. Der Rost frißt sich dann von innen durch, nach einiger Zeit bilden sich Blasen im Lack, die, wenn sie aufbrechen, den traurigen Tatbestand der Durchrostung zutage treten lassen. Dagegen hilft nur eine Hohlraumkonservierung beim Neuwagen oder an einem besonders gut erhaltenen Gebrauchten. Wurde Ihr Kadett schon in zurückliegender Zeit einmal hohlraumkonserviert und wollen Sie ihn auf lange Zeit behalten, können Sie auch eine Nachbehandlung der Konservierung machen lassen. Das verbessert den Rostschutz erheblich.

Eine ordentliche Hohlraumkonservierung kostet Geld. Beim gebrauchten Opel, dessen Hohlräume bisher noch nicht behandelt wurden, dürfte es mittlerweile für derartige Rostschutzmaßnahmen zu spät sein. Hat sich bereits Rost angesetzt – und das ist ganz sicher der Fall –, kann die Behandlung das Rosten nicht mehr verhindern, sondern lediglich verzögern. Genauere Auskunft gibt eine innere Sichtprüfung mit dem Endoskop durch den Hohlraumkonservierungs-Fachmann. Liegen auf dem Boden der Hohlräume großformatige Rostzunder in Schichten, rentiert sich die Hohlraumkonservierung kaum noch. Den letzten Entscheid gibt eine sorgfältige Prüfung der tragenden Hohlräume von außen. Sind da irgendwo außen Rostpickel zu erkennen oder läßt sich ein dünner Schraubenzieher durch das Blech bohren oder das Blech mit leichtem Hammerschlag eindellen oder gar durchschlagen, dann ist jede Mark für eine Hohlraumkonservierung zum Fenster hinausgeworfen.

Aber das Weiterrosten können Sie hinauszögern, wenn Sie bei gelegentlicher Betrachtung der Wagenunterseite die Wasserablauflöcher, die es an allen Hohlräumen, wie Türschwellen, Türunterkanten usw., gibt, mit einem abgebrochenen Küchenmesser oder einem schmalen Schraubenzieher aufstochern und anschließend die Hohlräume mit klarem Wasser aus dem Schlauch kräftig durchspülen, bis aller Rostschlamm herausgeschwemmt ist.

Die Hohlraumkonservierung kann man als Heimwerker auf gar keinen Fall selbst machen – alle derartigen Behauptungen verschiedener Spraydosen-

Anbieter sind Unfug. Das kann nur die Fachwerkstatt mit entsprechend langen Sprühsonden und dem notwendigen hohen Arbeitsdruck.

Maßnahmen bei der Stilllegung

Veranlaßte früher die Winterzeit manchen Wagenbesitzer, sein Auto für einige Monate abzumelden und in die Garage zu stellen, so zwingen heute eher Militärdienst, Führerscheinentzug oder Bedrängnisse wirtschaftlicher Art zur Stilllegung. Eine solche Zwangspause darf aber dem Fahrzeugzustand nichts anhaben, darum denke man an das Sprichwort ›Wer rastet, rostet‹ und beherzige nachstehende Regeln:

- Öl wechseln, Tank und Kühler ganz füllen.
- Frostschutzmittel prüfen, ggf. ergänzen.
- Motor warmlaufen lassen. Etwas Korrosionsschutz oder Petroleum in Vergaserstutzen sprühen oder in Kerzenlöcher gießen und Motor ohne Zündung (Verteilerkappe abnehmen) mit Anlasser durchdrehen.
- Motor (mit in Öl getränktem Lappen) luftdicht verschließen: Ansaugöffnung (Vergaserstutzen), Auspuff.
- Handbremse nicht anziehen. Kappen des Bremsflüssigkeitsbehälters mit Klebeband abdichten, da Bremsflüssigkeit wasseranziehend ist.
- Batterie ausbauen. Möglichst alle 4 Wochen aufladen lassen oder dorthin verleihen, wo sie benutzt wird.
- Schlösser mit Gefrierschutzmittel einspritzen.
- Scheibenwischblätter aushängen.
- Chromteile mit Vaseline oder anderem säurefreiem Fett einreiben.
- Reifendruck regelmäßig kontrollieren (lassen).
- Alle 2 Monate Wagen bei eingelegtem großen Gang wenigstens 50 cm vom alten Platz wegschieben, um einseitige Reifenbelastung und Dauerbelastung einzelner Ventilfedern zu vermeiden.
- Bei Stillstand über 6 Monate Wagen hochbocken. Frei hängende Antriebsräder bei eingelegtem Gang gelegentlich etwas drehen, damit einzelne Ventilfedern regelmäßig entlastet werden.
- Abstellplatz soll trocken sein und muß gelegentlich gelüftet werden. Heizung ist nicht erforderlich. Wagenfenster handbreit geöffnet lassen.

Neben anderen hat auch die Firma Teroson Arbeitspläne zur Hohlraum-Konservierung ausgearbeitet. Die Zeichnung zeigt, an welchen Stellen diese vorsorgende Behandlung vorgenommen werden soll:
1 - Nur vorderer Bereich der Motorhaube
2 - Türholm, durch Kontaktschalter
3 - Tür, Verkleidung abnehmen
4 - Radschacht und Seitenteil durch Kofferraum
5 - Kofferdeckel
6 - Querträger
7 - Längsträger
8 - Stabilisatorhalter
9 - Türschweller
10 - Verstärkung, durch sichtbare Schlitze versiegeln
11 - Längsträger
12 - Längsträger, durch Kofferraum
O - Löcher sind vorhanden
● - Löcher müssen gebohrt werden
Anschließend sind die Bohrungen mit einem Stopfen zu verschließen.

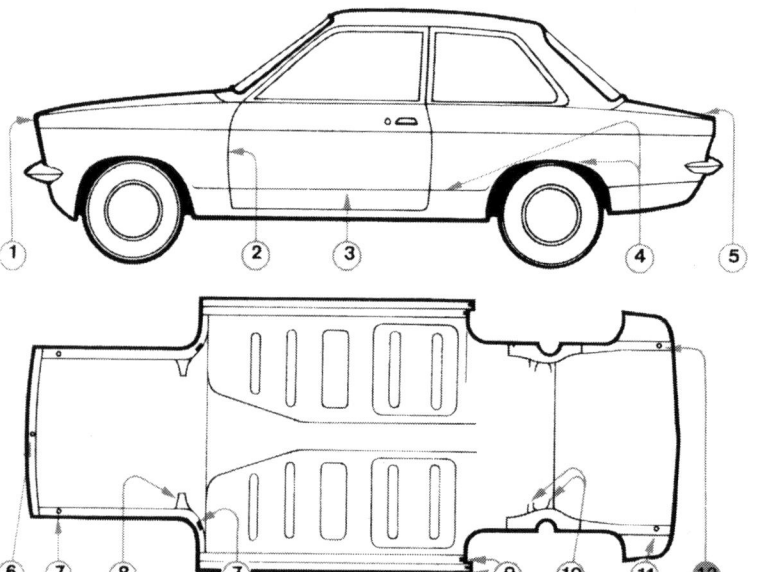

Die Karosserie

Haus aus Stahl

Gegenüber seinen Vorgängern hat der Kadett C an Gefälligkeit gewonnen. Das Äußere eines Autos soll allerdings nicht nur optischen Ansprüchen genügen. Vielmehr überträgt man der gesamten Karosserie dieselbe tragende Aufgabe, die etwa bei Lastwagen vom Fahrgestell übernommen wird. Eine selbsttragende Karosserie besteht aus verschiedenen, exakt in Formgebung und Festigkeit berechneten und zusammengesetzen Teilen, die gemeinsam ihre wichtige Funktion erfüllen. Opel blickt beim Bau solcher Karosserien auf Erfahrungen bis 1935 zurück.

Sollte ein Unfall das Blechkleid Ihres Autos in Mitleidenschaft gezogen haben, sind freilich sorgfältige Instandsetzungsarbeiten in der Fachwerkstatt nötig, zumal wenn der Schaden die Fahrsicherheit beeinträchtigt.

Was ist demontierbar?

Um der Karosserie maximale Stabilität zu verleihen, sind die einzelnen Teile nicht durch Schrauben verbunden, sondern elektrisch punktgeschweißt. Nur die vorderen Kotflügel machen eine Ausnahme, sie sind in ihrem gesamten Umfang festgeschraubt. Aber schon bezüglich der hinteren Seitenteile muß man bei Blechschäden mit kostspieligen Schweißarbeiten rechnen.

Beim Kadett lassen sich nur die Türen, die beiden Hauben, die Fenster, das Kühlerschutzgitter sowie Scheinwerfer und Stoßstangen ausbauen.

Da bei einer Kollision zumeist auch benachbarte Partien der direkt betroffenen Blechteile etwas abbekommen (oft nicht ohne weiteres erkennbar, sondern erst nach genauem Vermessen festzustellen), lohnen sich hausgebackene Klempnerarbeiten gewöhnlich nur nach leichten Schadensfällen.

Karosserie- und Fahrzeugteile auf Geräusche prüfen
Pflegearbeit Nr. 25

Auch ohne sichtbar äußeren Einfluß stellt man manchmal während der Fahrt fest, daß es plötzlich klappert und zirpt. Derartige Blechmusik kann sogar bei neuen Wagen auftreten, und der Besitzer des Autos ist verärgert und nervös. Gewöhnlich handelt es sich dabei um nur lächerliche Ursachen: Eine vergessene Schraube rasselt hinter der Verkleidung umher, ein loses Kabel schlägt ans Blech oder – der Schlüsselbund klirrt im Handschuhfach. Manchmal bedarf es einer gehörigen Portion Geduld, den Klopfgeist aufzuspüren. Alle 10 000 km soll man bewußt die Ohren spitzen und auf ungewohnte Geräusche lauschen. Das kann durchaus während eines Sonntagsausflugs geschehen, fern vom Großstadtlärm, in der Stille einer einsamen Landstraße. Die Geräuschübertragung in der Karosserie, die an manchen Stellen wie ein Resonanzboden wirkt, macht es oft schwierig, den Störenfried, der da klopft, zu lokalisieren. Er kann ganz woanders sitzen, als wo man ihn vermutet und sucht. Vielleicht sind Ihre Nerven stark genug und Sie lassen es einfach klappern!

Oft klappern locker hängende Kabel ans Blech. Alle lockeren Kabel in der Geräuschgegend sind wieder in die Kabelschellen zu drücken oder mit Klebe-

Das Ziergitter zwischen den Scheinwerfern läßt sich beim Kadett leicht abnehmen. Dazu zieht man die oberen Halteklemmen aus dem Karosserieblech (durchbrochener Pfeil) und hebt das Gitter dann aus den unteren Stützlöchern (weißer Pfeil). Diese Demontage wird nötig, wenn man die Lamellen des Kühlers von Insekten und grober Verschmutzung reinigen will.

band zu befestigen. Rasselt irgendwo etwas herum, ist es vermutlich eine Schraube oder Mutter. Wenn man sie nicht findet, soll man einmal nachprüfen, wo eine solche Befestigung fehlt: In der Nähe wird sich auch der Klappergeist aufhalten. Quietschen oder Zirpen von gelockerten Teilen begegnet man provisorisch mit Bindedraht. Wo es zwitschert, kann man vom Ölmeßstab einige Öltropfen an Taschenmesser oder Streichholz abstreifen und auftragen, sofern kein Gummi in Mitleidenschaft gezogen wird.

Vorbeugend gegen Klappergeräusche ist das Nachziehen aller Schrauben und Muttern, die der Befestigung der verschiedenen Fahrzeug- und Anbauteile dienen.

Dieser nach jeweils 10 000 km Fahrstrecke empfohlene Wartungsdienst ist allerdings etwas theoretischer Natur, denn einerseits warten Klappergeräusche nicht gerade 10 000 km lang und andererseits wäre es eine stundenlange Arbeit, wirklich sämtliche Schrauben und Muttern zu suchen und nachzuziehen. Eher ist es praxisnah, bei allen Wartungs- und Instandsetzungsarbeiten, die man an diesem oder jenem Teil des Wagens vornimmt, den jeweils passenden Schraubenschlüssel auf die nächsterreichbaren Schrauben und Muttern anzusetzen und mit kurzem Zug zu prüfen, ob sich da etwas gelockert hat. Hüten Sie sich jedoch, alle Schrauben nun mit größter Gewalt anziehen zu wollen. Für viele von ihnen sind bestimmte Zugspannungen zum Festdrehen vorgeschrieben, die man nur mit einem sogenannten Drehmoment-Schraubenschlüssel genau befolgen kann.

Karosserieschäden

Gegen Witterungseinflüsse und Streusalzangriffe wurde die Karosserie bei Opel für eine geraume Zeit abgeschirmt. Die Oberfläche des Bleches ist phosphatiert, grundiert und erst danach mit Kunstharzlack überzogen. Im Bereich des Unterbaus und der Einstiegträger kommen verzinkte Bleche zur Anwendung und die Einstiegträger besitzen eine zusätzliche Rostschutzgrundierung und einen Wachsfilm; im Schleuderbereich der Räder hat man einen Unterbodenschutz auf Bitumen-Kautschuk-Basis aufgetragen. Trotz dieser Vorkehrungen kann Ihr Auto nicht für ewig in einem taufrischen Zustand bleiben.

Schnell sind bei Unachtsamkeiten die Hauben- und Türkanten angestoßen und dann der Korrosion ausgesetzt. Wie bei fast allen anderen Wagen ist das Karosserieblech unterhalb der vorderen Stoßstange dem Aufprall hochgewirbelter Steine ausgesetzt. Hierbei handelt es sich um direkt von außen einwirkende Schädigungen, die bei rechtzeitigem Erkennen leicht zu beseitigen sind.

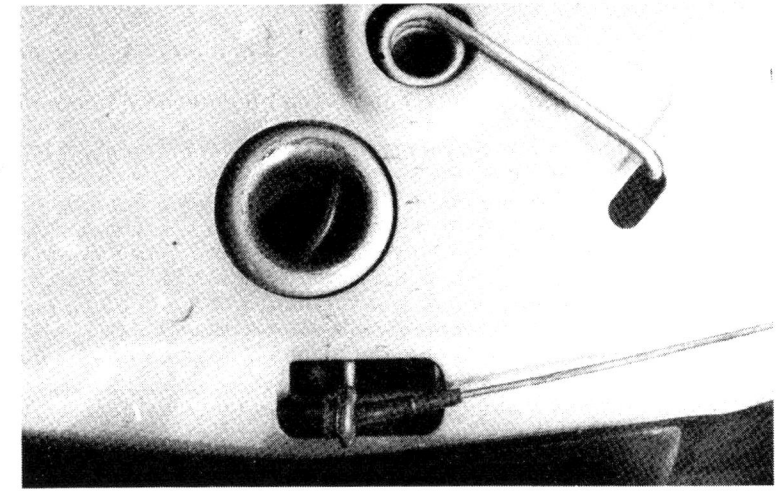

Dieses Bild zeigt die ursprünglich nur in der Luxusausführung des Kadett, ab 1975 bei allen Modellen anzutreffende Haubenentriegelung vom Fahrersitz aus, gekennzeichnet durch den vorn angebrachten Seilzug. Die Entriegelung der Normalversion, die nur von außen zugänglich ist, kann zu der bequemeren Bedienung umgebaut werden. Wie das ist auf der nächsten Seite beschrieben.

Der möglichen Durchrostung von innen begegnet man am wirkungsvollsten mit einer rechtzeitig vorgenommenen Hohlraumversieglung (siehe Seite 50). Karosserienähte, die sich nach einigen Jahren für Korrosionserscheinungen anfällig zeigen, lassen sich damit auch schützen. Äußere Schönheitsreparaturen helfen kaum noch, wenn der Lack von innen erst einmal hochgedrückt wurde. Unzugängliche Rostnester können nur in einer Fachwerkstatt ausfindig gemacht, repariert und gegen neuen Befall isoliert werden.

In diesem Zusammenhang sind ein paar Angaben über Blechstärken von Interesse. Opel verwendet für die Karosserien Bleche zwischen 0,7 und 3,0 mm Stärke, bei Gewinde- und Verstärkungsplatten kommt man auf 10 mm. Wichtige Rahmenteile weisen Stärken von 1 bis 2 mm auf. Stirnwand, Boden und andere tragende Teile wie Radgehäuse sowie die tragenden Partien der Außenhaut haben Blechstärken von 0,8 bis 0,9 mm.

Unfallschäden, bei denen zwei oder mehrere sich berührende Karosserieteile zu reparieren sind, liegen hoch im Preis. Hinzu kommt, daß nicht jede Opel-Werkstatt immer in der Lage ist, größere Lack- und Karosserieschäden bestens zu beseitigen. Deshalb geht man lieber gleich zu einer Spezialwerkstatt, die den ›Fall‹ ohnehin von der Vertragswerkstatt zur Erledigung erhalten hätte.

Die Versicherungsunternehmen suchen in enger Zusammenarbeit mit den Autofirmen nach Wegen der Rationalisierung, um die Regulierung von Schadensfällen kostengünstiger zu gestalten. Sogenannte Abschnittsreparaturen führen zu Material- und Zeiteinsparungen und somit zu günstigeren Preisen. So werden nicht ›großzügig‹ ganze Karosserieteile ersetzt, sondern nur Teile derselben: Wenn etwa bei einer Tür nur das Außenblech verbeult ist, wird sie deswegen nicht komplett ausgetauscht. Derartige Arbeiten – vor allem an tragenden Teilen – müssen natürlich stets im Hinblick auf Betriebssicherheit und Werterhalt ausgeführt werden.

Reparaturen am Unterbau

Ihre stabilisierende Aufgabe erfüllen die Karosserieteile nur gemeinsam mit dem Unterbau. Instandsetzungen am beschädigten Unterbau müssen unter allen Umständen sorgfältig erledigt und können nur von einem darauf eingerichteten Betrieb vorgenommen werden. Größere Opel-Dienste sind mit den dazu notwendigen Geräten ausgestattet, und dort richtet man sich bei solchen Arbeiten auch nach folgenden Anweisungen: Träger, Trägerteile und Konsole dürfen beim hydraulischen Richten nicht erwärmt werden. Besteht bei stark verunfallten Wagen der Verdacht auf Beschädigung der Bodengruppe, wird grundsätzlich eine Rahmenlehre in Anspruch genommen, um Abweichungen von vorgeschrie-

benen Maßen und Formen festzustellen. Träger und Rahmenteile werden nur mit Hilfe bestimmter Prüf- und Schweißarbeiten ersetzt. Träger sollen nur an den Original-Trennstellen ersetzt werden. Die Verbindungen sind punktzuschweißen. Neue Teile dürfen nicht stumpf angesetzt und autogen geschweißt werden, sondern sie sind mit U-Laschen an der Stoßstelle einzupunkten und unter Verwendung eines Lichtbogenschweißapparates zu befestigen. Es sollen Punktschweißelektroden mit möglichst kleiner Ausladung verwendet werden, um den Anpreßdruck so hoch wie möglich zu halten.
Diese für den Autobesitzer üblicherweise wenig verständliche Anleitung soll Ihnen nahebringen, daß nach einer Beschädigung der Bodengruppe die Reparatur sehr gewissenhaft ausgeführt werden muß.

Die Motorhaube und ihr Schloß
Pflegearbeit Nr. 37

Die Haube über dem Motorraum ist hinten mit zwei Scharnieren angelenkt. Diese Art der Anbringung birgt die Gefahr, daß die Haube sich während der Fahrt öffnet, falls sie nicht richtig geschlossen wurde. Daher soll der Schloßmechanismus der Haube und ihre ordentliche Stellung alle 10 000 km kontrolliert werden, um einerseits stets des korrekten Verschlusses sicher zu sein, andererseits zu jeder Zeit die Haube umstandslos öffnen zu können.
Sollte die Haube schief sitzen, müssen die Sechskantschrauben an jedem Scharnier etwas gelockert werden, damit sich der Haubendeckel entsprechend verschieben läßt. Danach sind die Scharnierschrauben wieder gut anzuziehen. Die Haube muß so ausgerichtet sein, daß die Abstände zu den angrenzenden Flächen annähernd gleich groß sind.
 Die bei der Normalausführung bis 1974 nur von außen zu bedienende Haubenentriegelung kann nachträglich durch die vom Fahrersitz zu betätigende Entriegelung der Luxusausführung ergänzt werden. Dazu wird der Bowdenzug unter dem Wasserbehälter durch die Spritzwand geführt und am linken Radkasten und oberhalb des linken Scheinwerfers zum Haubenverschluß verlegt. Das Ende des Bowdenzugs wird an der nach vorn ragenden Öse vom Haubenverschluß befestigt. Das Spiel des Zugs darf bis zu 1 mm betragen. Nach Abnehmen des Kühlergitters wird der Niet des alten Entriegelungshebels angebohrt und der Hebel entnommen. Ferner gehören zu dieser Anlage eine Druckfeder und zwei Tellerscheiben für den Haubenführungsbolzen. Vor Abschrauben dieses Bolzens vom Haubendeckel muß der Abstand zwischen seiner Befestigungsmutter und seinem kegelförmigen Kopf gemessen werden. Nach Einfügen von Feder und Scheiben ist dieses Maß wieder einzuhalten.

Die Kofferraumhaube

Wie die Motorhaube, so läßt sich auch der Gepäckraumdeckel abnehmen oder in seitlicher Richtung und in der Höhe verstellen. Zusätzlich ist es möglich, den Haltebügel für das Schloß zu versetzen, indem man die Sechskantschraube lockert oder das Schloß selbst nach Lösung der Kreuzschlitzschrauben verschiebt.
Die Auflagekante des Kofferraumdeckelausschnittes ist rundum mit einer Gummidichtung versehen, die das Eindringen von Staub und Wasser sowie das Klappern der Kofferraumhaube verhindern soll. Ist diese Gummidichtung beschädigt, muß sie ersetzt werden, sonst verschmutzt das Gepäck im Kofferraum. Dazu alte Dichtung herausreißen und Auflagefläche gut mit Gummilösemittel säubern, bis alle Klebstoffreste beseitigt sind. Die neue Dichtung und die Kofferraumdeckelkante werden auf ihren Auflagefächen mit Gummikleber eingestrichen. Nach entsprechender Trockenzeit Klebefläche flüchtig mit benzingetränktem Lappen überwischen und Gummidichtung rasch andrücken. Die beiden Enden der Gummidichtung sind ebenfalls zusammenzukleben.

Die Schloßfalle des Kofferraumdeckels ist mit einer Sechskantschraube befestigt. Die Öffnung des Schraubenloches ist größer gestaltet und erlaubt ein Verschieben der Falle, wenn das Schloß nicht richtig schließen sollte. Außerdem kann man noch die Befestigungsschrauben an den Scharnieren der Haube lösen und die gesamte Haube somit justieren.

Die Stoßstangen

Die Stoßstangen des Kadett sind aus einem Stück gefertigt. Wie man sie abschraubt, zeigt das Bild unten. Hinten ist zuerst die Kennzeichenleuchte auszubauen und dann schraubt man die Stoßstange – ähnlich wie vorne – mit den Haltern ab. Die zur Wagenseite herumführenden Stoßstangenenden, die relativ dicht am Karosserieblech anliegen, sind im Alltagsverkehr besonders gefährdet – und mit ihnen das dahinter ›geschützte‹ Blech.

Man muß aufpassen, daß die Stoßstange beim Lösen ihrer letzten Halteschraube nicht herunterfällt und womöglich die Karosserie zerkratzt.

Die Türen

Nach der Beschädigung einer Tür muß man diese ausbauen. Diese Arbeit erfordert aber besondere Werkzeuge und handwerkliche Erfahrung. Die Türscharnier-Spannhülsen müssen ausgebaut werden und eventuell sind die Türscharniere zu richten. Der Niet der Türbremse ist abzuschleifen und später durch einen Halbrundniet zu ersetzen. Beim Tausch gegen eine sogenannte Rohbautür müssen alle (noch verwertbaren) Teile der alten Tür für die neue Tür übernommen werden, neben der Verkleidung also auch der Schließzylinder, die Türgriffe, Fensterheber und -scheibe, Fensterführungsschienen, Türbremse, Anschlagpuffer usw. Vor Beginn dieser Arbeit soll man abwägen, ob die eigenen Fähigkeiten und das vorhandene Werkzeug dazu geeignet sind.

Türen justieren

Liegt eine Tür nach dem Einbau nicht flächenglatt zum Seitenteil oder zur unteren oder oberen Türleiste, dann müssen die Scharnierschrauben noch einmal etwas gelockert und in ihren Bohrungen so weit verschoben werden, bis

Ohne besondere Mühe lassen sich beide Stoßstangen abschrauben. Dazu braucht man einen Schraubenschlüssel SW 13, besser aber ist man mit einer Ratsche mit ›Nuß‹ bedient. Seitlich ist die Stoßstange mit der Karosserie verschraubt. Ohne Stoßstangen zu fahren ist besonders für die Rückleuchten (beim Parken) risikoreich, da sie dann fast die äußersten Angriffspunkte am Wagen darstellen.

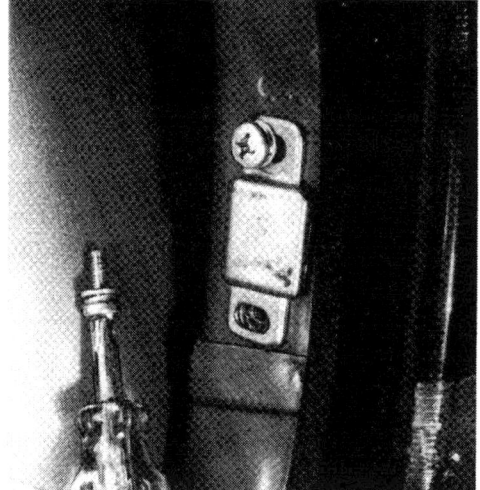

Die Raste der Hecktür beim Caravan kann man nach Lockern der beiden Schrauben nach außen oder nach innen verschieben, falls die Tür nicht richtig schließen sollte. Ebenso ist vordringlich beim Modell „City" die Scharniereinstellung der Rückwandklappe zu überprüfen. Wenn jedoch Feuchtigkeit in den Innenraum dringt, muß man die Türdichtung untersuchen und eventuell erneuern.

die geschlossene Tür flächenglatt anliegt. Dieses Heimwerker-Justieren wird allerdings nicht ausreichen, wenn beispielsweise die Tür beim Öffnen auf den Bürgersteig gerammt wurde und durch den Anprall verkantet im Türausschnitt sitzt. Hierfür sind spezielle Richtwerkzeuge notwendig, und nach der Reparatur muß man noch die Türschloßeinstellung überprüfen.

Türverkleidung ausbauen

Für viele Arbeiten an der Tür ist zuerst die Innenverkleidung abzunehmen. Dieser Vorgang beginnt mit dem Ausbau der Fensterdrehkurbel. Dazu ist eine flache Türfederzange zwischen den Kurbelfuß und die darunter liegende Kunststoffscheibe zu zwängen und die Sicherungsfeder herauszudrücken. Mit etwas Geschick läßt sich diese offene Ringfeder an einem ihrer Enden auch mit einem sehr schmalen Schraubenzieher herausdrücken.

Anschließend hebelt man mit einem breiten Schraubenzieher die Rosette der Türschloßbetätigung ab, und beide Schrauben der Armstütze werden herausgedreht. Danach ist es möglich, die Verkleidung abzunehmen, die mit Federklammern an drei Seiten (links, rechts und unten) auf dem Innenblech festgehalten ist. Bei noch gut erhaltenen Wagen genügt es dazu, seitlich hinter der Verkleidung dieselbe mit der Hand abzudrücken; bei älteren Autos können die Halteklammern verrottet sein und widersetzen sich der vorsichtigen Behandlung. Dann nimmt man einen Schraubenzieher zu Hilfe, den man zwischen Türverkleidung und Türblech schiebt und in der Nähe der Klammern das Werkzeug als Hebel benutzt. Um den Lack der Tür nicht zu zerkratzen, hält man auf das Türblech noch ein Stückchen Pappe als Schutz.

Die linke Vordertür mit abgenommener Innenverkleidung. Hierzu wurde die Armlehne abgeschraubt, der Griff von der Fensterkurbelwelle abgenommen (siehe nächste Seite), und die Kunststoffschale aus der Türgriffumrandung abgehebelt und die Umrandung abgeschraubt. Bei -1- ist die Welle der Fensterkurbel zu erkennen und oberhalb -2- der innere Türgriff mit der Bedienungsstange zum Schloß.

Hinter der Türverkleidung ist der Türrahmen mit Kunststoffolie als Schutz gegen Feuchtigkeit verklebt. Man kann sie abziehen, denn die Klebemasse ist dauerplastisch. Beim Zusammenbau darf diese Folie (man kann als Ersatz auch jede Art wasserfeste Plastikfolie nehmen) auf keinen Fall vergessen werden, sonst dringt Regenwasser durch den Fensterschlitz auf die Rückseite der Türverkleidung und läßt deren Pappe wellig werden und schimmeln. Die Wasserabweisfolie muß im unteren Türschlitz eingeführt sein. Wenn der dauerplastische Klebstoff beim Wiederankleben nicht mehr hält, eignet sich stattdessen jeder andere Kleber.

Störungen am Kurbelfenster beseitigen
Pflegearbeit Nr. 46

Senken und Heben der Fallfenster in den Kadett-Türen erfolgt bei Betätigen der Fensterkurbel über ein Seil, das über Rollen läuft. Manche andere Autos haben stattdessen einen Hebelmechanismus. Das Seil muß straff gespannt sein; bei ungenügender Spannung kann das Fenster verkanten und klemmen. Der maximal zulässige Leerweg der Fensterkurbel ist eine viertel Umdrehung.

Zum Spannen des Seils ist die Türinnenverkleidung auszubauen. Danach gelangt man an die Schraube der Spannrolle, die sich bei der linken Tür am unteren Türrand links und bei der rechten Tür dort rechts befindet. Man löst die Schraube des Spanners und drückt die Rolle mit dem darüber laufenden Seil nach unten, indem man durch die große Montageöffnung in das Türinnere greift. Festhalten und Spannerschrauben wieder anziehen.

Falls der Kurbelapparat ersetzt werden muß, ist das Fenster auszubauen (siehe nächsten Abschnitt). Dann löst man die Schraube des Seilspanners und hebt das Drahtseil aus den Führungsrollen. Der Kurbelapparat wird abgeschraubt (drei Schrauben) und aus der Montageöffnung herausgenommen. Beim Einbau löst man das der Türinnenwand zugekehrte Ende des Seils aus der Klemmöse des Kurbelapparates. Durch Strammziehen mit der Hand verhindert man, daß das Seil von der Seilrolle abspringt. Ab Kurbel wird das Seil zuerst über die Spannrolle geführt, danach über die senkrecht darüber befindliche, weiter schräg zur zweiten unteren Rolle und dann über die nächste obere Rolle. Von dort wird das Seilende zur Klemmöse am Kurbelapparat gezogen und befestigt und zum Schluß ist das Seil straff zu spannen.

Fenster austauschen

Selbstverständlich ist vor dem Auswechseln der Seitenfenster die Türverkleidung auszubauen. Wenn das Fallfenster der Vordertür ersetzt werden muß, sind die Befestigungsschrauben der beiden Seilklemmen abzuschrauben und die Klemmplatten werden entnommen. Die innere und die äußere Türfenster-Abdichtung sind auszubauen. Anschließend werden die beiden Befestigungs-

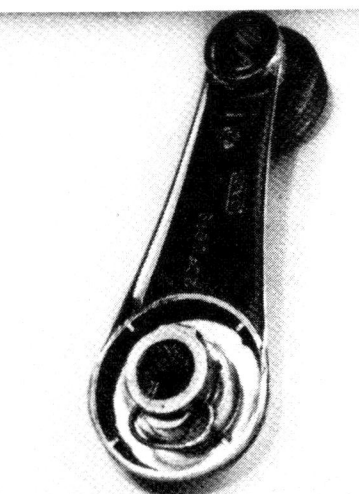

Soll die Fensterkurbel von ihrem verzahnten Sitz abgenommen werden, kann der findige Bastler auch ohne spezielle Federzange auskommen. Das Federende, das nur um 1 mm aus dem Führungsspalt herausragt, kann mit einem schmalen Schraubenzieher seitlich abgehebelt und nach oben gedrückt werden. Beim Aufsetzen ist die Feder mit ihren Einschnürungen auf die oberen Spaltenenden zu klemmen und wird erst heruntergedrückt, wenn die Kurbel richtig auf der Welle sitzt

schrauben der vorderen Fensterführungsschiene am Türinnenblech abgeschraubt; die obere, dritte Schraube am Ansatz des Fensterrahmens ist nur zu lösen. Jetzt läßt sich das Fenster aus dem Fensterschacht herausheben, wenn man durch das obere Montageloch greift.

Der Einbau erfolgt in umgekehrter Folge. Dazu muß der Kurbelapparat derart eingestellt sein, daß die vordere Seilklemme durch das kleine Montageloch erreicht werden kann. Sollte das Fenster nach dem Einbau nicht parallel in den Führungsschienen laufen, ist das Fenster herunterzudrehen: Schraube der hinteren Seilklemme lösen, Fenster richten, Schraube festziehen.

Ähnlich erfolgt die Montage des Fallfensters in der Hintertür. Hier sind die Schrauben der Führungsschiene am oberen Türrahmen und die Einstellschraube abzuschrauben, die Kontermutter der Einstellschraube muß an der Innenseite gelöst und zurückgedreht werden. Dann dreht man die Einstellschraube nach vorn aus der Führungsschiene heraus. Nach Abbau der Seilklemme (Fenster vorsichtig nach unten ablassen), der Fenster-Abdichtungen und der Fensterführungsschiene hebt man das Glas an und zieht es schräg aus dem Schacht. Um das feststehende Fenster der Hintertür zu ersetzen, müssen zuvor Fallfenster und Führungsschiene demontiert werden. Danach läßt sich das Fenster in Richtung Scharniersäule aus dem Türrahmen ziehen.

Vor dem Einsetzen einer neuen Windschutz- oder Heckscheibe möchten wir warnen. Bei ungeschickter Handhabung brechen diese Scheiben leicht. Die Scheiben sind teurer als die Einbauarbeit in der Werkstatt, und wenn sie dem Mann in der Werkstatt beim Einsetzen brechen, war es seine Schuld.

Außerdem würden wir aus Sicherheitsgründen für den Einbau einer Verbundglas-Windschutzscheibe plädieren, die es auf Wunsch auch ab Werk gab. Gerade diese Scheiben brechen aber besonders leicht, so daß wir vor eigenem Handanlegen dringlich warnen.

Nach dem Einbau einer Windschutz- oder Heckscheibe muß Dichtungsmasse mit einer besonderen Druckpresse zwischen Gummifassung und Karosserierand gedrückt werden. Da diese Masse nicht eintrocknet, kann man sich damit arg das Wageninnere verschmieren. Diese Dichtungsmasse ist übrigens werksseitig vergessen oder nicht in genügender Menge eingepreßt, wenn bei Regen Wasser in den Wagen eindringt.

Sitze ausbauen

Immerhin kann es einmal erforderlich sein, einen sperrigen Gegenstand transportieren zu müssen, den man nur in den Wagen laden kann, wenn der rechte Vordersitz oder die Rückbank entfernt werden.

Wie ein Vordersitz ausgebaut wird, zeigt die umseitige Abbildung.

Das Ausstellfenster beim Coupé sollte man beim abgestellten Wagen nicht vergessen zu schließen. Sonst schraubt es womöglich ein Ganove los (Pfeil) und angelt sich aus dem Wagen, was griffbereit herumliegt. Wenn die Fensterabdichtung nicht mehr die Nässe abhält, kann man passend geschnittenen Moosgummi auf die Dichtung kleben.

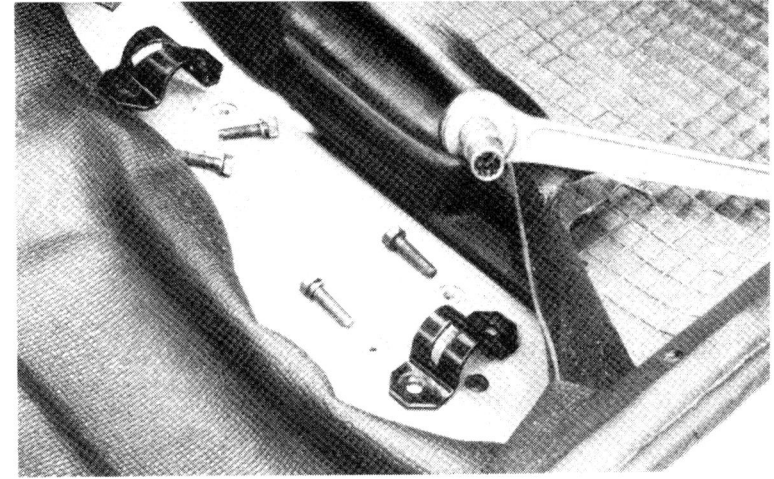

Hier wurde der Beifahrersitz herausgenommen. Dazu muß man bei jedem der beiden Haltebügel zwei Schrauben herausdrehen, wodurch die vordere Sitzstütze frei wird. Danach ist die Sitzarretierung auszuhaken.

Die hintere Sitzbank bei Limousine und Coupé wird ausgebaut, indem man die Verstärkungsstreifen am Sitzpolsterbezug aus den Blechzungen der Sitzauflage nach unten aushängt. Ebenso zieht man den Polsterbezug der Rücklehne in Richtung Heckscheibe. Außerdem hängt die Rückenlehne auf jeder Seite in drei Haltezungen seitlich am Radeinbau und oberhalb desselben: Diese Blechlaschen sind aufzubiegen. Weitere Haltezungen befinden sich am Unterbau, die ebenfalls aufzubiegen sind und wo man die beiden Halteschienen aushängen muß.

Beim Caravan sind zum Ausbau der hinteren Sitzlehne die sechs Befestigungsschrauben an der Ladefläche herauszudrehen. Die Rückwand wird bis zum Einrasten hinten umgeklappt. Danach läßt sich das Rückpolster nach oben herausheben, das noch mit drei Drahtzapfen in der unteren Winkelleiste der Rückwand eingehängt ist.

Nicht zuletzt: Sauberkeit

Kunststoffbezüge der Sitze und der Inneverkleidung reinigt man auf keinen Fall mit Benzin oder Fleckenwasser, denn damit lassen sich viele Kunststoffarten auflösen, so daß es nicht mehr reparierbare Flecken und Schäden gibt. Statt dessen versucht man es erst einmal mit einem feuchten Schwamm und etwas Seifenschaum. Noch schneller und intensiver geht es mit einem Plastik-Reiniger, den es von verschiedenen guten Pflegemittelfirmen gibt, beispielsweise Pyrmofix ›Plastoclean‹ (kleine Blechflasche mit 250 Gramm Inhalt und mit kleinem Spezialschwamm). Auch die Seitenverkleidungen werden damit gereinigt.

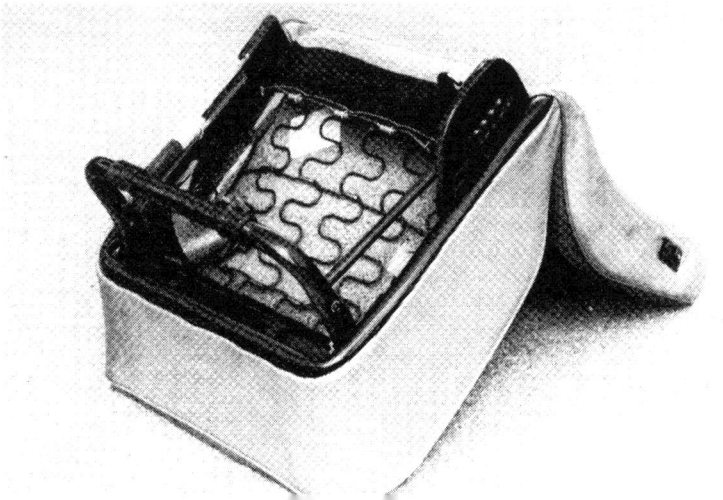

Bei dem ausgebauten Vordersitz ist ebenfalls zu erkennen, wie er befestigt wird. Wenn der Bezug des Sitzes eingerissen ist oder wenn sich die Polsterfüllung durch die Sitzfedern drückt, muß man nicht gleich zum Sattler gehen: Eine geübte Frauenhand ist sicher in der Nähe und flickt den Schaden.

Welche Teile kennen Sie?

Nur eine Giraffe könnte ohne besondere Umstände unter dem hier gezeigten Blickwinkel in den Motorraum des Kadett hineinschauen. Aber auch Sie werden alle Teile, die sonst von der Motorhaube verdeckt sind, finden und erkennen, wenn Sie neben Ihrem Wagen stehen und die hier benannten Einzelheiten auf dem Bild und in dem Auto vergleichen.

Die Zahlen bedeuten: 1 = Batterie, 2 = Heizschalter, 3 = Vergaser, 4 = Auspuffkrümmer, 5 = Warmluftstutzen zum (hier abgenommenen) Luftfilter, 6 = Motoraufhängung, 7 = Lichtmaschine, 8 = Heißwasserschlauch, 9 = Kühler, 10 = Scheibenwischermotor, 11 = Behälter für Scheibenwaschwasser, 12 = Bremsflüssigkeitsbehälter, 13 = Zündspule, 14 = Zündverteiler, 15 = Kupplungsseil, 16 = Zylinderkopfhaube, 17 = Deckel des Öleinfüllstutzens, 18 = Kraftstoffpumpe, 19 = Ventilatorabdeckung.

Wartung – wann und wo?

Kur-Verordnung

Mit dem Auto ist es wie mit vielen anderen Dingen: Will man täglich seine Freude daran haben, muß man sich regelmäßig etwas um sie kümmern. Natürlich wird Ihr Auto – auch bei bester Pflege – nicht ewig halten, aber Ihr Wagen dankt es Ihnen bestimmt über lange Zeit mit Dienstbereitschaft und Fahrsicherheit, wenn Sie um sein Wohlergehen besorgt sind. Solche Überprüfungen setzen sich aus einfachen Funktionskontrollen und aus mehr oder weniger sorgfältig auszuführenden Pflegearbeiten zusammen, wobei es zu warten, zu schmieren oder auch nur nachzusehen gilt. Die Einhaltung der vom Werk festgesetzten Intervalle bewahrt Ihnen zugleich eventuelle Ansprüche gegen den Hersteller.

Wie jedes Automobilwerk für seine Autos hat Opel einen Fahrplan entwickelt, der im Kundendienst-Scheckheft zu Ihrem Wagen enthalten ist. Opel gehörte zu den ersten Auto-Herstellern, die dieses Scheckheft-System einführten, um ihre Kunden in regelmäßigen Kontakt mit der Werkstatt zu bringen.

Auf der Rückseite des jeweiligen ›Schecks‹ sind allerdings nur die einzelnen Arbeiten stichwortartig vermerkt, weil es sich dabei um Anhaltspunkte für die zu erledigenden Arbeiten in der Opel-Werkstatt handelt. Diese Aufstellungen weisen in einigen Punkten auch auf Inspektionen hin, die einen anderen Opel-Typ betreffen und bei Ihrem Wagen nicht vorgenommen werden müssen. In verschiedenen Punkten sind andererseits eine Anzahl von Arbeiten versteckt, die wir in unserem Pflegeplan auseinandergezogen haben, um sie an den jeweils passenden Stellen dieses Buches erläutern zu können.

Es besteht kein Anlaß, beim Anblick der Pflegeliste den Mut zu verlieren. Sie werden bei näherer Betrachtung schnell feststellen, daß viele Dinge mit wenigen Handgriffen zu erledigen sind. Bei etwas routinierter Beziehung zwischen Ihnen und dem Wagen können manche Punkte sogar während des Fahrens ausgeführt werden. In den einzelnen Kapiteln wird daneben noch verständlich erklärt, was über die Pflegearbeiten hinaus an dem Opel getan werden soll. Besondere Anforderungen ergeben sich dabei im Winter, unter dem die Autos am meisten leiden.

Im Auge behalten

Im langjährigen Gebrauch haben sich beim Opel Kadett C einige typische Schwachstellen gezeigt, auf die man ein wachsames Auge haben sollte – vor allem vor einer TÜV-Überprüfung:

■ Bei Wagen mit Trommelbremsen vorn neigen diese häufig zum Rubbeln oder Schiefziehen.

■ Schadhafte Staubmanschetten am Lenkgetriebe. Werden diese nicht rechtzeitig ersetzt, kann das Lenkgetriebe Schaden nehmen.

■ Zu großes Lenkungsspiel.

■ Einseitige Fußbremswirkung an den Hinterrädern wegen korrodierter Radbremszylinder.

- Durchgerostete Auspuffanlage.
- Durchgerostete Querlenker der Vorderachse (siehe Zeichnung Seite 133).
- Angerostete Bremsleitungen.
- Ölverluste an Motor und Getriebe.
- Bei hoher Kilometerlaufleistung laute Getriebegeräusche und Knackgeräusche der Hinterachse. Letzteres ist die Folge von zu großen Spiel zwischen den Zahnrädern des Differentials.

Fingerzeig: *Die oben angesprochenen Punkte sollten Sie auch überprüfen, wenn Sie einen gebrauchten Kadett C erwerben wollen, um nicht kurz nach dem Kauf mit einer erheblichen Reparaturrechnung konfrontiert zu werden.*

Das Sicherheitsinspektions-Programm

Früher wurden die einzelnen Pflegearbeiten bei Opel in einem ›überschlagenden Einsatz‹ vorgenommen. Dabei mußte ein Teil der Arbeiten zu einer Zeit und bei Kilometerständen als der andere Teil ausgeführt werden. Vor Anlauf der Kadett C-Fertigung erhöhte Opel die Inspektionsintervalle für alle neuen Modelle, woraus sich zugleich eine Vereinfachung im Wartungsplan ergab. Im Frühjahr 1976 wurde das Programm zum ›Opel-Inspektions-System-76‹ erneut verfeinert, bei dem statt der Kilometerintervalle nun Zeitintervalle in den Vordergrund rücken. Das kommt den Wenigfahrern zugute. Fahrern mit hohen Kilometerleistungen wird – wie bislang – für alle 10 000 km eine Inspektion empfohlen. In jedem Fall sollen auf diese Weise zwei Inspektionen vorgenommen werden, wobei zugleich der Arbeitsaufwand gegen früher um 25 Prozent verringert ist.

Das Kundendienst-Scheckheft enthält ab 1976 wechselweise einen roten Scheck für die Sicherheitsinspektion und einen grünen für die Jahresinspektion. Jede Kontrolle soll spätestens 10 000 km nach der vorangegangegangenen erfolgen. Wir haben nachfolgend einen Pflegedienstplan aufgestellt, der sich einerseits an die von Opel vorher aufgestellten Richtlinien anlehnt, zugleich aber die im neuen System enthaltenen Intervalle berücksichtigt.

Die Wartungsarbeiten bei km-Stand 1 000 haben wir in unserem Pflegeplan nicht aufgeführt, denn diese Inspektion sollte man der Opel-Werkstatt überlassen. Eine der wichtigsten Gewährleistungsbedingungen ist sonst nicht erfüllt, wenn Garantieansprüche gestellt werden müssen. Bei fast jedem neuen Wagen ist dann noch dieses oder jenes zu beanstanden.

Vor jeder einzelnen Wartungsarbeit unserer Liste finden Sie einen oder mehrere Kennbuchstaben (S, T oder W), die Ihnen andeuten sollen, was Sie selbst machen können, was die Tankstelle erledigen kann und was der Werkstatt überlassen bleiben soll.

Nähere Erläuterungen siehe Seite 63.

Inspektionszeiten in der Werkstatt

Wie am Ende des Kapitels ›Werkstatt, Garantie und Reparaturen‹ erwähnt, werden die Werkstattarbeiten in Arbeitswerte gegliedert, und auch die Inspektionsdienste sind zeitlich reglementiert. So sieht z. B. die Arbeitswert-Tabelle für die 10 000-km-Inspektion, je nach Kadett-Typ, 28 bzw. 29 AW (Arbeitswerte) vor, die auch bei den km-Ständen 30 000, 50 000 usw. vorgeschrieben sind. Bei den geraden Zehntausender-Inspektionen (20 000, 40 000 usw.) sind 30 bzw. 31 AW angesetzt, zu denen alle 40 000 km noch 7 AW hinzugefügt werden, sofern es sich um einen Wagen mit Automatik handelt (Ölwechsel).

Diese ziemlich einfache Bewertung bietet die Möglichkeit, daß man sich eine Vorstellung vom Arbeitsaufwand in einer mit allen Hilfsmitteln ausgestatteten Werkstatt machen kann.

Was muß wann und wo gemacht werden?

Nr.			Seite
		Kontrolldienst alle 500 km	
1.	S	Motorölstand kontrollieren	68
		Überwachungsdienst bei km-Stand 5 000 km	
2.	S	Vergaserbefestigung kontrollieren	120
3.	S/T	Gummibälge der Lenkung prüfen	135
		Pflegedienst bei km-Stand 5 000 und 10 000, danach alle 10 000 km	
4.	S	Lenk-Anlaß-Schloß prüfen	187
5.	S	Schalter, Instrumente und Kontrolleuchten prüfen	217
6.	S	Blinkanlage prüfen	208
7.	S	Belüftung und Heizung prüfen	102
8.	S/W	Leerlauf des Motors kontrollieren	87, 115
9.	S	Keilriemenspannung nachprüfen	184
10.	S/W	Ventilspiel einstellen	85
11.	S/W	Kupplungspedalspiel prüfen	124
12.	T/W	Getriebeölstand kontrollieren	73, 130
13.	S/W	Befestigung der Ölwanne am automatischen Getriebe prüfen	131
14.	T/W	Hinterachsölstand kontrollieren	74
15.	S	Bremsflüssigkeitsstand kontrollieren	141
16.	S/W	Handbremse nachstellen	151
17.	S/W	Belagstärke an den Scheibenbremsen prüfen	144
18.	S/W	Hand- und Fußbremse auf Wirkung prüfen	141
19.	S/W	Funktion des Bremskraftverstärkers prüfen	153
20.	S	Reifenluftdruck regulieren	162
21.	S	Radmuttern auf festen Sitz prüfen	166
22.	S/W	Lenkung prüfen	136
23.	W	Vorspur nachmessen	138
24.	S/W	Motor auf Geräusche prüfen	88
25.	S	Karosserie und Fahrwerk während der Fahrt auf Geräusche prüfen	50
		Pflegearbeiten alle 10 000 km	
26.	S	Kühlflüssigkeitsstand kontrollieren	96
27.	S	Scheibenwaschanlage überprüfen und Waschwasser nachfüllen	43
28.	S	Scheibenwischerfunktion überprüfen	220
29.	S	Batteriesäurestand kontrollieren	169
30.	S	Lichtanlage kontrollieren	202
31.	S/W	Scheinwerfereinstellung überprüfen	203
32.	S	Signalhorn prüfen	210
33.	S/W	Zündzeitpunkt kontrollieren	193
34.	S/T	Motoröl wechseln	67
35.	S/T	Ölfilter wechseln	69
36.	S	Heizventil und Gasgestänge prüfen und ölen	75
37.	S	Motorhaubenschloß kontrollieren	53
38.	S	Türscharniere ölen	75
39.	S	Reifenzustand überprüfen	163
40.	T/W	Unwucht der Vorderräder kontrollieren	166
41.	S/T	Bremsanlage auf Dichtheit überprüfen	142
42.	S/W	Bremsleitungen und -schläuche auf Zustand überprüfen	142
43.	S/W	Trommelbremsen reinigen und Belagstärke prüfen, einstellen	147, 149
44.	S	Zustand der Auspuffanlage und ihre Aufhängungen kontrollieren	90
45.	W	Abgaskontrolle	115
		Pflegearbeiten alle 20 000 km, beginnend bei km-Stand 10 000	
46.	S	Fensterkurbelleerweg prüfen	56
47.	W	Schließwinkel kontrollieren	193
48.	S	Elektrodenabstand der Zündkerzen korrigieren	199
49.	S/W	Unterbrecherkontakte nachstellen	191
50.	S	Gummibälge des Lenkgetriebes prüfen	135
		Pflegearbeiten alle 40 000 km, beginnend bei km-Stand 20 000	
51.	S/W	Kurbelgehäuseentlüftung reinigen	91
52.	S/W	Unterbrecherkontakte ersetzen	192
53.	S	Zündkerzen ersetzen	198
54.	S/W	Kraftstoffleitungen kontrollieren	106
55.	S	Handbremsseil auf Gängigkeit und Zustand prüfen	151
56.	S	Karosseriescharniere und -schlösser ölen	75
57.	W	Traggelenke auf Axialspiel prüfen	135
		Pflegearbeiten alle 40 000 km, beginnend bei km-Stand 40 000	
58.	S	Papierelement im Luftfilter wechseln	120
59.	W	Ölwechsel im automatischen Getriebe	131
60.	S/W	Kraftstoffilter wechseln (Kadett GT/E)	225

Was kann man selber machen?

In der Tabelle der Pflegearbeiten haben wir durch einen oder mehrere Kennbuchstaben angezeigt, wann man sich selbst helfen kann und wann nicht.

- S = Selbstmachen. Das sind Arbeiten, die man ohne Fachkenntnisse und besonderes Werkzeug selbst ausführen kann, nachdem man den entsprechenden Abschnitt dieses Buches gelesen hat.
- S/T = Selbstmachen oder Tankstelle. Auch hier sind keine besonderen Fachkenntnisse notwendig, aber vielleicht fehlt das entsprechende Gerät zur Ausübung dieser Arbeit. Die Tankstelle besitzt es.
- S/W = Selbstmachen oder Werkstatt. In diesen Fällen sind neben einfachen Fachkenntnissen etwas Geschick, Einfühlungsvermögen und zusätzliches, aber kein aufwendiges Werkzeug Voraussetzung.
- T = Tankstelle. Der sparsame Mann überläßt diese Arbeit am besten der Tankstelle, obgleich er sie auch selbst ausführen könnte. Er spart dabei Zeit und Mühe, denn der Warenpreis, der bei dieser Arbeit entsteht, ist gleich, einerlei ob man die Ware – in der Regel das Öl – selbst verarbeitet oder von der Tankstelle verarbeiten läßt.
- W = Werkstatt. Diese Arbeit erfordert spezielle Fachkenntnisse, sowie teure Meß- und Arbeitsgeräte, die nur die Fachwerkstatt besitzt.

Natürlich ist eine Opel-Werkstatt mit allen aufgeführten Arbeiten vertraut. Ihre Werkstatt wird es schnell herausbringen, wenn Sie mit einem stets gut gewarteten Wagen aufkreuzen und nur vereinzelte Aufträge erteilen, die Sie offensichtlich nicht selber ausführen können. Nach dem Zustand Ihres Opel wird man Sie einschätzen und respektieren.

Der Pflegeplatz

Sicherlich haben Sie sich inzwischen entschlossen, an Ihrem Kadett diverse Pflegearbeiten in eigener Regie vorzunehmen. Es bleibt noch die Frage offen, wo diese Veranstaltung stattfinden soll. Eine Garage (sofern man glücklicher Besitzer einer solchen ist) bietet nicht immer so viel Raum, um darin ungehindert von allen Seiten an das Fahrzeug herankommen zu können.

Ein Platz im Freien ist wegen des besseren Lichts vorzuziehen, sofern er sich für Pflege und Wartung eines Autos eignet. Auf dem Rasen hat man nicht viel Freude: Die versehentlich herabgefallene Schraube bleibt verschwunden. Ebenso ›gefährlich‹ ist die Nähe eines Wasserablaufs, denn er zieht metallene Kleinteile geradezu magisch an. Gekiester Boden auf festem Untergrund ist schon besser, wenn vorher der Kies mit einem Drahtbesen geglättet wurde. Sehr praktisch ist natürlich ein ebener und glatter Zement- oder Asphaltboden. Zuvor wird er sehr sorgfältig gekehrt, damit man sich nicht im Schmutz herumwälzt und ohne Gefahr für den Hosenboden sich auch einmal hinsetzen kann.

Wollen Sie an die Unterseite Ihres Kadett herankommen, dann ist es hinderlich, daß zwischen Boden und Autobauch nicht viel Platz bleibt. Also muß das Auto hochgewunden und unterbaut werden. Hüten Sie sich davor, unter ein Auto zu kriechen, das nur von dem Wagenheber einseitig hochgehalten wird. Der Wagenheber kann beim Rütteln am Fahrzeug oder bei nicht einwandfrei angezogener Handbremse abgleiten oder umknicken. Das ist lebensgefährlich für den, der darunter liegt.

Der kleine Wartungsdienst

Hausaufgaben

In seinen diversen Arbeitsempfehlungen zieht sich der Wartungsplan des hier vorangegangenen Kapitels strahlenförmig durch das ganze Buch. Wie Sie erkennen konnten, sind dabei die völlig unproblematischen Kontrolldienste und Pflegearbeiten mit ›S‹ bezeichnet, was ›Selbstmachen‹ bedeutet und weder Fachkenntnisse noch spezielles Werkzeug erfordert. Mit diesen Arbeiten entlasten Sie Ihre Werkstatt für echte Reparaturarbeiten und sparen sich selbst auch manche Mark.

Daneben gibt es aber noch einige kleine Handgriffe, die niemand nach einer festgelegten km-Strecke vornimmt. Diese Kontrollen, die Ihnen bald in Fleisch und Blut eingegangen sind – als Autofahrer nimmt man sie sozusagen automatisch vor – und nicht die geringste Mühe verursachen, sind auf diesen beiden Seiten aufgezählt. Der Griff nach dem Ölpeilstab ist ebenso wenig als Arbeit zu bezeichnen wie das Abziehen der Batteriestopfen. Auch die Lichtanlage überwacht man unabhängig von der 10 000-km-Vorschrift, und den Reifendruck mißt man nicht nur dann nach, wenn es die Betriebsanleitung ›befiehlt‹. Sogar durch langjährige Praxis routinierte Wagenbesitzer vergessen oft, daß man solche Kontrollen noch aufmerksamer durchführen soll, wenn man wenig fährt. Seltener Fahrbetrieb erfordert erhöhte Aufmerksamkeit.

Nachfolgend ist dieser kleine Wartungsdienst in Stichworten zusammengefaßt. Einzelheiten zu verschiedenen Maßnahmen und das ›Warum‹ finden Sie auf jenen Seiten, die in der Wartungstabelle Seite 62 angegeben sind

1. Zustand der Bremsleitungen prüfen

Zuerst ist der Bremsflüssigkeitsstand zu kontrollieren. Fehlt Flüssigkeit, den Zustand der Bremsleitungen besonders sorgfältig prüfen, irgenwo muß sie ausgetreten sein. Auto hochbocken oder über Pflegegrube fahren. Bremsleitungen und -schläuche müssen trocken und dürfen nicht aufgequollen sein. Schwarzer Schmutz deutet auf Undichtigkeit, auch feuchtdunkle Stellen am Scheibenbremssattel (vorn) oder an einer Bremstrommel. Radbremszylinder undicht? Anschlußstellen nicht mit Schraubenschlüssel nachziehen (Verdrehen der Leitung!), bald Werkstatt aufsuchen. Scheuerstellen (durch Schneeketten)? Kein Benzin, Petroleum, Dieselkraftstoff oder Fett an die Bremsschläuche bringen. Beim Einsprühen abdecken.

2. Keilriemenspannung kontrollieren

Der Keilriemen muß sich in der Mitte zwischen den Riemenscheiben 10–15 mm bei mäßigem Daumendruck durchdrücken lassen. Lockerer Keilriemen rutscht, wird heiß und verschleißt bald. Zudem ungenügender Betrieb von Lichtmaschine und Wasserpumpe. Zu strammer Keilriemen belastet Lichtmaschinenlager, erhöhte Abnutzung. Spannen des Keilriemens siehe Abschnitt ›Keilriemenprobleme‹ Seite 183.

3. Motorölstand prüfen

Der Ölpeilstand befindet sich im Motoraum links, in Fahrtrichtung vor dem Anlasser. Besitzt ringartigen Griff. Ölstand nur ermitteln, wenn Motor mindestens einige Minuten stillstand, sonst zu geringe Anzeige, weil noch Öl im Schmierungskreislauf.
Peilstab ganz herausziehen, mit sauberem Lappen (auch Papiertaschentuch, nicht Putzwolle oder faseriges Material) abwischen. Stab wieder bis zum Anschlag in Motor stecken und wieder herausziehen. Öl muß Peilstabspitze mindestens bis zum unteren Querstrich benetzen.

4. Säurestand der Batterie prüfen

12-Volt-Batterie sitzt im Motorraum hinten rechts. Verschlußstopfen herausziehen. Inwendig müssen alle Zellen von Batteriesäure bedeckt sein. Andernfalls ergibt sich Leistungsschwund und vorzeitiger Verschleiß. Da Wasseranteil der Säure verdunstet, nur destilliertes Wasser (kein Leitungswasser, keine Batteriesäure) nachfüllen. Soll-Stand der Säure von ca. 10 mm über Zellenplatten mit schmalen Pappstreifen leicht nachmeßbar. Nicht mit Metall (Werkzeug) nachmessen. Kurzschlußgefahr.

5. Bremsflüssigkeitsstand kontrollieren

Der Bremsflüssigkeitsbehälter sitzt im Motorraum links. Die Prüfung ist wenigstens alle 5 000 km vorzunehmen. Durchscheinendes Material des Behälters ermöglicht den Inhalt zu erkennen. Flüssigkeitsspiegel muß über der Trennwand beider Behälterkammern liegen. Nur spezielle Bremsflüssikkeit nachfüllen, niemals Öl.

6. Scheibenwascherbehälter auffüllen

Der Vorratsbehälter der Scheibenwaschanlage hängt hinten links im Motorraum. Inhalt im Winter frostgefährdet. Aber bei Matsch ist Scheibenwascher wichtig (bis −15° wirken Auftausalze). Geeignete Frostschutzmischungen siehe ›Winterschutz‹-Kapitel Seite 45. Mischung vor Einfüllen gut durchschütteln, sonst friert Wasseranteil trotzdem. Im Sommer empfiehlt sich Beimischung von Reinigermittel gegen Schlierenbildung auf Windschutzscheibe durch silikonhaltige Lackpflegemittel oder Dieselqualm.

7. Reifendruck nachmessen

Etwa einmal pro Woche nachprüfen. Nur an kalten Reifen Luftdruck messen, da während zügiger Fahrt Druck sich durch Erwärmung erhöht. Diesen gesteigerten Luftdruck nicht ablassen, ist für Fahrbetrieb bereits einkalkuliert. Angaben über den richtigen Luftdruck, bei kalten Reifen gemessen, finden Sie für Ihren Wagen in der Tabelle auf Seite 225. Für flotte Autobahnfahrt die Werte um 0,2 bar erhöhen.

8. Lichtanlage prüfen

Ob alle Lampen funktionieren, soll man eigentlich vor jedem Fahrtantritt prüfen: Scheinwerfer-Fernlicht, -Abblendlicht, -Standlicht; Rücklichter, Bremslichter, Nummernschildbeleuchtung, vier Blinker, Lichthupe. Am besten: Helfer geht um Wagen, während Lampen nacheinander geschaltet werden. Andernfalls: Widerschein der Lampen auf heller (Garagen-) Wand kontrollieren. Bei Störung: Stichwortverzeichnis dieses Buches gibt Seite an, wo Fehlerbeseitigung beschrieben ist.

Schmieren – was und wie?

Öl in Dosen

Es ist nicht alles Gold, was glänzt. So gibt es auch viele Arten von Fetten und Ölen, mit verschiedensten Eignungen und Qualitäten, auf pflanzlicher, tierischer und mineralischer Basis. Nur letztere sind für unsere Autos gut. Die Chemie sorgt außerdem dafür, daß diese fettigen und öligen Substanzen vielen Ansprüchen genügen. So sollen z. B. Motoröle den Reibungswiderstand vermindern, Wärme ableiten und somit Verschleiß reduzieren. Ferner können sie Verbrennungsrückstände lösen und zusätzlich gegen Gas abdichten.

Welche Öl- bzw. Fettqualitäten sind für die einzelnen Aggregate Ihres Opel geeignet? Während Sie zum Schmieren eines Türschlosses zur Not jede Art einer ölhaltigen Substanz benutzen können, also irgend ein Fett, das den Mechanismus beweglich hält, darf man für alle schnellaufenden Teile (Motor, Getriebe, Achsgelenke usw.) nur die vorgeschriebenen Öl- oder Fettsorten verwenden.

Vor einigen Jahren mußte man sein Auto noch in regelmäßigen Abständen mit der Fettpresse umkreisen, um bewegliche Verschleißteile bei guter Laune zu halten. Wie bei anderen Wagen der Gegenwart ist auch beim Opel Kadett der Schmierplan wesentlich zusammengeschrumpft, und wenn Sie unseren Wartungsplan auf Seite 62 durchsehen, entdecken Sie eigentlich nur drei lebenswichtige Stellen, die versorgt werden müssen.

Daneben gibt es noch einige wenige andere Teile des Wagens, um deren Fettversorgung man sich in größeren Zeitabständen kümmern soll. Schließlich sind im Inspektionsplan einige Stellen, die gelegentlich für ein Tröpfchen Öl dankbar sind, nicht genannt; in den betreffenden Abschnitten dieses Buches wird erwähnt, was man ab und zu fetten und wie man das Schmiermittel dosieren sollte.

Ölstand im Motor prüfen
Pflegearbeit Nr. 1

Vielleicht erscheint es Ihnen lächerlich, alle 500 km nachzukontrollieren, ob noch genügend Öl im Motor enthalten ist. Zumal, wenn Sie noch vom letzten Mal zu wissen glauben, daß der Ölstab ›voll‹ angezeigt hatte.

Tun Sie es trotzdem! Irgendwo kann inzwischen eine undichte Stelle am Motor entstanden sein (z. B. durch nachlässig eingedrehte Ölablaßschraube), die den lebenswichtigen Saft langsam entweichen läßt – und Sie haben das Nachsehen. Natürlich ist dieses ein äußerst seltener Fall, aber die Regel hat sich noch immer bewährt, die da sagt: ›Vertrauen ist gut – Kontrolle ist besser‹. Morgens vor dem Start ist die genaueste Kontrolle möglich. Dann hat sich über Nacht das Öl vollkommen in der Ölwanne gesammelt. Wird jetzt der Ölpeilstab herausgezogen, läßt sich daran der Ölstand genau ablesen. Dabei behalten Sie sogar saubere Finger.

Für die Kontrolle unterwegs braucht man einen sauberen Lappen, den man am besten hinter dem Behälter für das Scheibenwaschwasser oder an einer ähnlichen Stelle festklemmt, um ihn bei Bedarf bei der Hand zu haben. Mit ihm wischt man das vom Öl benetzte Ende des Ölpeilstabs ab, drückt den Stab wieder bis zum Anschlag in den Motor und zieht ihn erneut heraus. Bei warmem Motor ist erst dann zu erkennen, wie weit das Öl im Motor reicht.

Auf dem Ölpeilstab sind zwei Marken angebracht: Die untere bedeutet ›Nachfüllen‹ und die obere ›Voll‹. Der Ölstand stimmt, wenn er nicht unter die untere Marke abgesunken ist. Erst, wenn dieser Strich unterschritten ist, muß Öl nachgefüllt werden, vorher nicht.

Natürlich darf man bei einem Auto nicht versuchen den Ölstand nachzumessen, wenn der Wagen auf schrägem Boden steht. Die Ölkontrolle ist bei waagrecht stehendem Fahrzeug vorzunehmen, weil ein (auch an manchen Tankstellen anzutreffender!) nur wenig abschüssiger Untergrund genügt, zu einem verfälschten Kontrollresultat zu gelangen.

Wer sich auf einer längeren Reise befindet und unterwegs den Ölstand überprüfen muß, sollte dies erst tun, nachdem der Motor einige Minuten still gestanden hat. Das Öl muß im Motor abgelaufen sein und sich in der Ölwanne gesammelt haben. Was man zu beachten hat, wenn Bedarf an Öl vorliegt, ist auf Seite 74 im Abschnitt ›Unterwegs Öl nachfüllen‹ beschrieben.

Motoröl wechseln
Pflegearbeit Nr. 34

Laut Inspektionsvorschrift ist das Öl alle 10 000 km oder alle 6 Monate zu wechseln. Auch beim Neuwagen erfolgte der erste Ölwechsel bei km-Stand 10 000. Nach dieser Laufzeit ist das Öl so weit ›gealtert‹, daß es seine Funktion nur noch mangelhaft erfüllt. Besonders bei häufigen Kurzstreckenfahrten (unterkühlter Motorbetrieb) bilden sich Verunreinigungen, versetzt mit Kraftstoffkondensat und Wasserspuren.

Altes Öl verbraucht sich schneller. Erhöhter Ölverbrauch kann daran liegen, daß man schon häufig neues Öl zum alten hinzugeschüttet hat. Ein Ölwechsel kann den Verbrauch wieder sinken lassen, wenn der Motor sonst noch in Ordnung ist. Günstig ist es natürlich, wenn man den Ölwechsel dem Wandel der Jahreszeiten anpassen kann, um die für Sommer und Winter geeigneten Ölsorten zu verwenden.

Um den Zustand des Öls im Opel braucht man sich nicht so große Sorgen zu machen, wenn man öfter längere Strecken fährt. Schnelle Autobahnfahrt ist für den Motor – entgegen bisweilen vertretener Ansicht – bei weitem nicht so strapaziös wie der Kurzstreckenverkehr, der viel rascher zu den schon erwähnten Verschmutzungen führt. Die heutigen Motoröle besitzen derartige Qualitäten, daß ihre Lebensdauer auch 15 000 km erreichen kann, vorausgesetzt, der Wagen wird nicht mit unterkühltem Motor gequält.

Daher ist die 10 000 km-Angabe nur ein empfohlenes Mittelmaß. Diese vorgeschriebenen Intervalle sollte man aber keinesfalls überschreiten, wenn man den Opel nur zum kurzen Arbeitsweg in der Stadt oder gar als Botenfahrzeug für Fahrten von Haus zu Haus benutzt. An warmen Sommertagen mag das noch angehen, aber winterliche Temperaturen verschlechtern solche Bedingungen erheblich.

Ölwechsel-Probleme

Ölwechsel kann man in der Opel-Werkstatt oder an einer Tankstelle vornehmen lassen oder zu Hause machen. Wir ziehen im allgemeinen die Tankstelle vor. Das hat einige besondere Gründe:
1. Das Motoröl soll warm gewechselt werden, damit es restlos mit allem Schmutz gut abläuft. In Werkstätten muß der Wagen oft lange warten, und inzwischen wird der Motor wieder kalt. An Tankstellen hat man oft schon nach wenigen Minuten Zeit für diese Arbeit.

2. Beim Ölwechsel fällt Altöl an. Wohin damit? In die Kanalisation schütten oder im Garten vergraben darf man es nicht. Das kostet wegen des Grundwasserschutzes Strafen. Nicht mal zum Einpinseln der Wagenunterseite gegen Rost taugt das Altöl, da es rostfördernde Säuren enthält. Allenfalls können Sie es verbrennen oder zum Imprägnieren hölzerner Gartenpfähle verwenden, wenn Sie welche haben. Bei der Tankstelle ist das Altöl jedenfalls besser aufgehoben.

Wenn man jedoch den Ehrgeiz hat, es selber zu machen, dann werden benötigt:
- Eine neue Ölfilterpatrone (siehe nächsten Abschnitt).
- 2,75 Liter Motoröl bei den 1- und 1,2-Liter-Motoren, 3,8 Liter bei den größeren Motoren. Die verwendbaren Ölsorten finden Sie auf Seite 70.
- Ring- oder Gabelschlüssel SW 19 zum Öffnen und Schließen der Ablaßschraube.
- Gefäß zum Auffangen des Altöls.

Die Arbeit verläuft folgendermaßen: Hat man keine Grube, muß der Wagen allseitig gleich hoch aufgebockt werden, damit der Motor sich in waagrechter Stellung befindet und das Öl vollkommen auslaufen kann. Dann Wanne oder sonstiges Gefäß zum Auffangen des Altöls unterschieben. Ablaßschraube öffnen (Vorsicht bei heißem Öl) und Öl auslaufen lassen. Danach Ablaßschraube wieder festdrehen, aber nicht ›anknallen‹.

Nun wird das frische Motoröl oben in den Einfüllstutzen auf dem Zylinderkopfdeckel eingefüllt. Ganz zum Schluß wird nach einigen Minuten noch einmal der Ölmeßstab gezogen, denn sicher ist sicher. Es soll nämlich schon vorgekommen sein, daß oben das Öl eingefüllt wurde und unten die Ablaßschraube noch gar nicht drin war. Die Differenz zwischen oberer und unterer Meßmarke am Ölpeilstab macht bei den kleineren Motoren 1 Liter und bei den größeren 1,5 Liter aus.

Zu der eben beschriebenen Arbeit kommt jedesmal der Ölfilterwechsel hinzu, über den im nächsten Abschnitt nachzulesen ist.

Fingerzeige: *Beim Ölwechsel verbleiben in den Motoren etwa 0,2 Liter Altöl. Dementsprechend müssen nach einer Demontage des Motors die oben angeführten Füllmengen vergrößert werden, wenn eine vollständige Befüllung erreicht werden soll.*

Entsprechende Differenzen ergeben sich auch beim Ölwechsel ohne bzw. mit Ölfilterwechsel. Die im vorstehenden Abschnitt genannten Mengen beziehen sich auf den Ölwechsel ohne Filterwechsel. Mit Filterwechsel sind es 2,75 Liter

Hat man keine Grube zur Verfügung, sollte der Wagen zum Ablassen des Motoröls möglichst allseitig gleichmäßig hochgebockt sein. Wagen zur Sicherung abstützen! Die Ölablaßschraube befindet sich an der Unterseite der Ölwanne, sie kann nur mit einem Ring- (oder Gabel-)schlüssel SW 19 herausgedreht werden. Beim Hineindrehen der Schraube darf keine Gewalt angewendet werden, damit man das Gewinde nicht beschädigt. Altes Öl verbraucht sich schneller. Erhöhter Ölverbrauch kann daran liegen, daß man schon häufig neues Öl zum alten hinzugeschüttet hat. Ein Ölwechsel kann den Verbrauch wieder sinken lassen, wenn der Motor sonst noch in Ordnung ist.

Ölfilterpatrone wechseln
Pflegearbeit Nr. 35

Bei jedem Ölwechsel, also nach 10 000, 20 000, 30 000 km usw., soll die Ölfilterpatrone ausgewechselt werden. Beim Opel ist sie in den sogenannten Hauptstrom des Motoröls geschaltet. Diese Wegwerfpatrone kann nicht mit Benzin oder anderen Mitteln gereinigt werden.

Eine alte Patrone läßt sich selten mit Händekraft losdrehen. In der Werkstatt benutzt man dazu einen speziellen Bandschlüssel, es geht aber mit einem alten Keilriemen oder Ledergurt. Man schlingt den Riemen einmal um das Filtergehäuse, dreht die Enden mit einer Rohrzange fest und gleichzeitig damit das Gehäuse los. Geht auch das nicht, durchstößt man die Blechwände des Filters mit einem scharfen Schraubenzieher und benutzt diesen als Hebel.

Der Dichtring der neuen Patrone muß vor dem Ansetzen leicht mit Abschmierfett eingestrichen werden. Zwar nimmt man dazu bei Opel Öl, aber bei der anschließenden Sichtprüfung am laufenden Motor, ob nämlich die Patrone wirklich dicht sitzt, kann abtropfendes Öl fälschlich als austretendes Öl angesehen werden, und man zieht dann die Patrone noch fester an. Sie darf aber beim Andrehen nur mit der Hand festgedreht werden. Jedes Festziehen mit irgend einem Werkzeug ist verboten und kann dazu führen, daß sich die Patrone später nicht mehr lösen läßt.

Ölfilterpatronen erhält man bei Opel-Vertretungen oder im Zubehörhandel (passend für alle Kadett-Modelle).

Fingerzeige: *Handprobe am Ölfilter bei heißgefahrenem Motor zeigt, ob das Öl auch richtig durch diese Patrone zirkuliert. Sie muß gleich warm wie der Motorblock sein. Ein verschmutztes oder verstopftes Filter wird sich kühler anfassen, weil der Ölstrom über das Kurzschlußventil fließt. Dann wird der Motor mit ungefiltertem Öl versorgt: Filterwechsel dringendst geboten.*

Seit einiger Zeit wird der Ölwechsel mit Ölabsauggeräten zur Selbstbedienung vor allem an den Tankstellen der großen Mineralölfirmen angepriesen; das dazu angebotene »Öl zum Mitnehmen« ist so preisgünstig wie Markenöl in Discountläden oder Kaufhäusern. Da aber bei jedem Ölwechsel nach Werksangaben auch das Ölfilter ausgewechselt werden soll, gilt folgende wichtige Einschränkung: Ölabsaugen grundsätzlich nur, wenn gleichzeitig das Ölfilter gewechselt wird.

Wenn dagegen im Winter nach etwa 5000 Kurzstrecken-Kilometern ein zusätzlicher Ölwechsel eingeschoben wird, können Sie das alte Öl ohne Gewissensbisse absaugen lassen; der Filterwechsel wird erst beim nächsten 10 000 km-Intervall fällig.

Wie in diesem Kapitel beschrieben, kommt man an das Ölfilter am besten von unten heran, nachdem man den Wagen hochgebockt hat. Das neue Filter darf nicht verkantet festgedreht werden; grundsätzlich läßt sich das Filter mit der Hand leicht anschrauben. Danach läßt man den Motor zur Dichtheitsprüfung kurz laufen. Anschließend kann man das Filter meist noch ein Stück fester (mit der Hand) anziehen.

Verwendbare Ölsorten

Für alle Motoren schreibt Opel Qualitäts-HD-Öle vor, überläßt es aber dem Wagenhalter, sich selbst von dieser Qualität zu überzeugen. Im Zweifelsfall – also bei einem nicht verbreitet bekanntem Öl – bietet Opel jedoch Auskunft über dessen Eignung an. Nun erhält man heute an jeder Tankstelle Markenöle, und bei einiger Routine läßt sich hierbei Geld sparen. Denn es muß nicht gleich das teuerste Öl genommen werden, das der Tankwart beflissen offeriert. Im allgemeinen Sprachgebrauch bezeichnet man als »HD-Öle« sogenannte legierte Motoröle. Darunter versteht man Mineralöle, denen chemische Wirkstoffe (Additive) zugesetzt sind, die z. B. das Öl alterungsbeständig halten, anfallende Säuren neutralisieren, anfallende Verbrennungsrückstände in der Schwebe halten und die Motorenteile vor Korrosion schützen.

Inzwischen gibt es Leistungsnormen für Motorenöle, die international anerkannt werden und in vielen Ländern allgemein gebräuchlich sind. Das von Ihnen gekaufte Öl sollte demnach nicht nur mit den Buchstaben »HD« gekennzeichnet sein, wie bei den meisten großen Ölfirmen hierzulande leider immer noch üblich, sondern eine der folgenden Bezeichnungen tragen. Sie wurden vom Amerikanischen Petroleum-Institut (API) für bestimmte Qualitätsanforderungen festgelegt oder entsprechen den strengen US-Militär-, den General-Motors- bzw. den Ford-Spezifikationen:

- API-Service SF oder SE,
- MIL-L- 46 152 A oder B,
- GM- 6136 M oder
- Ford SSM-2C- 9001- AA.

Bei solcherart gekennzeichnetem Öl können Sie unbesorgt zugreifen, auch wenn es wesentlich billiger ist als ein gleichartiges bekanntes Markenöl. Dagegen sind Hinweise wie »Erfüllt alle Anforderungen der Motorenhersteller« oder »Von allen großen Autowerken anerkannt« für sich allein kein Qualitätsbeweis. Auch Öle mit den geringerwertigen Normen »API-Service SA, SB, SC, SD« genügen nicht für den Kadett-Motor.

In Lkw-Fuhrparks werden bisweilen Öle verwendet, welche die Spezifikation »API CC« oder »MIL-L-2104 B« tragen. Das sind eigentlich spezielle Diesel-Motoröle, sie können aber auch im Opel-Kadett-Motor gefahren werden. Öle mit den weitergehenden Dieselmotor-Ölspezifikationen »API CD« oder »MIL-L-2104 C« bzw. S 3- oder Super-S 3-Öle haben dagegen eine für Benzinmotoren ungeeignete Zusammensetzung.

Die nachstehenden Ölsorten entsprechen den Opel-Empfehlungen:

Bezeichnung	Viskosität für den Sommer	Viskosität für den Winter	Viskosität für länger anhaltende Temperaturen um -20°C
Einbereichsöl	SAE 30	SAE 20 W/20	SAE 10 W
Mehrbereichsöl	SAE 10 W-40 SAE 10 W-50 SAE 15 W-40 SAE 15 W-50 SAE 20 W-40 SAE 20 W-50	SAE 10 W-40 SAE 10 W-50 SAE 15 W-40 SAE 15 W-50 SAE 20 W-40 SAE 20 W-50	SAE 5 W-30

Eine bindende Preisangabe für diese Öle kann hier nicht gemacht werden. Am kostspieligsten sind vollsynthetische Öle. In Supermärkten, Kaufhäusern und von Versandfirmen gibt es oft billige Motoröle mit den obengenannten Spezifikationen zu kaufen.

Viskosität und Temperatur

In der vorangegangenen Aufstellung geben Spalte 2 bis 4 die Viskosität, die Zähflüssigkeit des Öls, durch Zahlenwerte an. Sie resultiert aus der Fähigkeit des Öls, schneller oder langsamer aus einem Röhrchen gleichen Durchmessers zu fließen und wurde von der amerikanischen **S**ociety of **A**utomotive **E**ngineers genormt. Die Bezeichnung der Zähflüssigkeitsklassen erfolgt deswegen mit ›SAE‹ und einer vereinbarten Zahl. Je kleiner diese Zahl, desto dünnflüssiger ist das Öl.

Das ›W‹ am Schluß bedeutet zusätzlich ›Winter‹, es gibt auch etwas dickflüssigeres Öl, das sich bei manchen Motoren im Winter und bei anderen im Sommer eignet und deshalb die gemischte Bezeichnung SAE 20 W 20 trägt. SAE 30 und SAE 40 (sogenannte ›Einbereichsöle‹) sind Sommeröle.

In den drei Spalten wird somit angeführt, welche Ölsorten für Ihren Opel am geeignetsten sind. Die Temperaturbereiche sind von der Ölsorte und der Viskosität, aber auch von der Motorkonstruktion abhängig. Dickflüssiges ›30er‹-Öl strengt im Winter den Anlasser an, wenn er den vom steifen Öl verklebten Motor durchdrehen soll, aber andererseits schadet es auch zu Ostern nicht, wenn das ›Winteröl‹ SAE 20 im Motor ist, denn erfahrungsgemäß ist dann der Sommer immer noch in weiter Ferne.

Mehrbereichsöle

Eine Sonderstellung nehmen die Motoröle SAE 10 W 40 und SAE 10 W 50 ein, die ebenfalls HD-Öle sind. Sie haben den Vorteil, das ganze Jahr über im Motor Dienst tun zu können und heißen daher Mehrbereichsöle. Sie können immer dann verwendet werden, wenn Öle SAE 20 W oder SAE 30 vorgeschrieben sind. Das Öl SAE 10 W 50 schließt sogar die extremen Temperaturen, in denen SAE 50 genommen werden soll, mit ein.

Es ist aber Ihr Geld, das Sie in Mehrbereichsöl nur dann gut anlegen, wenn Sie mit Ihrem Opel so wenig fahren, daß der nächste Ölwechsel bestimmt in jene Jahreszeit fällt, für welche eine andere Ölviskosität vorgeschrieben ist. Genaugenommen handelt es sich bei den Mehrbereichsölen um dünnflüssige Öle, denen spezielle chemische Zusätze beigegeben sind. Diese ›quellen‹ bei höheren Temperaturen, verhindern also, daß das Öl bei hohen Temperaturen zu dünnflüssig wird, wodurch es seine Schmierfähigkeit verlieren könnte. Man sollte es sich gut überlegen, ob das Mehrbereichsöl in jedem Fall rentabel ist, und man darf auch nicht immer auf den Mann an der Tankstelle hören, der natürlich lieber das Öl verkauft, an dem er mehr verdient.

Ölverbrauch

Die in der Betriebsanleitung angegebenen Verbrauchswerte von 0,75 Liter auf 1 000 km stellen ziemlich hoch angesetzte Daten dar. Ein derartig hoher Ölverbrauch müßte schon von ungünstigen Ursachen abhängen. Normal ist etwa die Hälfte davon auf 1 000 km, wobei die älteren Motoren mit mehr als 60 000 km Laufstrecke auch 0,5 Liter verbrauchen werden. Mehr als 0,8 Liter sind schon ein Alarmzeichen und kann auf nicht mehr einwandfreie Kolbenringe hindeuten. Vielleicht ist dann aber der Motor undicht.

Glauben Sie dem klug daherredenden Nachbarn nicht, der da behauptet, sein Wagen brauche kein Öl. Das gibt es nicht, denn Motoröl schmiert unter Aufopferung seiner selbst. Dagegen kann häufiger Kaltstart, unterkühltes Fahren und dauerndes Fahren mit gezogener Starterklappe vortäuschen, daß der Motor kein Öl verbraucht. Vorsicht! In solchem Fall ist das Öl duch Kraftstoffteile und Kondensate verdünnt – ein Ölwechsel ist dringend fällig.

Erst ab 7 500 km Laufstrecke etwa hat sich der Ölverbrauch stabilisiert. Vor einer Verbrauchsmessung ist sicherzustellen, daß der Motor nicht wegen Undichtheiten Öl verliert.

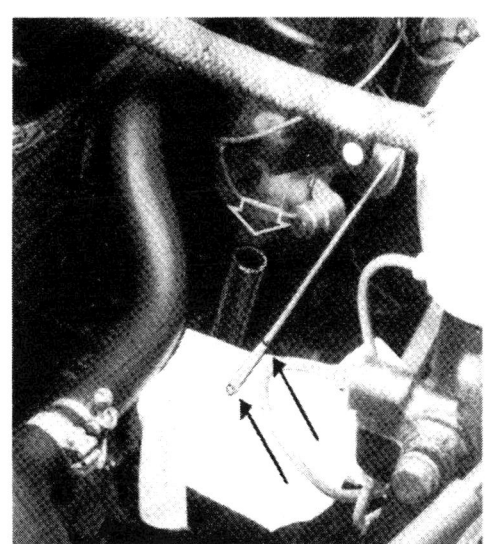

Motoröl soll nachgefüllt werden, wenn der Ölstand bis zur Minimum-Marke abgesunken ist. Die Füllmenge zwischen Minimum- und Maximum- Markierung auf dem Peilstab beträgt bei den Motoren 10, 12 und 12 S 1 Liter, beim 19 E 1,5 Liter (richtige Ölsorten siehe S. 72) Zuviel eingefülltes Öl wird außerdem über die Motorentlüftung angesaugt und verklebt die Bohrungen im Vergaser Ebenso erhöht ständiges Nachfüllen bis zur Maximum-Marke den Ölverbrauch, hat also keinen Sinn und schadet nur dem Geldbeutel. Nach der Ölstandsprüfung muß der Peilstab fest in das Peilstabloch am Motor gedrückt werden.

Unterwegs Öl nachfüllen

Bitte lesen Sie zu diesem Abschnitt noch einmal den auf Seite 68 beschriebenen Handgriff ›Ölstand im Motor prüfen‹. Was dort geschrieben steht, müßte hier eigentlich wiederholt werden, denn das Ablesen des Ölstandes sollte niemals leichtfertig oder oberflächlich ausgeführt werden. Nach dem Messen darf man nicht vergessen, den Ölstab bis zum Anschlag in seinen Sitz zu drücken. Ein nicht sorgfältig in den Motor gedrückter Meßstab läßt das Öl entweichen und kann Ölverluste bis zu 1 Liter auf 1000 km verursachen!

Müssen Sie wegen Ölverbrauch Motoröl nachfüllen, ist es im Grunde egal, welcher Öl-Marke Sie sich zuwenden. Alle HD-Ölsorten und –Marken lassen sich (bis auf einige sehr teure Spezial- und Rennöle) untereinander mischen. Diese Mischbarkeit ohne schädliche chemische oder sonstige Folgen ist eine Grundforderung der internationalen Öl-Normen. An Tankstellen erzählt man es gerne anders. Glauben Sie uns trotzdem. Es empfiehlt sich sogar, beim eventuell notwendigen Nachfüllen bei hartem Frost das dünnere Winteröl SAE 10 W zum ›20er‹-Öl im Motor zu nehmen. Ein Mehrbereichsöl erhält man dadurch zwar nicht, aber die Ölfüllung ist doch besser den Starttemperaturen angepaßt.

Skeptiker beruhigen ihr Gefühl, indem sie zum Nachfüllen die gleiche Marke nehmen, die zum Ölwechsel gewählt wurde. Unter Vorlage der Quittungen kann man dann bei einem überraschenden Motorschaden bei der treu beanspruchten Ölfirma anklopfen, um festzustellen zu lassen, ob vielleicht mit der Motorschmierung oder gar mit dem Öl etwas nicht stimmte. Das ist allerdings nur äußerst selten der Fall, und bei solchen Ausnahmen zeigen die Mineralölfirmen auch zweifellos Kulanz.

Nachfüllen von Öl ist tatsächlich erst dann notwendig, wenn der Ölstand bis zur Minimum-Marke abgesunken ist. Zu hoher Ölstand ist unnütz. Im Kurbelgehäuse kommt es zu Schaumbildung, die Zündkerzen verrußen, die Leistung fällt ab, das Öl wird sinnlos verbraucht. Zuviel eingefülltes Öl wird außerdem über die Entlüftungsleitung vom Motor angesaugt und verklebt dabei die Bohrungen im Vergaser.

Fingerzeig: *Hochwertiges Öl wird schon nach kurzer Laufzeit dunkel. Das beweist, daß es richtig ›arbeitet‹ und allen anfallenden Schmutz in der Schwebe hält. Es ist jedoch kein Anlaß zum Ölwechsel und zur Sorge.*

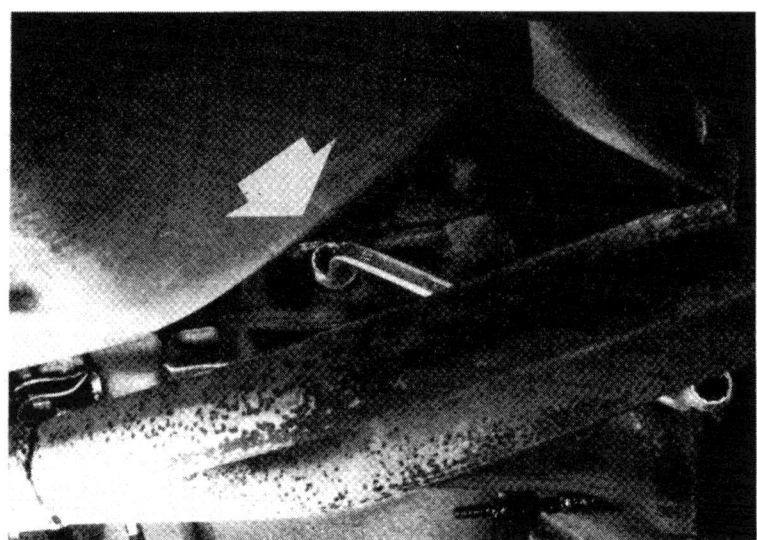

Der Getriebeölstand wird an der Einfüll- und Kontrollöffnung mit dem Zeigefinger geprüft. Die Einfüllschraube läßt sich mit Maul- oder Ringschlüssel lösen. Zeigefinger in die Öffnung stecken: Reicht der Ölstand bis zur Unterkante der Einfüllöffnung (man fühlt das mit dem Finger), ist die Sache in Ordnung. Kontrollschraube wieder eindrehen, jedoch nicht zu fest ›anknallen‹, sonst wird das Gewinde beschädigt.

Getriebeölstand kontrollieren
Pflegearbeit Nr. 12
Schaltgetriebe

In Fahrtrichtung rechts sitzt in halber Höhe des Getriebegehäuses eine Sechskantschraube SW 13, die nach Herausschrauben eine Kontrollöffnung für den Getriebölstand bietet. Natürlich darf der Wagen bei dieser Kontrolle nicht schräg stehen. Reicht bei waagerecht aufgebocktem Auto der Ölstand bis zur Unterkante der Einfüllöffnung – man kann das mit einem Finger fühlen –, ist alles in Ordnung. Die Kontrollschraube darf aber danach nicht zu fest ›angeknallt‹ werden, sonst leidet das Gewinde.

Wenn man Ölmangel vermutet, ist von eigenhändigem Nachfüllen abzuraten. In der Regel fehlt nur eine geringe Menge oder gar nichts. Fehlt eine größere Menge, dann dürfte irgendwo das Gehäuse undicht sein, was schon äußerlich an Ölschmutzkrusten erkennbar ist. Zum Abdichten aber ist die Werkstatt zuständig, und Nachfüllen besorgt auch besser eine Tankstelle. Diese Sicherheitskontrolle sollte alle 10 000 km stattfinden. Die erforderliche Ölsorte ist dem übernächsten Abschnitt zu entnehmen.

Automatisches Getriebe

Sollten Sie einen Kadett mit dieser Bedienungserleichterung besitzen, dann lesen Sie bitte den Abschnitt auf Seite 130, wo auch die Behandlung der Getriebeautomatik ausführlicher beschrieben ist. Hier sei nur darauf hingewiesen, daß der Ölstand am Peilstab bei kaltem Motor zwischen den Markierungen ›ADD‹ und ›F‹, bei betriebswarmem Motor bis ›F‹ abzulesen sein muß. Bei der Prüfung muß der Motor in Wählhebelstellung P oder N laufen. Diese Kontrolle sollte man wesentlich öfter als zu den vorgeschriebenen 10 000-km-Intervallen vornehmen. Der Ölwechsel ist erstmals nach 40 000 Kilometer Laufzeit ausführen zu lassen.

Vorgeschriebene Ölsorten

Ob Schalt- oder Automatikgetriebe – im Bedarfsfall muß das genau richtige Getriebeöl eingefüllt werden!
Da im Gegensatz zu vielen anderen Personenwagen beim Opel mit Schaltgetriebe kein regelmäßiger Ölwechsel vorgeschrieben ist, besitzen diese Getriebe auch keine Ölablaßschraube. Beim Nachfüllen muß das Öl seitlich in die weiter oben erwähnte Kontrollöffnung gedrückt werden, was mittels Schlauch und passend gebogenem Mundstück passiert. Zum Selbermachen braucht man dann noch eine Plastikflasche, die man zusammendrücken und

Zur Kontrolle des Ölstandes in der Hinterachse wird die Kontrollschraube mit dem Inbusschlüssel SW 8 herausgedreht. Das Öl soll bis zur Unterkante dieser Einfüllöffnung stehen.
Bei eventuellem Ölverlust muß die verantwortliche undichte Stelle an der Hinterachse ausfindig gemacht werden.

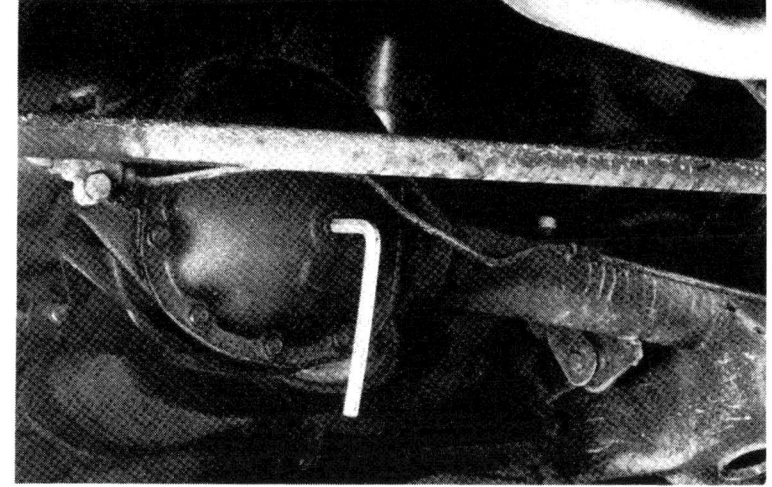

somit das Öl pumpen kann. Da das Öl aber recht dickflüssig ist, stellt diese Prozedur einige Ansprüche an die Geduld des Bastlers.
Zum Nachfüllen dient das Getriebeöl SAE 80 (bei Opel mit der Kennzeichnung M 15/1 versehen), das auch zu einer eventuellen Neubefüllung – nach Getriebereparatur – verwendet wird. Die Füllmenge beträgt 0,6 Liter.
Für das automatische Getriebe ist das handelsübliche Spezialöl mit der Bezeichnung ›Dexron B . . .‹ (und einer nachfolgenden Nummer) zu benutzen. Bei Opel wird dieses Öl unter der Katalog-Nr. 19 40 690 geführt.
Zum Ölwechsel beim automatischen Getriebe, der alle 40 000 km oder spätestens nach 24 Monaten vorgenommen werden soll, sind 2,5 Liter erforderlich. Siehe jedoch wiederum Seite 131.

Lenkgetriebe schmieren?

Suchen Sie irgendwo einen Hinweis auf die Fett- oder Ölversorgung des Lenkgetriebes bei Ihrem Kadett? Von dieser Arbeit sind Sie befreit, weil Ihr Auto mit einer wartungsfreien Zahnstangen-Lenkung ausgerüstet ist. Natürlich ist da auch Fett mit im Spiel, aber so ohne weiteres kann eine eventuell fehlende Menge nicht nachgemessen werden, und einfach nachfüllen, wie das bei anderen Lenkgetrieben möglich ist, geht dabei auch nicht. Alles, was Sie über die Lenkung wissen müssen, finden Sie auf den Seiten 135–136.

Hinterachsölstand kontrollieren
Pflegearbeit Nr. 14

Der Ölstand in der Hinterachse soll bei jedem 10 000-km-Stand nachgesehen werden. Dazu steht der Wagen am besten unbeladen auf seinen Rädern über einer Grube, er darf also nicht angehoben werden. Für Tankstelle oder Werkstatt ist es eine kurze Arbeit. Wer es selbst machen will, braucht dazu einen Inbusschlüssel SW 8, um die Kontrollschraube loszudrehen. Wie beim Schaltgetriebe ist alles in Ordnung, wenn das Öl bis zur Einfüllöffnung steht.
Wagen mit üblicher Hinterachse besitzen eine Erstbefüllung mit Spezial-Hinterachsöl, das bereits nach den ersten 1 000 km abgelassen und gegen Hypoid-Getriebeöl SAE 90 oder auch wieder gegen frisches Spezial-Hinterachsöl ausgetauscht wurde. Diese Öle sind auch später nur zu verwenden, da sie besonders druckfest und für dieses Hinterachsgetriebe am geignetsten sind. Opel-Werkstätten führen das Hypoidöl unter dem Kennzeichen M 12 (GM-4744M) und das Spezial-Hinterachsöl unter der Katalog-Nr. 19 42 380. Im Zweifelsfalle sollte man bei Opel nachfragen, ob ein eventuell woanders ausgesuchtes Höchstdruckschmieröl zulässig ist.
Eine Hinterachse mit Sperrdifferential darf dagegen nur mit Spezial-Hinterachsöl SAE 90 (Katalog Nr. 19 42 380) befüllt sein. Dieses Öl ist nicht etwa

Ein Ölkännchen sollte immer bereit stehen, weil es hier und da am Auto gelegentlich etwas zu schmieren gibt, wie hier z.B. das Schloß der City-Heckklappe. Dazu eignet sich Fahrrad- oder Nähmaschinenöl ebenso wie normales Motorenöl. Die eventuell zu viel angebrachte Ölmenge ist mit einem Stück Tuch abzuwischen.

›schlechter‹ als Hypoidöl, im Gegenteil, es greift die Dichtungen nicht an, wirkt nicht ätzend auf die Zahnflanken und braucht bei längerer Stillegung des Wagens nicht abgelassen zu werden.

Wenn das Hinterachsgehäuse nicht zu einer Reparatur geöffnet werden mußte, braucht ein Ölwechsel nicht stattzufinden. Die Füllmenge beträgt bei allen Typen jeweils 0,65 Liter.

Die Lagerstellen und Gelenke des Gasgestänges müssen leicht beweglich sein. Daher sind sie alle 10 000 km mit einigen Tropfen Öl zu schmieren. Übermäßige Schmutzkrusten sollte man freilich vorher entfernen, oder sieht Ihr Opel unter der Haube immer recht adrett aus? Für das Schmieren der Gelenke kann man auch Fett verwenden, am praktischsten ist jedoch Graphitöl aus der Spraydose (z.B. von BP). Einer weiteren Erläuterung zum Ölen bedarf es hierbei sicher nicht.

Im gleichen Arbeitsgang kann die Kolbenstange des Heizerventils geölt werden. Das Ventil sitzt am Zuleitungsschlauch der Heizung im Motorraum links, hinten zwischen Motor und Spritzwand. Man läßt einen Helfer den Heizungshebel im Wagen öffnen und schließen und ölt dann am Ventil dort, wo sich etwas bewegt. Zugleich ist auch der Bowdenzug zu schmieren, da bei dieser Hin- und Herbewegung das Schmiermittel in die Ummantelung des Zuges dringt. Um Bowdenzug und Heizerventil für den Winter einsatzbereit zu halten, sollte man auch im Sommer ab und zu den Heizungshebel einmal betätigen.

Heizerventil und Gasgestänge ölen
Pflegearbeit Nr. 36

Haubenverschlüsse und Scharniere, die nicht rosten, klappern oder klemmen sollen, brauchen nach 40 000 km Betriebszeit ein wenig Fett. Die Türscharniere sollen sogar alle 10 000 km geschmiert werden. Sie können auch das Ölkännchen mit Motoröl dazu nehmen, es kommt nicht so genau darauf an, denn diese Schmierstellen sind anspruchslos. Wichtiger ist, daß Sie sich später nicht Hände oder Anzug beschmutzen, wenn Sie einmal an diese Schmierstellen streifen. Öl ist also vielleicht günstiger – es darf sogar Fahrradöl oder ›Haushaltsöl‹ sein, wie man es in kleinen Spritzkännchen zu kaufen bekommt. Vorher mit einem Läppchen alte Fett- und Ölreste um die Scharniere, Verschlüsse und an den Türschließkeilen wegwischen und danach das gleiche noch einmal mit überschüssigem Öl und Fett, sonst kann es später eine Anzugreinigung kosten.

Lediglich die Schloßzylinder, also die Innenteile der Türschlösser, sind etwas

Scharniere und Schlösser ölen
Pflegearbeit Nr. 38 und 56

anspruchsvoller. Werden sie mit Fett vollgepreßt, ist der Türschlüssel stets schmierig und verschmutzt die Jackentasche. Besser ist nach unseren Erfahrungen ein Rostlöser-Isolierspray, das Feuchtigkeit verdrängt, so daß im Winter auch nichts einfrieren kann. Geeignete Sprays wären z.B. ›4 x Silikon-Spray‹ von Molykote oder ›Caramba Super‹.

Das steht nicht im Inspektionsplan

Sicherlich sind Sie die ganze Schmiererei inzwischen leid und fragen: ›Was denn nun noch?‹ Wir wollen bestimmt nicht übertreiben, aber dennoch gibt es an Ihrem Opel noch einige Stellen, wo sich etwas bewegt und im Laufe der Zeit ölhungrig wird. Für den Fall, daß Sie an den hier nachfolgend erwähnten Teilen irgendwie kleinere Arbeiten vornehmen, geben wir einige Tips, diese gleichzeitig durch Fettversorgung in einen jugendfrischen Zustand zu versetzen.

Scheibenwischergestänge

Unermüdlich müssen die Scheibenwischer für freie Sicht sorgen, wenn das Wetter es befiehlt, und das ein ganzes Autoleben lang. Irgendwann findet sich bestimmt einmal die Gelegenheit, hier ölend nachzuhelfen. Klappen Sie die Motorhaube auf und schalten Sie Zündung und Wischerschalter ein, dann sehen Sie, unterhalb der Windschutzscheibe, was sich bewegt. Einige Tropfen Öl auf diese Gelenkstellen und auf die Buchsen der Scheibenwischerlager erleichtern dem Scheibenwischermotor sein Wirken.

Starterzug

Die Motoren mit 1 Liter und 1,2 Liter Hubraum besitzen Vergaser mit Starterzug. Dieser Bowdenzug gehört eigentlich noch zum Vergaser, wird aber bei dessen Pflege leicht vergessen. Behandeln Sie ihn mit Öl, haben Sie nicht eines Tages den Zugknopf in der Hand. Außerdem wird durch die Leichtgängigkeit des Zuges gewährleistet, daß er beim Einschieben die Starterklappe im Vergaser richtig öffnet.

Zündverteiler

Ein nicht unwichtiger Punkt ist es, den Zündverteiler mit Fett zu versorgen. Man soll nicht meinen, bei Opel hätte man diesen Hinweis vergessen. Da aber die Unterbrecherkontakte alle 40 000 km ersetzt werden sollen (siehe Seite 192) und dies meist durch eine Werkstatt geschieht, sorgt man dort ohnehin für Fettzufuhr. Doch auch zwischendurch schadet es nicht, das Gleitstück des Unterbrecherhebels und den Unterbrechernocken leicht einzufetten, ebenso wie das Hebellager des Unterbrechers. Hierzu bedient man sich des Bosch Spezial-Fettes Ft 1 v 4.

Die gleitenden Teile der Fliehgewichte benetzt man etwas mit Kugellagerfett, und den Schmierfilz im Nocken sowie die gleitenden Teile der Kontaktplatte sind ganz leicht mit Motoröl zu ölen.

Tür- und Fenstermechanismus

Vielleicht entfernen Sie einmal eine Türverkleidung, wie auf Seite 57 beschrieben steht. Zugstangengelenke, Seilführungen und der Kurbelapparat vertragen bestimmt eine Portion Fett, zumal, wenn Ihr Opel nicht mehr der jüngste ist. Durch die Montagelöcher der inneren Türwandung gelangt man auch an unzugängliche Stellen, wenn man einen Holzstab oder einen langen Schraubenzieher zu Hilfe nimmt.

Des Motors Innenleben
Führung durchs Kraftwerk

Wartungsfreundlichkeit und gute Zugänglichkeit kennzeichnen die lebenswichtigen Teile des Kadett wie bei seinen größeren Brüdern aus dem Hause Opel. Der aufgeräumte Motorraum und der Motor selbst bieten sich direkt dazu an, sich über Aufbau und Arbeitsweise der einzelnen Teile zu informieren. Deswegen müssen Sie durchaus nicht die Qualifikation eines Fachmannes besitzen. Zu manchen Kontrollen benötigen Sie auch kein Werkzeug.

Mit Ihrem Kadett haben Sie zugleich die Versicherung erworben, daß sein Motor eine gewisse Tradition besitzt und somit vielfältige Erfahrungen vereint. Bei den Motorvarianten des Kadett C handelt es sich um eine ausgereifte Grundkonstruktionen ohne jegliche experimentelle Beigabe.
Der 12 S-Motor fand bereits im Jahr 1971 beim Kadett B Eingang, nachdem jener Typ 1965 ursprünglich mit 1,1-Liter-Motor auf den Markt gekommen war. Den 60 PS leistenden 12 S-Motor sowie den 1977 eingeführten 16 S-Motor mit 75 PS trifft man dazu auch in den Typen Ascona und Manta an. Bei letzterem findet man ebenfalls das 1,9-Liter-Aggregat, das den GT/E antreibt. Der 2-Liter-Motor des Rallye E stammt vom seit 1977 gebauten Rekord E und wird auch im Manta eingesetzt.
Auf eine noch längere Geschichte blickt der 1-Liter Motor des ›Spar-Kadett‹ zurück. Dieses im März 1974 wiedererweckte Triebwerk ist genau das gleiche, das den Kadett A, jenen ersten Nachkriegs-Kadett, bei dessen Erscheinen 1962 zierte und der damit bis 1965 produziert wurde. Wirtschaftliche Erwägungen und die Auswirkungen der vorangegangenen ›Energiekrise‹ veranlaßten Opel im Frühjahr 1974, den 40 PS-Motor aus der Versenkung zu holen und den eigentlich für mehr Leistung entworfenen jüngsten Kadett außer mit den 1,2-Liter-Motoren auch damit auszurüsten. Daneben wird in einige Länder (z.B. Schweiz) der Kadett 1000 S mit 48 PS geliefert.

Der Motor - ein bewährtes Aggregat

Die drei kleinen Kadett C-Motoren sind miteinander verwandt. Zunächst eine Erläuterung zu den Hubraumdaten, die bei jedem Auto von Interesse sind und von denen sich wesentliche Einflüsse auf Leistungsfähigkeit und Lebensdauer – natürlich in Verbindung weiterer Merkmale – ablesen lassen. Die Hubraumangabe errechnet sich aus der Bohrung (dem Durchmesser) eines Zylinders und aus dem Hub (dem Weg der Auf- und Abbewegung) eines Kolbens in diesem Zylinder. Der ermittelte Wert wird mit der Anzahl der Zylinder multipliziert und ergibt den Gesamthubraum eines Motors.
Den kleinen Kadet-Motoren ist ein Hub von 61 mm eigen. Daraus ergibt sich, daß die Kurbelwellen mit ihren Kröpfungen für diese Motoren gleiche Maße aufweisen muß. Lediglich aus den unterschiedlichen Bohrungen resultieren verschiedene Hubräume, so auch beim 16 S und 19 E mit 69,8 mm Hub.
Weil der Kolbenhub wesentlich kleiner als die Zylinderbohrung ist, besitzen

Steckbrief der Motoren

diese Vierzylinder-Reihenmotoren einen ausgesprochenen Kurzhubcharakter. Diese Eigenheit ermöglicht höhere Drehzahlen als bei Langhubern, wirkt sich aber besonders in einem geringen Grad von Abnutzung aus. Allerdings steht solchem Vorteil eine verminderte Elastizität gegenüber, was bedeutet, daß die Durchzugskraft des Motors bei niedrigen Touren geringer ist.

Der Block des Vierzylinders ist aus Grauguß gefertigt. Ebenso besteht der Zylinderkopf aus (chromlegiertem) Grauguß, im Gegensatz zu den häufig anzutreffenden Leichtmetallköpfen bei anderen Herstellern. Die Kennzeichnung eines Zylinderblocks erfolgt durch die erhaben gegossenen, seitlich angebrachten Zahlen 10 oder 12, die eine Kurzbezeichnung des Hubraums darstellen. Nur zwischen den Zylindern des 1-Liter-Motors sind Kühlmittelkanäle angebracht, während die 1,2-Liter-Motoren zwischen den einzelnen Zylindern keinen Wassermantel besitzen.

Auf dem Kurbelgehäuse sind Richtzahlen angebracht, die der Werkstatt über die tatsächliche Zylinderbohrung in hundertstel Millimeter Auskunft geben. Ebenso verfügen die Kolben auf ihrem Boden über Richtzahlen. Das zu wissen ist bei der Ersatzteilbeschaffung, bei Montagearbeiten und Motorüberholungen wichtig. Ab Werk beträgt das Kolbeneinbauspiel, also die Differenz zwischen Kolbendurchmesser und Zylinderbohrung, 0,01 mm. Beim Opel-Kundendienst kann diese Toleranz bis zu 0,03 mm erweitert werden. Bei Kolben, auf denen man die aufgestempelte Größenordung nicht erkennen kann, muß der Kolbendurchmesser 15 mm vom unteren Schaftende entfernt, quer zur Kolbenbolzenachse, mittels Mikrometer gemessen werden.

Die Kolben besitzen je drei Kolbenringe. Diese sind in Aussparungen – Nuten – im oberen Drittel des Kolbens elastisch eingebettet und drücken federnd gegen die Zylinderwand. Die beiden oberen Verdichtungsringe (bei Opel als ›Rechteckring‹ und ›Minutenring‹ bezeichnet) verhindern, daß das Gasgemisch aus dem Verbrennungsraum am Kolben vorbei nach unten dringt, und der untere Ölabstreifring läßt das Schmieröl nicht aus dem Kurbelgehäuse nach oben steigen.

Bei gebrauchten Kolben, die mit neuen Kolbenringen versehen werden, muß die angesetzte Ölkohle in den Ringnuten entfernt werden. Dazu zerbricht man einen alten Kolbenring, schleift das Bruchende keilförmig an und kratzt mit diesem in jedem Fall passenden Hilfsmittel die Rückstände weg. Beim Einbau des mittleren Ringes muß die ›Top‹-Markierung oben liegen und der Ringstoß ist gegenüber dem nächsten Ring um 180° zu versetzen. Die Werkstatt muß bei der Montage der Kolbenringe außerdem auf festgelegte Maße von Kolbenringstoß und Höhenspiel achten.

Als Merkmal der kleineren Triebwerke dient die seitlich liegende Nockenwelle und mit ihr der Ventiltrieb über Stoßstangen und Kipphebel. Die Kurzbezeichnung für einen derartigen Motor lautet OHV (englisch für ›over head valve‹ = Über-Kopf-Ventile). Die Motoren ab 1,6 Liter besitzen eine hochgelegte Nockenwelle mit direkt über Kipphebel betätigten Ventilen. Die Bezeichnung dieser Bauart heißt CIH (›camshaft in head‹ – Nockenwelle im Kopf). Eine genaue Beschreibung des GT/E-1,9-Liter-Motors (und damit auch der 2-Liter-Motoren) ist im Handbuch über den Opel Manta B gegeben.

Der Kurbeltrieb

Bei den 1-Liter- und 1,2-Liter-Motoren ist die Kurbelwelle dreifach, bei den übrigen fünffach gelagert. Jedes Pleuel mit Kolben stützt sich also bei den größeren Motoren links und rechts auf ein Hauptlager ab. Ein derart auf Sicherheit ausgelegter Kurbeltrieb könnte theoretisch höhere Drehzahlen als vorgeschrieben verkraften, doch die somit verborgene Reserve kommt der

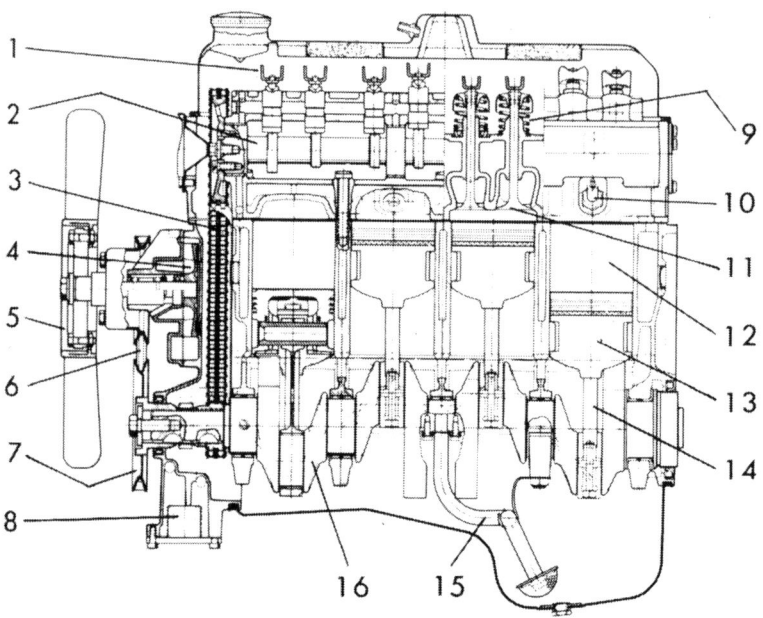

Im Längsschnitt ist der hier gezeigte 1,9-Liter-Motor mit dem 1,6-Liter Motor nahezu identisch. Bei dieser Seitenansicht bedeuten 1 – Kipphebel 2 – Nockenwelle 3 – Steuerkette, 4 – Wasserpumpe, 5 – Ventilator, 6 – Keilriemen, 7 – Riemenscheibe der Kurbelwelle, 8 – Ölpumpe, 9 – Ventilfeder, 10 – Zündkerze, 11 – Ventil, 12 – Zylinder 13 – Kolben, 14 – Pleuel, 15 – Ölansaugrohr mit Ölsieb in der Ölwanne, 16 – Kurbelwelle

Lebensdauer zugute. Andererseits sind dem Ventiltrieb, der noch besprochen wird, in seinem Arbeitstempo Grenzen gesetzt. In diesem Zusammenhang sei aber darauf hingewiesen, daß man das Triebwerk durch Gasgeben bei niedrigen Touren quält. Dann zeigt sich eines Tages schaltfaules Fahren auf der Werkstattrechnung, z.B. durch Verschleiß der Kurbelwellenlager (hohe Belastung bei niedrigen Drehzahlen zerquetscht das Ölpolster in den Lagern). Wie üblich, besitzen die Kolben je drei Kolbenringe. Diese sind in Aussparungen – Nuten – im oberen Drittel des Kolbens elastisch eingebettet und drücken federnd gegen die Zylinderwand. Die beiden oberen Verdichtungsringe (bei

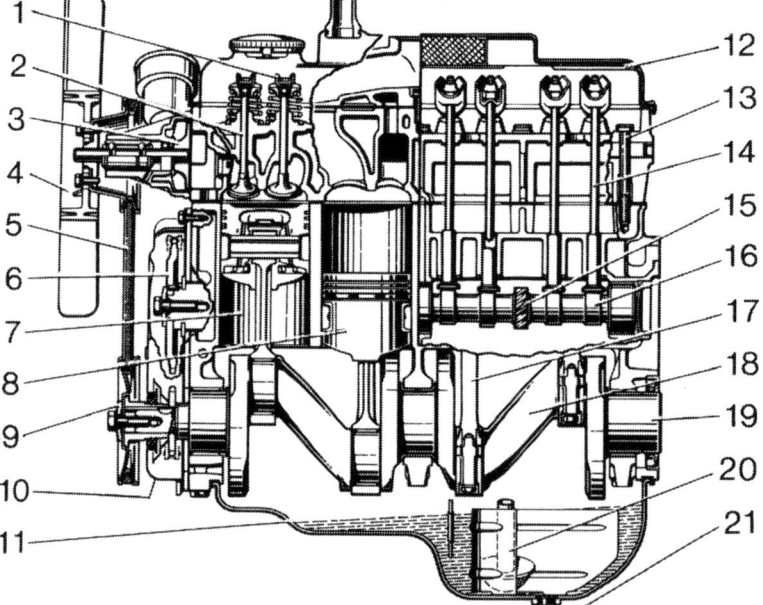

Dieses Schnittbild offenbart das Innenleben des kleinen Kadett-Motors. Bei der Seitenansicht bedeutet:
1 - Kipphebel, 2 - Ventil, 3 - Wasserpumpe, 4 - Ventilator, 5 - Keilriemen, 6 - Steuerrad für die Nockenwelle, 7 - Zylinder, 8 - Kolben, 9 - Riemenscheibe auf der Kurbelwelle, 10 - Steuerdeckel, 11 - Ölwanne, 12 - Zylinderkopfhaube, 13 - Zylinderkopfschraube, 14 - Ventilstößel, 15 - Zahnrad für Antrieb von Zündverteiler und Ölpumpe, 16 - Nocken, 17 - Pleuel, 18 - Kurbelwelle, 19 - Kurbelwellenlager, 20 - Saugrohr der Ölpumpe, 21 - Ölablaßschraube.

Opel als ›Rechteckring‹ und ›Minutenring‹ bezeichnet) verhindern, daß das Gasgemisch aus dem Verbrennungsraum am Kolben vorbei nach unten dringt, und der untere Ölabstreifring läßt das Schmieröl nicht aus dem Kurbelgehäuse nach oben steigen. Dieser untere Ring ist beim CIH-Motor eine sogenannte PC-Kombination, die aus zwei Zwischenringen und einem Stahlbandring besteht. Von der Ringkombination wird erwartet, daß sie sich federstramm, aber völlig klemmfrei, in ihrer Nut bewegen läßt.

Jeder Kolben ist über Kolbenbolzen und Pleuelstange mit der Kurbelwelle verbunden. Demontierte Kolben und Kolbenbolzen des OHV-Motors sind nicht mehr verwendbar. Neuteile liefert Opel als Ersatzteile. Ihr Zusammenbau kann nur in einer Werkstatt erfolgen. Dort erwärmt man die Pleuelstange auf 280 C in einem Elektroofen, wonach der Kolbenbolzen eingepreßt wird. Ersatzpleuel gehören der höchsten Gewichtsklasse an und müssen in ihrem Gewicht durch Abschleifen der beiden Gewichtszapfen den eventuell in Gebrauch bleibenden Pleuelstangen angepaßt werden. In einem Motor darf der Gewichtsunterschied der Pleuelstangen höchstens 4 g betragen. Ausfräsungen am Kolbenboden für die Ventile sind der Anlaß für Einbauvorschriften, die auch mit der Ölversorgung zusammenhängen. Danach muß z.B. im CIH-Motor die Kerbe am Kolbenbolzen nach vorn, das Ölspritzloch am Pleuel zur Krümmerseite und die Kerbe im Pleuelstangendeckel nach hinten zeigen.

Auf dem Kurbelgehäuse sind Richtzahlen angebracht, die der Werkstatt über die tatsächliche Zylinderbohrung in hundertstel Milimeter Auskunft geben. Die Kolben verfügen auf ihrem Boden über gleiche Richtzahlen. Das zu wissen ist bei der Ersatzteilbeschaffung, bei Montagearbeiten und Motorüberholungen wichtig. Ab Werk beträgt das Kolbeneinbauspiel, also die Differenz zwischen Kolbendurchmesser und Zylinderbohrung, bei den OHV-Motoren 0 mm; das bedeutet, daß Zylinderbohrung und Kolben auf hundertstel Milimeter den gleichen Durchmesser aufweisen müssen. In den größeren Motoren hingegen ist bei gleicher Richtzahl der Kolbendurchmesser immer um $^3/_{100}$ mm geringer als die Bohrung. Wenn die Zylinder anläßlich einer Motorüberholung ausgeschliffen werden, sind entsprechende Kolben zu verwenden.

Äußerst differenziert behandelt man auch die Kurbelwellen- und Pleuellagerzapfen. Die Einhaltung dieser in Tabellen bei Opel festgelegten Schleifmaße hat ganz erheblichen Einfluß auf die Gesundheit des Motors. Zur Überholung der sich gegeneinander bewegenden Flächen (Kurbelwelle in den Hauptlagern, Pleuelstangen auf den Lagern der Kurbelwelle) stehen entsprechende Lagerschalen außer in der Normalgröße in zwei Untermaßstufen zur Verfügung.

Das Haupt- und Pleuellagerspiel kann mit dem Maßmittel Plastigage von der Firma Ern. Motorenteile KG, Schinkelstraße 46–48, 4 Düsseldorf, zuverlässig gemessen werden. Dieser verformbare Plastikfaden mit kalibriertem Druckmesser wird axial zwischen Wellenzapfen und Lagerschale gelegt, und nach Anziehen der Lagerdeckelschrauben verformt sich der Faden je nach Größe des vorhandenen Lagerspiels auf eine bestimmte Breite. Durch Anlegen der mitgelieferten Meßskala können an dem flachgedrückten Faden das Lagerspiel und die Ovalität festgestellt werden.

Lagerschäden

Bei den kurzhubigen Opel-Motoren ist – bei gleicher Umdrehungszahl der Kurbelwelle – die Kolbengeschwindigkeit gegenüber langhubigen Motoren geringer. Dadurch wird der schützende Ölfilm zwischen Kolben und Zylinderwand weniger beansprucht und so der Verschleiß reduziert. Doch können Lagerschäden durch Ölmangel und Überbeanspruchung auftreten. Dies sind

Beschädigungen der Gleitflächen zwischen Pleuel und Kurbelwelle, in fortgeschrittenem Stadium sogar zwischen Kurbelwelle und Motorgehäuse, also der Hauptlager. Primäre Ursachen mit schleichender Wirkung zu solcher Misere sind schaltfaules Fahren, lang anhaltende Vollgasfahrten oder ständiges scharfes Ausfahren der Gänge. Nicht beachteter Ölmangel dagegen führt zu plötzlich auftretenden Lagerschäden.

Wenn man in der Lage ist, solche sich anbahnenden Defekte früh zu erkennen, spart man viel Geld. Lagerschäden kündigen sich mit wärmer werdendem Motor (Öl wird flüssiger) durch Klopfen an, das allmählich zum lauten Hämmern wird. Ob überhaupt ein Lager (meistens Pleuellager) schadhaft ist und um welches es sich handelt, ist folgendermaßen festzustellen: Bei Leerlauf nacheinander die Kabel von den Zündkerzen abziehen und wieder aufstecken Läßt das Klopfen bei einem der abgezogenen Kabel nach, liegt der Lagerschaden an diesem Zylinder vor. Ein anderer Test besteht darin, mit langem Schraubenzieher oder Metallstab auf den Zylinderkopf nahe der Zündkerzen zu drücken und ein Ohr auf das Ende des Werkzeugs zu legen. Auf diese Weise läßt sich das Resonanzgeräusch des schadhaften Lagers lokalisieren.

Mit einem ›ausgelaufenen‹ Lager kann man noch die rettende Werkstatt, ja sogar den Heimatort über Hunderte von Kilometern anlaufen, wenn man äußerst verhalten fährt. Dazu Zündkerze des betreffenden Zylinders ausschrauben, damit Arbeit und weitere Beanspruchung durch Kompression bei diesem Zylinder fortfallen. Falls sich Wasser im Motoröl befindet (milchiges Aussehen): Öl wechseln. Denn der Lagerschaden kann auch durch Ölverdünnung eingetreten sein, wenn bei undichter Zylinderkopfdichtung das Kühlmittel in den Ölkreislauf gelangt ist. Die Leistung der drei noch arbeitenden Zylinder darf während der Fahrt keinesfalls ausgeschöpft werden. Im 4. Gang kann das Tempo etwa 60 km/h betragen. Aus dem offenen Kerzenloch entweicht dabei ein pfeifendes Knallen, das von den Kompressionsbemühungen des mitlaufenden Kolbens herrührt; diese Geräusche sind unerheblich. Bei derartigem Notbetrieb sind der Stand und die Temperatur von Kühlwasser und Motoröl natürlich laufend zu überwachen.

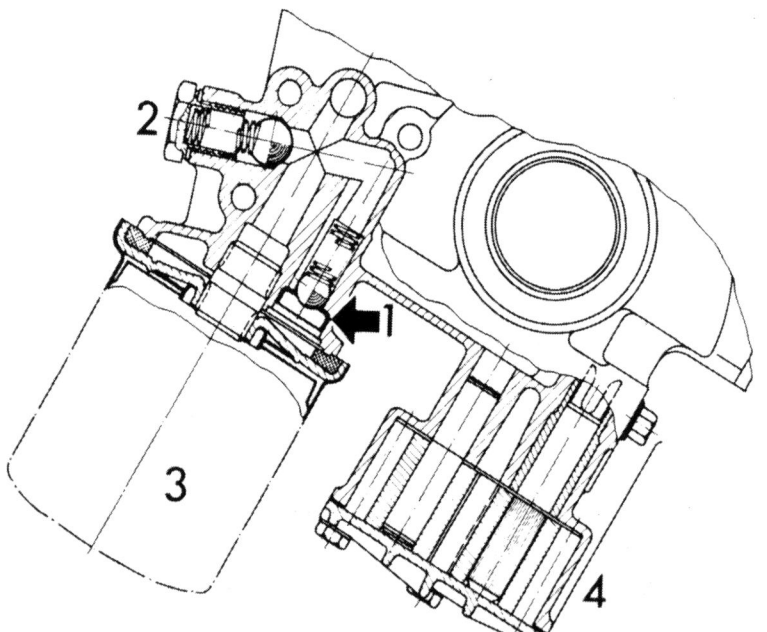

Die Zeichnung zeigt als Detailschnitt des CIH-Motors:
1 – Kurzschlußventil,
2 – Überdruckventil,
3 – Ölfilter, 4 – Ölpumpe
Soll das Kurzschlußventil ersetzt werden, ist das Filtergehäuse abzuschrauben und die Ventilhülse vorsichtig mit einem Dorn herauszukanten. Nach Ausblasen mit Preßluft müssen Kugel und Feder erneuert und die neue Ventilhülse mit passendem Dorn eingetrieben werden. Dabei muß die offene Hülsenseite nach unten zeigen.

Beim CIH-Motor mit 1,6-Liter oder 1,9 Liter Hubraum, in der Ansicht von vorn, bedeuten die Zahlen:
1 – Öleinfüllstutzen, 2 – Kühlwasseranschluß, 3 – Steuerrad für Ventiltrieb 4 – Steuerkette, 5 – Kettenspanner, 6 – Ölpumpendruckventil, 7 – Ölfilter-Kurzschlußventil, 8 – Ölfilter, 9 – Ölpumpe, 10 – Zündverteiler, 11 – Verteilerwelle, 12 – Kurbelwelle, 13 – Benzinpumpe

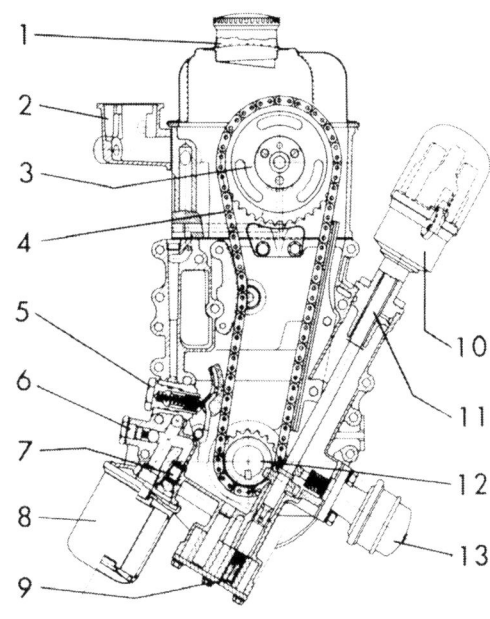

Die Ventilsteuerung

Motor	10	12 N, 12 S	16 S	19 E, 20 EH
Einlaß öffnet vor o. T.	39°	46°	44°	44°
schließt nach u. T.	93°	90°	86°	88°
Auslaß öffnet vor o. T.	65°	70°	84°	84°
schließt nach u. T.	45°	30°	46°	48°

Für das Öffnen der Ventile sorgt die seitlich links neben den Zylindern im Zylinderblock liegende Nockenwelle. Sie ist dreimal gelagert. Die Nockenwellenlager werden ab Werk nur vorgebohrt geliefert und müssen bei Ersatz der Welle in der Werkstatt auf den jeweiligen Lagerzapfendurchmesser aufgerieben werden. Wie bei den Kurbelwellenlagern findet man auch bei der Nockenwelle verschiedene Untermaße. Für den 1-Liter-Motor wurde die Nockenwelle neu konstruiert, die nun einen günstigeren Drehmomentverlauf als beim Kadett A bewirkt. Sie ist durch eine rote Farbmarke zwischen Lagerzapfen 2 und 3 gekennzeichnet.

Die Nockenwelle wird vorn am Motor durch eine Steuerkette von der Kurbelwelle angetrieben. Bei der Montage der beiden Zahnräder, über die die Kette läuft, müssen die Markierungen auf diesen Steuerrädern sich genau gegenüber stehen. Für den straffen und spielfreien Lauf der einfachen Rollenkette sorgt ein Kettenspanner. Vor äußeren Einflüssen wird dieser Antrieb durch den Steuerdeckel geschützt.

Mit ihren Nocken hebt die Nockenwelle die Stößel und somit die Kipphebel an. Dabei drückt das andere Ende des Kipphebels auf sein Ventil, wodurch eine Öffnung des Verbrennungsraumes hervorgerufen wird. Zu jedem Zylinder gehören zwei Ventile: Das Einlaß-Ventil ist für die Zufuhr des vom Vergaser bereiteten zündfähigen Gasgemisches zuständig, das vom niedergehenden Kolben angesaugt wird, und das Auslaß-Ventil sorgt für eine Ausgangsöffnung für das verbrannte Gas, das der nach oben drückende Kolben ausstößt. Die

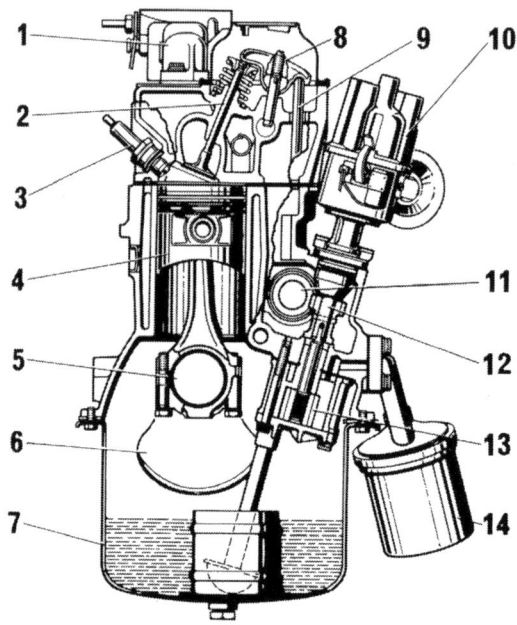

Schnittbild der Kadett-Motoren mit 1- und 1,2-Liter Hubraum, von vorn gesehen. Die Zahlen bedeuten:
1 – Vergaser, 2 – Ventil, 3 – Zündkerze, 4 – Kolben 5 – Kurbelwelle, 6 – Ausgleichsgewicht der Kurbelwelle, 7 – Ölwanne, 8 – Kipphebel, 9 – Stößel, 10 – Zündverteiler, 11 – Nockenwelle, 12 – Antrieb des Zündverteilers, 13 – Antrieb der Ölpumpe, 14 – Ölfilter.

Reihenfolge der Ventile, von vorn oder von hinten gezählt, lautet für diese Vierzylindermotoren (A = Auslaß, E = Einlaß): A – E – E – A – A – E – E – A.
Die aus Stahlblech gepreßten Kipphebel wurden erstmals beim Kadett A-Motor verwendet und erprobt. Ihre Herstellung ist billiger. Durch ihr geringeres Gewicht werden leichteres Hochdrehen und höhere Drehzahlen des Motors ermöglicht. Die Bruchsicherheit dieser Stahlblech-Kipphebel wird im Abschnitt ›Etwas über Drehzahlen‹ angesprochen.
Die Ventile hängen im Zylinderkopf schräg nach unten. Wenn ihre Führungen verschlissen sind, wird ein konzentrischer Ventilsitz verhindert und der Ölverbrauch erhöht sich. Die Ventileinführungen können auf eine nächste Übergröße aufgerieben werden. Außer der Normalgröße gibt es Größen, die zur Dichtfläche hin unmittelbar über der Führung mit folgenden Bezeichnungen markiert sind: ›1‹ = 0,075 mm Übergröße, ›2‹ = 0,15 mm Übergröße, ›A‹ = 0,25 mm Übergröße. Dazu gehören Ventile mit entsprechendem Ventilschaft. Der Durchmesser der Ventilteller beträgt bei den Einlaß-Ventilen 32 mm, bei den Auslaß-Ventilen 27 mm. Als Werkstoff dient für beide Arten chromlegierter Ventilstahl. Die höher beanspruchten Auslaß-Ventile verfügen noch über eine Aluminiumauflage und über einen Panzersitz. Ventilsitzringe sind nicht vorgesehen. Während der Ventilhub bei den 1,2-Liter Motoren jeweils 9,91 mm beträgt, macht er beim Einlaß-Ventil der 1-Liter-Motoren 8,35 mm und beim Auslaß-Ventil 8,11 mm aus.
Nur beim 12 S-Motor verfügen die Auslaß-Ventile über Ventildrehvorrichtungen (›Roto Caps‹), die unter den Ventilfedern liegen. Deren sinnreiches System, basierend auf Federn und Kugeln, dreht das Ventil bei jedem Hub um einen kleinen Betrag weiter. Auf diese Weise vermeidet man, daß sich die Sitzfläche einseitig einschlägt und undicht wird, wodurch sich Kompressionsverluste ergeben.
Das Schließen der Ventile wird von den Ventilfedern bewirkt, die den Ventilteller fest in den Sitz drücken und das Entweichen der Verbrennungsgase verhindern.

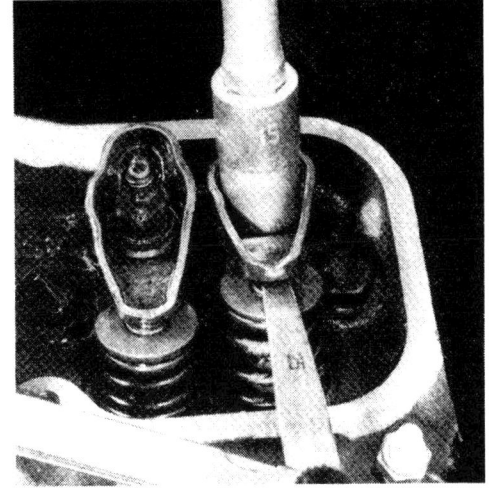

Das Ventilspiel wird geprüft, indem eine Fühlerblattlehre zwischen Ventilschaft und Kipphebel geschoben wird. Das Nachstellen - Vergrößern oder Verringern des Spiels - geschieht mittels eines von oben auf die Einstellschraube gesetzten Steckschlüssels. Diese Schraube ist selbstsichernd. Hier ist der Zylinderkopf des 1,2 S-Motors gezeigt, der dem 1,0-Motor ähnelt. Bezüglich Motor 1,6 S, 1,9 E und 2,0 EH siehe Bild Seite 87.

Ventile einschleifen

Bei nicht ausreichend hohem Kompressionsdruck (nachlassende Leistung mit höherem km-Alter) bringt eine Bearbeitung von Ventilen und Ventilsitzen wieder Besserung. Wenn die kegelige Ventilsitzfläche noch nicht zu große Verschleiß- oder Verbrennungsspuren aufweist, kann man die Ventilsitze in der Werkstatt nachfräsen lassen oder die Ventile einschleifen. Dadurch begegnet man der mit höherem km-Alter auftretenden nachlassenden Leistung, und der Kompressionsdruck wird wieder angehoben.

Beim Einschleifen wird der Ventilkegel mit Schleifpaste bestrichen und das Ventil in seine Führung im Zylinderkopf – dieser ist ausgebaut – gesteckt. Dann wird ein Spezial-Handgriff auf den Ventilschaft gesteckt und das Ventil unter leichtem Anziehen und wechselweisem Hin- und Herdrehen auf seiner Sitzfläche eingeschliffen.

Wer es sich zutraut, den Zylinderkopf und die darin befindlichen Ventile zu demontieren, kann diese Arbeit auch selbst verrichten. Als Drehwerkzeug eignet sich gut die alte Handbohrmaschine, in deren Futter ein Ventilsauger gesetzt wird, mit dem das Ventil von unten gegen seinen Sitz gedrückt und dabei gedreht wird. Den ersten Arbeitsgängen mit grober Schleifpaste folgen sorgfältigere mit feiner Paste, wobei auf allseitig gleichmäßige Schleifwirkung am Ventil und am Sitz zu achten ist (zur Kontrolle ist auf den gesäuberten Sitz Kreide oder Tusche aufzutragen, das gereinigte Ventil muß jetzt nach einer Umdrehung überall ›tragen‹, d. h. die Kennzeichnung gleichmäßig verschmiert haben).

Die Kegelwinkel aller Ventilsitze betragen 45°. Um die vorgeschriebene Sitzbreite der Einlaß-Ventile von 1,25 bis 1,50 mm und der Auslaß-Ventile von 1,60 bis 1,85 mm zu erreichen, bedient man sich eines 25°-Korrekturfräsers. Die Breite des Ventilsitzes (Dichtfläche) kann natürlich nur mit Werkstattmitteln exakt hergestellt werden.

Warum Ventilspiel?

Der Begriff ›Ventilspiel‹ taucht bei allen technischen Daten und Anweisungen auf. Wie wichtig ist es eigentlich? Es ist von lebenswichtiger Bedeutung für die Lebensdauer der Ventile und damit für die gleichbleibende Motorleistung. Zwischen den Teilen der Ventilbetätigung – also Nocken, Stößel, Kipphebel und Ventilschaftende - muß etwas Luft oder ›Spiel‹ vorhanden sein, damit die unterschiedlichen Wärmedehnungen ausgeglichen werden können.

Man sollte sich bei der Kontrolle des Ventilspiels nicht auf sein Ohr verlassen, um etwa das Klappern bei zu großem Ventilspiel zu erkennen. Was man nicht hört und was wesentlich kritischer ist: Zu kleines Ventilspiel. Es bedeuten:

Zu kleines Ventilspiel: Gefahr, daß Ventile und Ventilsitze verbrennen (Ventile liegen nicht satt auf Ventil-Sitzring auf, wodurch Kühlung ungenügend), Verziehen der Ventile, schlechte Leistung durch verringerte Kompression, veränderte Steuerzeiten.

Zu großes Ventilspiel: Schlechtere Zylinder-Füllung, also geringere Leistung, Veränderung der Steuerzeiten, ungleichmäßiger Lauf, höherer Verschleiß, größeres Geräusch.

Ventile prüfen und einstellen
Pflegearbeit Nr. 10

Das Ventilspiel bei den 1- und 1,2-Liter-Motoren hat beim Einlaß-Ventil 0,15 und beim Auslaß-Ventil 0,25 mm zu betragen. 16 S, 19 E und 20 EH haben bei allen Ventilen 0,30 mm. Messen und Einstellen soll bei warmgefahrenem Motor geschehen, die Kühlwasser-Anzeige sollte also knapp in der Mitte der Skala stehen. Das Spiel wird mit einer Fühlerblattlehre gemessen. Besitzt diese kein entsprechendes Meßblatt, kann durch die Kombination anderer vorhandener Fühlerblätter die erforderliche Stärke zusammengestellt werden (etwa ein Blatt 0,20 und ein Blatt 0,05 für das Auslaß-Ventil). Beim Motor 20 E des Rallye E entfällt die Einstellung, weil dieser mit selbstnachstellenden Hydro-Stößeln ausgestattet ist.

Beim 12 S und 16 S ist es vor dem Abschrauben der Zylinderkopfhaube nötig, den Luftfilter abzubauen. Danach muß nur noch das Kabel vom Fernthermometer abgezogen werden, daß vorne auf dem Zylinderkopf sitzt. Die Ventilhaube ist mit vier bzw. sechs Schrauben SW 10 festgehalten und läßt sich nach Losdrehen derselben mittels Steckschlüssel abheben. Unter den Schrauben befinden sich längliche Zwischenstücke, die man nicht verlieren darf, weil sie die Haube zwecks guter Dichtung gleichmäßig anpressen.

Beim Abnehmen der Haube aufpassen, daß die Korkdichtung nicht beschädigt wird. Eine festsitzende Haube kann man lockern, indem man mit dem Hammerstiel am Rand entlang klopft. Nachdem man die Haube an einem sauberen Platz abgelegt hat, ist nun der Blick auf die Kipphebel, Stößel und Ventilfedern frei. In den Opel-Werkstätten wird das Ventilspiel bei laufendem Motor überprüft. Nicht nur, weil man dabei Zeit spart, sondern weil bei stehendem Motor nicht die Garantie gegeben ist, daß die Ventile an das Meßblatt anschlagen.

Zur Spielmessung nimmt man das entsprechende Blatt der Fühlerlehre und steckt es bei jedem Ventil zwischen Kipphebel und Ventilschaft. Jedesmal, wenn der Kipphebel hochgeht, läßt es sich dazwischen schieben. Es macht nichts, wenn bei betätigtem Ventil – Kipphebel senkt sich – das Lehrenblatt festgeklemmt wird. Geht das Lehrenblatt nicht dazwischen, ist das Spiel zu klein oder gar überhaupt kein Spiel vorhanden. Man setzt dann bei stehendem Motor einen Steckschlüssel SW 15 auf die Mutter der Einstellschraube – zugleich Kipphebellagerung – und löst sie etwas. Die Mutter ist durch Kunststoffeinsatz selbstsichernd, weshalb eine Kontermutter entfällt. Dann prüft man an diesem Ventil erneut das Spiel. Hat man das Gefühl, daß das vorgeschriebene Blatt zu leicht dazwischengeht, muß man die Einstellschraube entsprechend etwas anziehen.

Mühsamer ist es, die Ventile bei stehendem – ebenfalls warmen – Motor einzustellen. Man dreht zunächst den Motor so weit durch, daß Zylinder 1 auf Zündzeitpunkt kommt. Dabei zeigt der Verteilerfinger auf die Kerbe am Verteilergehäuserand und die Kerbe an der Riemenscheibe ist zur Markierung am **Steuergehäusedeckel** gerichtet (siehe Bild Seite 194). Damit sind die Ventile von Zylinder 1 geschlossen und das Ventilspiel kann hier gemessen werden. Dann geht es entsprechend der Zündfolge 1 – 3 – 4 – 2 weiter und es folgen jetzt also die Ventile von Zylinder 3 (der 3. Zylinder von vorn). Man erkennt auch

Es ist wichtig zu wissen, wo die Einlaßventile (E) und wo die Auslaßventile (A) sitzen, weil bei beiden Ventilarten ein unterschiedliches Ventilspiel eingestellt werden muß. Siehe dazu Seite 85. Bei allen in diesem Buch besprochenen Opel-Motoren ist die Reihenfolge der Ventile die gleiche.

am vom Federdruck entlasteten Kipphebel, ob das jeweilige Ventilpaar tatsächlich geschlossen ist: Dann läßt sich ein Kipphebel ein wenig – um das Ventilspiel – auf- und abbewegen.

Den Motor kann man mit einem Gabelschlüssel an der Kurbelwellenmutter der Keilriemenscheibe durchdrehen, und zwar – von vorn gesehen – nach rechts herum. Am besten schraubt man dazu die Kerzen heraus, um die Kompression auszuschalten. Oder man legt den obersten Gang ein und schiebt den Wagen jeweils etwas nach vorn, wodurch der Motor ebenfalls durchgedreht wird. Dazu braucht man aber einen Helfer, der schiebt, während man das Erreichen des Zündzeitpunktes beobachtet.

Ältere Motoren können ausgeschlagene Gleitflächen zwischen Kipphebel und Ventilschaft besitzen und somit verhindern, daß sich das Lehrenblatt einwandfrei hindurchschieben läßt. Mit einer feinen Feile werden die Kipphebelgleitflächen in diesem Fall geglättet, wozu die Kipphebel abzuschrauben sind, damit keine Feilspäne in den Motor gelangen.

Das Prüfen des Ventilspiels wird bei km-Stand 5 000 und 10 000 vorgenommen und anschließend alle weiteren 10 000 km. Eigentlich ist diese Arbeit nicht schwierig, und wer sich einmal damit befaßt hat, dem ist der Hergang schnell geläufig. Gleichzeitig kann man sich im Verlauf der Arbeit von der Ordnungsmäßigkeit anderer Teile, wie z. B. Vergaserbefestigung, überzeugen.

Kompressionsdruck prüfen

Vorbeugend oder im Bedarfsfalle soll mit dieser Kontrolle geprüft werden, ob Kolben und Ventile gut abdichten, ob also die Kompression in den Zylindern noch hoch genug ist. Voraussetzung: Ventilspiel ist richtig eingestellt.

Zur Prüfung wird von der Werkstatt ein Kompressions-Druckschreiber benutzt, in den Meßkärtchen eingelegt werden. Der Druckschreiber wird auf das Kerzenloch gesetzt. Der Motor soll betriebswarm sein, doch in der Praxis ist er meist kalt geworden, bis es zur Prüfung kommt. Ein Helfer drückt das Gaspedal ganz durch, damit die Zylinder ihre größte Füllung erhalten und dreht den Motor mit dem Anlasser mehrmals durch. Für jeden Zylinder zeichnet der Druckschreiber eine flache Kurve auf das gewachste Papier, deren Endpunkt den höchsten Druck anzeigt. Wichtig für den gesunden Motor ist nicht die Höhe des Druckes, sondern dessen Gleichmäßigkeit bei allen Zylindern. Druckunterschiede bis zu 0,5 kg/cm^2 sind unerheblich, sie sollen aber nicht mehr als 1 kg/cm^2 (= ca. 1 bar) betragen. Der gemessene Druck bei warmen Motor liegt höher als bei kaltem Motor, da bei diesem die Abdichtung durch die Kolbenringe und das Öl noch nicht so hoch ist.

Die Zylinderkopfhaube beim Motor 19 E und 20 EH des Kadett GT/E ist wie beim 16 S-Motor mit sechs Schrauben SW 10 befestigt. Um die Haube abzunehmen, muß am Gaszug eine Kontermutter SW 13 gelockert werden, dann ist der Zug nach links herauszuziehen.
Schlauchschelle am Entlüftungsschlauch lockern und den Schlauch abziehen. Die Zylinderkopfhaube kann unter dem Unterdruckschlauch zum Bremskraftverstärker hervorgezogen werden, wobei jedoch die Haubendichtung nicht beschädigt werden darf. Wenn das Ventilspiel bei laufendem Motor eingestellt wird, ist als Schutz über der Rollenkette (links im Bild) ein halbkreisförmig gebogenes Stück Blech oder Pappe anzubringen (Unfallgefahr!), das man mit den vorderen beiden Haubenschrauben befestigt.

Zu niedriger Druck bedeutet Schäden an den Ventilen, z. B. durch verbranntes Auslaßventil (durch zu knappes Ventilspiel) oder klebendes (›hängendes‹) Ventil durch zu viel Rückstandsbildung am Ventilschaft und in dessen Führung, ferner Kolben- und Kolbenringverschleiß oder festsitzende Kolbenringe, unrunde Zylinder, Folgeerscheinungen von Kolbenklemmern, außerdem kann auch die Zylinderkopfdichtung verbrannt sein
In den weitaus meisten Fällen liegt jedoch mangelnder Kompressionsdruck und damit verringerte Motorleistung an undichten Ventilen. Deren Einschleifen bringt Abhilfe, wenn sich nicht wegen zu hoher Motorlaufstrecke ohnehin ein Tauschmotor empfiehlt. Zusätzliche Kontrolle: Einträufeln von Öl ins Kerzenloch. Ist der Druck nach nochmaligem Motordurchdrehen immer noch mangelhaft, sind die Ventile undicht, insbesondere die Auslaßventile. Undichte Auslaßventile kann man auch am Blasgeräusch im Auspuffkrümmer erkennen, ebenso wie undichte Einlaßventile durch ein solches typisches Geräusch im Vergaser bzw. Saugrohr vermutet werden müssen. Eine undichte Zylinderkopfdichtung macht sich durch Luftblasen im Kühlwasser und manchmal auch durch Ölspuren bemerkbar.
Ist die Motorleistung trotz hohem und gleichmäßigem Kompressionsdruck schlecht, liegt der Fehler vermutlich an der Zündanlage.
Vergleichbar sind nur Messungen, die mit demselben Meßgerät ausgeführt sind, da diese voneinander immer etwas abweichen. Lassen Sie sich das Meßkärtchen geben und schreiben Sie sich zu Vergleichszwecken Datum und km-Stand auf. Bosch hat einen Kompressionsverlust-Tester entwickelt, mit dem man sowohl den Kompressionsdruck als auch den Kompressionsdruck-Verlust messen kann.
Bei den drei kleinen Kadett C-Motoren sind folgende Verdichtungsdrücke bei Anlaßdrehzahl als gesunde Werte anzusehen.
Typ 10 = 10,8 – 11,8   Typ 12 = 9,8 – 11,3   Typ 12 S = 11,8 – 12,7
Ein Ergebnis unter 7 kg/cm^2 deutet auf schlechten Motorzustand, zumindest auf schlecht eingestellte Ventile.

Wenn der Motor ohne Betätigung des Gaspedals und ohne gezogene Starterklappe läuft, spricht man vom Leerlauf. Dabei soll sich die Kurbelwelle in Drehzahlen bewegen, bei denen die Motorleistung gerade zur Überwindung der inneren Reibung und zum Antrieb der Nebenaggregate ausreicht. Der Leerlauf darf nicht so niedrig sein, daß der Motor nur stotternd läuft und er soll auch nicht so schnell sein, daß bei Standlauf das Kühlwasser zu heiß wird.

Leerlauf des Motors kontrollieren
Pflegearbeit Nr. 8

Beeinflußt wird der Leerlauf von der Vergaser-Einstellung (siehe Kapitel ›Vergaser-Praxis‹) und von der Einstellung der Zündung (siehe Kapitel ›Die Zündanlage‹), aber auch sekundär durch die Außentemperatur. Bei korrekter Einstellung von Vergaser und Zündung und in betriebswarmem Zustand soll die Leerlauf-Drehzahl bei allen Kadett-Typen zwischen 800 und 850 Umdrehungen pro Minute (U/min) betragen, wobei im Falle eines eingebauten automatischen Getriebes der Wählhebel sich in ›N‹-Stellung befinden muß.

Als Besitzer eines Kadett SR ist man in der Lage, die Leerlaufdrehzahl selbst festzustellen, denn dieses Auto verfügt serienmäßig über einen Drehzahlmesser. Ohne dieses Instrument sollte man diese Prüfung, die im Inspektionsdienst alle 10 000 km vorgeschrieben ist, in der Werkstatt vornehmen lassen. Dort schließt man einen transportablen Drehzahlmesser an den Motor an und korrigiert gegebenenfalls an Vergaser oder Zündung den Leerlauf. Diese Überprüfung ist nicht bedeutungslos, denn zu hoher Leerlauf wirkt sich auch auf den Benzinverbrauch ungünstig aus. Siehe weiter Seite 115.

Motor auf Geräusche prüfen
Pflegearbeit Nr. 24

Ob am Motor alles gesund ist, das kann man bei richtig eingestelltem Leerlauf durch die vom Motor ausgehende Akustik feststellen. Diese Geräuschprüfung ist natürlich nur nach einiger Übung möglich, wenn man mit seinem Wagen genügend vertraut geworden ist. Will man sich auf sein Gehör verlassen können, darf dabei anderer Lärm den Motorlauf nicht übertönen.

Im Leerlauf hat nichts zu klappern (tickende Geräusche rühren meist von falsch eingestellten Ventilen her) und nichts darf schnarren oder rasseln (dies könnte die zu locker arbeitende Steuerkette für den Ventiltrieb sein = Werkstattsache). Durch etwas Gasgeben mit der Hand – siehe Seite 114 – überzeugt man sich davon, daß auch bei höheren Drehzahlen keine fremdartigen Geräusche hinzukommen. Auftretende, als Störung empfundene Geräusche sind nicht immer exakt zu lokalisieren und die Klärung ihres Ursprungs bleibt meist nur dem Fachmann vorbehalten. Deshalb – im Zweifelsfalle – Werkstatt aufsuchen!

Auch der Ton des Auspuffs gilt als Aussage über einen richtig oder falsch eingestellten Motor. Ungleichmäßige Auspuffgeräusche oder gar Patschen und Knallen deuten zuerst darauf hin, daß die Zündeinstellung nicht stimmt, in zweiter Linie kommt die Vergasereinstellung in Betracht.

Zylinderkopf ausbauen

Praktisch veranlagte Leute werden sich für diese Arbeit interessieren, die z. B. für Arbeiten am Ventiltrieb oder zum Säubern der Brennräume von Rückständen nötig wird. Hier das Wichtigste dazu in Stichworten:

Minuskabel von der Batterie abklemmen, Kühlwasser ablassen (siehe entsprechende Kapitel). Alle Zusatzteile demontieren (Luftfilter, Zylinderkopfhaube, Auspuff- und Saugrohr, Vergaser, Lichtmaschine, Schläuche usw.). Lufttrichter vom Kühler lösen und über den Ventilator hängen, danach Kühler ausbauen. Ventileinstellmuttern so weit lösen, daß sich die Stößelstangen herausziehen lassen. Die Stößel müssen vor dem Abnehmen des Zylinderkopfes entnommen werden, damit sie nicht in die Ölwanne fallen. 10 Zylinderkopfschrauben herausnehmen und Zylinderkopf abheben.

Zum Wiederaufbau benützt man in der Werkstatt zwei ca. 40 mm lange Führungsstifte, hergestellt aus Zylinderkopfschrauben, deren Kopf auf die Gewindestärke seitlich rundgeschliffen wurde. Sie werden in den Motorblock geschraubt, dienen dem paßgerechten Aufsetzen des Zylinderkopfes und müssen danach mittels Klemmschraubenzieher wieder herausgeschraubt werden. Eine neue Zylinderkopfdichtung verwenden. Die rechte hintere Zylin-

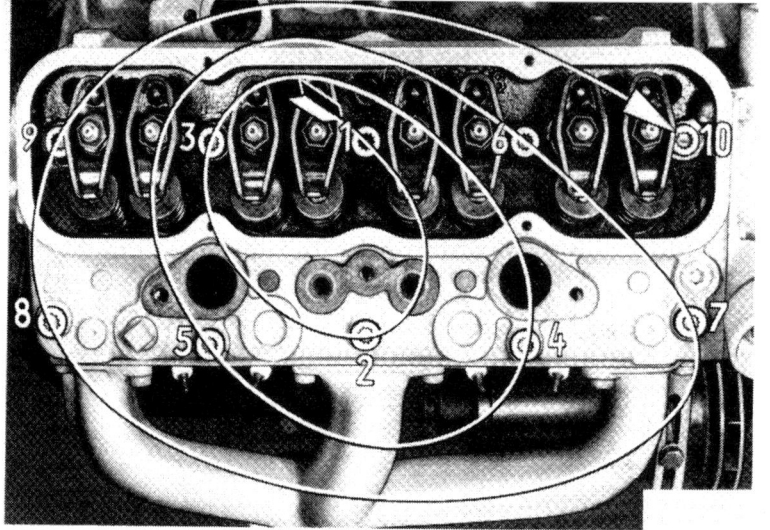

Um den demontierten Zylinderkopf der Motoren 10 und 12 wieder aufzuschrauben, sind die Zylinderkopfschrauben in der Reihenfolge der Zahlen nacheinander anzuziehen, und zwar hintereinander in zwei Arbeitsgängen. Beim ersten Mal alle Schrauben bei kaltem Motor mit 4,5 kpm festziehen und beim Einstellen der Ventile soll dieser Wert von 4,5 kpm (Meterkilogramm nach Drehmomentschlüssel) nochmals kontrolliert werden. Beim Motor 19 E müssen die Schrauben (warm oder kalt) mit 10 kpm angezogen werden.

derkopfschraube ist vor Auflegen des Zylinderkopfes in ihre Bohrung zu stecken, sie kann später nicht mehr eingesteckt werden. Alle Zylinderkopfschrauben sind mit 45 Nm (4,5 kpm) in der auf der Abbildung gezeigten Reihenfolge anzuziehen. Anschließend sind die Stößelstangen einzustecken, die Kipphebel zu befestigen und die Ventile einzustellen. Das Ventilspiel soll bei 80° C Kühlmittel- und 60 – 80 °C Öltemperatur geprüft werden. Nach 1 000 km Fahrstrecke müssen die Zylinderkopfschrauben nochmals mit 45 Nm nachgezogen werden und das Ventilspiel ist erneut zu kontrollieren.

Die Auspuffanlage

Alle Kadett-Modelle besitzen Auspuffanlagen, die vom vorderen Auspufftopf bis zum Endrohr aus innen- und außenaluminiertem Stahlblech bestehen, trotzdem gibt es häufiger Ärger mit Durchrostungen. Als Ersatzteile bekommt man für die Typen 10 und 12 Auspufftopf mit Endrohr fertig verschweißt, für den Typ 12 S den vorderen Auspufftopf mit Rohrbogen sowie den hinteren Topf mit Endrohr geliefert. Bei Instandsetzungsarbeiten braucht nicht geschweißt werden.

Zum Ausbau ist das mittlere Rohr durchzusägen. Das vordere Rohr wird vom Auspuffkrümmer abgeschraubt und den vorderen Topf sowie das Endrohr hängt man aus den Dämpfungsringen aus. Beim Endrohr ist die Nase des Halters abzubiegen, der am Wagenunterbau angeschweißt ist. Beim Einbau der neuen Teile müssen die Schrauben für den Auspuff-Flansch am Krümmer mit Graphitfett versehen werden. Nach Einhängen des Profilgummis am hinteren Halter ist dessen Nase zur Sicherung wieder hochzubiegen.

Aus der Beschaffenheit der Auspuffgase lassen sich allerlei Schlüsse ziehen:
- Schwärzliche Gase: Unvollständige Verbrennung durch Luftmangel oder Kraftstoffüberschuß. Oder der Leerlauf ist zu fett eingestellt.
- Bläuliche Gase: Verbranntes Öl durch undichte Kolben bzw. Kolbenringe oder verschlissene Ventilführungen. Oder zuviel Öl im Kurbelgehäuse.
- Weiße Gase: Das ist Wasserdampf als chemisches Verbrennungsprodukt, der bei Kälte kondensiert (unbedenklich).
- Gase, die man nicht sieht: Gift (Kohlenmonoxyd) bei geschlossener Garage, aber auch durch undichte Auspuffanlage während der Fahrt.

Bei Kurzstreckenverkehr wird der Auspuffstutzen innen schwarz gefärbt sein, ein Zeichen, daß man – was sich freilich kaum vermeiden läßt – nicht die nötige Betriebstemperatur erreicht und durch viel Leerlauf Kraftstoffüberschuß vorliegt. Nach Überlandfahrten soll der Stutzen innen hellgrau sein.

Aufhängung und Zustand der Auspuffanlage kontrollieren
Pflegearbeit Nr. 44

Die Auspuffanlage kann nur dann richtig kontrolliert werden, wenn der Wagen hochgebockt ist. Am besten, man verbindet diese Überprüfung mit dem Ölwechsel, wobei das Auto an der Tankstelle auf der Hebebühne oder über der Schmiergrube steht.

Die Auspuffleitung ist von vorne bis hinten auf Durchrostungen oder andere Beschädigungen, wie sie etwa durch Bodenberührung entstehen können, abzusuchen. Selbstverständlich bezieht man auch die beiden Auspufftöpfe in diese Kontrolle ein. Ferner sind die Dämpfungsringe (es sind vorn zwei Gummiringe und hinten ein Profilgummi, an denen die Auspuffleitung elastisch aufgehängt ist) auf Brüchigkeit, Einrisse oder sonstige Alterserscheinungen zu untersuchen. Gelängte oder beschädigte Ringe sind auszutauschen.

Diese Ringe dürfen nicht durch Bindedraht oder eine andere starre Aufhängung ersetzt werden. Andernfalls wirken sich die Vibrationen und Schwingungen, denen die Auspuffanlage durch Motorlauf und Fahrwerksbewegungen ausgesetzt ist, schädigend auf dieselbe aus. Ebenso ist es annähernd zwecklos, eine durchgerostete Auspuffleitung oder einen Schalldämpfer flicken zu wollen – der TÜV weist solche ›Reparaturen‹ zurück. Nur in dem Fall, wenn durch Steinschlag oder ähnliches ein sonst noch gut erhaltener Auspuff beschädigt worden ist, kann sich eine Schweißarbeit daran lohnen.

Das Schmiersystem

Im Motor muß das Öl zu einer ganzen Reihe von Schmierstellen geführt werden. Damit es dorthin gelangt, wird es durch zwei ineinanderkämmende Zahnräder der Ölpumpe unter Druck gesetzt. Diese Pumpe wird bei den OHV-Motoren von der Nockenwelle über die nach unten verlängerte Zündverteilerwelle angetrieben und ist nach Ausbau der Ölwanne zugänglich. Sie saugt das Öl über eine ›Saugglocke‹, die bis zum tiefsten Punkt der Ölwanne reicht, je nach Geschwindigkeit (Umdrehungszahl) der Kurbelwelle an. Damit wird deutlich, daß das Schmierpolster in den Lagern umso kräftiger ist, je schneller sich die Kurbelwelle dreht, und das demnach schaltfaule Fahrer die Kurbelwellenlager schädigen. Im Leerlauf (Heißleerlauf) soll der Öldruck nicht weniger als 0,3 bar ausmachen und die Betriebstemperatur und ab 2 000 U/min sollte er nicht unter 3,0 bar absinken.

Weil die Ölpumpe sich selbst schmiert, ist sie wartungsfrei. Es kann aber vorkommen, daß sich die Pumpenräder nach längerer Laufzeit in den Pumpendeckel eingelaufen haben. Dann ist das Höhenspiel dieser Zahnräder zu prüfen: Die Stirnflächen der Zahnräder dürfen höchstens bis zu 0,10 mm über der Deckelanlagefläche hervorstehen. Außerdem ist der Pumpendeckel zu erneuern. Zwischen den Pumpenrädern darf das Zahnflankenspiel 0,10 bis 0,20 mm betragen.

Wenn die angegebenen Maße überschritten sind, muß die Pumpe ausgetauscht werden. Zum Ausbau benötigt man einen Vielzahnsteckschlüssel MW 81. Der Austausch wird auch nötig, wenn das Druckregelventil nach Reinigung in Benzin Verschleißerscheinungen zeigt. Ebenfalls sollte man das Regelventil untersuchen, wenn trotz genügender Ölmenge im Motor das Öldruckkontrollicht im Anzeigeninstrument aufleuchtet.

Durch das Nebenschlußventil, das nur bei abgenommenem Ölfilter erreichbar ist, kann eine ›Weiche‹ so gestellt werden, daß entweder das Öl durch das Hauptstromfilter fließt, wo es gereinigt werden soll, oder das Filter wird umgangen und das Öl fließt direkt zu den Schmierstellen. Letzteres ist bei starker Verschmutzung des Filters der Fall, wenn er also nicht fristgerecht ausgewechselt wurde oder wenn bei Kälte das Öl anfangs so dick ist, daß das Filter einen zu großen Durchflußwiderstand bietet.

Die Aufhängung des Auspuffs am Abschluß der Karosserie darf nicht beschädigt sein. Besonders beim Rückwärtsfahren im Gelände sind die elastischen Ringe gefährdet. Natürlich kann man bei gerissener Aufhängung den Auspuff zur Not mit Draht befestigen, aber dieser Behelf sollte wirklich nur bis zur nächsten Opel-Werkstatt dienen. Denn wenn die Auspuffanlage starr befestigt ist, bilden sich durch die Erschütterungen während der Fahrt schnell Risse, die einen völlig neuen Auspuff nötig werden lassen.

Dieses Nebenschlußventil, auch Kurzschlußventil genannt, kann nach Abschrauben des Ölfilters mit einem passenden Dorn aus seinem Sitz herausgehebelt werden. Dabei darf man die Dichtfläche für das Filterelement nicht beschädigen. Die Bohrung für die Hülse bläst man aus. Nach Einsetzen von neuer Kugel und Feder treibt man die neue Ventilhülse mit dem Dorn bis zum Anschlag ein. Dabei muß die offene Hülsenseite in jedem Fall nach unten zeigen.
Ölpumpe am CIH-Motor siehe Zeichnung Seite 81.

Wenn ein Motor ständig Öl verliert, so läßt sich nach Säuberung des gesamten Motors ziemlich genau lokalisieren, wo das Öl austritt.
Die Durchlässigkeit der Kurbelgehäuseentlüftung, hier anschließend beschrieben, ist für einen öldichten Motor sehr wichtig. Im Laufe der Betriebszeit setzen sich nämlich die Stahlwollepackung und die Schläuche mit Ölschlamm zu, so daß die Kurbelgehäuseentlüftung an Wirksamkeit nachläßt. Als Folge wird durch den höheren Überdruck im Kurbelgehäuse das Öl durch die Dichtungen gedrückt.
Bevor also in der Werkstatt umfangreiche Reparaturen bei Reklamation eines undichten Motors durchgeführt werden, ist der Zustand der Entlüftung zu prüfen. Auch darf nicht gleich der Wellendichtring für das hintere Kurbelwellenlager erneuert werden, sondern man sollte in der Werkstatt erst einmal an anderen Stellen nach der möglichen Ursache von Ölundichtheit suchen.
Gern treten Ölverluste bei zu lose aufgeschraubter Zylinderkopfhaube bzw. bei beschädigter Haubendichtung auf.

Undichte Motoren

Während der Arbeit des Motors blasen Frisch- und Altgase an den Kolben vorbei und vermischen sich im Kurbelgehäuse mit Öldämpfen. Hier muß für eine Entlüftung gesorgt werden, sonst wird das Kurbelgehäuse zerstört.
Im Zuge der Bestrebungen zur Reinhaltung der Außenluft werden die Kurbelgehäusegase aber nicht wie früher einfach nach draußen weggeblasen, sondern dem Motor zugeführt, um noch einmal verbrannt zu werden. Die Gase strömen vom Kurbelgehäuse in den Zylinderkopf und von dort nach oben in den Entlüftungsdom. Über den dicken Schlauch gelangt bei höheren Drehzahlen der größte Teil der Gase zum Luftfilter und wird mit der Ansaugluft vermischt durch den Vergaser geschickt. Auf diesem Wege erfolgt auch die Belüftung. Der Rest dieser Gase wird über den oberhalb des Doms abzweigenden dünnen Schlauch direkt zum Ansaugrohr zwischen Vergaser und Zylinder-

Kurbelgehäuseentlüftung reinigen
Pflegearbeit Nr. 51

kopf gelenkt, wie dies auch mit dem Rest der vorher genannten Gase geschieht. Die erwähnten Schläuche müssen abgezogen und mit Waschbenzin oder Dieselkraftstoff ausgewaschen werden. Ebenso verfährt man mit der Stahlwollefüllung in dem Entlüftungsdom, wozu man die Zylinderkopfhaube abschrauben muß. Die kalibrierte Bohrung am Saugrohr unterhalb des Vergasers ist durchzublasen, sie soll völlig durchgängig sein. Diese Arbeit ist alle 40 000 km vorzunehmen.

Hinweise für den Fahrbetrieb

Wie schon auf den ersten Seiten dieses Kapitels gesagt wurde, handelt es sich bei den Kadett-Motoren um eine ausgereifte Konstruktion. Deshalb brauchen Sie nicht zaghaft zu sein und müssen sich nicht fürchten, die zur Verfügung stehende Leistung auch tatsächlich auszunutzen. Einem gesunden Pferd, das man gut gepflegt hat, kann man auch einen strammen Galopp zumuten, nicht aber einer Schindmähre, die kaum Stroh zu fressen bekommt. Beherzigen Sie daher bitte die abschließenden Abschnitte des Kapitels, wenn die Freude an Ihrem Wagen möglichst lange erhalten bleiben soll.

Die Einlaufzeit

Einfahrregeln, die früher einmal üblich waren und peinlichst beachtet werden mußten, sind bei Opel schon seit längerem fortgefallen. Empfehlungen in Form von ›Fahrhinweisen‹ machen dem Besitzer eines Opel mit neuem Motor aber deutlich, daß innerhalb der ersten 1 000 km dennoch eine gewisse Beschränkung angebracht ist, was das Ausfahren der Geschwindigkeit in den einzelnen Gängen anbelangt. Diese Zurückhaltung in der Fahrweise sollte man sich im Hinblick auf die spätere volle Leistung auferlegen.

Moderne Herstellungsverfahren bieten die Gewähr, daß die Teile im Motor, die sich gegeneinander bewegen, von Anfang an ausreichend zueinander passen. Von der Konstruktion her wurden Einlauftoleranzen berücksichtigt und dauerhafte Materialien (z. B. speziell behandelte Laufflächen der Kurbelwelle) sind für hohe Beanspruchung ausgelegt. Eine solche Belastbarkeit wird noch von der Chemie unterstützt, die in Form von Zusätzen in den heutigen Ölen mehr Sicherheitsreserven bietet als noch vor einigen Jahren üblich war.

Diesen Pluspunkten steht aber gegenüber, daß ein neuer Motor tatsächlich erst laufen lernen muß. Der Vorführwagen, mit dem der Vertreter die lobenswerten Eigenschaften demonstrierte, war ganz gewiß nicht frisch aus der Fabrik gekommen und hatte sich an sein Dasein längst gewöhnt. Auch ein ganz neues Auto benimmt sich wie ein junges Pferd und will nicht immer so, wie es sein Besitzer möchte. Das beweist, daß die Einlaufbedingungen aller schönen Worte zum Trotz von erheblicher Bedeutung sind. Einige Ratschläge dazu:

In der Betriebsanleitung sind Tabellen wiedergegeben, unterteilt für Wagen mit Schaltgetriebe und mit automatischem Getriebe und die verschiedenen Hinterachsübersetzungen berücksichtigend, woraus man die jeweils günstigsten Geschwindigkeitsbereiche entnehmen kann. Die für die einzelen Gänge angegebenen Geschwindigkeiten, die während der ersten Betriebszeit empfohlen werden, entsprechen Motordrehzahlen bis zu 4 000 U/min (= Umdrehungen pro Minute), während die später erlaubten Höchstgeschwindigkeiten im 4. Gang zwischen 5 000 und 5 700 U/min gleichkommen. Niemand wird gezwungen, in den ersten 1 000 km dauernd gebannt Tachometer oder Tourenzähler zu beobachten, aber es schadet bestimmt nicht, wenn man die Einlaufstrecke etwa um das Doppelte verlängert und den Motor allmählich an das gewöhnt, was man von ihm verlangen will.

Fahren Sie die Maschine gemächlich warm (wenn Sie wissen wollen, wann ›warm‹ ist: Thermometernadel hat das erste Drittel der Anzeige erreicht; oder kurz die Heizung anstellen – Sie werden es merken). Danach kann flotter beschleunigt werden, denn das neue Auto soll nicht mit viel Gas bei wenig Drehzahl gequält werden. Das heißt ganz einfach: Nicht schaltfaul fahren. Lassen Sie den Motor richtig drehen, damit er es später gut kann. Sie müssen keinesfalls ›schleichen‹.

Sie werden feststellen, daß die ersten 1000 bis 2000 km sehr bald zurückgelegt sind. Am besten eignen sich dazu längere Fahrten auf Landstraßen. Benutzt man jedoch die Autobahn, dann ist die Fahrweise so einzurichten, wie sie über Land mit Kreuzungen und Ortsdurchfahrten ausfallen würde. Also: mit wechselnden Geschwindigkeiten fahren und Höchstdrehzahlen vermeiden, dazwischen auskuppeln und dem Motor für 500 Meter Leerlauf gönnen, was vielleicht bergab gelegentlich möglich ist.

Zu den Motoren gehört eine bestimmte Nenndrehzahl, die je nach Motorentyp zwischen 5 400 und 5 600 U/min liegt. Jeder Motor erreicht seine höchste Leistung im Bereich der Nenndrehzahl. Es bringt kaum etwas ein, über diese Drehzahl hinauszudrehen, weil die Leistungskurve nach einem flachen Verlauf wieder abfällt.

Etwas über Drehzahlen

Auf ebener Strecke und im obersten Gang kann der Motor nicht überdreht werden. Dies ist aber in kleineren Gängen und im Gefälle ohne weiteres möglich. Als Warngerät gibt es dafür nur den Drehzahlmesser, den die SR-Modelle serienmäßig besitzen und der bei anderen Wagen nachträglich eingebaut werden kann. Überdrehzahlen machen sich mit dem unüberhörbaren Brummen des Motors bemerkbar. Was da so vernehmlich rasselt, das sind die in Schwingungen geratenen Teile der Ventilsteuerung, vor allem die Ventilfedern. Diese sind es auch, denen in der Fahrpraxis eine Drehzahlgrenze gesetzt ist, sie sind nämlich für eine Maximaldrehzahl von 6 200 U/min (± 100 U/min) ausgelegt. Darüber ist wegen mangelnder Gasfüllung garantiert kein Leistungszuwachs zu erwarten.

Nachfolgende Tabelle gibt Aufschluß über die Drehzahl-Charakteristiken der gängigsten Kadett-Motoren:

Motor	Nenndrehzahl	Maximale Dauerdrehzahl	Kurzzeitig zulässige Höchstdrehzahl
10	5400	5800	6100
12 N	5600/5400	5800	6100
12 S	5400	5800	6100
16 S	5200	5800	6200
19 E	5400	6000	6150

Die Warnsektoren in den von Opel eingebauten Drehzahlmessern müssen nicht zu ängstlich beachtet werden, denn sie haben alle eine Voreilung von 100 bis 300 U/min. In den roten Warnsektor soll man selbstverständlich nur bei voll betriebswarmem Motor und wirklich nur kurzzeitig kommen.

Zur Beruhigung mag gesagt sein, daß die Kadett-Motoren so konstruiert sind, daß der Ventiltrieb und die übrigen Motorteile sogar eine Drehzahl von 6 500 U/min sicher verkraften. Das schon angedeutete Ventilschnattern sollte dann aber als dringende Warnung aufgefaßt werden. Bei noch höherer Drehzahl können Ventilfedern oder Blechkipphebel brechen.

Ersteres ist peinlicher als das zweite, da das Ventil auf den Kolben fällt, was zu argen Beschädigungen im Motor führt. Bricht nur ein Kipphebel, wird das betreffende Ventil nicht mehr bewegt und der dazugehörige Zylinder hat keine

Leistung mehr, was natürlich einen merkbaren Leistungsschwund gibt. Eine Werkstatt muß dann umgehend aufgesucht werden; im Notfall sind die zerbrochenen Metallteile im Kipphebelraum sorgfältig herauszusuchen, man kann dann noch bei mäßiger Fahrt eine weiter entfernte Werkstatt erreichen.

Aber auch eine gebrochene Ventilfeder muß nicht gleich das Ende der Reise bedeuten, wenn Sie sich beispielsweise in einer Gegend befinden, wo der Opel-Dienst sehr fern ist. Voraussetzung ist natürlich, daß das betreffende Ventil noch nicht im Zylinder zerstört wurde. Man kann dann die Kraft der gebrochenen Ventilfedern wieder nutzbar machen, indem man zwischen die beiden (gebrochenen) Federteile eine Stahlscheibe legt, so daß die Windungen neuen Halt haben und sich nicht ineinanderschieben.

5 800 U/min nach Anzeige sind eine absolut risikolose Dauerdrehzahl, auch bei stundenlangen Autobahnfahrten. Nach Werksangabe beträgt die Motoröltemperatur dabei etwa 105 – 110°. Bei maximaler Beanspruchung können bis 120° erreicht werden und im Sportbetrieb natürlich noch mehr, aber dann ist ein Ölkühler notwendig.

Die Lebensdauer des Motors

Seine volle Kraft wird der Motor Ihres Opel dann entfalten, wenn Sie den eben erwähnten Maßnahmen nachgekommen sind. Bei einem neuen Wagen bzw. beim Wagen mit neuem Motor mag sich diese angestrebte Leistung frühestens nach etwa 5 000 km einstellen. Vielleicht wird der Motor erst nach weiteren 2 000 oder 3 000 km ›frei‹, wenn Sie den Wagen im Winter einfahren oder vorwiegend in der Stadt benutzen.

Motoren mit kleinerem Hubraum erreichen nicht das Lebensalter größerer Motoren, sofern sie gleiche Konstruktionsprinzipen aufweisen und unter vergleichbaren Bedingungen betrieben werden. Der schwächere Motor wird gewöhnlich stärker beansprucht, während man die Leistungsgrenze eines größeren Motors seltener ausschöpft.

Aufgrund früherer Erfahrungen mit Kadett-Motoren sowie mit den 12 S-Motoren im Opel Ascona und Manta darf man eine durchschnittliche Motorlebensdauer von rund 120 000 km erwarten. Selbstverständlich richtet sich die ›Haltbarkeit‹ eines Motors nach der Behandlung, die man ihm zukommen läßt, und nach den Fahrbedingungen, denen der Wagen vornehmlich ausgesetzt ist.

Nachstehende kleine Regeln können dazu dienen, die Lebensdauer des Motors zu verlängern:

- Erst voll Gas geben, wenn die richtige Betriebstemperatur erreicht ist.
- Nach Kurzstreckenbetrieb (Stadtverkehr) auf langer Strecke nicht gleich Vollgas geben.
- Nach Fahrt auf Autobahn oder über Gebirgspaß Motor nicht sofort abstellen, sondern eine Weile leerlaufen lassen.
- Ventilspiel regelmäßig prüfen und einstellen (siehe Seite 85).
- Ölfilter und Luftfilter regelmäßig wechseln (siehe Seite 71 und 120).
- Frostschutz im Kühlmittel laufend verwenden, reines Wasser im Kühlkreislauf wegen Korrosion und Rückstandsbildung vermeiden.

Kühlung und Heizung

Des Wassers Kraft

Verbrennungsmotoren erzeugen bei ihrer Arbeit Wärme, die wieder abgeführt werden muß. Andernfalls würde der Motor in kürzester Zeit zerstört. Wie Sie wissen, gibt es zum Ableiten der entstehenden Wärme zweierlei Möglichkeiten: Kühlung durch Wasser und Kühlung durch Luft.
Ihr Opel gehört zu der erstgenannten Gruppe. Konstruktiv ist die Kühlung mittels Wasser leichter zu beherrschen. Allerdings gehört zur Wasserkühlung auch die Mithilfe von Luft, die während der Fahrt – wenn dem Motor Leistung abverlangt wird – der Kühlung des Wassers dient und die auch von unten den Motor kühlend anbläst. Zudem ist ein wassergekühlter Motor leiser als ein luftgekühlter und schließlich kann die vom Wasser aufgenommene Wärme recht einfach als Heizungswärme verwendet werden.

Die Motorkühlung

Moderne Automobilmotoren besitzen ein Kühlsystem, in dem bei Betriebstemperatur ein Überdruck von etwa 0,8 bar (atü) erreicht wird. Beim Opel-Kadett ist dadurch der Siedepunkt des Kühlmittels auf ungefähr 116° C heraufgesetzt. (Der Ausdruck ›Kühlmittel‹ wird verwendet, weil sich im Kühlkreislauf kein reines Wasser, sondern eine Mischung aus Korrosions- und Frostschutzmittel und Wasser befindet). Auf diese Weise wird der Kraftstoff besser ausgenutzt, weil er bei höheren Temperaturen wirtschaftlicher verbrennt. Niedrige Temperaturen (Kühlwasser unter 80° C) fördern den Verschleiß und sind für den Motor schädlich.
Zwei wichtige Teile des Kühlsystems dienen dazu, das ›Betriebsklima‹ für den Motor angenehm zu erhalten. Es sind dies der Kühlverschlußdeckel, der den Druck reguliert, und der Thermostat, der nach dem Start baldigst für angemessen hohe Betriebstemperatur sorgt. Statt eines ständig mitlaufenden Ventilators besitzen die 1,9- und 2-Liter-Motoren einen Ventilator mit Visco-Kupplung, die diesen nur bei Bedarf mitnimmt.
Das Kühlmittel durchfließt ständig einen Kreislauf, erzwungen von der Wasserpumpe. Hat es sich im Wassermantel des Motors, der um die Zylinder gelegt ist, erwärmt, fließt es zum Kühler. Zusätzlich zum Fahrtwind zieht noch der Ventilator Luft durch den Kühler an, so daß das gekühlte (schwere) Wasser von unten wieder zum Motor geschickt werden kann. Vom Zylinderblock gelangt das Kühlmittel in Kanäle des Zylinderkopfes, wo Zündkerzen und Ventilsitze gekühlt werden. Dann fließt das Kühlmittel erneut in das Kurbelgehäuse, wo es die Zylinder – außer beim 1,2-Liter-Motor – in ihrem gesamten Umfang umspült. Daneben wird das Kühlmittel noch zu einer anderen Aufgabe herangezogen: Zusätzliche Schlauchleitungen verbinden das Kühlsystem mit der Heizanlage. Diese Einrichtung wird ebenso bei geschlossenem Thermostat gespeist, also während der Anwärmperiode nach dem Kaltstart, wenn der Kreislauf noch kurzgeschlossen ist.
Zusätzlich reguliert noch der Lüfter die Wassertemperatur, wodurch verhindert

werden soll, daß sie in kritische Bereiche klettert. Anders als bei einigen anderen Autos läuft der Ventilator während des Betriebs dauernd mit, weil er vom Motor angetrieben wird.

Frostschutz – Dauerfüllung

Das dem Wasser beigefügte Frostschutzmittel hat einen Siedepunkt, der über dem des Wassers liegt, es verdunstet oder verdampft also auch bei Überhitzung nicht. Als Frostschutzmittel wird allgemein Äthylenglykol verwendet (Flüssigkeit auf Alkoholbasis), deshalb kann auch als Notbehelf Brennspritus nachgefüllt werden, der jedoch verdunstet. Außer diesem Alkohol enthält das Frostschutzmittel noch einige wichtige Zusätze: Ein Korrosionsschutzmittel – dessen Vorhandensein ebenso wichtig ist wie der Frostschutz selbst – schützt den Kühler vor chemischen Anfressungen und Rost. Ein kalkbindendes Mittel verhindert die Bildung von Kesselstein, der die Kühlwirkung herabsetzt. Außerdem kann das Frostschutzmittel als Schmiermittel für die Wasserpumpe wirken.

Der Originalgefrierschutz, der dem Kadett im Werk eingefüllt wird, ist bis zu – 30° C wirksam. In Tankstellen oder Werkstätten kann dies überprüft (›ausgespindelt‹) werden und bei geringerem Gefrierschutzwert ist Frostschutzmittel nachzufüllen. Im Kapitel ›Winterschutz‹ ist zu diesem Thema weiteres gesagt.

Kühlwasserstand prüfen
Pflegearbeit Nr. 26

Der Kühlmittelstand im Kühler des Kadett soll etwa 5 cm unter der Oberkante des Einfüllstutzens liegen. Dabei ist der Wasserkasten (bei geöffnetem Kühlerstutzen sichtbar) noch mit Flüssigkeit bedeckt. Es ist falsch, mehr Wasser oder Kühlmittel einzufüllen, weil sich der Inhalt bei Erwärmung ausdehnt. Dabei ergießt sich der Überschuß durch das Druckventil der Verschlußkappe oder durch das Überlaufrohr ins Freie.

Mußte man mehr als etwa einen Liter in die Kühlanlage nachfüllen, stellt man den Heizungshebel auf ›warm‹ und läßt den Motor laufen, damit vorhandene Luftblasen aus dem Kühlsystem herausgedrückt werden. Im Kühler ist der Kühlmittelstand dabei zu beobachten und eventuell nochmals zu ergänzen. Wichtig: Kaltes Wasser nur bei abgekühltem Motor nachgießen, sonst können Wärmespannungen Zylinderblock oder Zylinderkopf verziehen. Ein heißer Motor kann durch kaltes Wasser sogar buchstäblich zerspringen. Warmes Wasser darf man natürlich jederzeit nachfüllen. Das Kühlsystem faßt 4,7 Liter, ohne angeschlossene Heizung 0,3 Liter weniger.

Wasserschläuche und Schlauchverbindungen

Die Ursache von ständigen geringen Wasserverlusten ist zu erforschen. Vorbeugend kontrolliert man von Zeit zu Zeit die Anschlüsse der Kühlwasser- und Heizungsschläuche, wo sich das Wasser am ehesten ins Freie drängen kann. Auch durch Alterung porös gewordene Schläuche können wasserdurchlässig werden oder sogar (durch den bestehenden Druck im geschlossenen Kühlsystem) platzen. Damit man nicht von solchen Pannen überrascht wird, knetet man die Schläuche mit den Fingern und prüft, ob sie verhärtet sind.

Der Austausch der Wasserschläuche macht keine Schwierigkeiten. Beim Opel-Service erhält man die für den Kadett passenden, gebogenen Formschläuche. Vor dem Auswechseln muß natürlich das Wasser abgelassen werden. Die Frostschutzfüllung fängt man auf und füllt sie nach der Reparatur wieder ein, womit man sich unnötige Geldausgaben erspart. Auch die Schlauchschellen lassen sich meistens wiederverwenden, wenn man sie vorher vorsichtig gelöst hatte.

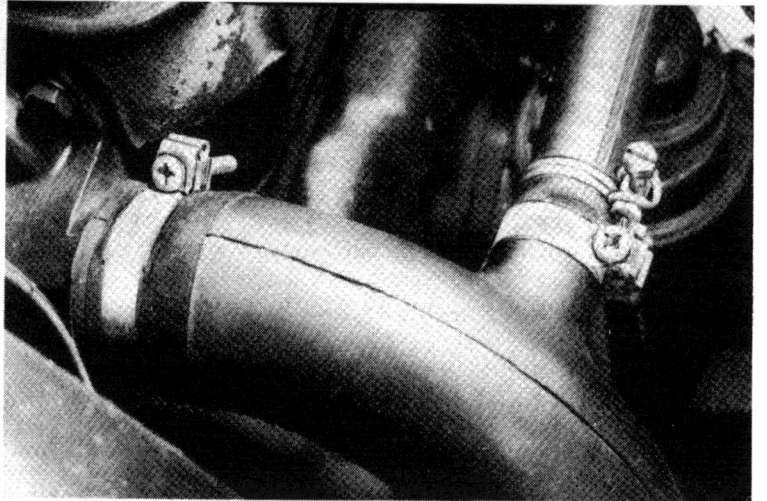

Das Lösen der Schlauchverbindungen ist unproblematisch: Mit einem entsprechenden Schraubenzieher lassen sich die Schellen und Klemmen lösen. Solche mittels Schraube zu befestigenden Schlauchschellen haben den Vorteil, daß sie mehrmals verwendbar sind. Schlauchenden kann man leichter auf die Stutzen aufschieben, wenn man die Berührungsflächen leicht einfettet.

Tritt der Zeiger im Fernthermometer plötzlich ins rote Feld, ist vermutlich bei dem Betriebsdruck von 0,8 bar ein hart und spröde gewordener Wasserschlauch geplatzt. Dann muß die Fahrt sofort unterbrochen und der Schaden behoben werden, damit kein Motordefekt eintritt. Sollte der zerrissene Schlauch unterwegs nicht gleich ersetzt werden können, rettet festes Klebeband die Situation, das man mehrfach stramm um das gereinigte und getrocknete Schlauchstück wickelt und fehlendes Wasser nachgießt.

Kühlflüssigkeit ablassen

Bei Arbeiten an der Kühl- und Heizungsanlage muß das Kühlmittel abgelassen werden. Um es später wieder verwenden zu können, fängt man es in einem Behälter auf, den man unter den unteren Kühlerschlauch aufstellt. Dann ist dort die Schlauchschelle zu lösen und der Schlauch ist vom Kühlerstutzen abzuziehen. Festgebackene Schlauchenden lassen sich bei vorsichtiger Handhabung mit einem Schraubenzieher lösen, indem man mit dem Werkzeug zwischen Schlauch und Stutzen fährt. Durch Abziehen dieses Schlauches gelangt nicht das gesamte Kühlmittel aus dem Kühlsystem, doch reicht die Arbeit bis hier hin aus, falls nicht auch der Motor demontiert werden muß.
Zum vollständigen Ablassen des Kühlwassers aus dem Motor ist die Ablaßschraube, die rechts vorn am Motor sitzt, herauszudrehen. Das ist ein 11 mm-Vierkantstopfen, der sich am besten mit einem Gelenkschlüssel drehen läßt.

Der Kühler

Eine große Anzahl von senkrecht angebrachten dünnwandigen Rohren verbinden den oberen und unteren Wasserkasten des Kühlers. Zur Vergrößerung der Kühlfläche dienen waagerecht angeordete Bleche zwischen den Röhrchen. Der Fahrtwind bzw. der durch den Ventilator erzeugte Luftstrom kühlt den Inhalt genügend ab, und die Wasserpumpe saugt das Kühlmittel zum weiteren Kreislauf in den Motor.
Wagen mit automatischem Getriebe besitzen im unteren Wasserkasten des Kühlers einen Wärmetauscher. In ihm wird das Getriebeöl, das sich bei Fahrtbeginn langsamer erwärmt als das Kühlmittel, schneller warm. Später wird das heiße Getriebeöl gekühlt.

Kühler ausbauen

Bei Verdacht auf Kühlerundichtigkeit sucht man möglichst eine Werkstatt auf. Dort kann man mit einem Kühlerprüfgerät den Zustand des Kühlers ermitteln. Dazu muß der Motor im Leerlauf laufen und der Heizungshebel auf ›warm‹ stehen. Das Gerät wird statt des Verschlußdeckels auf den Einfüllstutzen gesetzt und bringt in das Kühlsystem einen Druck bis zu 1,5 bar (Drücke darüber gefährden die Lötstellen). Undichte Stellen zeigen sich an ausfließendem Kühlmittel. Fällt dagegen der von der Meßuhr angezeigte Druck ohne Austritt von Kühlmittel ab, deutet dies auf einen Defekt im Motor (beschädigte Zylinderkopfdichtung, Gehäuseriß).

Bei einem Schaden am Kühler muß dieser ausgebaut werden. Zuvor ist das Kühlmittel abzulassen, der Lufttrichter ist abzubauen und auch der obere Schlauchanschluß wird gelöst. Am unteren Befestigungspuffer wird die Sechskantmutter abgeschraubt, und dann kann der Kühler nach oben herausgehoben werden, nachdem man ihn aus den seitlichen Führungen für die Gummipuffer herausgelöst hat.

Wagen mit automatischem Getriebe: Ölleitungen von den Winkelstücken am unteren Wasserkasten abschrauben und verschließen. Dabei (und auch beim späteren Anschrauben) sind Winkelstücke mit einer Zange festzuhalten, um Einreißen des Metalls zu vermeiden. Es ist sehr darauf zu achten, daß in die Ölleitungen (Ölkühler) keinerlei Schmutz dringt.

Abdichtende Reparaturen sind in Eigenarbeit nicht möglich; im Handel erhältliche Kühlerabdichtungsmittel sorgen nur für vorübergehende Abdichtung. Unterwegs tut es zur Not auch Kaugummi, sofern der Motor nicht zu heiß gefahren wird und das Loch nicht zu groß ist.

Kühler reinigen

Wir sagten es schon: Das Kühlersystem ist mit einer Dauerfüllung versehen, die auch gegen Korrosion und Kesselstein wirksam ist. Dementsprechend hält das Werk eine Entschlackung nicht für nötig.

Wer meint, seinem Kühler damit etwas Gutes zu tun, kann ihn nach zwei oder drei Jahren Betriebszeit mit klarem Wasser durchspülen. Dazu wird das Kühlmittel abgelassen, indem man – siehe oben – am Kühler unten rechts den Schlauch von seinem Stutzen zieht. Abfließendes Kühlmittel auffangen, weil es wieder verwendet werden soll. Man spült durch, indem man einen Wasserschlauch oben in den Kühlerstutzen hält und das Wasser unten einfach abfließen läßt.

Der Kühlerverschluß

Wenn Sie den Verschlußdeckel des Kühlers einmal abdrehen, werden Sie dessen verhältnismäßig festen Sitz feststellen. Tatsächlich schließt er den Kühler nach außen vollkommen ab. Die tellerförmige Druckplatte am Fuß des Deckels preßt sich durch Federdruck auf den Innenrand des Stutzens. Diese Druckplatte sorgt als Sicherheitsventil für Druckausgleich, wenn die Temperatur 116 °C überschreitet, auf die das Überdrucksystem eingerichtet ist, und wenn der Innendruck des Kühlsystems die Federkraft überwindet. Dann entweicht die Flüssigkeit oder deren Dampf durch das Überlaufrohr ins Freie.

Das Überdruckventil hält im Kühlsystem einen Druck von 0,8 bar (GT/E: ca. 1 bar). Als Kennzeichen dafür ist auf dem Verschlußdeckel die Zahl 800

Im Schnittbild des Kühlerverschlusses ist dessen Arbeitsweise besser verständlich. Voraussetzung zu seiner guten Funktion ist es, daß er immer fest aufgeschraubt ist, damit der Druck aus dem Kühlsystem nicht entweichen kann.

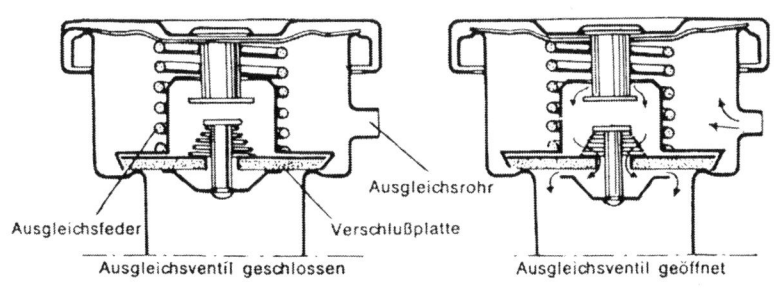

Ausgleichsfeder — Verschlußplatte — Ausgleichsrohr

Ausgleichsventil geschlossen — Ausgleichsventil geöffnet

Dieses ist der unten im Schnitt gezeigte Kühlerverschluß des Opel, der in keinem Fall gegen einen anderen, vielleicht passenden Verschlußdeckel eingetauscht werden darf. Links im Bild befindet sich die Leitung, die als Überlaufrohr dient. Ein abgenommener Deckel muß beim Aufsetzen wieder bis zum Anschlag festgedreht werden, damit das Kühlsystem luftdicht verschlossen ist.

(GT/E: 1000) eingeprägt. Damit sich die Kühlsystemschläuche nach Abstellen und Abkühlen des Motors nicht zusammenziehen, verfügt die Verschlußkappe noch über ein Unterdruckventil, das bei Unterdruck von 0,06 bis 0,10 bar öffnet und Luft von außen in das Kühlsystem einströmen läßt. Wegen dieser genau abgestimmten Ventilkräfte darf man die Kühlerverschlußkappe gegen keine andere, zufällig passende, auswechseln.
Bei heißem Motor öffnet man die Verschlußkappe nur unter großer Vorsicht, da der unter Druck stehende Dampf die Hand verbrühen könnte. Besser ist es, den Motor vor dem Abdrehen des Verschlusses etwas abkühlen zu lassen. Gelegentlich reinigt man das Innere der Verschlußklappe von Rückständen, die sich dort ablagern. Dadurch ist man der Freigängigkeit der Ventile gewiß.

Der Thermostat

Dieses für die Wärmeregulierung wichtige Gerät sitzt bei den 1-Liter- und 1,2-Liter-Motoren im oberen Hals der Wasserpumpe vorn am Motor, bei den größeren Triebwerken rechts vorn am Zylinderkopf. Der Thermostat bewirkt mit seiner Arbeit, daß bei kaltem Motor nur ein Teil des Kühlmittels auf kurzem Wege zirkuliert, wodurch es sich sehr schnell erwärmt. Das Kühlmittel fließt dabei aus dem Zylinderkopf über einen Nebenschlußkanal direkt in den Leitkanal. Wird das Wasser wärmer, öffnet der Thermostat den Zugang zum Kühler, und zwar nicht sofort voll, sondern er läßt eine von der Temperatur abhängige Wassermenge hindurch.
Ab einer Temperatur von 87 °C beginnt der Thermostat zu öffnen. Bei 95 °C beträgt der Öffnungshub etwa 4,5 mm, und bei 102 °C ist die volle Öffnung von rund 7 mm erreicht und der Kühler ist voll in den Kreislauf eingeschaltet. Es gibt auch einen Wintertemperaturregler, der erst bei 92°C zu öffnen beginnt und bei 107 °C voll geöffnet hat. Auf diese Weise bleibt der Motor weitgehend innerhalb der günstigen Betriebstemperatur, was seiner Lebensdauer (sonst chemische Kaltkorrosion) und der Schmierfähigkeit des Öls (Ölschlammbildung) zuträglicher ist, und auch die Heizung gibt dann schneller Wärme ab.

Thermostat auswechseln

Wird ein Thermostat defekt, geht er bedauerlicherweise in Schließstellung und die Wassertemperatur und damit die Temperaturanzeige steigen während der Fahrt schnell an. Auch kann irgend ein Fremdkörper, z. B. ein Sandkörnchen, zwischen Ventil und seinem Sitz hängen bleiben und der Thermostat öffnet nicht mehr ganz. Das Wasser beginnt zu kochen. Abhilfe unterwegs: Thermostat ausbauen. Man kann auch ohne ihn fahren.
Dazu wird bei den kleineren Motoren der obere Kühlwasserschlauch vom

Thermostatstutzen nach Lösen der Schlauchschelle abgezogen. Läßt sich unterwegs das dabei herausfließende Naß nicht auffangen und bietet sich nicht sofort die Möglichkeit, Wasser nachzufüllen, kann man mit wieder aufgebautem Wasserschlauch langsam die nächste Wasserstelle ansteuern. Das im Kühlsystem verbliebene Kühlmittel reicht für eine kurze, sehr verhaltene Fahrt zur provisorischen Kühlung aus. Man muß dabei aber die Kühlwasseranzeige kritisch im Auge behalten.

Der Thermostat läßt sich aus seinem Sitz, dem Pumpenhals, herausnehmen, indem man mit Hilfe eines Schraubenziehers die wellenförmige Spannfeder aus der Ringnut heraushebelt. Beim Einbau eines neuen Thermostats soll ein neuer Gummidichtring verwendet werden, auf dem er einwandfreien Sitz hat. Der Richtungspfeil auf dem Steg des Reglers muß beim Einbau nach oben zeigen.

Entsprechend verhält es sich auch bei den 1,6- und 1,9-Liter-Motoren; siehe dazu Bild der gegenüberliegenden Seite.

Fingerzeige: *Wenn die Kühlwasser-Temperaturanzeige nach dem Anfahren schnell ansteigt und die Nadel sogar ins rote Feld wandert, so ist noch kein Grund zur Beunruhigung gegeben, sofern die Anzeige gleich wieder aus diesem Feld zurückgeht. Das ist eine Eigenart mancher Wachs-Thermostaten: Sie sprechen zunächst nur zögernd auf die steigende Wassertemperatur an, dann aber sozusagen mit einem Ruck.*

Sollte der Motor in einem strengen Winter nicht auf die günstigste Betriebs-Temperatur kommen, dann behilft man sich mit teilweiser Abdeckung des Kühlers (Pappe oder Kunststoff-Folie vor den Kühler binden), die mehrmals durchlocht ist, denn der Motor benötigt auch Frischluft.

Die Wasserpumpe

Das Kühlmittel wird von der Wasserpumpe in einen ständigen Kreislauf gezwungen. Diese Pumpe sitzt vorn oben am Motor und wird über den Keilriemen durch die Kurbelwelle angetrieben. Dabei bewegt sich zugleich der Ventilator.

Stellen sich bei der Wasserpumpe Störungen ein, wird sie undicht. Erkennt man an mahlenden oder heulenden Geräuschen, daß die Lager schadhaft sind, muß sie komplett ausgewechselt werden. Kontrolle: Keilriemen abnehmen und Motor kurz laufen lassen. Ist das Geräusch verschwunden, kommen als Störenfriede nur die Wasserpumpe oder die Lichtmaschine in Frage.

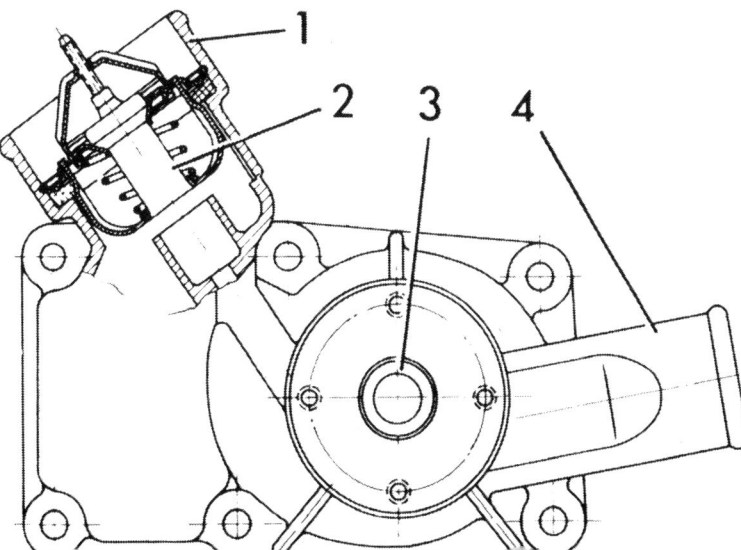

In diesem Schnittbild bedeuten: 1 - Stutzen, auf dem der Heißwasserschlauch zum Kühler sitzt, 2 - Thermostat, der sich nach Lösen des Schlauchs nach oben herausnehmen läßt, 3 - Welle der Wasserpumpe, 4 - Einlaßstutzen für die Wasserpumpe.

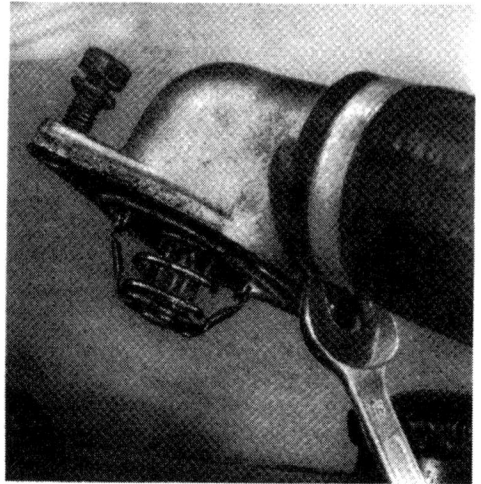

Der auf der vorigen Seite erwähnte Thermostat sitzt bei den 1,6- und 1,9-Liter-Motoren in dem abgebildeten Gehäuse vorn rechts am Motor. Zum Auswechseln des Thermostats sind die beiden Gehäuseschrauben herauszudrehen, dann kann das Gerät aus dem Gehäuseoberteil herausgenommen werden.

Zum Austausch der Pumpe ist die Kühlflüssigkeit abzulassen und die Wasserschläuche am Kühler sind abzubauen. Der Kühler muß herausgenommen werden (Beschreibung weiter vorn). Danach Lichtmaschine lösen, zurückschwenken und Ventilatorriemen abnehmen. Ventilatorflügel abschrauben und mit der Pumpenriemenscheibe abnehmen. Temperaturregler herausnehmen und Wasserpumpe (6 Schrauben) abschrauben.
Der Einbau der neuen Wasserpumpe erfolgt in umgekehrter Weise. Vorher Dichtungsreste von den Anlageflächen der Wasserpumpe entfernen. Wasserpumpe mit neuer Dichtung und etwas Dichtungsmittel oder Wälzlagerfett wieder einsetzen. Schrauben gleichmäßig und über Kreuz anziehen. Der Keilriemen wird gespannt, wie auf Seite 184 beschrieben ist.

Gerissener Keilriemen

Wenn der Keilriemen reißt, werden Lichtmaschine und Wasserpumpe nicht mehr angetrieben. Der Ausfall der Lichtmaschine könnte für eine kurze Fahrt verschmerzt werden, aber wer ohne Wasserpumpenantrieb weiterfährt, riskiert eine durchbrennende Zylinderkopfdichtung, erkennbar an Luftblasen im Kühlwasser und Brandgeruch aus dem Einfüllstutzen (bei laufendem Motor). Bedenkliches Stadium: Kühlwasserstand fällt, da Wasser in den Motor dringt. Besser ist also doch, einen Ersatzriemen mitzuführen, den man in Werkstätten oder an Tankstellen erhält. Siehe auch hierzu Seite 183.

Überhitzter Motor

Auf der Skala des Fernthermometers kann man recht genau ablesen, wann es dem Motor zu heiß wird. Diese Meldung kommt von dem Thermofühler, der vorn auf dem Zylinderkopf sitzt (siehe auch Seite 215).
Neben den eben geschilderten Anzeichen bei durchgebrannter Zylinderkopfdichtung ist die weiße, allmählich stärker werdende Dampfwolke, die der Wagen nachzieht, ein untrügliches Merkmal dafür. Dann ist ein Werkstattbesuch überfällig. Die defekte Kopfdichtung kann auch von nicht sachgemäß angezogenen Zylinderkopfschrauben verursacht sein. Wenn sich der Zylinderkopf dabei verzogen hat, muß der Kopf plangeschliffen werden.
Auch bei niedrigen Außentemperaturen ist die Anzeige von Bedeutung: Es kann sein, daß das Thermostat seine Aufgabe nicht mehr erfüllt und geschlossen ist, wodurch das Kühlmittel nicht mehr durch den Kühler fließt und gekühlt wird, so daß der Motor überhitzt ist. Aber auch bei einwandfreiem Motor mahnt die Temperaturanzeige vor übermäßiger Belastung, weil der Motor erst voll ausgedreht, also belastet werden soll, wenn er seine Betriebstemperatur erreicht hat. Natürlich ist die Anzeige von Übertemperaturen wichtiger. Man

sollte es besser schon gar nicht zu einer möglichen Überhitzung kommen lassen und bei hohen Außentemperaturen Vollgas-Dauerfahrten anderen überlassen. Vernünftigerweise wird man ohnehin auf der Autobahn immer noch eine kleine Reserve im Gaspedal behalten. Mangel an Kühlwasser ist der Anlaß zum Tod des Motors.

Noch ein Wort zur Überhitzung: Bei Bedarf steht ein weiterer ›Kühler‹ durch die Heizung zur Verfügung. Mit ihm kann eine momentane Übertemperatur (Paßfahrt im Sommer in Kolonne) durch ›persönliche Opfer‹ gemildert werden. Dazu Heizungsregulierung ganz öffnen, Heizungsklappen öffnen und Gebläse einschalten. Umgekehrt tut es dem Motor im Winter gut, wenn man nach dem Start die Heizung erst bei Betriebstemperatur einschaltet.

Heizung und Lüftung

Unabhängig von der jahreszeitlichen Witterung wünscht man sich in seinem Auto stets ein angenehmes ›Klima‹. Ideal ist es, wenn die unverbrauchte Luft eine in diesem Augenblick als passend empfundene Temperatur besitzt. Da der Wunsch nach kühler oder wärmerer Belüftung den nie gleichbleibenden körperlichen Empfindung entspricht, muß sich das Heizungs- und Lüftungssystem solchen Bedürfnissen anpassen lassen.

Damit sich bei den Wageninsassen solches Wohlbefinden einstellt, wird der Fahrtwind beim Kadett durch die Schlitze vor der Windschutzscheibe in das Heizungsgehäuse und unter Staudruck zum Luftverteilergehäuse geleitet. Je nach Stellung des rechten Hebels der Heizungsschaltgruppe rechts von der Lenksäule wird der Luftstrom in den Fußraum oder zu den Entfrosterschlitzen hinter der Windschutzscheibe gelenkt, wobei auch stufenlose Zwischenschaltungen möglich sind.

Mit dem linken Hebel kann diese Luft stufenlos aufgeheizt werden. Durch Verschieben nach oben öffnet sich das Heizungsventil, wobei in Abhängigkeit von der Hebelstellung die vom Motor aufgeheizte Kühlflüssigkeit durch das Heizgerät – ein Radiator – geschickt wird.

Rechts neben den beiden Bedienungshebeln sitzt noch ein Gebläseschalter mit drei Schalterstellungen. Mit ihm kann der in das Wageninnere dringende Luftstrom – ob kalt oder warm – forciert werden. In der linken Stellung des Schalters ist der Gebläsemotor ausgeschaltet, in der Mittelstellung läuft er auf halber Drehzahl und in Stellung II auf vollen Touren.

Zusätzlich sind in der Mitte des Armaturenbretts noch zwei Frischluftdüsen angeordnet. Durch Drehen der Düsen kann man die Strömungsrichtung einstellen und durch Verstellen der Klappen dieser Düsen die Luftmenge regeln. Hier wird nur unbeheizte Luft herausgeführt.

Damit sich die insgesamt in den Wagen dirigierte Luft nicht aufstaut, befinden sich vor der Heckscheibe Entlüftungsschlitze, die der Innenluft zum Abzug verhelfen. Von dort wird die verbrauchte Luft durch Kanäle zum Auslaß im rechten hinteren Dachpfosten befördert.

Der Luftdurchsatz ist hauptsächlich von der Fahrgeschwindigkeit abhängig. Er ist so abgestimmt, daß bei Geschwindigkeiten um 100 km/h die Innenluft drei- bis fünfmal pro Minute erneuert wird; bei niedrigeren oder höheren Geschwindigkeiten ist die Umwälzung entsprechend geringer oder größer. Es lohnt sich also kaum, mit dem Gebläse zusätzlich Luft heranholen zu wollen, es sei denn bei Geschwindigkeiten unter 50 km/h oder bei sommerlicher Hitze.

Im Winter ist die Heizleistung bei geschlossenen Fenstern am größten. Das hängt mit den erwähnten Entlüftungsschlitzen zusammen, die für die nötige Luftzirkulation (und für das Nachströmen von Heizluft) sorgen. Ab August 1976 wird das ganze System noch perfekter gestaltet.

Die von außen zugänglichen, beweglichen Teile des Heizerventils sollen alle 10 000 km geölt werden. Damit ist auch der Bowdenzug gemeint, dessen Ende mit dem Hebel des Ventils verbunden ist.

Heizungssystem kontrollieren
Pflegearbeit-Nr. 7

Die richtige Funktion der Anlage soll man alle 10 000 km überprüfen. Auch im Sommer ist es ratsam, gelegentlich die Heizungshebel zu bedienen, damit man sich davon überzeugt, daß man im Winter nicht frieren wird. Wenn nämlich das Heizungsventil über längere Zeit hinweg überhaupt nicht bewegt wird, kann es vorkommen, daß es sich durch Rückstände in der Kühlflüssigkeit zusetzt oder aber wegen Korrosion der mechanischen Bedienungsübertragung nicht mehr bewegen läßt. Vordringlich ist es also, durch gelegentliches Schmieren des Heizungszuges für Mobilität zu sorgen. Siehe dazu auch Seite 77.

Störungen an der Heizung

Das Heizerventil läßt sich nicht reparieren. Zum Austausch muß das Kühlmittel etwa zur Hälfte abgelassen – und für weitere Verwendung aufgefangen – werden. Dann sind die Schlauchklemmen am Ventil zu lösen und der Bowdenzug aus der Befestigungsklammer zu drücken. Das alte Heizerventil wird entnommen und das neue eingesetzt. (Abb. Heizerventil: nächste Seite.) Dabei muß der Ventilhebel auf ›zu‹ und der Bedienungshebel im Wagen auf ›0‹ stehen. In dieser Position ist der Bowdenzug anzuschrauben und in die Klammer zu drücken. Der Heizungsventilhebel darf nicht an den Mantel des Bowdenzugs anstoßen. Die Beweglichkeit des Ventils wird geprüft, und danach kann man das Kühlmittel wieder einfüllen.

Der Austausch des Heizkörpers, der wie ein kleiner Autokühler aussieht, ist umständlicher. Das Kühlmittel ist abzulassen und die Schlauchklemmen der Wasserschläuche gelöst. Schläuche abziehen und die Gummihüllen mit einem Schraubenzieher durchdrücken. Die Ablage im Innenraum muß abgeschraubt werden. Zum Lösen der Arretierung des Luftleitgehäuses ist diese nach oben zu drücken, dann läßt sich das Gehäuse nach links herausschieben. Der Bowdenzug wird von der Luftverteilerklappe abgeklemmt und die vier Muttern der Gehäusebefestigung werden abgeschraubt. Danach wird das Heizungsgehäuse frei; bei eingebautem Radio braucht der Haltebügel für dessen hintere Lagerung nicht entfernt zu werden. Den Heizkörper kann man mit einem Schraubenzieher aus seinem Gehäuse herausheben. Vor dem Einbau soll das Heizungsgehäuse zur Stirnwand hin mit Dichtmasse (Katalog-Nr. 15 04 298) abgedichtet werden.

Soll einer der beiden Bowdenzüge ausgetauscht werden, so ist dazu nur so viel zu sagen, daß zum Aushängen aus dem Befestigungshebel der Zug so gedreht werden muß, bis die Seele des Bowdenzugs zum Drehpunkt eine Gerade bildet.

Vom Tank zur Kraftstoffpumpe

Nachschub-Aufgaben

Schäden an der Kraftstoffanlage sind selten. Trotzdem schadet es nicht, wenn man über die Stationen, die der Kraftstoff bis zum Motor durchfließt, Bescheid weiß. Mögliche Pannen sind allenfalls mit einfachen Ursachen verbunden, die sich normalerweise leicht beheben lassen.

Der Tank

Bei den Kadett-Modellen faßt der Kraftstofftank – außer beim City mit 37 Liter Inhalt – ca. 44 Liter. In der Limousine und im Coupé ist er über der Hinterachse stehend eingebaut und befindet sich zwischen der Rückenlehne der hinteren Sitzbank und dem Kofferraum. Soll der Tank dort ausgebaut werden, ist dazu die hintere Kofferraumverkleidung abzunehmen. Sodann werden die beiden Befestigungsschrauben oben und ebenfalls unten herausgedreht. Der Be- und Entlüftungsschlauch ist aus dem Bodenblech herauszuziehen und das blauschwarze Kabel wird vom Tankmeßgerät abgezogen. Bevor man den Tank (mit seiner eventuell noch vorhandenen Füllung) heraushebt, klemmt man im Kofferraum den Kraftstoffschlauch mit einer Quetschklemme (zur Not: Schraubzwinge) ab und löst dann an der Wagenunterseite die Schlauchschelle, die zur festen Verbindung des Gewebeschlauchs und der Kunststoffleitung dient.

Beim Caravan ist der Tank unter der hinteren Bodenabdeckung liegend angeordnet und wird nach Hochklappen derselben zugänglich. Der Ausbau dieses Tanks erfolgt wie bei den anderen, eben beschriebenen Karosserieausführungen. Lediglich die Be- und Entlüftungsanschlüsse muß man verschließen, damit beim Herausheben des Tanks kein Benzin ausläuft.

Diese Arbeit kann notwendig werden, wenn beispielsweise durch einen Auffahrunfall am Caravan-Wagenheck Reparaturen auszuführen sind, oder allgemein, um den Tank inwendig zu reinigen. In solchem Fall entleert man den vorhandenen Kraftstoff durch den Einfüllstutzen. Fünf Sechskantschrauben halten den Deckel des Tankmeßgerätes fest, den man nach dem Abschrauben

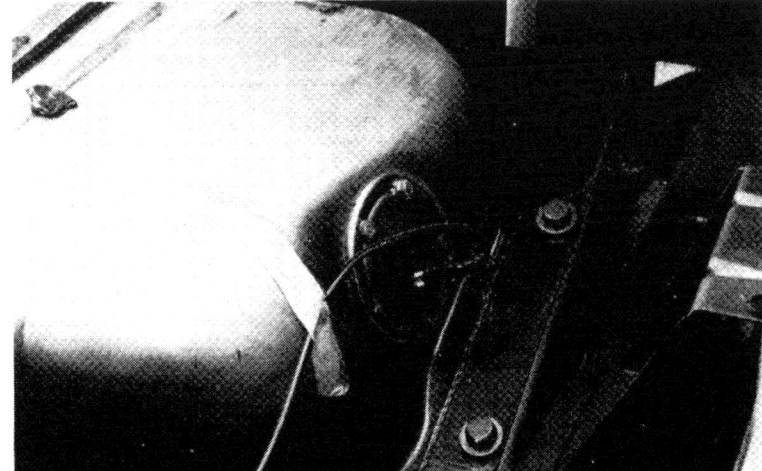

Am Tank ist der Geber für die Kraftstoffanzeige mit 5 Schrauben befestigt. Bei allen Arbeiten am Tank ist zuerst die Batterie abzuklemmen; das Kabel am Geber läßt sich abziehen. Das Bild zeigt den Tank im Caravan, der nach Herausnehmen der Laderaumbodenplatte zugänglich wird.

samt Saugleitung und Filter sowie mit dem Schwimmer herausziehen kann. Das Filtersieb reinigt man durch Ausspülen mit Benzin, anschließend wird es vom Deckel her durchgeblasen. Der Tank selbst wird mehrfach gründlich mit Benzin ausgeschwenkt, das man immer wieder durch ein sauberes Tuch in einen anderen Behälter leert.

Beim Einbau des Tankmeßgerätes sind die Dichtung des Deckels und auch die ersten Gewindegänge der fünf Schrauben mit benzinfester Dichtungsmasse zu bestreichen. Diese erhält man im Zubehörhandel oder auch bei Opel unter der Katalog-Nr. 15 04 402. Der weitere Zusammenbau erfolgt in der umgekehrten Reihenfolge wie eben beschrieben.

Im Tank ist ein Einfüllbegrenzer untergebracht. Dieser etwa 2 Liter fassende Topf steht mit dem Tank durch eine kalibrierte (genau bemessene) Bohrung in Verbindung. Er verhindert das Auslaufen von Kraftstoff, wenn der Tank bis zum Einfüllstutzen befüllt wird, indem er langsam 2 Liter Benzin aufnimmt. Im Betrieb, wenn das Kraftstoffniveau im Tank absinkt, entleert sich der Topf wieder durch eine zweite Öffnung.

Eigentlich sollte der Tank immer möglichst gefüllt sein, weil sich sonst an dessen Innenwänden Kondenswasser absetzen kann. Der dadurch entstehende Rost verstopft die Ventile in der Kraftstoffpumpe und die Düsen im Vergaser; das Wasser kann auch im Gehäuse des Vergasers das sogenannte ›Zinkblühen‹ – Absonderung auf Zinnspritzguß – hervorrufen, und das führt ebenfalls zu Verstopfungen.

Nach Opel-Tradition paßt der Verschlußdeckel für den Öleinfüllstutzen in der Zylinderkopfhaube auch für den Tankverschluß. Geht letzterer verloren, z. B. wenn er nach dem Tanken nicht wieder aufgesetzt wurde, kann man ohne Gefahr für die Ventilkammer den Ölstutzen-Verschlußdeckel verwenden. Den Ölstutzen verschließt man derweilen mit einem festen Papierballen und nicht mit einem Lappen, da letzterer leicht fasert. Trotzdem sollte man den Ersatz des Tankdeckels nicht hinausschieben. Nicht ganz uninteressant ist es zu wissen, daß z. B. der Tankdeckel des BMW 2000 auch auf den Kadett-Tankstutzen paßt. Dieser Tankstutzen ist bei der Limousine und beim Coupé hinter der aufklappbaren Blende im hinteren Dachpfosten rechts versteckt. Beim Caravan ist der Tankeinlaß links in der hinteren Seitenwand der Karosserie zu finden.

Die Reichweite

Über den Verbrauch sprachen wir schon im Kapitel ›Prüfen ohne Werkzeug‹. Beim kleineren 1-Liter-Motor ist der Durst naturgemäß etwas geringer als bei Modellen mit größerem Motor, andererseits spielen Fahrweise und Betriebsumstände eine wesentliche Rolle beim Kraftstoffverbrauch. Deshalb dürfte nur die eigene Erfahrung darüber Aufschluß geben, wie weit man bei dem einheitlichen Fassungsvermögen des Tanks bei Limousine, Coupé und Caravan von 44 Liter im Durchschnitt fahren kann. Mit dem City wird die Fahrstrecke wegen des kleineren Tanks kürzer ausfallen. Die Reichweite rechnet man nach folgender Formel aus: Tankinhalt mal 100, geteilt durch mittleren Verbrauch. Beispiel: 44 x 100 = 4400 geteilt durch hier angenommene 9 Liter ergibt knapp 490 km. Das ist zwar eine ganz schöne Strecke, aber dann ist auch die Reservemenge weg. Spätestens nach 450 km wird man sich in diesem Fall nach einer Benzinquelle umsehen müssen, zumal die Kraftstoffanzeige kein Präzisionsinstrument ist und eine gewisse Fehlanzeige nicht immer ausgeschlossen werden kann.

Nicht nur, weil es strafbar ist, wegen Benzinmangels auf der Autobahn liegen zu bleiben, sollte man sich einen Reservekanister zulegen. Eine zielstrebig angesteuerte Tankstelle ist womöglich gerade geschlossen. Der (hoffentlich stets gefüllte) Kanister ist im Kofferraum mit einem Gurt so zu verzurren, daß er nicht umhergeschleudert wird. Spätestens bei Erreichen des roten Anzeigebereichs im Kraftstoffmesser sollte man die nächste Autobahntankstelle ansteuern. Hinweisschilder an den Autobahnen in Deutschland und Österreich auf die Entfernung zur nächsten Autobahntankstelle erleichtern die Kalkulation über den noch vorhandenen Benzinvorrat.

Die Kraftstoff-Leitung

Zwischen Tank und Kraftstoffpumpe besteht die Kraftstoffleitung aus schwarz gefärbtem Kunststoffrohr und zwischen Kraftstoffpumpe und Vergaser aus hellem Kunststoff. Ihr Außendurchmesser beträgt jeweils 6 mm. Zur Verbindung der Leitung zu den Anschlußstutzen am Tank, an der Kraftstoffpumpe und am Vergaser dienen durch Textilgewebe verstärkte Schlauchstücke, die auf die Stutzen geschoben sind. Alle Verbindungen sind mit Schlauchschellen gesichert. Am Fahrzeugunterbau verhindern Gummihüllen, daß die Kraftstoffleitung an den Befestigungspunkten scheuert.

Zum Ersatz der Leitung gibt es bei Opel nur Material für die Bevorratung der Werkstätten in jeweils 10 m langen Abschnitten. Entsprechend der Anbringung der alten Leitung muß die neue gebogen und verlegt werden. Dabei ist auf einwandfreien Sitz der Verbindungsleitung zu achten und alle Rohrenden müssen mit Schlauchschellen gesichert sein.

Kraftstoffleitungen kontrollieren
Pflegearbeit Nr. 54

Der Weg vom Tank zum Vergaser muß vom Kraftstoff störungsfrei durchflossen werden können. Normalerweise ist dies auch der Fall, aber es schadet nichts, wenn man sich gelegentlich (der Opel-Plan sieht Intervalle von 40 000 km vor) davon überzeugt, daß das kostbare Naß nicht irgendwo auf die Straße rinnt. Vordringlich sieht man sich dazu die Anschlüsse der Leitungen am Tank hinter dem rechten Hinterrad und an der Benzinpumpe vorn unten am Motor an. Bei Feuchtigkeit ermittelt man durch Geruchsprobe, ob es sich um auslaufenden Kraftstoff handelt.

Normalerweise ist es nicht erforderlich, die Schlauchschellen und Anschlüsse jedesmal fester anzuziehen. Höchstens am Anschluß der Zuleitung am Vergaser kann man mit einem Schraubenschlüssel die Verschlußschraube auf festen Sitz prüfen. Darüber hinaus kann man noch feststellen, ob die Kraftstoffleitung in ihrer gesamten Länge ohne Scheuerstellen verläuft. Abhilfe gegen Vibrationsscheuern können über die Leitung gezogene Gummiringe oder stärkere Kunststoffschläuche bieten, besser ist jedoch Austausch und scheuerfreie Verlegung einer neuen Leitung.

Die Kraftstoffpumpe

Die gute alte Benzinpumpe, die man zerlegen, reparieren und wieder hübsch zusammenbauen konnte, wurde im Kadett von einer Einheitspumpe abgelöst, an deren Innereien man nicht mehr herankommt. Seit 1971 bauen einige Autowerke eine neuartige Kraftstoffpumpe mit Blechoberteil ein und auch Opel bedient sich für verschiedene Typen dieser Neuerung.

Das Arbeitsprinzip dieser ›Blechpumpe‹ blieb das gleiche wie früher: Sie saugt das Benzin vom Tank her durch die Kraftstoffleitung an und sorgt für die wohldosierte Zufuhr zum Vergaser hin. Weil das Benzin trotz des Filtersiebes im Tank noch Verunreinigungen mit sich führen kann, die im Vergaser zu Verstopfungen der Düsen beitragen können, ist im Pumpenoberteil - wie früher auch – ein Kraftstoffsieb installiert. Weiterhin ist die Möglichkeit gegeben, dieses Sieb zu reinigen.

Beim Kadett sitzt die Kraftstoffpumpe links am Motor, wo sie recht gut zugänglich ist. Mit einem Schraubenzieher wird die Schlitzschraube auf dem Blechdeckel gelöst, worauf das Kunststoffsieb zu entnehmen ist. Das Sieb reinigt

Bei diesem Benzinpumpentyp ist es möglich, daß sich ein Ventilsitz lockert, wodurch der Kraftstoffnachschub versiegt. Vor dieser Überraschung schützt eine Reservepumpe, die man mitführt. Zum Reinigen des Filtersiebs wird der Deckel der Pumpe abgeschraubt. Um dabei das Nachfließen von Benzin aus dem Tank zu verhindern, knickt man den Zuleitungsschlauch ab. Zwischen Deckel und Gehäuse liegt ein Dichtring.

man in einem Napf mit Benzin und bläst es sauber. Nochmals: Ein weiteres Demontieren der Pumpe ist nicht möglich.
Besteht der Verdacht, daß die Pumpe nicht mehr ordnungsgemäß Kraftstoff fördert, wird zur Kontrolle der Anschluß der Kraftstoffleitung am Vergaser gelöst (siehe Bild Seite 110). Dann dreht man den Motor mit dem Anlasser durch und beobachtet, ob aus dieser nun offenen Leitung Benzin heraussprudelt. Läuft der Kraftstoff nur in einem mageren Rinnsal oder eventuell in unregelmäßigen Abständen, dann ist die Pumpe nicht in Ordnung und muß ausgetauscht werden.
Zur Demontage vom Motor löst man Saug- und Druckschlauch an der Pumpe und zieht die Schläuche ab. Der vom Tank heranführende Schlauch wird abgeklemmt (Schlauch knicken und Wäscheklammer hinter dem Knick anklemmen oder Schlauch nach Lösen desselben mit Kugelschreiber o. ä. verstopfen). Danach schraubt man die beiden Schrauben SW 11 los, mit denen die Pumpe befestigt ist. Zwischen Pumpe und Motor sitzen drei Dichtungen: eine Papierdichtung, eine Steinasbestdichtung und eine weitere Papierdichtung. Neue Papierdichtungen gibt es zusammen mit der neuen Benzinpumpe, und beim Anbau ist darauf zu achten, daß die dicke Asbestdichtung zwischen die Papierdichtungen angeordnet wird. Eine neue Pumpe kostet rund 40 Mark; beim Kauf ist der Wagentyp anzugeben.

Die elektrische Kraftstoffpumpe

Im Kadett GT/E wird der Kraftstoff von einer Rollenzellenpumpe gefördert, angetrieben durch einen permanent erregten Elektromotor. In dem Pumpengehäuse ist exzentrisch eine Läuferscheibe angeordnet, die an ihrem Umfang Metallrollen besitzt. Diese Rollen werden im Betrieb von der Zentrifugalkraft nach außen gepreßt und dienen dabei als Dichtung. In den Hohlräumen zwischen den Rollen wird der eingedrungene Kraftstoff durch die Umdrehung des Pumpenläufers in die Druckleitung gefördert.
Obwohl der Elektromotor von Kraftstoff umgeben ist, besteht keine Explosionsgefahr, weil es sich dabei nicht um ein zündfähiges Gemisch handelt.
Beim Einschalten der Zündung läuft die Pumpe nur durch Betätigung des Startschalters. Wenn der Motor angesprungen ist, erhält die Pumpe ihren Strom über das elektronische Steuergerät. Mit dieser Sicherheitsschaltung will man vermeiden, daß bei einem eventuell defekten Einspritzventil der betreffende Zylinder mit Kraftstoff vollläuft, wenn die Zündung eingeschaltet ist. Um bei allen Betriebszuständen des Motors den Druck im Kraftstoffsystem aufrechterhalten zu können, fördert die Pumpe mehr Benzin als der Motor benötigt.

Vergaser-Beschreibung

Das Mischwerk

Der im Opel Kadett eingebaute Vergaser ist keine hochkomplizierte Gasfabrik. Die Funktion des Vergasers, mit dem Sie es zu tun haben, ist daher verhältnismäßig leicht zu durchschauen. Nehmen Sie sich die Zeit, seinen Aufbau und seine Arbeitsweise zu studieren – eines Tages werden Sie Ihr erworbenes Wissen verwerten können.

In jedem Opel Kadett ist ein Vergaser mit dem Markennamen Solex anzutreffen. Diese Vergaser werden von der Pierburg GmbH & Co. KG, Leuschstraße 1, 4040 Neuß, hergestellt. Wer über Einzelheiten zu den Vergasern noch weiter unterrichtet werden möchte, kann sich dort um entsprechende Unterlagen bemühen.

Welcher Vergaser ist eingebaut?

Die in diesem Buch beschriebenen Kadett-Modelle sind mit Vergasern eines Typs bestückt, die auf das jeweilige Modell abgestimmt sind. Bei Störungen und zur Ersatzteilbeschaffung muß man wissen, welcher Vergaser eingebaut ist. Hier die Aufschlüsselung:

Kadett 10 und Kadett 12 N (52 PS)	Vergaser Solex 30 PDSI
Kadett 12 N (55 PS) und 12 S	Vergaser Solex 35 PDSI
Kadett 16 S:	Vergaser Solex 32/32 DIDTA-4

Die Kennummern dieser Vergaser finden Sie auf Seite 227.
Die Typenmarke ist seitlich am Vergaser eingeprägt. Die Zahl vor den Buchstaben gibt den Mischkammerdurchmesser in mm an. In der Grundform kommt der Vergaser PDSI bei fast allen deutschen Autos vor.

Ersatzteile für alle Vergasertypen erhält man bei den Opel-Vertretungen und bei den Vertrags-Werkstätten von Solex, deren Adressen man über die DVG (Anschrift siehe oben) oder auch aus dem Telefonbuch erfahren kann. Oft befindet sich am Vergaserdeckel ein farbiger Blechstreifen, der die Ersatzteil-Nr. des Vergasers trägt. Man sollte sich diese Nummer notieren, bevor das Metallfähnchen eines Tages verloren geht. Die in den ›Vergaser-Übersicht‹-Listen von Solex unterstrichen angegebenen Bestell-Nummern ersetzen alle voranstehenden, älteren Nummern des betreffenden Vergasers.

Was sich im Vergaser tut

Die Aufgabe eines Vergasers ist es, Benzin und Luft so zu mischen, daß dieses ›Gemisch‹ gut entflammbar ist. Das Verhältnis darf nicht zu fett (zu viel Benzin) und nicht zu mager sein. Die Menge und die Zusammensetzung des Gemischs und damit Geschwindigkeit und Leistung müssen deswegen reguliert werden können. Diesem Zweck dient die Drosselklappe im Vergaserdurchlaß, die direkt auf die Betätigung des Gaspedals anspricht. Außerdem verhindern verschiedene gesonderte Elemente im Vergaser eine Veränderung der Benzin-Luft-Menge durch äußere Einflüsse. Leerlauf und Vollast, plötzlicher Gaswechsel, Steigungen und Gefälle, niedriger Luftdruck (Gebirge) und große Hitze oder Kälte sind Faktoren, die ein Vergaser beherrschen muß.

Wichtige Vergaserbegriffe

Schwimmergehäuse: In diesem ›Behälter‹ wird die Höhe des Benzins reguliert, um jederzeit den erforderlichen Vorrat bereit zu halten. Der darin befindliche Schwimmer betätigt bei wechselndem Niveau ein Nadelventil und regelt dadurch den Zufluß des von der Kraftstoffpumpe geförderten Benzins.

Schwimmernadelventil: Seine Größe und sein Gewicht sind auf die Förderleistung der Kraftstoffpumpe abgestimmt. Ein größeres Nadelventil als vorgesehen läßt zuviel Kraftstoff hindurch, weil sich der Pumpendruck eher durchsetzen kann. Ein kleineres Nadelventil ist als Behelf möglich. Später bleibt die Nadel jedoch hängen, da sie sich wegen zu starken Schwimmerauftriebs rasch einschlägt. Die Stärke des Dichtrings vom Schwimmernadelventil bestimmt das Schwimmerniveau - eine stärkere Dichtung senkt es unvorteilhaft.

Innen- und Außenbelüftung der Schwimmerkammer: Die Außenbelüftung ist für den Leerlauf, die Innenbelüftung für den Betrieb bei gestiegener Drehzahl bestimmt.

Hauptdüse: Sie regelt mit genau bemessener Bohrung den Kraftstoffzufluß vor der Gemischbildung aus dem Schwimmergehäuse. Eingeschlagene Nummern geben die Düsengröße an. Beim Vergaser PDSI sitzt sie in der Schwimmerkammer und ihre Durchflußrichtung – vom Kopf zum Gewindeteil – kennzeichnet sie als sogenannte ›X-Düse‹ (im Gegensatz zur ›Null-Düse‹ mit entgegengesetzter Durchflußrichtung). Der Bohrungsdurchmesser sagt nichts über die Durchflußmenge aus; bei Solex werden Hauptdüsen nach Luftdurchsatz bemessen.

Luftkorrekturdüse: Sieht ähnlich aus wie Hauptdüse. Der von der Hauptdüse kommende Kraftstoff erhält durch sie eine bestimmte Menge Luft zugeführt. Die Luftkorrektur soll im oberen Drehzahlbereich (bei hohem Durchsatz) die zwangsläufig eintretende Verfettung des Gemischs wieder abmagern. Sie wirkt zusammen mit dem Mischrohr.

Mischrohr: Es nimmt Benzin und Luft entgegen und führt diese vorgemischt in den Austrittsarm im Saugkanal. Bei steigender Drehzahl soll es das Mischungsverhältnis Kraftstoff/Luft nahezu konstant halten. Die Bohrungen im Mischrohr sowie deren Anzahl, Größe und Reihenfolge sind für den Motortyp bedeutungsvoll.

Leerlaufdüse: Sie liefert dem Leerlaufsystem eine stets gleichbleibende Kraftstoffmenge zur Aufbereitung des Leerlaufgemisches.

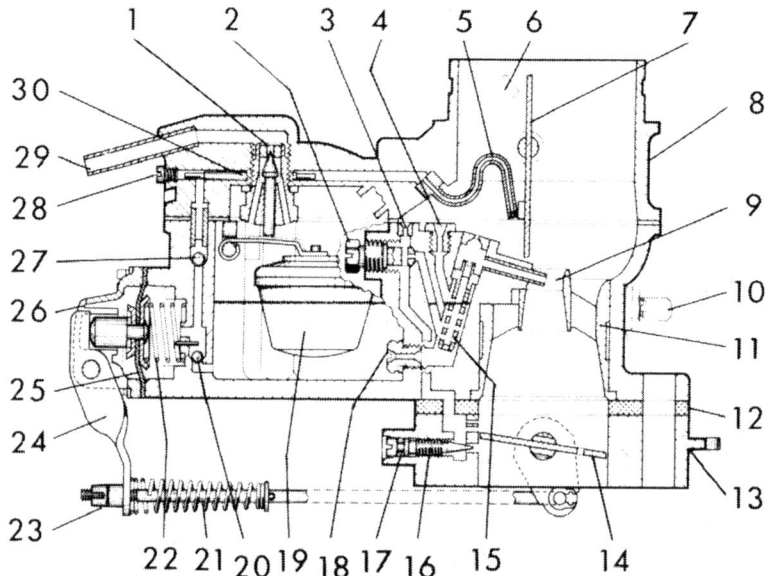

Schemabild des Solex-Fallstromvergasers 35 PDSI. 1 – Schwimmernadelventil, 2 – Leerlaufdüse, 3 – Leerlaufluftbohrung, 4 – Luftkorrekturdüse, 5 – Einspritzrohr, 6 – Schwimmerkammer-Belüftung, 7 – Starterklappe, 8 – Vergaserdeckel, 9 – Austrittsarm mit Vorzerstäuber, 10 – Anschlußrohr für Zündverstellung, 11 – Lufttrichter, 12 – Isolierdichtung, 13 – Drosselklappenteil, 14 – Drosselklappe, 15 – Mischrohr, 16 – Leerlaufgemisch-Regulierschraube, 17 – O-Ring, 18 – Hauptdüse, 19 – Schwimmer, 20 – Kugelventil, 21 – Pumpenstange mit Druckfeder, 22 – Membranfeder, 23 – Einstellmutter, 24 – Pumpenhebel, 25 – Pumpenmembrane, 26 – Membranpumpengehäuse, 27 – Kugelventil, 28 – Verschlußhaube, 29 – Kraftstoffzufluß, 30 – Fullstift.

Lufttrichter: Der Lufttrichter sitzt im Saugkanal des Vergasers und beinflußt durch seine maßlich festgelegte Einschnürung im Zusammenhang mit der Motordrehzahl die Luftgeschwindigkeit und gleichzeitige Luftmenge, die zur Bildung des Gemischs notwendig wird.

Beschleunigungspumpe: Zur Erzielung höherer Beschleunigung wird der Anteil des Kraftstoffs am Gemisch erhöht. Das geschieht in einer kleinen Druckpumpe am Vergaser beim Durchtreten des Gaspedals. Ohne die Pumpe würde beim plötzlichen Gasgeben das träge Benzin nicht schnell genug abgesaugt werden können und der Luftanteil würde sich ungünstig erhöhen. Beim hier besprochenen Vergaser handelt es sich um eine ›Beschleunigungspumpe neutral‹, was besagt, daß sie auch bei Vollast zur Anreicherung dienen kann.

Vergaser Solex 30 PDSI und 35 PDSI

Diese Vergaser sind Fallstromvergaser mit einer von Hand zu betätigenden Starteinrichtung (Choke). Sie besitzen ein sogenanntes Zusatzgemischsystem, das die Nachverstellung der Leerlaufdrehzahl ermöglicht, ohne daß die Gemischzusammensetzung beeinflußt wird. Dadurch wird der vom Gesetzgeber vorgeschriebene Anteil schädlicher Abgase im Leerlauf in angemessenen Grenzen gehalten. Anfangs bezeichnete man dieses Zusatzgemischsystem nicht ganz korrekt als Umgemischsystem und diese Benennung hat sich teilweise bis heute erhalten.

Die Vergaser, die sich auch bei anderen Opel-Modellen mit Motoren bis 1,7 Liter Hubraum bewährt haben, bestehen aus drei Hauptteilen: Drosselklappenteil, Vergasergehäuse und Vergaserdeckel.

Im Drosselklappenteil findet man die Drosselklappenwelle mit der Drosselklappe, die über Gelenke und einen Seilzug mit dem Gaspedal verbunden ist. An dem einen Ende der Drosselklappenwelle ist eine Rückdrehfeder und ein Übertragungshebel angebracht, in dem die Pumpenstange für die Beschleunigungspumpe eingehängt ist. Auf der anderen Seite der Welle befindet sich der Anschlaghebel, der Übertragungshebel und eine Hülse mit einer Segmentscheibe. Im Drosselklappenteil sitzt ferner die verplompte Leerlaufgemisch-Regulierschraube. Ein Schlauchstück stellt die Verbindung zwischen den Zusatzgemisch-Kanälen in diesem Teil zum Vergasergehäuse her.

Das Vergasergehäuse vereinigt Mischkammer und Schwimmerkammer. Am Boden der Schwimmerkammer, in der ein Schwimmer hängt, sitzt die Hauptdüse und daneben das Ventil für die Anreicherung. Außen an der Schwimmerkammer ist die Beschleunigungspumpe angebracht, die aus Hebel, Hebelachse, Deckel, Feder und Membrane besteht. In der Mischkammer sind Lufttrichter, Vorzerstäuber, Luftkorrekturdüse und Leerlaufdüse untergebracht.

Bei - 1 - gelangt der Kraftstoff in den Vergaser, wo er sich in der Schwimmerkammer - 3 - sammelt. Der Vergaserdeckel - 2 - läßt sich abschrauben und nach Lösen der Leitung - 1 - und der Betätigung - 4 - abnehmen. Zuvor muß natürlich das Luftfiltergehäuse abgebaut werden.

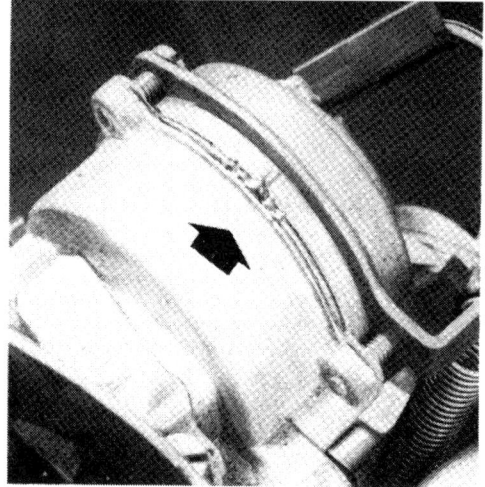

Der Vergaser DIDTA verfügt über eine elektrisch beheizte Startautomatik. Bei kaltem Motor schaltet man sie ein, indem man einmal das Gaspedal durchtritt. Dabei wird die Starterklappe geschlossen. Nach dem Start wird in dem Gehäuse eine Spirale aufgeheizt und ausgedehnt. Dadurch wird über einen Hebel die Starterklappenwelle wieder in Öffnungsstellung gebracht. Am Gehäuserand sind Markierungen angebracht (Pfeil), die mit der Kerbe am Deckel übereinstimmen müssen, andernfalls öffnet die Starterklappe früher oder später.

Der Vergaserdeckel ist auf dem Vergasergehäuse festgeschraubt. Oberhalb der Schwimmerkammer sitzen das Steigrohr des Zusatzgemischsystems, der Anreicherungskolben und der Kraftstoffanschluß. Von unten in den Deckel ist das Schwimmernadelventil eingeschraubt. Im Mischkammerteil des Deckels ist das Einspritzrohr der Beschleunigungspumpe eingepreßt, ferner das Rohr für die Vollastanreicherung und das Schwimmerkammerbelüftungsrohr. Auf der Starterklappenwelle sitzt die Starterklappe.

Vergaser Solex 32/32 DIDTA-4

Größere Motorleistung erfordert einen aufwendigeren Vergaser, wie er sich in diesem Fallstrom-Stufenvergaser anbietet. Er ist ebenfalls von früheren Opel-Modellen bekannt. Gewissermaßen sind hierbei zwei Vergaser zu einer Einheit gebracht worden, wobei jedoch die eine Hälfte nur in Abhängigkeit der anderen Hälfte (Stufe) arbeitet. Die Zahlen in der Vergaserbezeichnung bedeuten, daß die Saugkanäle einen gleich großen Durchmesser aufweisen.
Auch dieser Vergaser setzt sich aus drei Hauptteilen zusammen: Drosselklappenteil, Vergasergehäuse, Vergaserdeckel.
Die beiden Saugkanäle des Vergasers sind als 1. und 2. Stufe ausgebildet, die hintereinander durch je eine Drosselklappe geöffnet werden und gemeinsam im Saugrohr münden. Die Drosselklappe der 1. Stufe wird durch den Drosselhebel geöffnet, der über das Vergasergestänge mit dem Gaspedal in Verbindung steht und somit vom Fahrer unmittelbar betätigt wird. Dagegen hat der Fahrer auf die Drosselklappenstellung der 2. Stufe keinen direkten Einfluß. Sie öffnet sich selbsttätig durch Unterdrucksteuerung, wenn der Motor bei voll geöffneter 1. Drosselklappe etwa die halbe Höchstdrehzahl erreicht hat. Solange der Unterdruck im Saugkanal der 1. Stufe einen bestimmten Wert nicht übersteigt, ist die Herstellung des Kraftstoff-Luft-Gemisches auf die 1. Stufe beschränkt. Wenn die Drosselklappe der 1. Stufe voll geöffnet wird und der Unterdruck eine bestimmte Größe erreicht, wird er über eine besondere Unterdruckdose auf die Drosselklappe der 2. Stufe wirksam. In der Unterdruckdose wird durch den Unterdruck eine Membrane angezogen, die ihre Bewegung über eine Verbindungsstange zum Mitnehmerhebel der 2. Stufe überträgt. Die Rückwärtsbewegung der Drosselklappe der 2. Stufe (in Richtung Ausgangsstellung) wird durch eine Zugfeder erzwungen.
Im übrigen ist der Aufbau der beiden Stufen mit dem vorher beschriebenen Vergaser vergleichbar. Jedes der beiden Systeme des Vergasers enthält je einen kompletten Düsensatz. Die Startbereitschaft des Motors wird durch eine Startautomatik unterstützt.

Start

Solex PDSI. Normalerweise steht die Starterklappe offen. Sie wird nur zum Anlassen des kalten Motors mittels Starterzug geschlossen. Bei dieser Betätigung wird zwangsläufig über verschiedene Hebel die Drosselklappe etwas geöffnet. Durch die im Motor ansaugenden Kolben entsteht ein Unterdruck, der aus dem Austrittsarm Kraftstoff saugt. Dabei vollführt die Starterklappe ein schnelles Spiel zwischen Öffnen und Schließen (sie ist frei beweglich gelagert) und ermöglicht die erforderliche Luftzufuhr. Die ›halbautomatische‹ Starterklappe wird, wenn der Motor angesprungen ist, so weit geöffnet (Starterknopf einschieben), daß der Motor noch sicher durchläuft. Ist der Motor erwärmt, wird der Knopf ganz zurückgeschoben. Vergißt man das, ergibt sich übermäßiger Benzinverbrauch. Bei warmem Zustand des Motors darf die Starterklappe nicht betätigt werden.

Solex DIDTA. Hier steht die Starterklappenwelle unter der Spannung einer spiralförmigen Bimetallfeder, die auf Temperaturunterschiede anspricht. Bei kaltem Motor ist die Starterklappe je nach Außentemperatur mehr oder weniger geschlossen. Mit Erwärmung der Feder läßt ihre Schließkraft nach, die Starterklappe öffnet sich, und bei normaler Betriebstemperatur wird der Lufteinlaß ganz freigegeben.

Das Öffnen der Starterklappe wird dadurch gefördert, daß sie ungleich große Flügel hat – ihr schwerer Flügel öffnet abwärts. Wenn die Starterklappe (auch Luftklappe genannt) geschlossen ist, wird die Drosselklappe der 1. Stufe zwangsläufig etwas offengehalten, und der beim Anlassen des Motors entstehende Unterdruck kann sich bis unter die Luftklappe auswirken, wodurch Kraftstoff in ausreichender Menge angesaugt wird.

Dieser Unterdruck und die Bimetallfeder, die das Öffnen und Schließen der Luftklappe veranlassen, bringen die Luftklappe zum Flattern. Mit zunehmender Erwärmung gibt die Luftklappe einen größer werdenden Querschnitt frei, der Luftanteil des Startgemischs wird größer und das Gemisch magert sich ab. Dabei gleitet der Anschlaghebel in der Dose der Startautomatik auf der Stufenscheibe von Stufe zu Stufe, und die Drosselklappe wird weiter geschlossen, bis sie die Leerlaufstellung erreicht hat.

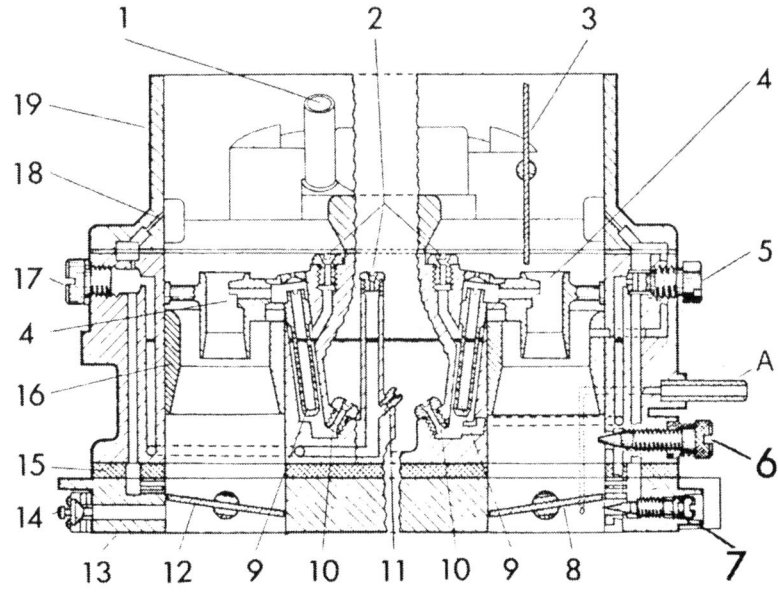

Ein Schnitt durch den Vergaser 32/32 DIDTA-4 zeigt:
1 – Belüftungsrohr für Schwimmerkammer, 2 – Luftkorrekturdüsen, 3 – Starterklappe, 4 – Austrittsarm mit Vorzerstäuber, 5 – Leerlaufdüse, 6 – Umluft-Regulierschraube (zum Verstellen der Drehzahl), 7 – Leerlaufgemisch-Regulierschraube (für die Einhaltung des CO-Wertes), 8 – Drosselklappe der 1. Stufe, 9 – Mischrohr 10 – Hauptdüse, 11 – Übergangsdüse 2. Stufe, 12 – Drosselklappe der 2. Stufe, 13 – Drosselklappenteil, 14 – Leerlaufventil, 15 – Isolierdichtung, 16 – Lufttrichter, 17 – Verschlußschraube, 18 – Ausgleichsbohrung, 19 – Vergaserdeckel, A – Anschlußrohr für die Zündverstellung

Da die Unterdruckmembrane mit der Luftklappenwelle in Verbindung steht und der unterhalb der Drosselklappe entnommene Unterdruck zu dieser Membran geführt wird, zieht bei hohem Unterdruck (und geschlossener Drosselklappe) die Membran an, wodurch die Luftklappe etwas geöffnet wird. Diese Luftzugabe wirkt einer Überfettung des Startgemischs entgegen.
Zum Starten des kalten Motors ist das Gaspedal einmal niederzutreten, dadurch verstellt sich die Stufenscheibe entsprechend der Ausdehnung der Bimetallfeder.

Bei geschlossener Drosselklappe – wenn das Gaspedal nicht berührt wird – dreht der Motor im Leerlauf. Dabei wird aus dem Mischrohr (Benzin aus den Mischrohren) kein Kraftstoff abgesaugt, weil wegen der geschlossenen Drosselklappe im Saugrohr kein Unterdruck herrscht. Das Leerlaufsystem des Vergasers verhindert jedoch, daß der Motor mangels Kraftstoff abstirbt. Diese Leerlaufversorgung geschieht unterhalb der Drosselklappe, wo sich die Auslauföffnung für das Leerlaufgemisch befindet. Stufenvergaser haben diese Bohrung nur in der 1. Stufe. Die Leerlaufgemisch-Regulierschraube sitzt bei jedem Vergaser seitlich am Saugkanal etwas unter der Höhe der Drosselklappenwelle. Das Leerlaufgemisch entsteht aus Kraftstoff, der aus der Hauptdüse stammt, und aus der über besondere Bohrungen aufgenommenen Luft. Es wird durch die Leerlaufdüse in vorbestimmter Menge dem Motor zugeführt. Übergangsbohrungen, die oberhalb der geschlossenen Drosselklappe liegen (Bypass-Bohrungen), beziehen eine Kraftstoff-Luft-Emulsion aus dem Leerlaufsystem. Wird die Drosselklappe etwas geöffnet, dienen die Bohrungen der Verbesserung des Übergangs vom Leerlauf auf den Betrieb durch das Hauptdüsensystem. **Leerlauf**

Beim Tritt auf das Gaspedal wird die Drosselklappe entsprechend der Pedalstellung geöffnet. Mit zunehmender Öffnung der Drosselklappe steigt der durch die Kolben des Motors wirksame Unterdruck im Saugrohr. Der im Normalbereich erforderliche Kraftstoff wird von der Hauptdüse geliefert (siehe Schnittzeichnungen). Die Hauptluft wird über den Lufttrichter zugeführt. Mit steigendem Unterdruck sinkt der Kraftstoffstand im Mischrohr, das seinerseits von der Luftkorrekturdüse die notwendige Ausgleichsluft erhält. Die Luft vermischt sich in den kleinen Bohrungen des Mischrohrs mit dem nachfließenden Kraftstoff. **Normalbetrieb**

Wird die Drosselklappe plötzlich geöffnet, überträgt sich diese Bewegung auf den Pumpenhebel, der die Membrane der Beschleunigungspumpe nach innen drückt. Dadurch wird Kraftstoff durch das Einspritzrohr in die Mischkammer gespritzt, wobei sich die Menge nach dem Pumpenhub richtet. Ein Rückschlagventil verhindert, daß beim Einspritzen zugleich Benzin in die Schwimmerkammer zurückfließt. Ein weiteres Ventil am Pumpenauslaß verhindert beim Saughub das Einströmen von Luft aus der Mischkammer.
Menge und Dauer des Kraftstoffzusatzes sind vom Pumpenhub, von der Kalibrierung des Einspritzrohres und des Überdruckventils sowie von der Kraft des Druckhubes abhängig. **Beschleunigung**

Bei Vollgas benötigt der Motor eine zusätzliche Kraftstoffversorgung. Sie muß selbsttätig einsetzen, wenn der Unterdruck des Motors den normalen Wert überschreitet. Dann wird unmittelbar von der Schwimmerkammer der Kraftstoff zum Einspritzrohr geführt, das bei den Vergasern in unterschiedlicher Form in den Ansaugkanal oberhalb des Lufttrichters gerichtet ist. **Vollast**

Vergaser-Praxis

Umweltfreundliche Einstellung

Beweisen Sie Ihr Geschick und machen Sie einmal eine Probe, die Sie davon überzeugen wird, daß Sie die Arbeit des Vergasers - und damit den Lauf des Motors - durch ganz einfache Maßnahmen beeinflussen können. Einzige Vorkehrung dazu: warmgelaufener Motor, denn auch der Fachmann reguliert nur am Vergaser, wenn der Motor betriebswarm ist, weil er sonst zu falschen Ergebnissen kommt.

Selbst probieren

Suchen Sie am Vergaser die Zusatzgemisch-Regulierschraube. Es ist die große am Vergaserfuß (Drosselklappenteil) sitzende, durch eine Schraubenfeder gesicherte Stellschraube, die auch auf den Abbildungen dieser beiden Vergaser-Kapitel zu finden ist. Setzen Sie nun einen Schraubenzieher auf die Schraube und drehen Sie diese langsam links herum (entgegengesetzt dem Uhrzeigersinn) und merken Sie sich dabei, wieviel und wie oft Sie die Schraube drehen. Sie hören, der Motor läuft schneller, je weiter Sie drehen. Danach drehen Sie die Regulierschraube wieder in die alte Position zurück - der Motor läuft wieder im ursprünglich eingestellten Leerlauf. Nur Routiniers verlassen sich bei diesem Handgriff auf ihr Gehör, wobei keineswegs die Gewißheit besteht, daß der Motor die vom Werk vorgeschriebene Leerlauf-Drehzahl erhält.

Weil Sie gerade dabei sind, noch eine weitere Übung: Hinten am Vergaser (entgegen der Fahrtrichtung) sitzt der Drosselklappenhebel, der die Drosselklappe bewegt. Sollten Sie noch etwas unsicher sein, bitten Sie jemanden, im Wagen auf das Gaspedal zu treten. Sehen Sie sich dabei an, was sich am Vergaser bewegt. Nun drücken Sie den Hebel mit der Hand in dieselbe Richtung, in die er sich eben bei der Fußbetätigung drehte. Dabei läuft der Motor schneller - Sie haben mit der Hand Gas gegeben. Die Drosselklappe wird beim Loslassen von einer Rückzugfeder wieder in ihre Ausgangsstellung zurückgeholt. Bei Störungen läßt sich auf die beschriebene Weise der Motorlauf prüfen. Man sollte

Hier wird demonstriert, was bei allen Vergasern möglich ist: Gasgeben mit der Hand. Dazu greift man bei laufendem Motor hinter das Gasgestänge und drückt dieses zur linken Wagenseite, aber nicht zu weit, sonst heult der Motor in hohen Drehzahlen auf. Mit diesem Handgriff kann man sich über die Rundlaufeigenschaften des Motors und über die Funktion des Vergasers Gewißheit verschaffen, falls man einmal eine Überprüfung des Vergasers vornehmen muß

den Motor aber im Stand nicht zu hoch drehen lassen, also nur mäßig Gas geben. Nach diesen beiden Handgriffen konnten Sie bestimmt so viel Selbstvertrauen gewinnen, daß Ihnen der Vergaser nicht mehr unnahbar erscheint.

CO ist der Bestandteil unvollkommener Verbrennung, die aus zu fett eingestelltem Gemisch resultiert. CH wird bei unverbranntem Gemisch entlassen, also bei zu fettem oder auch zu magerem Gemisch. NO-Anteile werden in hohem Maße bei Motoren mit großen Verbrennungsdrücken frei.

Abgasmessung beim TÜV und Abgas-Sonder-Untersuchung (ASU)
Pflegearbeit Nr. 45

Seit 1985 ist in der Bundesrepublik eine jährliche Abgaskontrolle vorgeschrieben. Dazu gehört auch die Überprüfung des Unterbrecher-Schließwinkels und des Zündzeitpunkts. Diese Kontrolle führen der TÜV, der DEKRA und die meisten Werkstätten durch.

Was ist zu tun, wenn der nächste TÜV-Termin ansteht? Als aufmerksamer Autofahrer werden Sie sicher den Verbrauch Ihres Opel Kadett beobachten und nach einer gelegentlichen Überlandfahrt auch einmal das Auspuff-Endrohr betrachten. Zeigt sich eine unerklärliche Aufwärtstendenz beim Verbrauch und ist das Auspuffrohr trotz zügiger Fahrt innen rußig-schwarz, dürfte der Vergaser zu fett eingestellt sein. Dann ist Werkstattbesuch anzuraten. Zusammen mit der Vergasereinstellung lassen Sie dort die Abgas-Sonderuntersuchung vornehmen. Wenn Sie ohnehin schon in der Werkstatt sind, kommt diese Methode nach unseren Erfahrungen am günstigsten. Mit der neuen ASU-Plakette geht's dann zum TÜV oder DEKRA für die übliche Hauptuntersuchung.

Wenn Sie Ihren Wagen regelmäßig zur Inspektion in die Werkstatt geben, haben Sie mit der ASU keine Probleme, denn dann gehört die Abgas-Sonderuntersuchung zum Wartungsumfang dazu.

Wer als engagierter Heimwerker jedoch die Wartungsarbeiten selbst durchführt, der stellt die Zündung selbst ein und sollte den Elektrodenabstand der Zündkerzen und das Ventilspiel auch nicht vergessen. Mit dem solchermaßen vorbereiteten Wagen fahren Sie zum TÜV-Termin. Geringe Abweichungen vom Abgas-Sollwert können Sie dann noch bei angeschlossenem Tester korrigieren oder der Prüfer wird selbst an der richtigen Schraube drehen.

Für die ASU zwischen den TÜV-Terminen würden wir je nach Prüfungspreis und Wartezeit entscheiden, wer die Kontrolle vornehmen soll.

Fingerzeig: *Vergleichen Sie die verschiedenen Werkstatt-Angebote. Der genannte Komplettpreis kann Messung und Einstellung umfassen oder lediglich die reinen Prüfarbeiten. Dann kostet das Einstellen noch Extrageld.*

Eigentlich unterscheidet man als Einstellen des Leerlaufs zwei getrennte Arbeitsvorgänge und diese Arbeitsweisen müssen nicht unbedingt etwas miteinander zu tun haben. Übliche Drehzahlabweichungen treten im Laufe der Zeit bei jedem Auto auf und sind völlig normal. Wenn der Leerlauf auch richtig eingestellt wurde, bleibt er trotzdem selten konstant. Er ändert sich mit den Jahreszeiten, mit Außentemperaturen und Luftfeuchtigkeit, er verstellt sich durch Vibration des Motors und durch mechanische Einflüsse am Vergaser.

Leerlauf einstellen
Pflegearbeit Nr. 8

Diese Abweichungen vom Sollwert der Drehzahlen können grundsätzlich durch eine Leerlaufkorrektur aufgefangen werden, wobei ein Verändern der Stellung von Drosselklappen-Anschlag- und Gemischregulierschraube nicht nötig ist.

Leerlauf mit Hilfe von Instrumenten einstellen

Alle im Kadett C möglichen Motoren sollen im Leerlauf mit 800 bis 850 U/min drehen. Der CO-Anteil im Abgas soll 1,5 bis 2,5 Vol.-% betragen, ausgenommen die 1,2-Liter-Motoren mit 2,5 bis 3,5 Vol.-%. Je nach den ihnen zugeordneten Anleitungen sind der transportable Drehzahlmesser und der CO-Tester anzuschließen.

Vergaser Solex PDSI. Weicht die Drehzahl vom Sollwert ab, ist die Umgemisch-Regulierschraube langsam in entsprechender Weise zu drehen. Wenn der CO-Anteil zu hoch liegt, muß versucht werden, durch Drehen der Gemisch-Regulierschraube den Wert zu senken. Durch Nachregulieren an der Umgemisch-Regulierschraube können noch Verbesserungen erzielt werden, aber die Leerlaufdrehzahl darf dadurch nicht negativ beeinflußt werden.

Sollten mit diesen Maßnahmen weder Leerlauf noch Abgas gefügig werden, ist am Vergaseranschluß für Zündunterdruck ein Unterdruckmeßgerät anzuschließen (Schlauch zum Zündverteiler abziehen). Bei geschlossener Drosselklappe hat die Messung bei den 1,2-Liter-Motoren 1 bis 10 mm Hg (0,1 bis 1,2 kPa) zu ergeben, bei den übrigen 1 bis 15 mm Hg (0,1 bis 2,0 kPa). Andernfalls muß die Anschlagschraube für den Verbindungshebel an der Starterklappe gelöst werden, bis sich ein Spiel zwischen Schraube und Hebel ergibt. Die Schraube nicht mit der Drosselklappenanschlagschraube verwechseln, von der die Plastikkappe zu entfernen ist und die dann so verstellt werden muß, bis sich möglichst ein Mittelwert der Unterdruckangabe einstellt.

Jetzt können durch Nachregulierungen von Gemisch-Regulierschraube und Umgemisch-Regulierschraube der CO-Wert und die Drehzahl korrigiert werden. Die vorher gelöste Anschlagschraube ist an dem Verbindungshebel zur Starterklappe spielfrei – bis zu einer ersten Berührung – beizudrehen. Die Drosselklappenanschlagschraube wird neu verplombt.

Vergaser Solex DIDTA. Entsprechend der eben erteilten Beschreibung dient die Umlauf-Regulierschraube zum Einstellen der Drehzahl, und mit der Gemisch-Regulierschraube kann der CO-Wert einreguliert werden.

Werden einer der beiden vorgegebenen Werte oder beide zusammen nicht erreicht, ist ebenfalls das Unterdruckmeßgerät anzuschließen. Der Unterdruck-Sollwert lautet 1 bis 5 mm Hg (0,1 bis 2,0 kPa). Bei Abweichung davon ist die Plastikkappe der Drosselklappenanschlagschraube abzunehmen und diese Schraube zu justieren, bis der Unterdruckwert (Mittelwert) erreicht wird. Die beiden anderen, vorher genannten Schrauben sind zur Nachregulierung von Drehzahl und Abgaswert erneut zu betätigen. Die Drosselklappenanschlagschraube muß wieder plombiert werden.

Leerlauf ohne Instrument einstellen

Zufolge einer vorerst nur in der Bundesrepublik gültigen Vorschrift sind die Drosselklappenanschlagschraube und die Leerlaufgemisch-Regulierschraube mittels Sicherungskappen plombiert, um Einstellarbeiten außerhalb der Werkstatt zu verhindern. Das hat nichts mit einer gezielten Arbeitsbeschaffung für die Reparaturbetriebe zu tun, vielmehr lassen es die strengen Abgasvorvorschriften nicht zu, daß die vom Werk fixierte Vergasereinstellung in Unordnung gebracht wird. Heutige Vergaser sind mit sehr genauen Einstellungen versehen und erfüllen ihre Aufgabe nur, wenn jene nicht unkundig verändert werden. Manche Vergaser lassen sich nach einer erfolgten ›Bastel-Einstellung‹ in der Werkstatt überhaupt nicht mehr regulieren und müssen dem Vergaserhersteller zur Justierung eingesandt werden – die möglicherweise entstehenden Kosten sind hoch. Die nachstehend gegebenen Vorschläge sollen demnach nur im Notfall befolgt werden, etwa dann, wenn bei einer Reparatur durch fachlich nicht geschulte Monteure im Ausland ein Fortkommen mit dem

Wagen gesichert sein muß. In der Heimat ist aber bald ein Opel-Dienst oder ein Solex-Dienst in Anspruch zu nehmen, denn bei der nächsten TÜV-Prüfung fällt die vorgenommene Manipulation bestimmt auf.

Die erwähnten Plastikkappen können mittels Zange oder Schraubenzieher abgenommen werden, wobei man sie zerstört. Neue Sicherungskappen sind nur in der Opel-Werkstatt oder bei der Solex-Vertretung erhältlich – dort aber kümmert man sich zuvor um die richtige Vergasereinstellung.

Nun zur aushilfsweisen Einstellung: Der Motor muß seine Betriebstemperatur erreicht haben. Standlauf genügt dazu nicht, Wagen warmfahren.

Allgemein kann man die Einstellung wie folgt vornehmen:

■ Warmen Motor im Stand laufen lassen. Drosselklappenschraube mit dem Schraubenzieher so weit herumdrehen (Drosselklappe schließen), bis der Motor gerade noch rund läuft.

■ Leerlaufgemisch-Regulierschraube etwas nach links oder rechts drehen, um eine Dosierung von Kraftstoff und Luft zu finden, die für diese Drosselklappenstellung den schnellsten und gleichmäßigsten Leerlauf ergibt.

■ Drosselklappenschraube möglichst noch bis zur niedrigsten gleichmäßigen Leerlaufdrehzahl herausdrehen. Falls vorher ein sehr schneller Leerlauf eingestellt war, kann jetzt ein nochmaliges Regulieren an der Leerlaufgemisch-Regulierschraube und an der Drosselklappenschraube nötig sein.

Man kann auch zuerst die Leerlaufdrehzahl etwas erhöhen; mit der genannten Methode läßt sich aber ein etwas geringerer Kraftstoffverbrauch erzielen.

Wenn das Leerlaufsystem verstopft ist, bleibt das Verstellen der Leerlaufgemisch-Regulierschraube möglicherweise ohne Wirkung. Wenn die Leerlaufdüse verstopft ist, bleibt der Motor bei losgelassenem Gaspedal stehen: Düse reinigen, manchmal hilft auch kräftiges Gasgeben oder während der Fart im niedrigen Gang plötzlich Weglassen von Vollgas.

■ Falls sich die Vergaserdeckelschrauben immer wieder lockern, sollen sie mit Sicherungsblechen fixiert werden.

■ Beim Ersatz der Hauptdüse muß man wissen, daß es solche mit einer Gewindesteigung von 0,8 mm und andere mit einer Gewindesteigung von 0,75 mm gibt. Letztere tragen als Merkmal eine Ringnut am Düsenkopf. Die aus dem Vergaser entnommene Düse ist als Vorbild zu benutzen.

■ Beim Zusammenbau eines zur Reinigung zerlegten Vergasers darf man nicht vergessen, das kleine Anreicherungsventil wieder einzusetzen. Es sitzt lose in dem senkrechten Kanal zwischen Schwimmerkammer und Anreicherungsrohr und fällt - bei abgenommenem Vergaserdeckel - heraus, wenn man das Vergasergehäuse umdreht.

Besonderheiten im Betrieb und bei der Pflege

Das Bild zeigt die beiden Stutzen, mit denen das Luftfiltergehäuse verbunden ist: 1 - Kurbelgehäuseentlüftung, die auf dem Zylinderkopfdeckel sitzt, 2 - Vorwärmstutzen auf dem Auspuffkrümmer, der nach entsprechender Stellung des Hebels am Luftfiltereinlaß (siehe Bild Seite 121) erwärmte Ansaugluft liefert.

- Durch Hineindrehen der Einstellmutter an der Pumpenstange unterhalb der Beschleunigungspumpe wird deren Hub und somit die Einspritzmenge vergrößert, und umgekehrt.
- Stimmt das Schwimmerniveau nicht, soll man nur im Notfall den Schwimmerarm entsprechend biegen. Das Niveau muß bei neuem Schwimmer und bei richtigem Schwimmernadelventil mit Dichtring in vorgeschriebener Stärke stimmen. Die Werkstatt besitzt eine Kennkarte, auf der die Daten dieser drei Teile vermerkt sind.

Vergaser und Düsen reinigen

Vergaser müssen staubfrei und trocken gehalten werden und nichts daran darf geölt oder geschmiert werden. Fett fängt Staub und Schmutz ein, das an den Lagern wie Schmirgel wirkt. Etwa einmal im Jahr empfiehlt es sich, den Vergaser nach Abnehmen des Luftfiltergehäuses äußerlich zu reinigen. Es genügt, wenn man ihn mit Motorreiniger oder mit Spiritus unter Zuhilfenahme eines Pinsels abwäscht und anschließend mit einem Lappen trocknet.

Solex schlägt vor, den Vergaser spätestens nach 50 000 km auch innen gründlich zu reinigen. Wir raten aber nicht unbedingt dazu, den Vergaser komplett zu zerlegen, um ihn zu säubern. Die Demontage verlangt viel Aufmerksamkeit und der Zusammenbau müßte womöglich mit Hilfe eines herbeigeholten Fachmannes erfolgen. Man kann aber das Filtergehäuse abbauen und sich ansehen, was man sich getraut, vom Vergaser abzuschrauben. Auf den Bildern dieser beiden Kapitel sieht man, welche Düsen verhältnismäßig leicht zugänglich sind und welche Vergaserteile ohne spätere Komplikationen gelöst werden können. Zu beachten ist, daß kein Teil verloren geht, keine Dichtung beschädigt wird (sofern man keine neue zur Hand hat), und daß bei der ganzen Prozedur nichts in den Vergaser hineinfällt, was dann an der Drosselklappe vorbei im Ansaugkrümmer verschwindet und somit beim Lauf des Motors in den Verbrennungsraum geraten würde.

Öldämpfe, die über die Kurbelgehäuseentlüftung in den Luftfilter und damit in den Vergaser geleitet werden, bereiten ebenfalls Verunreinigungen, insbesondere, wenn man aus vermeintlichem Sicherheitsbedürfnis zu viel Öl in den Motor füllte. Die Summe der hier aufgezählten Einflüsse kann zu merklichen Einbußen in der Leistung des Motors führen.

Zur Vergaserreinigung hier einige generelle Ratschläge:

- Ausgebaute Vergaserteile in Kraftstoff oder Spiritus reinigen. Die Teile auf ein sauberes Tuch legen. Genau merken, wohin sie und in welcher Reihenfolge sie zusammengehören. Besonders auf Dichtungen und Sicherungseinrichtungen achten.

Solex-Registervergaser 32/32 DIDTA-4.
Links:
Bei abgenommenem Luftfiltergehäuse erkennt man:
1 – Vergaserdeckel,
2 – Beschleunigungspumpe, 3 – elektrisch beheizte Startautomatik,
4 – Unterdruckdose für die II. Stufe.
Rechts:
1 – Umluft-Regulierschraube, 2 – Leerlaufdüse,
3 – Drosselhebel-Anschlagschraube.

Unterseite des Vergaserdeckels PDSI: 1 – Schwimmernadelventil, 2 – Verschlußschraube der im Deckel eingegossenen Zusatzgemisch-Bohrungen, 3 – Einspritzrohr, 4 – Starterklappe, 5 – Befestigungsschraube für den Starterklappenzug, 6 – Verschlußschraube des Beschleunigungspumpensystems, 7 – Unterdruckkolben.

■ Düsen, Bohrungen und Schwimmerkammer mit mäßigem Preßluftdruck ausblasen, auch Handluftpumpe ist geeignet. Düsen können notfalls auch mit dem Mund durchgeblasen werden. Auf keinen Fall mit hartem Draht reinigen, geeignet ist jedoch eine Borste aus einer Bürste. Zum Durchblasen einer verstopften Vergaserdüse kann man auch das Ventil am (sauberen) Reserverad benutzen. Drückt man die herausgeschraubte Düse in das Ventil, pustet die aus dem Reifen entweichende Luft alle Fremdkörper fort. Düsen sind aus weichem Metall (Messing), daher nicht zu fest einschrauben.

■ Drosselklappenwelle auf zu großes Spiel an den Lagerungen untersuchen. Dort könnte Nebenluft eindringen und Start und Leerlauf verschlechtern.

■ Die Spitze der Leerlaufgemisch-Regulierschraube und auch die der Zusatzgemisch-Regulierschraube darf keine Druckstelle aufweisen. Sonst auswechseln.

■ Den Schwimmer kontrolliert man, ob er dicht ist (schütteln und gegen Ohr halten). Eventuell in heißes Wasser legen und auf Blasen achten. Auch muß die Schwimmerachse gut gängig sein.

■ Im Vergaserdeckel, von unten eingeschraubt, findet sich das Schwimmernadelventil. Ist es nicht locker? Die Ventilnadel muß einwandfrei beweglich sein. Gegen sie drückt von unten der Hebel des Schwimmers. Undichtes oder hängendes Schwimmernadelventil liefert dem Vergaser zu viel Kraftstoff: Erhöhter Verbrauch, Vergaser läuft über. Ventil austauschen.

Was man beim Reinigen der Kurbelgehäuseentlüftung beachten muß, die ja auch mit der Vergaseranlage in Verbindung steht, ist auf Seite 91 dargelegt.

Links unten:
1 – Lerrlaufdüse, anstelle dieser beim 10- und 12 N-Motor: Leerlaufabschaltventil, 2 – Pumpendeckel der Beschleunigungspumpe mit nach unten ragendem Pumpenhebel, 3 – Gemisch-Regulierschraube-Pfeil; Zusatzgemisch-Regulierschraube.
Nur letztere darf zum Verändern der Leerlaufdrehzahl verdreht werden, womit sichergestellt ist, daß der CO-Gehalt der Auspuffgase nahezu konstant bleibt.

Rechts unten:
Nachdem man den Vergaserdeckel des Vergasers PDSI abgenommen hat, bietet sich ein Blick ins Inneres.
1 – Austrittsarm des Mischrohrs im Vorzerstäuber, 2 – Aufhängung des Schwimmers, die von unten gegen das (im Deckel eingeschraubte) Schwimmernadelventil drückt, 3 – Zusatzgemisch-Regulierschraube.

Vergaserbefestigung prüfen
Pflegearbeit Nr. 2

Der Opel-Inspektionsplan schreibt nach den ersten 5000 km eine Überprüfung der Befestigungsschrauben des Vergasers am Ansaugkrümmer vor. Auch später sollte man sie hin und wieder kontrollieren, obgleich dies nicht besonders vorgeschrieben ist. Allerdings muß man die Muttern nicht jedesmal noch fester »anknallen«, aber mit einem angesetzten Schraubenschlüssel stellt man leicht fest, ob da etwas locker ist. Ohne den Luftfilter abzunehmen, wird man an alle Befestigungsschrauben freilich nicht herankommen.

Zugleich kann man auch prüfen, ob die Vergaserdeckelschrauben locker sind. Dies ist leicht zu ermitteln, wenn man vorsichtig am noch montierten Luftfilter wackelt und dabei seitlich beobachtet, ob sich diese Bewegung auf den Vergaserdeckel überträgt. Wenn ja, Luftfilter abnehmen und die Schlitzschrauben mit einem Schraubenzieher festziehen.

Ändern der Vergasereinstellung

Es ist nicht statthaft, am Vergaser herumzuexperimentieren. Bei entsprechenden Feststellungen bei der TÜV-Prüfung gibt es kein Pardon, denn die geforderten Abgas-Werte wird man bei privaten Basteleien nicht einhalten können. Die vom Herstellerwerk festgelegten Vergasereinstellungen sind in Zusammenarbeit mit Opel erst nach langwierigen Feinarbeiten gefunden worden. Wie bei jedem anderen Vergaser galt es auch hier, den günstigsten Kompromiß zwischen bester Leistung und geringstem Verbrauch zu finden und zugleich die Vergaserabstimmung umweltschützend zu gestalten. Letztere geht bei unbedachtem Probieren bestimmt verloren.

Das Gasgestänge

Auf Seite 78 wurde bereits darauf hingewiesen, daß die Gelenke des Übertragungsgestänges zwischen Gaspedal und Vergaser gelegentlich etwas Fett verlangen. Das Gestänge muß den Vergaser aber auch richtig bedienen. Bei Wagen mit Schaltgetriebe ist es richtig eingestellt, wenn bei voll geöffneter Drosselklappe der Gaspedalhebel an der Bodenmatte anliegt. Ist dies nicht der Fall, kann die Einstellung an der quer zur Fahrtrichtung liegenden Stange durch Verdrehen der daraufsitzenden Stellmutter korrigiert werden.

Bei Wagen mit automatischem Getriebe soll bei voll geöffneter Drosselklappe die Kugel des Kick-Down-Seilzuges am Ende des Winkelhebels anliegen. Dabei muß sich das untere Ende des geraden Teils vom Gaspedalhebel 8 mm über dem Boden befinden. Durch Verdrehen der Verbindungsstange vor dem Winkelhebel kann man die Einstellung verändern. Ist der Motor betriebswarm, muß der Pilz des Gasgestängedämpfers in Leerlaufstellung 3,5 mm eingeschoben sein, was sich - bei falschem Maß - durch Verdrehen des Dämpfers erreichen läßt.

Luftfilter auswechseln
Pflegearbeit Nr. 58

Ein verschmutzter Luftfilter erhöht den Verbrauch. Allerdings dehnt sich das Material des Papierfilters bei feuchter Witterung etwas aus, wodurch sich seine Poren verkleinern und den Luftdurchsatz verringern. In beiden Fällen ergibt sich ein höherer CO-Gehalt. Vor allem müssen alle in der Luft enthaltenen Schmutzteilchen daran gehindert werden, zusammen mit der angesaugten Verbrennungsluft in den Motor zu gelangen. Straßenstaub wirkt in den Zylindern wie Schmirgel und verursacht frühzeitigen Verschleiß von Zylinderwänden und Kolben. Das Luftfilter sorgt für einen entsprechenden Schutz und dämpft gleichzeitig die Ansauggeräusche.

Fahren ohne Luftfilter bedeutet also Abkürzung der Motorlebensdauer und außerdem gerät durch die Vergrößerung der Ansaugluftmenge die Vergaserabstimmung aus dem richtigen Verhältnis und das Kraftstoff-Luft-Gemisch wird zu mager. Das kann zu Überhitzungen des Motors führen. Der nur wenig

Der Luftfilter des Kadett-Motors mit Vergaser PDSI ist nach Lösen der Spannklemmen am Gehäuserand herauszunehmen. Der Filtereinsatz darf nicht mit Feuchtigkeit in Berührung kommen. Fahren ohne Filter schadet dem Motor. Der Pfeil zeigt auf den Hebel, der die Einstellung auf Sommer- und Winterbetrieb ermöglicht.
Zum Vergaser DIDTA gehört ein anders gestalteter Luftfilter mit nach vorn gerichtetem Lufteinlaßstutzen. Um dieses Gehäuse abzubauen, muß man an der Unterseite die nach vorn gerichtete 9-mm-Sechskant-Schlitzschraube lockern, die das Gehäuse auf dem Vergaserdeckel festspannt. Sie läßt sich mittels Spiegel finden und dann ertasten. Außerdem sind der Entlüftungsschlauch von der Zylinderkopfhaube und der Warmluft-Faltenbalgschlauch vom Auspuffkrümmer zum Lufteinlaßstutzen zu lösen, letzterer ist aus dem Gummistutzen der Wagenfront zu ziehen. Schließlich ist das Zahnband am Unterdruckschlauch zur Servobremse zum Halt an einer der Schnappverschlüsse des Gehäusedeckels zu lösen.

gesteigerten Zugkraft steht ein verringertes Leistungsverhalten im unteren Drehzahlbereich gegenüber. Auch die Einspritzanlage des Motors beim GT/E verfügt über einen Luftfilter, siehe Seite 223 und 224.

Das Trockenfilterelement der Kadett-Reihe soll alle 40 000 km ausgetauscht werden. Dieses Papierfilter darf nicht mit Wassernässe oder Öl in Berührung kommen. Bei grober Verschmutzung - vor allem, wenn man oft über staubige Landstraßen fahren muß - ist der Filtereinsatz etwa alle halbe Jahre einmal zu reinigen. Dazu wird er durch leichtes Klopfen auf harter Unterlage von gröberen Schmutzteilchen befreit. Der feinere Staub muß mit Preßluft ausgeblasen werden. Man läßt den Luftstrahl seitlich an den Filterlamellen vorbeistreichen, was besser ist, als den Luftstrahl von innen nach außen zu richten, wobei ein Teil des Staubes in die Poren des Filters gedrückt würde.

Der Papierfiltereinsatz läßt sich einfach nach Abnehmen des Luftfilterdeckels, der sich mit Schnappverschlüssen auf dem Filtergehäuse festhält, aus seinem Sitz herausnehmen. Das Gehäuse selbst kann nach Lösen des Spannbandes, welches das Filter an dessen Stutzen auf dem Vergaser festhält, abgehoben werden. Dazu löst man die etwas schlecht zugängliche Schlitzschraube am Spannband mit einem langen Schraubenzieher. Nach Abziehen der am Filtergehäuse aufgesteckten Schläuche (siehe Bild Seite 117) kann man des Gehäuse aus dem Motorraum entnehmen.

Im schräg nach vorn gerichteten Lufteinsatzstutzen des Luftfilters ist eine Umschaltvorrichtung für Sommer und Winterbetrieb eingebaut. In der Stellung ›Sommer‹ erhält der Motor die normale Außenluft zugeführt, während der Hebel am Stutzen bei Temperaturen unter + 10° C auf ›Winter‹-Stellung gebracht werden soll, wonach die vom Auspuffkrümmer vorgewärmte Luft angesogen wird. Dadurch erreicht man, daß eine sonst für den Betrieb in der kühlen Jahreszeit erforderliche Einregulierung des Vergasers entfällt.

Wenn einmal eine Störung am Vergaser Ihres Opel auftreten sollte, können Sie diese mit Hilfe der folgenden Tabelle einkreisen und sicherlich auch beheben. Dem Zusammenspiel der aufeinander abgestimmten Vergaserteile können unterschiedliche Ursachen entgegenwirken - meist zeigt sich die verwirrend erscheinende Theorie in der Praxis aber freundlicher. Störungen an der Zündanlage sind (bei allen Autos) häufiger. Verdammen Sie den Vergaser nicht eher, bis Sie sich davon überzeugt haben, daß Zündzeitpunkt, Zündkerzen, Unterbrecherkontakte und Kabelanschlüsse in Ordnung sind.

Störungsbeistand
Vergaser

Die Störung	– ihre Ursache	– ihre Abhilfe
A Motor springt nicht an (siehe auch vordere Buchklappe)	1 Zündung nicht einwandfrei	Kontrollieren (siehe Kapitel Zündanlage)
	2 Tank leer	Auftanken
	3 a) Kraftstoffweg im Vergaser nicht in Ordnung	Prüfung: Zuleitung am Vergaser abziehen, Verteilerfinger entfernen, Motor stromlos starten. Kein Kraftstoff: Siehe unter Kraftstoffpumpe
	b) Leerlaufdüse verschmutzt	Herausschrauben, reinigen
	c) Bohrungen im Vergaser verstopft	Vergaser zerlegen, reinigen
	d) Vergaser läuft über (Motor ersoffen durch zuviel Gasgeben oder Schwimmer klemmt oder undicht)	Gegen Schwimmergehäuse klopfen. Evtl. Vergaserdeckel abnehmen. Schwimmer überprüfen. Beim Starten Vollgas.
B Kraftstoffverbrauch zu hoch	1 Fehlerhafte Flanschdichtungen	Nachprüfen Eventuell auswechseln
	2 Undichter Schwimmer	Auswechseln
	3 Schwimmernadelventil schließt nicht	Säubern Eventuell auswechseln
	4 Düsen stimmen nicht	Auswechseln (siehe Technische Daten)
	5 Leerlaufdüse locker	Kontrollieren, eventuell anziehen
	6 Leerlauf zu hoch	Einstellen
C Leerlauf ungleichmäßig, Motor bleibt stehen	1 Leerlauf zu fett oder zu mager	Richtig einstellen
	2 Leerlaufsystem verstopft (Verstellen der Gemischschraube ohne Einfluß auf Drehzahl)	Leerlaufdüse herausnehmen, reinigen. Anschließend Leerlauf einstellen
	3 Heißleerlaufventil öffnet falsch	Auswechseln
D Motor bleibt bei höheren Drehzahlen stehen, wenn langsam Gas gegeben wird	1 Hauptdüse verstopft	Herausschrauben, reinigen
E Ungleichmäßiger Lauf und Auspuffrußen bei niedriger Leerlaufzahl, stärkeres Rußen bei höherem Leerlauf	1 Zu hoher Druck auf Schwimmernadelventil	Kraftstoffpumpendruck prüfen lassen
	2 Schwimmernadelventil schließt nicht	Ventil prüfen, evtl. erneuern
	3 Schwimmer undicht	Auswechseln
E Ungleichmäßiger Lauf bei Vollgas Aussetzer, Patschen, Leistung fällt ab	Nicht ausreichende Kraftstoffzufuhr	Hauptdüse reinigen, Kraftstoffpumpensieb und Schwimmerventil reinigen, Druck der Kraftstoffpumpe kontrollieren lassen
G Schlechte Übergänge beim Gasgeben	1 a) Beschleunigungssystem arbeitet nicht	Luftfilter abnehmen; prüfen, ob eingespritzt wird, wenn Gasgestänge betätigt wird
	b) Membrane defekt	Auswechseln
	2 Falscher Leerlauf	Richtig einstellen

Die Kupplung

Die richtige Verbindung

Die Kupplung bietet wenig Anlaß zu Klagen - sofern sie sorgfältig eingestellt ist und vernünftig behandelt wird.
Wie groß und wie stark eine Kupplung ist, richtet sich nach der Kraft, die der Motor entfalten kann. Stärke und Größe der Kupplung sind bei den Typen 10/12 und 12 S und 19 E jeweils unterschiedlich. Aufbau und Behandlung dieser bei allen Typen in der Konstruktion vergleichbaren Kupplung sollen hier besprochen werden. Den Besitzer eines Opel mit Getriebeautomatik allerdings braucht dieses Kapitel nicht unbedingt zu interessieren.

Die Kupplung stellt eine trennbare Verbindung zwischen dem Motor und den übrigen Teilen der Kraftübertragung dar. Sie wird zum Anfahren gebraucht, um die Kraft des Motors über das Getriebe an die Achswellen und somit an die Antriebsräder allmählich wachsend weiterleiten zu können. Während der Fahrt soll die Kupplung die Verbindung zwischen Motor und Getriebe unterbrechen, damit im Getriebe der jeweils richtige Gang geschaltet werden kann. Aus dieser Erklärung ergibt sich auch die Lage der Kupplung: Sie sitzt in Verlängerung der Kurbelwelle zwischen Motor und Getriebe. Umgeben wird sie von der Kupplungsglocke, die sie gegen äußere Einflüsse schützt. Wesentliche Einzelteile sind das Motorschwungrad mit einer Verzahnung am Umfang für das beim Starten eingreifende Anlasserritzel, ferner der am Schwungrad angeschraubte Kupplungsträger mit Kupplungsdruckplatte und Scheibenfeder, die Kupplungsscheibe (Mitnehmerscheibe) und der Ausrücker (Kupplungslager). Die Mitnehmerscheibe, die zwischen Schwungrad und Druckplatte von dieser fest angepreßt wird, überträgt die Motorkraft, und zwar wird von der Nabe der Mitnehmerscheibe die darin sitzende Getriebewelle in Drehung versetzt. Die Kupplungsbeläge auf der Mitnehmerscheibe sind durch Reibung und damit verbundener Wärmeentwicklung dem Verschleiß unterworfen.
Die Bewegung der Druckplatte geschieht durch das wartungsfreie Ausrück- oder Drucklager. Es ist ein Kugellager, dessen eine Hälfte gegen die umlaufende Druckplatte gepreßt wird, gegen die andere Hälfte wird der Ausrückhebel gedrückt.
Opel baut im Gegensatz zu anderen Autoherstellern die Kupplungen selbst und eine Eigenart dieser Opel-Kupplung ist die Scheibenfeder. Mit ihrer Hilfe wird die Druckplatte gegen die eigentliche Kupplungsscheibe - die den Kupplungsbelag trägt - gepreßt. Gewöhnlich werden dafür mehrere kleine Schraubenfedern verwendet. Die Scheibenfeder ist eine Metallscheibe, die sektorenförmig wie eine Torte eingeschnitten ist. Dadurch bilden sich einzelne Zungen mit federnder Wirkung. Die zum Auskuppeln erforderliche Fußkraft nimmt wieder ab, wenn diese progressive Kupplung ganz durchgetreten wird.

Was die Kupplung tut

Das Kupplungsspiel

Spiel bedeutet so viel wie Luft oder Zwischenraum. Bei der Kupplung ist damit der Abstand zwischen den Teilen der Kupplungsübertragung bei nicht betätigtem Kupplungspedal gemeint. Ist dieses Spiel nicht vorhanden, steht das Ausrücklager der Kupplung ständig unter einem gewissen Druck, der den Verschleiß fördert. Zugleich kann sich der Anpreßdruck der Kupplungsscheibe so weit vermindern, daß die Kupplung rutscht. Wenn das Spiel aber zu groß ist, geht etwas vom normalen Kupplungsweg verloren und die Kupplung wird beim Niederdrücken des Pedals nicht ganz getrennt. Das wiederum nimmt die Synchronisation des Getriebes übel.

Bei fortschreitender Abnutzung des Kupplungsbelages wird das Spiel kleiner. Durch die dünner werdende Kupplungsscheibe wandert auch die federbelastete Druckplatte nach und nähert sich allmählich dem Ausrücklager. In der weiteren Folge rutscht die Kupplung durch.

Kupplungsspiel prüfen
Pflegearbeit Nr. 11

Die Kontrolle des Kupplungsspiels bei Wagen mit 1-Liter- und 1,2-Liter-Motor ist denkbar einfach. Dazu wird der Leerweg gemessen, den das Kupplungspedal von seiner Ruhestellung bis zu dem Punkt beschreibt, an dem die Kupplung beginnt zu trennen. Wenn man die Trittplatte des Pedals mit der Hand niedergedrückt und zugleich ein Metermaß an die Mitte der Pedalplatte hält, dann hat der Leerweg bis zum Einsetzen des Widerstands 25–30 mm zu betragen. Ergibt sich ein anderes Maß, muß man die Kupplung nachstellen, wie nachstehend beschrieben.

Die Nachstellvorrichtung findet man links unten am Wagen, wo der Kupplungsseilzug mit dem Kupplungsausrückhebel verbunden ist. Letzterer führt links aus dem Kupplungsgehäuse heraus. Zu der Arbeit muß man den Wagen demnach hochbocken und gut absichern oder über eine Grube oder auf die Hebebühne fahren. Kontermutter an dem nach hinten ragenden Gewindestück lösen und die Stellmutter, die am Ausrückhebel anliegt, entsprechend verstellen. Dabei hält man mit einem 10 mm-Gabelschlüssel das Gewindestück fest. Linksdrehen der Stellmutter bedeutet: Spiel vergrößern. Rechtsdrehen: Spiel verkleinern. Zum Schluß ist die Kontermutter wieder gegen die Stellmutter festzudrehen, wobei man letztere mit dem Gabelschlüssel festhält.

Neue Kupplungsbeläge

Am Weg der Ausrückgabel, den diese beim völligen Ausrücken der Kupplung zurücklegt, läßt sich vom Fachmann der Abnutzungsgrad der Kupplungsbeläge ablesen. Diese Beläge sind wie ein Bremsbelag dem Verschleiß unterworfen und je nach Fahrweise kommt der Zeitpunkt, bei dem die Kupplung nicht mehr nachgestellt werden kann.

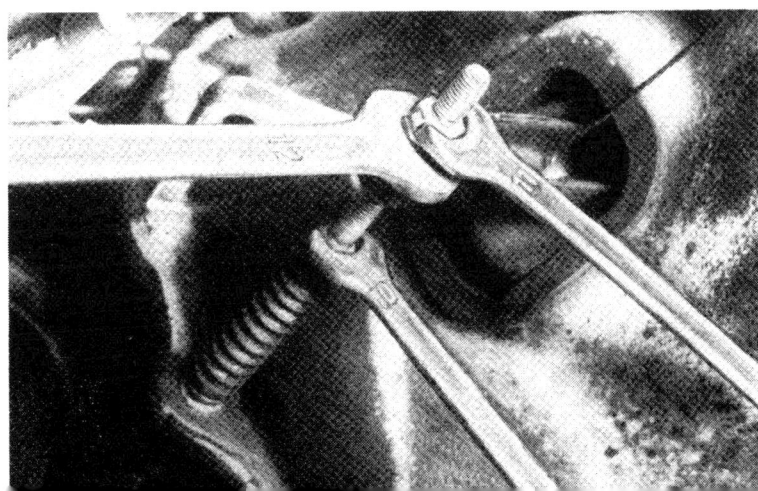

Zum Nachstellen der Kupplung beim Kadett-Motor, das auf dieser Seite beschrieben ist, braucht man eigentlich drei Maulschlüssel. Einen, um die Kontermutter zu lösen (und danach wieder festzudrehen), einen, mit dem man die Stellschraube dreht, und den dritten, der zum Festhalten der sich sonst mitdrehenden Seilzughülse dienen muß

Die Kupplungsscheibe kann neu belegt werden, d. h. es wird nur der Reibbelag erneuert. Im allgemeinen wird aber gleich die ganze Mitnehmerscheibe ausgetauscht. Das empfiehlt sich ohnehin, weil die vier Dämpfungsfedern ermüdet sein können. Diese um die Nabe gruppierten Federn haben die Aufgabe, bei zu heftigem Einkuppeln dämpfend zwischen Motor und Getriebe zu wirken und die Torsionsschwingungen (Drehschwingungen der Kurbelwelle) nicht in das Getriebe weiterzuleiten. Der eventuell nötige Ausbau der Kupplung ist Werkstattsache, weil dazu das Getriebe ausgebaut werden muß (siehe Seite 129).

Sollte sich die ausgebaute Kupplungsscheibe als noch rüstig erweisen (ihr Seitenschlag am äußersten Scheibenrand darf höchstens 0,4 mm ausmachen, kann gerichtet werden), ersetzt man die darauf sitzenden alten Beläge gegen neue. Nach Abbohren der Nietköpfe lassen sich die verbrauchten Beläge entfernen. Neue Kupplungsbeläge werden über Kreuz auf die Scheibe aufgenietet. Auch nach dieser Arbeit kann sich ein Seitenschlag einstellen, den man am gesamten Umfang der Scheibe ausmessen muß, um die Scheibe korrekt richten zu können. Außerdem ist die Scheibendicke an mehreren Stellen zu messen: Bei den Kupplungen zum 40 PS- und zum 52 PS-Motor darf sie höchstens 7,7 mm, beim 60 PS-Motor höchstens 7,1 mm betragen.

Kupplung und Kupplungspedal einstellen

Anders als bei Wagen bis 1,2-Liter-Motor setzt die Kupplungsbetätigung bei den größeren Typen ohne Pedalspiel ein. Mit Abnutzung der Kupplungsbeläge wandert das Pedal aus der eingestellten Grundstellung nach oben zum Fahrer hin. Wenn das Pedal so weit versetzt ist, daß es einen dafür vorgesehenen Kontakt einer Kontrollampe berührt und diese aufleuchten läßt, soll diese Pedalstellung korrigiert werden. Der Weg aus der Grundstellung des Pedals bis zum Kontrollschalter beträgt rund 25 mm.

Voraussetzung für eine richtig arbeitende Kupplung ist die korrekte Einstellung des Ausrückhebels. In der Werkstatt benutzt man für die Kontrolle eine Lehre. Mit dieser mißt man den Abstand zwischen der hinteren Anlagefläche des Ausrückhebels und der Vorderseite des Kupplungsgehäuses, nachdem der Seilzug ausgehängt wurde. Das Maß ist 111,5 mm in Seilzug-Mittelachse.

Zum Korrigieren der Einstellung befindet sich rechts am Kupplungsgehäuse – gegenüber dem seitlich austretenden Kupplungshebel – eine Einstellschraube SW 8 mit Kontermutter SW 19, die über einen Kugelbolzen auf das Ende des Ausrückhebels wirkt. Durch Verstellen dieses Bolzens erreicht man ein Verschieben des Ausrückhebels in der Zugrichtung. Nach der Einstellung ist die Gegenmutter auf der Einstellschraube anzuziehen. Seilzug wieder einhängen.

Einstellvorrichtung zur Regulierung der Kupplungspedalstellung bei den Motoren 16 S, 19 E und 20 E. Dieses Pedal soll immer etwas höher als das Bremspedal stehen. Um diese Einstellung bei einer Abweichung zu erreichen, löst man die Sicherungsscheibe auf der Hülse des Seilzuges, richtet die Hülse entsprechend der vorgeschriebenen Pedalstellung aus und fixiert die Sicherungsscheibe am Kunststoffanschlag wieder in der nächstgelegenen Ringnut der Hülse.

Sollte einmal ein neuer Kupplungsseilzug eingebaut werden müssen, ist auch noch eine Einstellung des Pedals vorzunehmen. Bei Pedal in Ruhestellung wird dazu der Abstand zwischen Mitte der Pedalplatte und Außenkante des Lenkrades an dessen unterstem Punkt gemessen, er soll 576 ± 20 mm ausmachen. Dann ist das Pedal ganz niederzudrücken, und das vorige Maß soll jetzt um 150 mm vergrößert sein. Bei abweichenden Werten ist die Länge des Kupplungsseilzuges entsprechend zu verändern. Diese Einstellvorrichtung befindet sich im Motorraum an der Stirnwand oberhalb der Servobremse. Die Hülse des Seilzuges wird dort von einer Ringscheibe festgehalten. Durch Umstellen der Scheibe in eine andere Ringnut auf der Hülse ändert sich die Pedalhöhe. Siehe auch auf Seite 125.

Das Pedal muß nach den beschriebenen Einstellungen immer etwas höher als das Bremspedal stehen. Falls beide Pedale eine gemeinsame Höhe einnehmen, ist die Stellung des Kupplungspedals zu korrigieren, damit es nicht zu Kupplungs- oder Schaltschwierigkeiten kommt.

Rutschende Kupplung

Durchrutschen bedeutet, daß die Kupplung nicht mehr die volle Motorkraft übertragen kann, also nicht mehr einwandfrei verbindet. In schlimmen Fällen liegt die Ursache darin, daß durch Motoren- oder Getriebeöl die Reibflächen des Kupplungsbelages verschmutzt sind, oder daß durch übermäßige Hitzeentwicklung - z.B. durch häufige Rennstarts - der Belag verbrannt ist. Dann vermag auch die größte Anpreßkraft nicht genügend Reibung zum Übertragen des Drehmoments erzeugen. Aber auch eine sorgsam behandelte Kupplung kann durch allmählichen Verschleiß so abmagern, daß die Reibpartner einfach nichts mehr zu fassen bekommen - wo keine Anpreßkraft hinkommt, kann auch keine Reibungskraft erzeugt werden. In diesen Fällen wird man die Unarten der Kupplung meist erst bemerken, wenn beim Fahren im schnellsten Gang (in dem die dem Motor abverlangte Leistung am größten ist) der Motor bei Belastung ›durchdreht‹, d.h. auffallend schneller dreht, als es der Fahrgeschwindigkeit entspricht.

In diesen schlimmen Fällen muß die Werkstatt helfen. Sie muß schnell helfen, weil ›durchgehende‹ Kupplungen so viel Wärme erzeugen, daß die Schwungscheibe und die Druckplatte Wärmerisse bekommen und dann beim Auswechseln der Kupplungsscheibe auch erneuert werden müssen.

An das Kränkeln der Kupplung kann man sich gewöhnen und dabei übersehen, daß sich ein größerer Schaden anbahnt. Mit einer gelegentlichen Kontrolle schützt man sich vor Überraschungen: Handbremse anziehen, 3. Gang einlegen, langsam einkuppeln und Gas geben. Jetzt müßte der Motor abgewürgt werden. Wenn nicht, rutscht die Kupplung. Meistens ruckt aber der Wagen an, weil ihn die Handbremse nicht hält. Das ist ein anderer Schönheitsfehler, den Sie bei Gelegenheit gleich ausmerzen sollen (siehe Kapitel ›Bremsen‹), besonders wenn Sie fürchten müssen, daß die Handbremse zum Blockieren des Wagens am Gefälle auch nicht mehr sicher reicht. Dieser Test sollte nur gelegentlich und höchstens zweimal hintereinander gemacht werden, weil sonst die Kupplung heiß wird – und dann ohnehin durchrutscht. Wenn die Kupplung diesen rauhen Test nicht bestanden hat, liegt es gewöhnlich an nicht einwandfreiem Kupplungsspiel. Möglich ist dann aber auch ein wegen Fettmangel festgefressenes Führungslager, auch durch Rucken beim Schalten bemerkbar.

Kupplung trennt nicht

Wenn es beim Schalten kratzt und kracht, trennt die Kupplung nicht mehr richtig. Weil eventuell auch vom Getriebe Geräusche kommen können, ermittelt man die Ursache dieser Begleitmusik durch eine Probe im un-

synchronisierten Gang. Das ist der Rückwärtsgang. Man kuppelt dazu bei laufendem Motor ganz aus und nach etwa einer Sekunde legt man diesen Gang ein. Kratzt es, trennt die Kupplung nicht sauber. Meist liegt das an zu großem Kupplungsspiel. Es kann aber auch sein, daß die Mitnehmerscheibe durch Hitze verzogen ist.
Stimmt das Kupplungsspiel und auch die Konterbefestigung des Kupplungsseils sowie dessen Umhüllung sind in Ordnung und trotzdem trennt die Kupplung nicht, muß die Werkstatt helfen.

Schalten ohne Kuppeln

Falls sich wegen eines Defekts am Kupplungsseil während der Fahrt die Kupplung plötzlich nicht mehr betätigen läßt, bringt man den Schaltknüppel in Leerlaufstellung, indem man Gas wegnimmt, den Wagen abbremst und kurz vor dem Halt den Gang herausdrückt. Auf diese Weise kann man sich sogar das Fahren im Stadtverkehr erleichtern.
Dazu ist auch Gangwechseln ohne zu kuppeln möglich: Nach Gaswegnehmen und verlangsamter Fahrt Gang herausnehmen und dann etwas Gas geben, damit die Motordrehzahl erhöht wird. Nun drückt man den Schalthebel in Richtung der neuen Gangstufe. Wenn die Motordrehzahl richtig dosiert ist, rutscht der neue Gang hinein. Man darf dabei aber nicht zu schnell sein.
Muß man ohne Kupplung anfahren, hat man zuerst den Motor warmlaufen zu lassen. Danach: Zündung ausstellen, 1. Gang einlegen, Motor anlassen. Mit einem Ruck setzt sich der Wagen in Bewegung. Das funktioniert auch mit dem 2. Gang, mit dem man notfalls eine kürzere Strecke bis zur Werkstatt zurücklegen kann.

Störungsbeistand
Kupplung

Die Störung	– ihre Ursache	– ihre Abhilfe
A Kupplung rupft	1 Druckplatte oder Schwungscheibe zu stark abgenützt (Riefenbildung) oder angerissen	Nachschleifen oder auswechseln
	2 Kupplungsscheibe hat Schlag	Korrigieren, besser auswechseln
	3 Verschmierte Kupplungsscheibe	Auswechseln, Dichtungen überprüfen
B Kupplung trennt nicht	1 Zu großes Kupplungsspiel	Korrigieren
	2 Kupplungsscheibe hat Schlag	Richten oder auswechseln
	3 Beläge gerissen	Scheibe auswechseln
	4 Nabe der Kupplungsscheibe zu stramm auf Welle	Gängigmachen oder auswechseln
C Kupplung rutscht	1 Kupplungsspiel zu gering (Beläge zu stark abgenutzt)	Korrigieren, evtl. Scheibe auswechseln.
	2 Kupplungsscheibe verschmiert	Scheibe auswechseln, Dichtungen prüfen
	3 Kupplungsseil geht nicht zurück	Gängigmachen, Rückholfeder prüfen

Getriebe bis Achsantrieb

Übersetzt und übertragen

Der Nachteil des Verbrennungsmotors ist es, daß er nur in einem bestimmten Drehzahlbereich genügend Leistung abgibt. Je nach Drehzahl ist die Durchzugskraft des Motors verschieden. Daher muß man zur rechten Zeit den rechten Gang einlegen, also eine andere Übersetzung zu den Antriebsrädern wählen. Dagegen vermag das vollautomatische Getriebe, wie es im Kadett 12 S eingebaut werden kann, selbsttätig die jeweils günstigste Übersetzungsstufe zu wählen. Trotzdem bleibt auch bei dieser Bedienungserleichterung eine individuelle Beeinflussung erhalten.

Das Viergang-Getriebe des GT/E ist anders abgestuft als das der kleineren Kadett-Typen. Daneben gibt es für den 1,9-Liter-Motor noch ein Fünfgang-Getriebe von ZF (Zahnradfabrik Friedrichshafen). Für alle drei Schaltgetriebe gilt die gleiche Schmiermittel-Vorschrift.

Arbeiten am Getriebe, an der Übertragungswelle, am Ausgleichsgetriebe und am Achsantrieb soll man der Werkstatt überlassen, weil diese Bauteile mit sehr genauen Maßen zusammengesetzt sind. Nur Ölstands-Kontrolle und Wechsel des Getriebeöls (siehe Kapitel ›Schmieren aller Teile‹) sind mögliche Eigenpfleger-Wartungsarbeiten.

Das Schaltgetriebe

Die Motorkraft wird über die Kupplung und über eine kurze Welle zum Schaltgetriebe geleitet. In diesem Wechselgetriebe greifen verschiedene Zahnradpaare ineinander, die zwischen Motor und den Antriebsrädern für die richtige Übersetzung sorgen. Der Fahrer bestimmt durch Einlegen des betreffenden Ganges, welche Zahnradpaare (Übersetzungen) gerade in Funktion sein sollen.

Das ist das Viergang-Schaltgetriebe mit Stockschaltung für die drei kleineren Kadett-Motoren. Es bedeuten:
1 - Kupplungsglocke, 2 - Verzahnung für die Kupplungsscheibe, 3 - Antriebswelle, 4 - Schiebemuffe zum Einschalten der Synchronisierung des 3. und 4. Gangs, 5 - Synchronkörper, 6 - Schiebemuffe für den 1. und 2. Gang, 7 - Mitnehmerverzahnung für die Kardanwelle, 8 - Schalthebel, 9 - Hauptwellenlager, 10 - Getriebe-Nebenwelle, 11 - Zahnradpaar 4. Gang, 12 - Zahnradpaar 3. Gang, 13 - Zahnradpaar 2. Gang, 14 - Zahnradpaar 1. Gang.

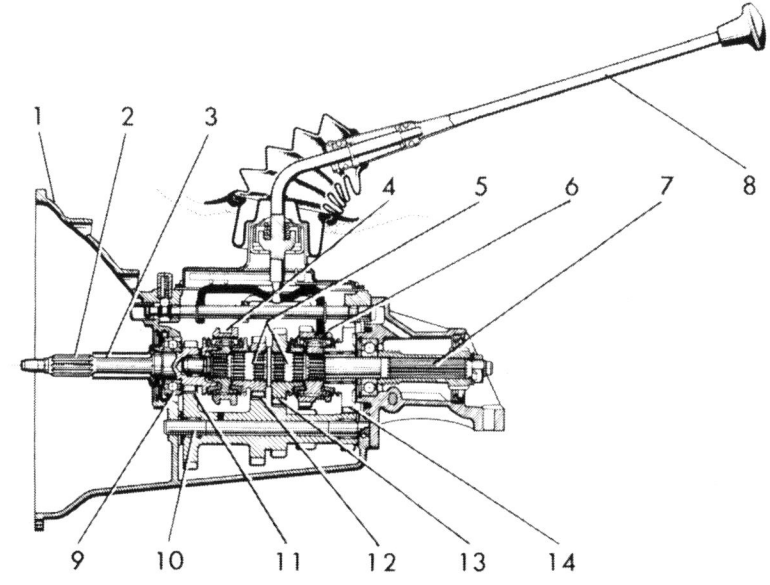

Das Vierganggetriebe besitzt - wie heutzutage üblich - geräuschlose (synchronisierte) Vorwärtsgänge und einen geradverzahnten (nicht synchronisierten) Rückwärtsgang. Das bedeutet Schalten ohne Zwischengas und -kuppeln.

In solchen Synchrongetrieben sind die Zahnräder nicht auf Längsnuten verschiebbar, sondern sie sitzen frei drehbar auf der Getriebeausgangswelle und befinden sich in ständigem Eingriff mit den auf der Eingangswelle festsitzenden Gegenrädern. Beim Schalten werden sie über kleine, seitlich angebrachte Kupplungen mit der Welle verbunden und gelöst. Die kleinen Reibungskupplungen (Konus und Gegenkonus) vollführen die Synchronisation. Je mehr die Drehzahlen der Antriebswelle von denen der zu den Antriebsrädern führenden Welle abweichen, um so mehr Reibungsarbeit wird den Synchronisierkupplungen aufgebürdet. Das braucht seine Zeit und deshalb gilt es, exakt zu schalten. Dadurch sichert man der Synchronisation ein langes Leben. Gewaltsames Durchreißen des Schalthebels beansprucht die Synchronisation über Gebühr. Kratzgeräusche melden dann, daß die Synchronringe defekt geworden sind.

Stockschaltung. Hierbei sitzt der lange Schalthebel direkt auf dem Getriebegehäuse. Beim Einlegen des Rückwärtsganges ist der Hebel gegen einen spürbaren Widerstand nach links und dann nach vorn zu drücken.

Zum Ausbau dieses Schalthebels wird das Getriebe auf Leerlauf geschaltet, der Faltenbalg nach oben gezogen und umgestülpt. Die Verschlußklappe unterhalb der Schalthebelkrümmung wird in der Werkstatt mit einer Montierhülse nach unten gedrückt und nach rechts gedreht, damit der Bajonettverschluß der Klappe aus dem Getriebegehäusedeckel ausrastet. Beim Einbau ist der Schaltfinger des Hebels richtig in den Schaltgabeln einzusetzen und der Bajonettverschluß muß richtig einrasten, wobei die beiden abgeflachten Seiten in der Mitte der Verschlußklappe in Fahrtrichtung zeigen sollen. Von der Oberkante des Faltenbalgs bis zum Ende des Schalthebels soll der Abstand 380 mm betragen.

Sportschaltung. Der kurze Schalthebel sitzt auf einem nach hinten gerichteten Schaltgehäuse und betätigt über einen waagrecht angeordneten Zwischenschalthebel das Getriebe. Das Schaltschema ist das gleiche wie bei der Stockschaltung, jedoch muß der Schalthebel beim Einlegen des Rückwärtsganges etwas angehoben werden.

Dem Ausbau dieses Schalthebels geht die Demontage des Ablagefachs auf dem Getriebetunnel (3 Blechschrauben) voraus. Der Faltenbelag wird nach oben gezogen, der Gummiring vom Haltestift abgenommen und der Sprengring aus einer Nut im Schaltgehäuse herausgenommen. Danach Schalthebel nach oben ziehen. Vor dem Zusammenbau müssen Reibkappe, Teller, Schaltkugel und Schaltfinger mit Wälzlagerfett geschmiert werden. Der Abstand Oberkante Faltenbalg - Oberkante Schalthebelgriff soll 140 mm betragen.

Zunächst muß der Schalthebel, wie eben beschrieben, abgebaut werden. Dann wird das Luftfiltergehäuse vom Vergaser abgenommen und das Gasgestänge ist dort auszuhängen und aus dem Haltebügel herauszuziehen. Der Kupplungsseilzug wird am Ausrückhebel abgeschraubt, ebenso das Abdeckblech zwischen Ölwanne und Getriebegehäuse. Die Tachometerwelle ist am Getriebe zu lösen und die beiden Kabel am Rückscheinwerferschalter sind abzuziehen. Am Rundflansch für die Hinterachsverlängerung muß die Gelenkwelle abgeschraubt werden und danach ist aufzupassen, daß das Getriebeöl nicht an der Hauptwelle ausfließt. Weiterhin sind abzuschrauben: der Querträger mit der

Zweierlei Schalthebel

Getriebeausbau

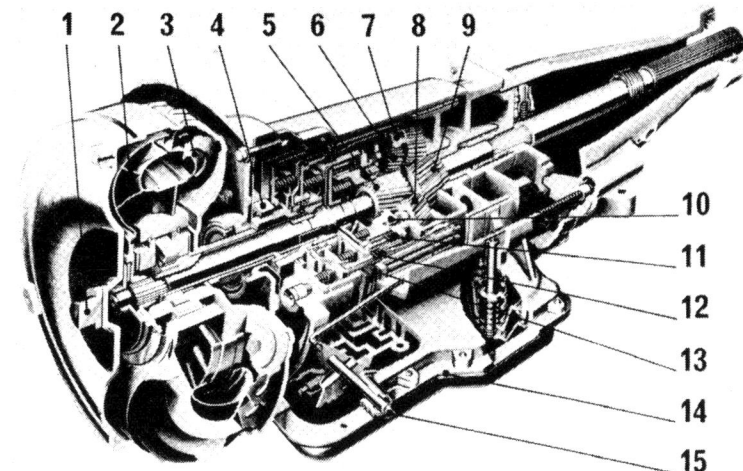

Das automatische Dreiganggetriebe, aufgeschnitten. Es bedeuten:
1 - Verbindung zur Kurbelwelle des Motors, 2 - Pumpenrad und 3 - Turbinenrad stellen zusammen den hydrodynamischen Drehmomentwandler dar, 4 - Ölzahnradpumpe mit exzentrischen Zahnrädern, 5 - Antriebs-Sonnenrad, 6 - Planetenrad, lange Übersetzung, 7 - Zahnkranz. 8 - Planetenrad, kurze Übersetzung. 9 - Antriebssonnenrad, 10 - Freilauf, 11 - Kupplung 3. Gang, 12 - Kupplung 2. Gang, 13 - Kupplung Rückwärtsgang, 14 - Gehäuse für automatische Regelung, 15 - Anschluß für Wählhebel

hinteren Motoraufhängung sowie alle Befestigungsschrauben zwischen Getriebe und Motor. Danach läßt sich das Getriebe nach hinten abnehmen. Alle weiteren Arbeiten am Getriebe sind Sache der Opel-Werkstatt, denn dort kennt man dieses Getriebe, das schon im Kadett B eingebaut war, am besten. Wissen sollten Sie jedoch noch, daß beim Getriebe für den 12 S-Motor das Zahnrad für den 1. Gang nagelgelagert ist.

Der Einbau erfolgt in umgekehrter Reihenfolge. Dabei sind die Anzugsdrehmomente bei folgenden Teilen einzuhalten: Gummidämpfungsblock am Getriebegehäuse = 45 Nm (4,5 kpm), Rundflansch an der Gelenkwelle = 18 Nm (1,8 kpm).

Die Getriebeautomatik

Der Kadett mit 12 S-Motor kann wahlweise auch mit einem automatischen Getriebe ausgerüstet sein. Dieses Getriebe wird von der General Motors Strasbourg S.A. hergestellt und hat sich inzwischen millionenfach bewährt.

Zur Funktion der Getriebeautomatik sei gesagt, daß zwischen das Planetengetriebe und den Motor der hydraulische Drehmomentwandler geschaltet ist, in dem die Leistung des Motors durch Schaufelräder übertragen wird. Gekuppelt mit dem Motor ist das Pumpenrad, das die Wandlerflüssigkeit bei laufendem Motor in Rotation versetzt und nach außen gegen das Wandlergehäuse schleudert. Dabei trifft die Flüssigkeit auf das sogenannte Leitrad, welches für eine Umlenkung in die Drehrichtung der Kurbelwelle sorgt. Dadurch wird auch das Turbinenrad in Drehung versetzt, das mit dem nachgeschalteten Getriebe fest verbunden ist. Da die Zahnräder des Getriebes dauernd in Eingriff stehen und die Wandlerflüssigkeit bei laufendem Motor immer versucht - durch das Pumpenrad in Bewegung versetzt -, das Getriebe und damit auch die Antriebsräder in Bewegung zu versetzen, ›kriecht‹ der Wagen auch im Leerlauf, muß also mit Fuß- oder Handbremse festgehalten werden.

Bei Fahrzeugen mit automatischem Getriebe ist im unteren Wasserkasten des Kühlers ein Wärmetauscher eingebaut, in dem das Getriebeöl, das bei Beginn einer Fahrt langsamer warm wird als das Kühlmittel, zunächst erwärmt wird. Später kehrt sich der Prozeß um und das heiße Getriebeöl wird dort gekühlt. Siehe auch Abschnitt ›Kühler ausbauen‹ auf Seite 97.

Ölkontrolle bei Getriebeautomatik
Pflegearbeit Nr. 12

Wenigstens alle 10 000 Kilometer soll eine Ölstandskontrolle vorgenommen werden. Der entsprechende Ölpeilstab befindet sich zwischen Motor und Batterie. Bei dieser Prüfung ist streng darauf zu achten, daß nicht eine Faser vom Wischlappen an dem Peilstab zurückbleibt. Die Kontrolle hat bei betriebswarmem, laufenden Motor- in Wählhebelstellung „P" oder „N" - zu erfolgen, ebenso das Nachfüllen von Öl. Dabei soll der Ölstand am Peilstab zwischen den Markierungen ADD und F abzulesen sein. Das Automatik-Getriebe darf nur mit der Wandlerflüssigkeit (Spezialöl) Katalog-Nr. 19 40 690, das ist ein Öl des Typs Dexron B, gefüllt sein. Und niemals Zusatzmittel verwenden! Außerdem darf die obere Strichmarke am Peilstab nie durch zu hohen Ölstand überschritten werden. Der Abstand der Markierungen ADD und F entspricht einer Menge von 0,5 Liter Öl.

Alle 40 000 km oder innerhalb 24 Monaten (unter erschwerten Fahrbedingungen alle 20 000 km) soll das Öl in der Opel-Automatic gewechselt werden, wobei auch das Ölsieb ersetzt werden muß. Da bei dieser Arbeit auch die Ölwanne und der Bremsband-Servodeckel abgeschraubt werden muß, kann sie nur einer Opel-Werkstatt überlassen bleiben. Dazu sind noch verschiedene neue Dichtungen und unbedingt ein Drehmomentschlüssel nötig.

Ölwechsel im automatischen Getriebe
Pflegearbeit Nr. 59

Im Selbstverfahren ist nichts zu reparieren. Als reine Sichtkontrolle aber ist es möglich, zu beobachten, daß bei stehendem Motor und voll durchgetretenem Gaspedal die Drosselklappe voll geöffnet haben muß. Überhaupt muß man sich bei Verdacht auf Störungen der Aufmerksamkeit befleißigen. Es gibt z.B. eine Geruchsprobe: Verbrannte Kupplungslamellen oder Bremsbänder rufen eine Art Brandgeruch hervor. Dazu Peilstab ziehen und am Öl in Richtung Peilstab riechen.

Wenn die Schaltübergänge unnormal ausfallen, kann es dazu folgende Erklärungen geben: Durchrutschende Kraftübertragung = Öldruck zu niedrig; harter Schaltübergang = Öldruck zu hoch; harte Kickdown-Rückschaltung = Rückschlagventil klemmt; überdies können noch andere Ursachen Anlaß zu den genannten Beanstandungen sein. Wenn die Bremswirkung in Fahrstufe ›1‹, ›2‹ oder ›P‹ ausfällt, kann auf eine Verstellung des Wählhebelgestänges geschlossen werden. Auch ungewöhnliche Geräusche, etwa Kreischen oder Klirren und Zischen im Getriebe sind Alarmzeichen.

Ölstandskontrolle ist immer die erste Maßnahme vor jeder Funktionsprüfung. Man muß auch wissen, daß kaltes Öl die hydraulischen Funktionen im Getriebe verlangsamt, daher ist jede Prüfung bei betriebswarmem Motor und nicht nur alle 10 000 km vorzunehmen. Wird keine Motorkraft auf die Antriebsräder übertragen, kann die Ursache folgende sein:

Störungsbeistand Automatik

- Zu niedriger Ölstand
- Verstopftes Ölsieb
- Defektes Druckreglerventil
- Drehmomentwandler defekt
- Schadhafte Ölpumpe
- Antriebswelle gebrochen
- Entlüfterventil klemmt
- Parksperre rastet nicht aus

Eine durchrutschende Kraftübertragung beim Anfahren dürfte durch abgenutzten Bremsbandbelag verursacht sein. Zu hohe Leerlaufdrehzahl des Motors kann rauhe Schaltübergänge beim Abwärtsschalten im Schub zur Folge haben, und ebenfalls wird man starkes Kriechen bemerken. Bei jeder Abweichung von der normal gewohnten Funktion der Getriebeautomatik sollte man sehr bald um Abhilfe bemüht sein, damit man weiterreichende Schäden vermeidet.

Vorbeugend gegen Ölverlust im automatischen Getriebe ist alle 10 000 km zu kontrollieren, ob sich die Befestigungsschrauben der Ölwanne nicht gelockert haben. Es genügt dazu vollkommen, durch Sichtprobe festzustellen, daß der Rand der Ölwanne und seine Umgebung nicht ölfeucht geworden sind. Dazu muß man den Wagen seitlich hochbocken und unter das Auto

Befestigung der Ölwanne
Pflegearbeit Nr. 13

kriechen. Einfacher geht es, wenn man diese Kontrolle in einer Montagegrube ausübt, über der das Auto steht. Selbstverständlich darf keine Verschmutzung das Ergebnis dieser Untersuchung verfälschen.

Lassen sich keine Anhaltspunkte für Ölverlust feststellen, wäre es unnötig, die Befestigungsschrauben der Ölwanne dennoch weiter anzuziehen. Sie sollen mit einem Anzugsmoment von 10 bis 13 Nm (1,0 bis 1,3 kpm) angezogen sein und so viel zieht man sie auch nur nach, falls sie sich gelockert haben sollten.

Die Kardanwelle

Die Kraftübertragung vom Getriebe zur Hinterachse führt eine ›einteilige Rohrgelenkwelle‹ aus. Diese bei Opel übliche Bezeichnung erscheint bei näherem Hinsehen nicht ganz deutlich. Vom Getriebe kommend endet ein Wellenstück an einem Kreuzgelenk, dem sich die eigentliche Gelenkwelle anschließt. Auf der Getriebeseite wird die Gelenkwelle durch eine eingesetzte Schraubenfeder bis zur Hinterachse spielfrei gehalten. Am hinteren Ende dieser Welle sitzt das sogenannte Zentralgelenk, das unter Zwischenschaltung eines profilierten Gummiringes in einem Kugellager elastisch geführt wird. Das Lagergehäuse dieses Gelenks ist mit einem Querträger verschweißt, der zur Geräuschdämpfung mit Gummibuchsen an die Längsträger des Wagenunterbaus angeschraubt ist. Dem schließt sich über eine Verzahnung eine weitere Welle in einem Rohr an, das mit dem Differentialgehäuse fest verbunden ist. Die genannten Gelenke sind notwendig, um Torsionsbelastungen (Drehbelastungen) aufzunehmen und um die Federbewegung der Hinterachse auszuschalten.

Der Hinterachsantrieb

Die in Wagenlängsachse verlaufende Drehbewegung der Kardanwelle muß in der Hinterachse rechtwinklig ›um die Ecke‹ gelenkt werden. Über Teller- und Kegelrad (ein Zahnradsatz) und links und rechts über je eine Achswelle wird die Antriebskraft zu den Hinterrädern geführt. Durch seine Übersetzung gleicht der Antrieb die höhere Getriebeausgangszahl der kleinsten Drehzahl an. Unterschiedliche Radwege bei Kurvenfahrt zwischen innerem und äußerem Hinterrad gleicht das Kegelradgetriebe (Differential) aus. Um den Gelenkwellentunnel im Wagenboden niedrig zu halten, wird die Gelenkwelle so tief an das Hinterradgetriebe herangeführt, daß die Achse des kleinen Kegelrades (Ritzel) unterhalb der Drehachse des Tellerrades liegt. Dieser Antrieb - ein „Hypoidantrieb" - verursacht hohe Zahnflankendrücke zwischen Teller- und Kegelrad, weshalb die Schmiermittelvorschriften genau einzuhalten sind. Ein Ölwechsel ist bei dieser Opel-Hinterachse nicht vorgesehen. Sie enthält das Spezialöl Katalog-Nr. 19 42 380. Bei Wagen ohne Sperrausgleichgetriebe kann auch das Hypoidöl M 12 nachgefüllt werden.

Üblicherweise besitzen die Ausgleichsgetriebe der Kadett-Reihe keine Tellerfedern. Der Typ 12 S kann jedoch dann, wenn das ganze Ausgleichsgehäuse ersetzt werden muß, ein solches mit Tellerfedern erhalten, vorrätig beim Opel-Service.

Die Hinterachse besteht aus einem tragenden Achsrohr, direkt mit den Hinterrädern verbunden, in dem beidseitig je eine Achswelle gelagert ist. Dadurch ist sie dem Gewicht des Wagens und dessen Schwingungen, aber auch den Verwindungsbeanspruchungen der Kraftübertragung ausgesetzt. Innerhalb des Achsgehäuses werden die Achswellen von Rollen- und Kugellagern getragen und enden in den Radnaben.

Das Kegelrad ist in seiner Höhe variabel einstellbar, und auch das Zahnflankenspiel zwischen diesem und dem Kegelrad kann mittels Ausgleichsscheiben reguliert werden. Alle Einstellarbeiten können nur in einer Opel-Werkstatt fachgerecht ausgeführt werden.

Vorder- und Hinterachse, Lenkung

Gut auf den Beinen

Die Fahrwerksteile unserer heutigen Autos sind nahezu wartungsfrei. Regelmäßige Schmierarbeiten entfallen, weil alle Lager und Gelenke entweder eine gekapselte Dauerschmierung besitzen oder aus speziellem Kunststoff bestehen. Opel trug zu dieser fortschrittlichen Konzeption im Automobilbau maßgeblich bei und die erworbenen Erfahrungen sind auch im Kadett verwertet. Trotzdem sollte man nicht allzu sorglos sein und bei Gelegenheit das Auto einmal von unten betrachten, um entstehende oder schon entstandene Mängel zu entdecken.

Solche Untersuchungen haben sich natürlich danach zu richten, in welchem Umfang das Fahrwerk beansprucht wird. Vom Sonnenbaden bekommt man keinen Hexenschuß. Wenn Sie mit Ihrem Kadett aber regelmäßig über Schlaglochwege holpern müssen, tun Sie sich selbst einen guten Dienst, wenn Sie sich um den Zustand von Lenkung und Radaufhängung kümmern.

Die Vorderachse

Fachkenntnisse, Spezialwerkzeuge und Verantwortungsbewußtsein sind nötig, wenn an der Vorderachse etwas repariert oder ausgewechselt werden soll. Man sollte deshalb entsprechende Arbeiten der Opel-Werkstatt überlassen.

Hauptteil der Vorderachse ist ein U-förmig gepreßter Achskörper, der mit dem vorderen Rahmen verschraubt ist. An beiden Enden des Achskörpers schließen sich bewegliche Bauteile - sogenannte Querlenker - an, die Bestandteile der Einzelradaufhängung der Vorderräder sind. Die oberen, trapezförmigen Querlenker und die unteren schmalen Lenker mit angeschweißtem Ausleger sind in je zwei Dämpfungsbuchsen gelagert. Hierbei werden die Schwingbewegungen von Gummikörpern mit einvulkanisierter Metallbuchse und äußerem Metallmantel aufgenommen.

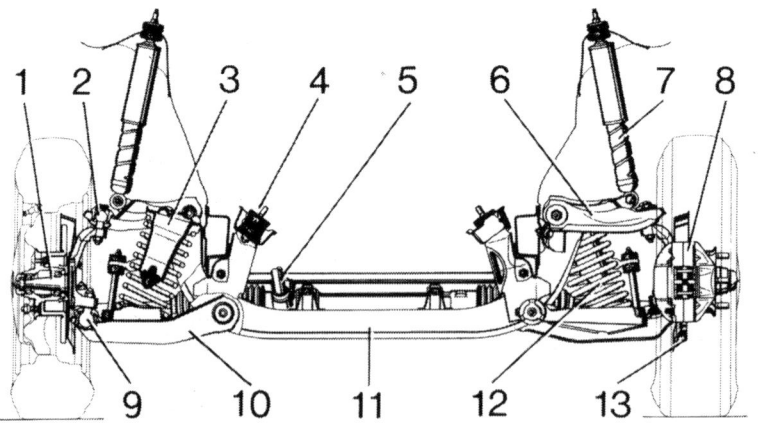

Wichtige Teile der Vorderachse erkennt man in dieser Schnittzeichnung: 1 - Achsschenkelzapfen, 2 - oberes Führungsgelenk des Achsschenkels, 3 - Anschlagpuffer, 4 - Motoraufhängung, 5 - Lenkgetriebe, 6 - oberer Querlenker, 7 - Stoßdämpfer, 8 - Radbremse (hier: Scheibenbremse), 9 - unteres Gelenk des Achsschenkels, 10 unterer Querlenker, 11 - Achskörper, 12 - Schraubenfeder (bei den Typen ab 1,6 Liter aufwärts verstärkt). 13 - Bremsscheibe.

Alle Modelle besitzen Schraubenfedern, die in den Enden des Achskörpers nach unten hängen und sich auf dem unteren Lenker abstützen. In Verlängerung nach oben wirkend, jedoch versetzt nach außen auf dem oberen Querlenker befestigt, sitzen die Stoßdämpfer und reichen bis in den vorderen Radeinbau, wo ihre obere Befestigung im Motorraum zugänglich ist. Der GT/E besitzt strammere Federn als die anderen Modelle.

Statt eines durchgehenden Achsschenkelbolzens, wie man ihn bei vielen anderen Fabrikaten findet, wird bei Opel ein mit zwei stählernen Kugelköpfen ausgebildetes Traggelenk verwendet. Diese Aufhängung der Achsschenkel zwischen dem oberen und unteren Querlenker ist ein Schmiedestück aus Vergütungsstahl und die Kugelgelenke besitzen verschleißfeste, also wartungsfreie Kunststoffschalen. Das obere Gelenk dient der Führung und das untere ist ein Traggelenk. Die Konstruktion erlaubt Bewegungen in vertikaler Richtung für den Federweg und horizontal für die Lenkung.

Zur Vorderachse gehört auch der Stabilisator, der folgende Aufgabe hat: Federn beide Räder gleichzeitig ein, macht der an beiden Enden zu Hebeln abgekröpfte Stahlstab die Bewegung ohne Widerstand mit. Bei Kurvenfahrt oder auf unebener Straße, also bei ungleichmäßigem Einfedern der Vorderräder, wird der Stabilisator auf Verdrehen (Torsion) beansprucht. Die Federung des einfedernden Rades verhärtet sich, das andere wird vom Drehstab nach unten gedrückt und bekommt festeren Bodenkontakt. Lästige Kurvenneigung wird verhindert: Das Fahrverhalten wird „stabilisiert". Beim Kadett ist der Stabilisator am unteren Querlenker elastisch befestigt und am Vorderrahmen in Gummiblöcken gelagert.

Die Achsschenkellager

Außer in Kunststoff sind die Kugelköpfe der Achsschenkel auch noch in Fett gebettet, das die Dauer eines langen Autolebens überstehen soll. Nässe und Schmutz sind der größte Feind einer solchen Dauerfettfüllung. Deshalb hat man die Übergänge zwischen den beweglichen Teilen mit Gummimanschetten verkapselt. Öl und Kraftstoff sind vom Gummi fernzuhalten, und wenn man einmal unter dem Auto zu arbeiten hat, muß man auch mögliche Beschädigungen der Manschetten mit Werkzeug vermeiden.

Einige Hinweise, falls einmal eine Opel-fremde Hilfe - z. B. im Ausland - in Anspruch genommen werden muß: Anzugs-Drehmomente: Mutter des Achsschenkels = 70 Nm (7kpm); Mutter des Achsschenkel = 25 Nm (2,5 kpm); Bremsträgerplatte am Achsschenkel = 25 Nm (2,5 kpm); Führungsgelenk am Achsschenkel = 50 Nm (5 kpm); Bremssattel am Achsschenkel = 100 Nm (10 kpm); Spurstange am Achsschenkel = 40 Nm (4 kpm). Es dürfen nur neue, selbstsichernde Muttern verwendet werden. Der zulässige Radialeinschlag der inneren und äußeren Radlagersitzfläche darf maximal 0,025 mm betragen. Ein deformierter Achsschenkel kann nicht gerichtet werden. Zwischen Bremsabdeckblech und Lenkhebel am Achsschenkel gehört eine Papierdichtung.

Das Vorderradlagerspiel

Die Radlager sind als Kegelrollenlager ausgebildet und wartungsfrei geschmiert. Zu stramm angezogene Radlager erhitzen sich; Radlager mit übermäßigem Spiel poltern. In beiden Fällen treten als Folge Lagerschäden auf, die man bei rechtzeitiger Kontrolle vermeiden kann. Das frei bewegliche Rad (bei aufgebocktem Wagen) darf sich - mit beiden Händen außen am Reifen angepackt – nicht verkanten lassen und es muß ruckfrei in beiden Richtungen drehbar sein. Der Mechaniker in der Werkstatt kommt der richtigen Einstellung mit wenigen Handgriffen bei.

Der Wagen wird angehoben, das Rad muß auf der Nabe sitzen und die Bremse darf nicht schleifen. Achsschenkelmuttern entsplinten und abschrauben, um ein axiales Spiel zu ermöglichen. Rad drehen und dabei die Achsschenkelmutter mit 25 Nm (2,5 km) anziehen, damit sich das Lager setzt. Kronmutter wieder um 1/4 Umdrehung (3 Schlitze) lösen oder höchstens soweit, bis ein Schlitz der Achsschenkelmutter mit der Bohrung des Splintloches fluchtet. Beim Drehen des Rades dürfen jetzt keine polternden Geräusche, hervorgerufen durch die Rollen des Radlagers, zu hören sein, sonst Vorgang wiederholen. Die Radlager müssen spielfrei laufen und keinesfalls dürfen sie unter Vorspannung stehen, und das Rad muß sich ohne Rucken in beiden Richtungen drehen lassen. Bei richtiger Einstellung muß sich die Sicherungsscheibe noch verschieben lassen. Ein Wort zur Schmierung: Der ausgebauchte Hohlraum der Vorderradnabe muß mit Wälzlagerfett (bei Opel unter der Nummer 19 46 254 erhältlich) gefüllt sein. Mit gleichem Fett sind die Radlagerlaufringe und die Kegelkäfige gefüllt, und ebenso ist der Dichtring der Vorderradnabe zwischen den Lippen mit Fett zu füllen.

Erstmals nach 20 000 km, dann alle 40 000 km müssen die an sich wartungsfreien Traggelenke im unteren Lenker auf Spiel und Verschleiß überprüft werden. Jedes Vorderrad hängt - zum Zwecke seine Lenkbarkeit schwenkbar - an einem Achsschenkel, der für diese Beweglichkeit oben und unten mit je einem Kugelbolzen ausgestattet ist. Das Traggelenk, das nicht weiter zerlegt werden kann, sitzt in einem Lager des oberen Querlenkers und sein unteres Ende ruht gleichermaßen im unteren Querlenker.
Besonders bei nicht einwandfreier Abdichtung des Gummibalges kann sich das Spiel wegen Fettverlust und dadurch hervorgerufenem erhöhten Verschleiß vergrößern. Bis zu 2 mm Spiel ist zulässig, dann muß das Gelenk ersetzt werden. Nachstellen ist nicht möglich. Zur Prüfung wird in der Werkstatt eine Lehre eingeschoben und ist das nicht mehr möglich, ist die Verschleißgrenze erreicht. Ein Gelenk wird von der Werkstatt unter allen Umständen ausgewechselt, wenn bei der Kontrolle eine Beschädigung des Dichtungsbalges festzustellen ist. Der eingedrungene Schmutz führt in absehbarer Zeit zum Ausfall des Gelenkes. Als Eigenpfleger kann man sich nur grob von dem Zustand dieser Gelenke überzeugen. Die Werkstatt mißt das Spiel bei auf dem Boden stehendem Wagen mit einer Verschleißkontrollehre; in der heimischen Garage bockt man den Opel auf der entsprechenden Seite hoch und rüttelt in Querrichtung am Vorderrad. Es gehört jedoch eine gute Portion Erfahrung dazu, um auf diese Weise festzustellen, ob und wie weit der Verschleiß gediehen ist. Sicherer und beruhigender sind die Meßmethoden beim Opel-Dienst.

Traggelenke auf Axialspiel prüfen
Pflegearbeit Nr. 57

Aus dem Inspektionsplan geht hervor, daß die Gummifaltenbälge am Lenkgetriebe nach der ersten 5000-km-Laufzeit und ab km-Stand 20 000 alle 40 000 km überprüft werden sollen. Wir raten zusätzlich, eine solche Kontrolle in regelmäßigen Abständen - etwa alle 10 000 km - zu wiederholen und auch auf alle anderen Gummiteile der Vorderrad- und Hinterradaufhängung auszudehnen.
Seitlich vom Lenkgetriebe schließen sich die beiden Spurstangen an, die sich beim Einschlagen der Lenkung heraus- bzw. hineinbewegen. Das Getriebe ist mit Fett gefüllt, das bei diesen Bewegungen entweichen würde. Zum Schutz dagegen sind die Faltenbälge angebracht. Am Getriebe sind sie durch einen Klemmdraht verbunden, dem eine verengende Federkraft innewohnt, und auf den Spurstangen werden sie von normalen Schlauchschellen festgehalten.

Gummibälge des Lenkgetriebes prüfen
Pflegearbeit Nr. 3 und 50

Die Pfeile zeigen auf die mit Fett gefüllten Gummimanschetten der Lenkung. Reinlichkeit ist oberstes Gebot im Umgang mit Gummi. Obwohl Gummi heute alterungsfest hergestellt und auf besondere Funktionen abgestimmt wird, kann es doch durch äußere Einflüsse angegriffen werden. Benzin und Öl sind ebenfalls böse Feinde, deshalb soll man auch beim Absprühen der Wagenunterseite die Gummiteile abdecken.

Die Lenkung

Wie bei den Opel-Modellen Ascona und Manta ist die Lenkung beim Kadett als Zahnstangenlenkung ausgebildet, im Gegensatz zu den größeren Opel-Versionen mit der aufwendigeren Kugelumlauflenkung. Im Kadett ist die Lenksäule schräg in das Lenkgetriebegehäuse geführt und endet dort in einem Ritzel, dessen Zähne von unten in eine Zahnstange greifen. Das Ritzel ist schräg- und die Zahnstange ist gerade-verzahnt, weil das Ritzel nicht rechtwinklig, sondern schräg zur Zahnstange angeordnet ist. Im Kreuzungspunkt von Ritzel und Zahnstange sitzt auf dem Gehäuse eine fixierte Einstellschraube. Durch die Drehbewegung am Lenkrad läuft das Ritzel auf der Verzahnung der verschiebbaren Zahnstange ab, die diese Hin- und Herbewegung auf die seitlich herausführenden Lenkspurstangen und damit an die Räder weitergibt. Das Lenkgehäuse ist mit ca. 50 g Lenkungsfett (Opel Katalog Nr. 19 48 586) gefüllt. Es kann aus den seitlichen, harmonikaförmig faltbaren Manschetten nicht heraustreten. Um den Spurstangen das von den Rädern verursachte Mitschwingen zu ermöglichen, befinden sich innerhalb der Manschette Kugelbolzen, in denen die Spurstangen schwenkbar gelagert sind. Diese Axialgelenke werden in einer wartungsfreien Aufnahmebüchse festgehalten.

Am Ende jeder Lenkspurstange greift ein Kugelkopfgelenk in die Lenkhebel an den Achsschenkeln. Wird die Lenkung bis zum Anschlag gedreht, beträgt der Wendekreis in dieser Stellung 9,95 m.

Lenkung prüfen
Pflegearbeit Nr. 22

Das Prüfen des korrekten Lenkverhaltens ist ein Bestandteil der Probefahrt. Beim Inspektionsdienst wird diese Kontrolle erstmals nach 5 000 km und dann alle 10 000 km vorgenommen.

Noch im Stand kann man feststellen, ob sich im Lenkrad kein Spiel bemerkbar macht. Dabei sollen die Vorderräder in Geradeausfahrt stehen. Zugleich ist zu vermerken, ob sich die Lenkradspeichen dabei in waagerechter Stellung befinden. Man kurbelt das Seitenfenster herunter und stellt sich neben den Wagen. Dann greift man durchs Fenster, und während man das Lenkrad dreht, beobachtet man das linke Vorderrad und besonders die Felge. Denn die Reifen sind elastisch und können beim Drehen im Stand zunächst einen Teil des Einschlages ›schlucken‹, ehe sie sich bewegen. Bei stärkerem Einschlag der Räder kann eine geringes Lenkradspiel vorhanden sein.

In der Mittelstellung soll die Lenkung überhaupt kein Spiel aufweisen. Man fühlt es auch am Lenkrad: Es wird sogleich ein gewisser Widerstand spürbar. Auf einer ebenen Straße mit guter Fahrbahndecke kann man bei langsamer und auch bei schnellerer Fahrt die Geradeauslaufeigenschaft überwachen.

Blick von oben auf das Lenkgetriebe. Zum Nachstellen wird die Kontermutter gelöst und die Stellschraube rechts herum gedreht. Diese Arbeit muß aber der Werkstatt vorbehalten bleiben. Man kann sich aber davon überzeugen, ob der Faltenbalg unbeschädigt ist und festen Sitz hat. Jede Beschädigung am Faltenbalg führt unweigerlich zum vorzeitigen Ausfall des durch ihn geschützten Axialgelenks, weil eindringendes Wasser und Schmutz den Kugelzapfen und die Kunststoff-Lagerschalen angreifen. Bei älteren Wagen achtet der TÜV ganz besonders auf die Gummibälge!

Dazu gehört allerdings das Fehlen anderer Verkehrsteilnehmer, damit man bei dieser Kontrolle nicht gehindert wird. Wenn die Straße ganz frei ist, läßt man das Lenkrad während der Fahrt los: Der Wagen darf weder zur einen noch zur anderen Seite ziehen, sondern er muß schnurgerade in der Spur bleiben. Ebenso kann man den Rückstelleffekt prüfen. Nach einer Kurve müssen sich die Vorderräder selbstständig in die Geradelaufrichtung zurückstellen. Dieser Geradeauslauf wird von der Anordnung und Geometrie der Achsschenkellenkung hervorgerufen. Ist er gestört, muß die Werkstatt dem abhelfen.

Lenkung nachstellen

Die Einstellschraube zum Nachstellen der Lenkung sitzt schräg oben auf dem Lenkgehäuse. Zum Lösen und Andrehen der Kontermutter besitzt man in der Werkstatt einen speziellen Gegenmutterschlüssel für eine Ratsche.
Durch Hineinschrauben (Rechtsdrehen) der Einstellschraube wird der Federdruck auf der Zahnstange erhöht und etwa vorhandenes Spiel verringert. Die Schraube wird bis zum fühlbaren Widerstand in das Lenkgehäuse eingeschraubt und danach ist sie um eine Achtel bis eine Viertel Umdrehung zurückzudrehen. Bei der jetzt folgenden Prüfung muß sich die Zahnstange im ganzen Lenkbereich frei bewegen lassen. Falls dem nicht so ist, muß man die Schraube vorsichtig noch so weit zurückdrehen, bis die Beweglichkeit gerade erreicht wird. Anschließend ist die Kontermutter mit 70 Nm (7 kpm) festzuziehen.

Lenkrad und Lenksäule

In der Normal- und Luxus-Ausführung des Kadett ist ein 2-Speichen-Lenkrad, in der Sport-Ausführung ein 4-Speichen-Lenkrad eingebaut. Beide besitzen zur Betätigung des Signalhorns einen Hupenknopf. Das Lenkrad kann nur mit einer Abziehvorrichtung von der Lenkspindel abgezogen werden, nachdem die Lenkradmutter abgeschraubt wurde. Diese ist mit 15 Nm (1,5 kpm) festgezogen und gesichert.
Früher gab es starre Lenksäulen, die bei Unfällen dem Fahrer tödliche Verletzungen zufügen könnten. Diese Gefahr hat man „entschärft". Vielmehr ist die sich dem Lenkrad anschließende, in sich verschiebbare obere Lenkspindel in einem Lenkstützrohr gelagert, dessen als Gitterrohr ausgebildete untere Hälfte sich bei einem Aufprall zusammenfaltet.
Der oberen Lenkspindel schließt sich ein Kreuzgelenk an, das je nach verwendetem Lenkrad verschieden ist. Ihnen folgen die untere Lenkspindel und ein Flanschgelenk. Beide Gelenke sind wartungsfrei, können nicht repariert und müssen im Bedarfsfall ausgetauscht werden. Den Lenkstützrohr-Zusammenbau kann man in der Werkstatt jedoch überholen. Siehe auch Seite 219.

Vorspur prüfen
Pflegearbeit Nr. 23

Beide Vorderräder haben die Tendenz, auseinanderzulaufen, was durch ihre Schrägstellung (Sturz) und durch den Fahrwiderstand bewirkt wird. Dem zu begegnen, stellt man sie vorn näher zusammen als hinten. Sie laufen also sozusagen aufeinander zu. Ist die Vorspur (siehe ›Technische Daten‹) zu groß oder zu klein, verschleißen die Reifen schneller, auch das Lenkverhalten ist beeinträchtigt. Der Abstand der Vorderräder voneinander wird an den Felgenhörnern in Achsmutterhöhe gemessen.

Die Einstellung der Vorspur wird stets an beiden Axialgelenken vorgenommen. Dazu wird die Gegenmutter am linken und rechten Spurstangenkopf gelöst und etwas zurückgeschraubt. Der Klemmdraht der Faltenbalgbefestigung ist am Lenkgehäuse abzunehmen, und durch Drehen des Axialgelenkes wird die Vorspur eingestellt. Beim Einstellen darf der Faltenbalg nicht mit verdreht werden: Seine einzelnen Balgrillen müssen senkrecht stehen. Eventuell muß man den Balgsitz einfetten und beim Drehen festhalten.

Nach erfolgter Einstellung sind die Gegenmuttern an den Spurstangenköpfen mit 70 Nm (7 kpm) anzuziehen. Die Faltenbälge müssen wieder einwandfrei befestigt werden (zur Kontrolle Lenkung mehrmals betätigen) und die Enden des Klemmdrahts müssen nach vorn zeigen.

Sturz und Nachlauf der Vorderräder

Um den soeben angeführten Sturz einzustellen, wird der Wagen angehoben und das betreffende Rad abgenommen. Der untere Lenker wird in der Werkstatt mit einem Vorfederspanner abgestützt. Das Führungsgelenk am oberen Lenker ist abzuschrauben, der Lenker wird etwas angehoben und der Flansch des Gelenks um 180 Grad gedreht. Dies entspricht einer Sturzänderung von 0° 5′. Die Schraubenlöcher im Flansch sind außermittig versetzt, um die Sturzeinstellung ermöglichen zu können. Neue selbstsichernde Muttern werden dann auf dem Führungsgelenk mit 40 Nm (4 kpm) festgezogen.

Neben Vorspur und Sturz ist noch der Nachlauf von Bedeutung. Die Räder sind dazu am Wagen so angebracht, daß sie gezogen und nicht geschoben werden, wodurch sie das Bestreben entwickeln, sich von selbst in die gerade Fahrtrichtung zu stellen.

Auch zur Einstellung des Nachlaufs wird der Wagen vorn angehoben und unter dem unteren Lenker abgestützt. Dann wird die Mutter der als Sechs-

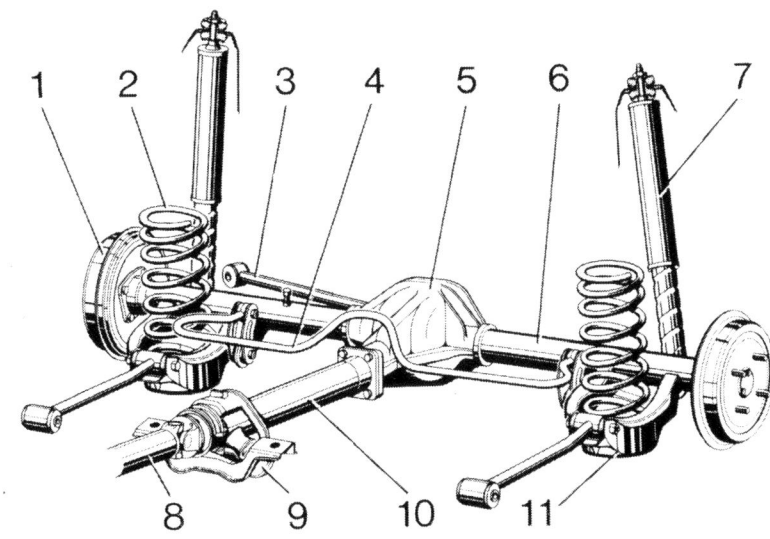

Die Hinterachse des Kadett besteht aus folgenden Teilen: 1 – Bremstrommel, 2 – Schraubenfeder (beim 16 S und bei den Einspritzversionen verstärkt), 3 – Querlenker (Panhardstab), 4 – Stabilisator (bei den kleinen Typen anfangs nicht serienmäßig, beim 16 S und GT/E verstärkt), 5 – Gehäuse für Achsantrieb und Differential, 6 – Achsrohr (darin Antriebswelle), 7 – Stoßdämpfer, 8 – Kardanwelle, 9 – Hinterachsverlängerungsbrücke, 10 – Hinterachsverlängerung, 11 – Längslenker.

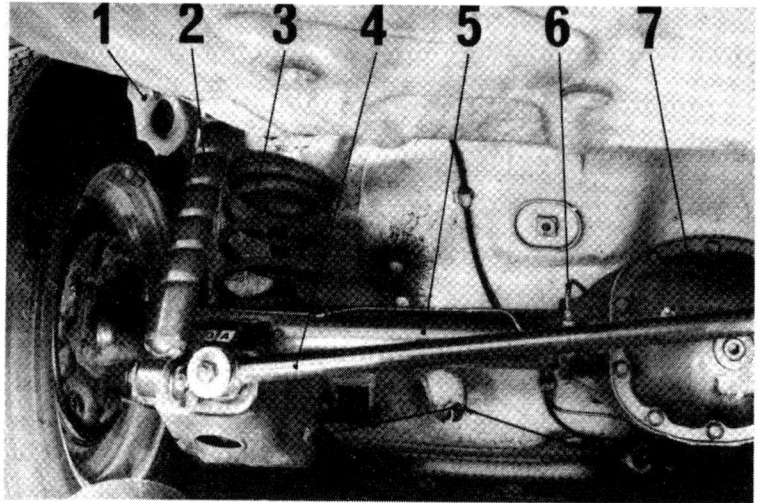

Blickt man von hinten unter den Wagen, sieht man: 1 - Abschleppöse, 2 - Stoßdämpfer, 3 - Schraubenfeder, 4 - Panhardstab, 5 - Achsrohr, 6 - Bremsleitung, 7 - Differentialgehäuse. Wenn man das Auto auch)untenherum(regelmäßig reinigt, bleiben eventuell aufgetretene Mängel nicht verborgen.

kantschraube ausgebildeten oberen Lenkerachse abgeschraubt und die Achse ganz herausgezogen. Innen, hinter den beiden Gummilagern der Lenkerachse, sind zwei Ausgleichsscheiben auf der Achse aufgesetzt, und zwar vorn eine, im Durchmesser kleinere, und hinten eine größere. Ab Werk haben diese Scheiben eine Stärke von 6 mm. Es ergeben sich nur zwei Verstellmöglichkeiten, nämlich vorn eine Scheibe 3 mm und hinten eine solche von 9 mm einzusetzen, was einer Nachlaufvergrößerung von 50' gleichkommt, oder umgekehrt, wodurch sich die Nachlaufverringerung von 50' ergibt.
An einer Stelle dürfen auf keinen Fall mehrere Scheiben beigelegt werden.

Die Hinterachse

Ein Opel-Prinzip ist es, die Hinterräder an einer spur- und sturzkonstanten Starrachse zu führen, was bei Nässe und Glätte von Vorteil ist. Die wenig komplizierte (und kostengünstige) Radaufhängung bietet allerdings einen nicht unter allen Umständen optimalen Federungskomfort, weil die starre Achsbrücke ()Deichselachse() größere ungefederte Massen aufweist und die Federung nicht so fein wie bei einer Einzelradaufhängung ansprechen kann. Dennoch kam man mit dieser Achskonstruktion beim Kadett zu respektablen Ergebnissen.
Beide Hinterräder laufen in einem gemeinsamen Achsrohr. Sie sind in seinem Inneren durch Halbachsen mit dem Differential verbunden, das dem Ausgleich unterschiedlicher Rollwege bei Kurvenfahrt dient. Die Leistung des Motors wird über die Kardanwelle und über Kegel- und Tellerrad und Differential zu den beiden Halbachsen übertragen. Näheres ist im Abschnitt)Der Hinterradantrieb(auf Seite 132 beschrieben.
Die Hinterachse wird von zwei Längslenkern und einem langen Querlenker geführt. Dadurch werden nahezu alle in Längsrichtung des Autos auftretenden Beanspruchungen aufgefangen, die sich während der Fahrt ergeben. Der Querlenker besitzt einen großen Bewegungsradius. Diese auch als Panhardstab bezeichnete Stange ist links am Hinterachskörper angebracht und mit seinem anderen Ende gelenkartig mit dem Unterbau rechts verbunden; beide Endpunkte besitzen Gummilagerung. Solch ein Querlenker dient zur Führung der Achse in seitlicher Richtung.
Direkt vor den Achsrohren sitzen die progressiv wirkenden Schraubenfedern (beim GT/E mit strammerer Eigenschaft) auf den Längslenkern. Unabhängig von der Motorstärke kommen Federn mit unterschiedlicher Dicke – und somit Härte – zum Einbau; die Federn sind durch farbliche Kennzeichen markiert. Stärkere Hinterfedern erhält man als Sonderausstattung für Anhängerbetrieb

für DM 31,–; zum Caravan sind solche jedoch nicht erforderlich. Das geradlinig abgebogene Federende zeigt nach unten in den Federsitz des Achstragrohrs, wodurch das Verdrehen der Feder während der Fahrt verhindert wird.

Bei der Limousine und im Coupé stehen die Stoßdämpfer senkrecht und beim Caravan schräg. Sie sind hinter den Achsrohren, in Flucht mit den Längslenkern, angebracht und oben an der Karosserie angeschraubt.

Alle Wagen ab 12 S-Motor besitzen einen hinteren Stabilisator, der Typ 12 nur in Verbindung mit Gürtelreifen ab Werk bzw. als Sonderausstattung. Auch beim Typ 10 muß er bei Verwendung von Gürtelreifen eingebaut werden. Dieser Stabilisator ist über Haltelaschen an beiden Seiten des Achsrohrs befestigt und an zwei Punkten mit dem Wagenboden verbunden. Er verdrillt sich beim Einfedern eines Hinterrades, wodurch die Seitenneigung der Karosserie in Kurven vermindert wird. Dagegen hebt sich seine Wirkung beim Einfedern beider Hinterräder auf.

Die Stoßdämpfer

Eigentlich müßten die Stoßdämpfer ›Schwingungsdämpfer‹ heißen, denn sie sollen die nach der Einfederung eines Rades entstehenden Schwingungen dämpfen. Ohne sie würden sich die Räder während der Fahrt mehr in der Luft als auf der Straße befinden und der Wagen würde unter bestimmten Umständen unkontrollierbare Eigenbewegungen vollführen.

Die Stellung der Stoßdämpfer ist in den Abschnitten ›Die Vorderachse‹ und ›Die Hinterachse‹ beschrieben. Ihr Austausch wirft keine großen Probleme auf. Vorne muß bei der oberen Befestigung ein Vorspannmaß von 20 ± 0,5 mm eingehalten werden, das sich aus dem Abstand zwischen der Oberkante der Befestigungsmutter und dem Ende des Dämpfungsbolzen ergibt. Am oberen Querlenker ist die Befestigung des Stoßdämpfers mit einem Drehmoment von 40 Nm (4 kpm) anzuziehen.

Das entsprechende Vorspannmaß für die hinteren Stoßdämpfer beträgt bei der Limousine und beim Coupé 12 mm und beim Caravan 8 mm. Die Montage muß bei angehobener Hinterachse erfolgen, ohne daß die Hinterräder durchhängen. Für die obere Befestigung aller Dämpfer sind stets nur selbstsichernde Muttern zu verwenden.

Die hydraulisch wirkenden Stoßdämpfer sind wartungsfrei, an ihnen läßt sich nichts pflegen und reparieren. Bei vernünftiger Fahrweise hat man wenig Schwierigkeiten mit ihnen. Sie können jedoch aus zwei Gründen klappern: Wenn die Gummilager ihrer Befestigung verhärtet oder gerissen sind oder wenn die hydraulische Flüssigkeit wegen Alterung ausgelaufen ist, allenfalls nach Beschädigung des Dämpfers. Die Gummilager kann man austauschen.

Der Pfeil weist auf die untere Stoßdämpferbefestigung am Vorderrad. Das auf dieser Seite genannte Vorspannmaß der oberen Befestigung gilt nur für serienmäßige Stoßdämpfer.
Einige untrügliche Anzeichen für die nachlassende Wirkung der Stoßdämpfer bieten sich sowohl dem aufmerksamer Beobachtung während der Fahrt als auch einige Sichtkontrollen. Wenig oder sogar manchmal falschen Aufschluß erhält man durch die bekannte Schaukel-Methode im Stand, bei der man den Wagen am betreffenden Kotflügel aufschaukelt und plötzlich losläßt. Die Federbewegung müßte sofort gedämpft werden. Da sich die Bewegungen aber auch auf die übrigen drei Dämpfer auswirken, weiß man mit Gewißheit nie, welcher eventuell defekt ist.
Der GT/E ist mit Gasdruck-Dämpfern von Bilstein ausgerüstet und die Modelle Caravan und City besitzen statt der hinteren Opel-Stoßdämpfer solche von Boge.

Die Bremsen

Halten Sie mal!

Bevor Sie sich über den Aufbau der Bremsanlage informieren, beherzigen Sie bitte folgenden Hinweis: Alle Reparatur- und Montagearbeiten an der Bremsanlage sind Sache der Werkstatt! Wenn Sie die nötige Umsicht walten lassen, können Sie jedoch Kontrollen und Sichtprüfungen selbst ausführen.

Bremsen müssen eingefahren sein. Bremsscheibe bzw. Bremstrommel und der neue Bremsbelag gewöhnen sich erst nach gewisser Zeit aneinander und ihre gemeinsame Oberfläche, auf der sie sich berühren, muß möglichst groß sein. ›Trägt‹ der Belag nur auf wenigen Quadratzentimetern, ist die Bremswirkung schlecht und ungleichmäßig. Aufschluß darüber gibt eine scharfe Bremsung, vorausgesetzt man ist allein auf der Straße.
Bremsproben beginnt man, indem zunächst aus mäßiger und dann aus höherer Geschwindigkeit abgebremst wird. Das gleiche wiederholt man mit losgelassenem Lenkrad. Das gibt - auf ebener, nicht gewölbter Straße - Aufschluß darüber, ob der Wagen beim Bremsen einseitig wegzieht oder richtig in der Spur bleibt. Preisfrage: Wenn der Wagen nach links zieht, welche Bremsen sind dann nicht in Ordnung? An den Rädern réchts (weniger gehemmt).
Ungleichmäßig ziehende Bremsen deuten zumindest auf verschlissene Beläge, wenn nicht auf undichte Bremsleitungen, auf klemmenden Bremskolben oder auf verschmutzten Bremssattel hin. (Auch ungleicher Reifendruck wirkt sich derartig aus.) Verbunden mit der verminderten Bremswirkung ist ein größerer Pedalweg, der normal etwa eine halbe Fingerbreite betragen soll.

Bremse prüfen
Pflegearbeit Nr. 18

Links im Motorraum, auf dem Hauptbremszylinder, sitzt der bequem zugängliche Behälter der lebenswichtigen Bremsflüssigkeit. Eigentlich ist es ein kombiniertes, unterteiltes Behältnis anstelle von zwei getrennten Behältern. Den gemeinsamen Inhalt sieht man von außen durch das durchscheinende Material des Gefäßes; der Deckel braucht demnach nur zum Nachfüllen hochgeklappt zu werden. Den Bremsflüssigkeitsstand sollte man öfter als alle vorgeschriebenen 10 000 km kontrollieren.
Die Bremsflüssigkeit ist ein kraftübertragendes Element der Bremsanlage. Nach dem Pascal'schen Gesetz überträgt sie den auf sie ausgeübten Druck vom Hauptbremszylinder zu den Radbremszylindern. Der Hauptbremszylinder steht mit dem eben erwähnten Ausgleichsbehälter in Verbindung, der also ein Reservoir für die Bremsflüssigkeit ist. Dieser wunderbare Saft ist klimafest, verhindert Korrosion, hat einen hohen Siedepunkt und besitzt Schmierkraft - kurz, er läßt sich durch keine andere Flüssigkeit ersetzen. Es wäre völlig falsch, statt seiner Öl zu nehmen (wenngleich man früher irrigerweise von einer ›Öldruckbremse‹ sprach). Allerdings hat die Bremsflüssigkeit auch schlechte Eigenschaften: Sie ätzt und ist wasseranziehend. Beim Hantieren mit ihr muß man sogar aufpassen, daß kein Tropfen auf den Lack des Wagens gerät, ferner

Bremsflüssigkeitsstand prüfen
Pflegearbeit Nr. 15

Die Bremsflüssigkeitsbehälter sollen möglichst bis über die Hälfte gefüllt sein. Zu hohe Befüllung ist falsch, da der Behälter bei rückströmender Bremsflüssigkeit (bei heißen Bremsen möglich) überläuft, was zu Verätzungen des benachbarten Motorraums führt. Plötzlicher Mangel von Bremsflüssigkeit ist sofort zu ergründen. Es darf nur Original-Bremsflüssigkeit, niemals Motoröl nachgefüllt werden.
In jedem Deckel befindet sich ein Entlüftungsventil, um die notwendigen Schwankungen im Stand der Flüssigkeit zu ermöglichen.
1 - Bremskraftverstärker (Unterdruck-Servobremse) mit - im Bild links - vom Vergaser herangeführten Unterdruckschlauch.
2 - Hauptbremszylinder mit Bremsflüssigkeitsbehälter; vorne zweigen zwei Leitungen zu den Vorderrädern ab. Wirklich routinierte Leute können am tiefen Stand der Bremsflüssigkeit sogar den Abnutzungsgrad der Scheibenbremsbeläge feststellen.

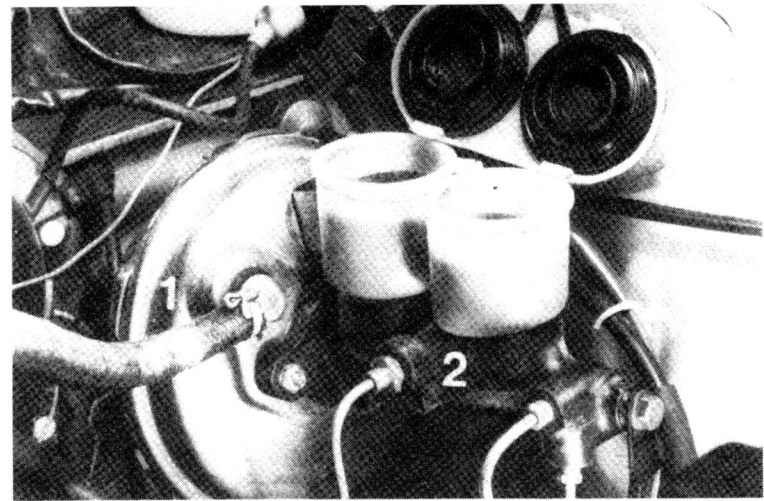

soll man Wasser aus der Nähe des Behälters fernhalten, damit sich ihre Wirksamkeit nicht verschlechtert. In der hydraulischen Anlage der Kadett-Bremse befindet sich ab Werk keine hochsiedende Bremsflüssigkeit, jedoch kann auch Hochleistungs-Bremsflüssigkeit verwendet werden. Die Füllmenge beträgt 0,37 Liter beim Bremssystem mit nur Trommelbremsen und 0,4 Liter beim Kadett mit Scheibenbremsen vorn. In dem Ausgleichsbehälter soll sich der Flüssigkeitsspiegel etwa im oberen Drittel aufhalten. Sind die Scheibenbremsbeläge schon etwas abgenutzt, tendiert der Flüssigkeitsstand im vorderen Behälter eher zum unteren Drittel, sind sie neu, steht er wieder oben. Das ist völlig normal, denn die bei abgenutzten Belägen schon etwas weiter herausgetretenen Kolben der Scheibenbremse hinterlassen in den Zylindern der Bremssättel ein größeres Volumen, das sich mit Bremsflüssigkeit füllt.
Kritisch wird es dagegen, wenn der Flüssigkeitsstand schon unter die ⅓-Marke abfällt. Da die Bremsflüssigkeit nicht verdunstet oder verbraucht wird, muß sie durch ein Leck ausgetreten sein. Also schleunigst nach der Ursache suchen, bevor Sie mit dem Bremspedal ins Leere treten. Nachfüllen ist Augenwischerei!
Laut Opel-Vorschrift soll die Bremsflüssigkeit jährlich gewechselt werden. Das geht ähnlich, wie das Bremsen-Entlüften (siehe Seite 152). Oder Sie überlassen die Sache der Werkstatt.

Bremsleitungen und -schläuche auf Zustand prüfen
Pflegearbeit Nr. 42

Der Zustand der im Motorraum und am Wagenboden verlegten Bremsleitungen ist zu Ihrer eigenen Sicherheit alle 10 000 km zu überwachen. Bremsschläuche mit Scheuerspuren müssen umgehend in ihrer Lage verändert und womöglich sogar ausgetauscht werden. Ebenso beachte man Beschädigungen durch Steinschlag und Korrosion. Die Rohrleitungen sind zwar durch Verzinkung gegen Rost geschützt, doch in wenigen Jahren ist der Schutz von Streusalz durchgefressen. Benzin, Dieselkraftstoff, Petroleum, Fett, Lack und Absprühöl müssen von Bremsschläuchen ferngehalten werden. Am besten also überhaupt nicht einsprühen lassen (auch der serienmäßige Unterbodenschutz leidet dadurch). Die Zustandskontrolle geht Hand in Hand mit der hier nachfolgend beschriebenen Überprüfung auf Dichtheit der Bremsanlage.

Bremsanlage auf Dichtheit prüfen
Pflegearbeit Nr. 41

Zunächst ein Hinweis: Hüten Sie sich davor, an den Bremsleitungen oder -schläuchen irgend etwas selbst korrigieren zu wollen. Das ist Werkstattsache! Eine lebenswichtige Operation überläßt man dem Spezialisten. Ob aber an den Bremsleitungen alles in Ordnung ist, das können Sie selbst kontrollieren. Bocken Sie den Wagen hoch und verfolgen Sie bei trockener Wagenunterseite den Verlauf der Bremsleitungen und -schläuche. Sie müssen trocken und dürfen nicht aufgequollen sein. Anschluß- und Verbindungsstellen beachten! Bremsflüssigkeit kriecht durch Schmutz, und wo dieser schwarz ist, muß eine undichte Stelle vermutet werden. Auch Radzylinder können undicht werden. Neben dieser vordringlichen Kontrolle sollte man auch beim gelegentlichen Blick in den Motorraum die Bremsleitung überprüfen.

Hauptbremszylinder für zwei Bremskreise

Direkt vom Bremspedal empfängt der Hauptbremszylinder den vom Fahrerfuß ausgeübten Druck, der sich auf den Bremskolben überträgt. Dabei handelt es sich um einen sogenannten Tandemkolben, der zwei getrennte Bremskreise versorgt. Gemäß diesem Zweikreis-Bremssystem versorgt der zweiteilige Kolben mit seinem vorderen Teil die Vorderradbremsen und mit dem hinteren Teil die Hinterradbremsen. Daher auch die Unterteilung des Bremsflüssigkeitsbehälters, dessen Hälften nur für den ihnen zugeordneten Bremskreis - in direkter Verbindung über den Hauptbremszylinder - zur Verfügung stehen.
Zwei Bremskreise garantieren für größte Sicherheit, falls einmal ein Bremskreis ausfallen sollte. In jedem Fall arbeitet dann noch der andere. Dabei ist die Bremswirkung spürbar geringer, wenn die vorderen Bremsen ausfallen, weil die vorderen Bremsen kräftiger zugreifen müssen als die hinteren.
Bestimmte Einstellungen im Hauptbremszylinder lassen es nicht zu, daß daran unsachlich repariert wird. Nur in der Werkstatt kann er zerlegt, überholt oder gegebenenfalls ersetzt werden. Opel baut in die Kadett-Modelle Hauptbremszylinder von Ate oder Delco-Moraine ein, die sich gering voneinander unterscheiden. Bei beiden Typen differieren auch die Ausführungen ohne Bremskraftverstärker und mit diesem Hilfsgerät.
Anders als bei einigen anderen Autos ohne Bremskraftverstärker kann das Spiel zwischen Kolbenstange und Tandem – Hauptbremszylinderkolben nicht verändert werden. Wenn der Leerweg des Bremspedals, an der Pedalplatte gemessen, mehr als 10 mm beträgt, muß die Kolbenstange gegen eine neue ausgetauscht werden.

Die Scheibenbremse

Der Kadett 12 S bis Baujahr 1974 besitzt an den Vorderrädern Scheibenbremsen, ab 1975 verfügen alle Modelle über Scheibenbremsen vorn. Deren Arbeitsprinzip ist ziemlich einfach: Parallel mit dem Rad dreht sich eine Stahlscheibe, gegen die von beiden Seiten Reibklötze gepreßt werden. Heute hat man sich allgemein zu Scheibenbremsen - zumindest für die Vorderräder entschlossen, weil dieser Bremsentyp der althergebrachten Trommelbremse in einigen Punkten überlegen ist.
Die Scheibenbremse zeichnet sich wegen ihrer offenen Bauart durch bessere Ableitung der Reibungswärme, ferner durch Unempfindlichkeit gegenüber Schwankungen im Reibwert der Bremsbeläge (daher sorglosere Betätigung möglich) und durch ihre Wartungsfreundlichkeit aus. Schließlich ist die Scheibenbremse selbstnachstellend und in gewissem Maße auch selbstreinigend.
Ihre negativen Seiten sollen nicht verschwiegen werden. Die Bremsbeläge sind für Scheibenbremsen wesentlich kleiner als für die Trommelbremse. Daher nutzen sie sich auch schneller ab und müssen eher ausgetauscht werden. Weil die Beläge trotz Abdeckblech nicht völlig abgeschirmt sind, können zwischen diese und die Scheibe Fremdkörper eindringen. Das führt zu lästiger Quietscherei, was man durch Säubern oder Auswechseln des Belags beseitigen kann. Manchmal hilft es, mit leicht getretenen Bremsen rückwärts zu fahren, wobei die Quietschgeister wieder ins Freie befördert werden. Bremsenquietschen kann aber auch an einem verdrehten Kolben im Radbremszylinder liegen.

Lose und somit leicht auswechselbare Teile der Scheibenbremse sind: 1 - Bremsklotz mit Bremsbelag, 2 - Klemm- oder Spreizfeder, 3 - Zwischenplatte, 4 - Haltestifte mit Klemmhülse. Wie diese Teile im Bremssattel angeordnet sind, ist auf der nächsten Seite zu sehen. Um die Bremsbeläge der Scheibenbremse aus dem Bremssattel herauszunehmen, schlägt man die Haltestifte heraus, wodurch man gleichzeitig die Klemmfeder aus ihrem Sitz befreit. Die Bremsscheibe wird von beiden Seiten von den Belägen berührt.

In der Werkstatt bringt man dann den Kolben mit einem speziellen Kolbendrehwerkzeug wieder in die richtige Stellung.

Bei Dauerregen reagieren die vorderen, wenig geschützten Bremsen empfindlicher. Man muß sich auf die zunächst etwas verminderte Bremswirkung einrichten, besonders auf der Autobahn, wenn man im Regen ein längeres Stück ohne zu bremsen gefahren ist. Die zwischen Scheibe und Bremsklotz befindliche Feuchtigkeit wird erst durch den Anpreßdruck der Beläge zum Verdampfen gebracht, was leider Sekundenbruchteile in Anspruch nimmt.

Von den zweierlei Arten der Scheibenbremse – Festsattel- und Schwimmsattelbremse – findet man bei Opel die erstere. Das bedeutet, daß der Bremssattel – starr angebracht – einen Teil der Bremsscheibe unbeweglich umschließt. In ihm drücken von beiden Seiten zwei Kolben die beiden Bremsklötze gegen die Bremsscheibe. Durch den allmählichen Verschleiß der Bremsbeläge rücken die Bremsklötze immer weiter in Richtung Bremsscheibe.

Wer häufig auf unbefestigten Straßen fahren muß, sollte die Scheibenbremsen hin und wieder auf übermäßige Verschmutzung kontrollieren. Vordringlich nach der Winterperiode ist der Zustand dieser Bremsen zu prüfen, weil die aggressiven Auftausalze deren einwandfreie Arbeit behindern können.

Bremsbeläge der Scheibenbremse prüfen
Pflegearbeit Nr. 17

Die Belagstärken der Scheibenbremsen kann man in jeder Opel-Werkstatt feststellen lassen. Ein praktisch veranlagter Fahrer, der um die Verkehrssicherheit seines Autos bemüht ist, kann diese Arbeit ebenfalls ausführen. In den Opel-Werkstätten ist es üblich, die Beläge nach 10 000 km auszuwechseln. Wer sich jedoch selbst um den Zustand der Beläge kümmert, wird feststellen, daß dieser Turnus nicht unbedingt eingehalten werden muß.

Zur Kontrolle wird der Wagen an der betreffenden Seite hochgebockt (siehe dazu Seite 164) und das Rad wird abgenommen. Man schlägt die Lenkung in die dem Rad entgegengesetzte Richtung, damit der Bremssattel gut zugänglich ist. Die Radkappe dient zur Aufnahme der Radmuttern und der anderen noch zu demontierenden Teile.

Oben im Bremssattel befindet sich eine viereckige Öffnung, in deren Ausschnitt man einen Teil der Bremsscheibe und die beiden rechts und links davon sitzenden Bremsbeläge sehen kann. Damit die Beläge während des Fahrbetriebs nicht herausrutschen, sind sie gesichert. Zum Halt dienen Sicherungsstifte, die in sich gegenüberliegenden Führungen des Bremssattels sozusagen verkeilt sind und gleichzeitig die Beläge arretieren, indem sie durch Ösen an den Ecken dieser Beläge hindurchgeführt wurden.

Beide Haltestifte lassen sich mit einem Durchschläger (oder mit einem entsprechend starken Zimmermannsnagel) und mit einem Hammer von vorn nach hinten herausschlagen. Man sollte jedoch erst einen der beiden Stifte entfernen, um danach die Spreizfeder zu entnehmen, die auf die Beläge drückt. Die Stellung dieser kreuzförmigen Feder muß man sich merken, um sie später wieder genauso anbringen zu können. Dann wird der zweite Haltestift herausgeschlagen. Die Stifte verfügen an ihrem nach hinten gerichteten Ende über Klemmhülsen mit einer federnden Spreizwirkung; ist deren Kraft erlahmt, müssen sie ausgetauscht werden.

Nun entnimmt man zuerst einen der Bremsbeläge. Das gelingt am besten, wenn man mit einem Schraubenzieher abwechselnd durch die Ösen des Belagträgers fährt und – die Schraubenzieherklinge auf den Bremssattel gestützt – den Belag heraushebelt. Will man die Belagstärke des anderen Bremsbelags an einer Bremse kontrollieren, muß man zuerst den vorher entnommenen Belag wieder in seine alte Position bringen.

Die Gesamtstärke eines neuen Bremsbelags mit Belagplatte beträgt für den Opel-Kadett 14,5 mm. Der Belag darf höchstens bis auf eine Reststärke von 7 mm einschließlich Belagplatte abgenutzt sein. Spätestens bei diesem Abnutzungsgrad auch nur eines Belags müssen alle Bremsbeläge an den Vorderrädern erneuert werden. In keinem Fall darf das Metall der Platte mit der Bremsscheibe in Berührung kommen. Durch die Hitzeentwicklung beim Bremsen könnten Platte und Scheibe miteinander verschweißen, was zum Blockieren des Rades, zumindest aber zu Rillen auf der Bremsscheibe führt.

In der Mitte des Belags verläuft eine Nut, die in ihrer Tiefe fast bis zur Platte reicht. Sie soll Belagabrieb und Staub aufnehmen; ist sie nicht mehr vorhanden, muß der Belag erneuert werden. Er kostet für die vorderen Bremsen rund 30 Mark.

Neue Beläge erhält man bei der Opel-Werkstatt oder bei bekannten Belagherstellern (Textar, Jurid usw.) unter Angabe des Fahrzeugtyps. Man kann dazu raten, härtere Beläge einer weicheren Qualität vorzuziehen, da das härtere Material eine bessere Bremswirkung aufweist und die Neigung zu leichterem Quietschen oder Pfeifen in Kauf genommen werden sollte. Es darf nur eine Belagtype an beiden Bremsen verwendet werden.

Vor dem Einsetzen neuer Beläge müssen zuerst die Kolben in den beiden sich gegenüberliegenden Bremszylindern zurückgedrückt werden, weil sie entsprechend den dünner werdenden Belägen aus den Zylindern herausgewandert sind. Die Werkstatt macht das mit einer Kolbenrücksetzzange, man

Aus der Nähe betrachtet: Links der Blick in den Schacht des Bremssattels. 1 - Beide Haltestifte, 2 - Spreizfeder, 3 - Trägerplatten der Bremsklötze. Auf dem rechten Bild sind die Haltestifte bereits herausgeschlagen und ein Bremsklotz (1) sowie die Zwischenplatte (2) teilweise herausgezogen. Hier ist auch die Bremsscheibe (3) sichtbar.
Ein Bremsbelag wird entnommen, indem man mit einem Schraubenzieher wechselweise durch die Ösen für die Haltestifte fährt und sie herauszieht.
Es ist immer nur ein Bremsbelag herauszunehmen, um seinen Zustand zu kontrollieren bzw. auszuwechseln. Erst wenn der Belag wieder richtig an seinem Platz sitzt, soll der andere Belag herausgezogen werden. Die vor dieser Demontage abzunehmenden kreuzförmigen Klemmfedern dürfen zum Schluß nicht verkehrt herum eingesetzt werden.

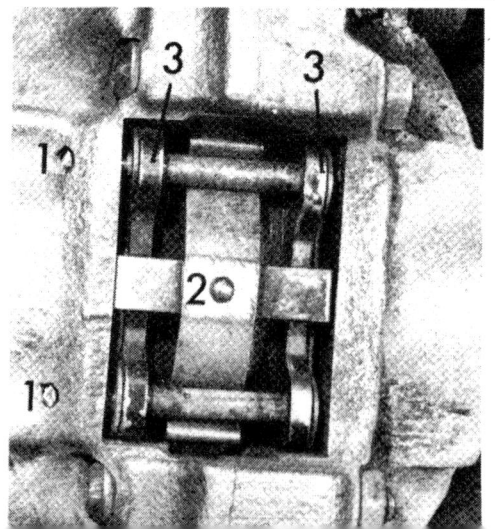 

kann sich aber auch helfen, indem man mit einem schmalen Holzbrettchen den Kolben vorsichtig wieder hineindrückt. Das gleiche wird dann auf der anderen Seite des Bremssattels wiederholt, wobei ein Belag immer eingesteckt bleibt.

Beim Zurückdrücken des Bremskolbens wird zugleich die Bremsflüssigkeit durch die Leitungen in den Bremsflüssigkeitsbehälter zurückgedrückt. Dort ist zwischendurch zu beachten, daß der Behälter nicht überläuft. Wenn ja, Kunststoff-Folie (Einkaufsbeutel) und Lappen unterlegen, die Flüssigkeit ätzt.

Die Beläge müssen sich in ihren Führungen leicht bewegen lassen. Eventuell ist der Führungsschacht mit Spiritus (kein Öl oder Benzin) und Lappen zu reinigen. Nach dem Einsetzen bzw. Auswechseln der Beläge setzt man einen Haltestift, die Spreizfeder und den anderen Haltestift wieder ein (Stifte mit Hammer vorsichtig in die Bohrungen treiben).

Als wichtige Maßnahme nach dem Einsetzen von Bremsbelägen ist noch bei stehendem Wagen das Bremspedal niederzudrücken. Somit kommen die Beläge zum Anliegen an die Scheibe, und erst jetzt ist Bremswirkung vorhanden. Während der nächsten Fahrt kann es schon zu spät sein, wenn man bremsen muß und dazu zwei- oder dreimal auf die Bremse zu treten hat.

Mit neuen Bremsbelägen sollen auf den ersten 200 km keine Gewaltbremsungen durchgeführt werden, sie müssen sich erst einarbeiten, sie müssen eingefahren werden. Sonst wird die Lebendauer der Beläge verkürzt.

Je nach Fahrweise kann man mit dem Belagverschleiß nach 12 000 bis 20 000 km rechnen. Wagen mit Automatikgetriebe haben in der Regel einen schnelleren Verschleiß der vorderen Scheibenbremsbeläge, weil von deren Motor weniger Bremswirkung übertragen wird.

Fingerzeig: *Hin und wieder sollten Sie den Kadett ein nur mäßiges Gefälle hinunterrollen lassen, um festzustellen, ob die Räder freigängig sind. Denn oft kommt es bei den Scheibenbremsen vor, daß die Führungsschächte der Belagträger im Bremssattel verschmutzt oder verrostet sind und deshalb die Beläge nach der Bremsung nicht mehr zurückgehen. Die Folgen sind, neben erhöhtem Belagverschleiß, hoher Kraftstoffverbrauch und verringerte Höchstgeschwindigkeit.*

Zustand der Bremsscheibe

Zugleich mit der eben beschriebenen Arbeit muß bei abgenommenem Rad der Zustand der Bremsscheibe kontrolliert werden. Die Bremsscheibe darf keine zu tiefen Rillen aufweisen. Bläuliche Verfärbungen sind unbedenklich. Bei einem Neuwagen beträgt die Stärke der Bremsscheibe 11 mm und sie darf nach einmaligem Abschleifen durch die Werkstatt 10 mm betragen. Bei dieser Arbeit werden durch Feindrehen beidseitig höchstens 0,5 mm abgetragen

Sieht man die Bremsscheiben näher an und läßt das Licht schräg auf ihre Oberfläche fallen, erkennt man zahllose Rillen wie bei einer Schallplatte. Diese Rillen rühren von dem Straßenschmutz her, der sich auf dem Belag des Bremsklotzes festsetzt und beim Bremsen mit gegen die Scheibe gepreßt wird, wo er solche Spuren hinterläßt. Leider läßt sich diese Abnutzung kaum vermeiden.

Danach dürfen sich nochmals Riefen bis zu einer Tiefe von 0,4 mm auf jeder Scheibenseite eingraben; ein weiteres Abdrehen ist dann allerdings nicht mehr statthaft. Eine Toleranz in der Bremsscheibenstärke, eine ungleiche Dicke, darf allerhöchstens 0,01 mm ausmachen. Der Seitenschlag ist bei eingebauter Scheibe bis zu 0,22 mm zulässig (Meßuhr benutzen).

Die Trommelbremse

Alle Kadett-Modelle haben an den Hinterrädern Trommelbremsen, wie es auch bei vielen anderen Fabrikaten üblich ist. Zudem werden aber auch – außer beim Kadett 12 S – die Vorderräder der bis Ende 1974 gebauten kleineren Typen durch Trommelbremsen verzögert. Eine solche Bauweise ist vertretbar, weil der Kadett mit einem zulässigen Gesamtgewicht von rund 1200 kg nicht zu den schwergewichtigen Wagen zählt. Außerdem erreichen die solcherart ausgerüsteten Wagen kaum Höchstgeschwindigkeiten, die zum Einbau von Scheibenbremsen zwingen.

Man sollte sich hüten, die Trommelbremse als veraltet zu bezeichnen. Unbestreitbar hat diese Bremsart Vorzüge; so ist der nötige Pedaldruck kleiner, zu erwähnen ist auch die Unempfindlichkeit gegen Nässe und die längere Lebensdauer der Bremsbeläge.

Beide Bremsbacken werden von den Kolben des Radzylinders, der zwischen ihren oberen Enden an der Bremsträgerplatte sitzt, gegen die Bremsfläche der Trommel gedrückt. Die sinnreiche Aufhängung der Bremsbacken bewirkt eine Verstärkung der Bremskraft und zentrischen Druck gegen die Bremstrommel, mit gleichmäßiger Abnutzung beider Beläge. Die fachlich exakte Bezeichnung für diesen Bremsentyp lautet: Simplex-Trommelbremse mit Gleitbacken.

Zustand der Trommelbremse prüfen
Pflegearbeit Nr. 43

Die Wirkung der Trommelbremse läßt im Laufe des Betriebes nach. Da man diese verminderte Bremsleistung in der Fahrpraxis kaum feststellen kann und erst vielleicht in einem Notfall mit Erschrecken bemerkt, wie dürftig die Verzögerung ist, kommt man nicht umhin, sich die Sache wenigstens einmal im Jahr gründlich anzusehen.

Dazu muß das betreffende Rad abgenommen werden. Beim Prüfen der vorderen Trommelbremse zieht man die Handbremse an (sie wirkt auf die Hinterräder) und legt zur Sicherheit noch einen kleinen Gang ein, so kann der einseitig angehobene Wagen nicht wegrollen. Die hinteren Bremsen kontrolliert man, indem man den Wagen hochbockt, zusätzlich noch die Hinterachse mittels Stütze und auch das Vorderrad der anderen Wagenseite durch Steine oder Keile abgesichert. Die Handbremse muß gelöst sein, sonst läßt sich die Bremstrommel nicht von den nach außen drückenden Bremsbacken abziehen.

Die rechte Hinterradbremse bei angezogener Bremstrommel. Letztere nimmt man ab, um die Beläge zu prüfen und um Belagabrieb herauszublasen.
Die Zahlen bedeuten:
1 - Radbremszylinder,
2 - Rückzugfeder für die Bremsbacken, 3 - Spreizgestänge der Handbremsbetätigung.
4 - Bremsbacke mit Belag, 5 - Bremsbackenlagerung, 6 - Bremsseilhebel, 7 - Radträger.
Bei den Trommelbremsen macht sich nach gewisser Zeit eine Neigung zum Schiefziehen der Bremsen bemerkbar. Reinigen und exaktes Nachstellen hilft dem ab.

Bremstrommeln abnehmen

Die Bremstrommel wird gemeinsam mit dem angeschraubten Rad auf dem Radträger festgehalten, man kann die Trommel also nach Abnehmen des Rades meist mühelos nach vorne wegziehen. Bisweilen befinden sich auf den Radbolzen noch Federklammern, die man vorher abziehen muß. Eventuell muß man durch Klopfen mit dem Hammerstiel nachhelfen. Es empfiehlt sich, Bremstrommel und Nabe mit einem Ritzer zu markieren (sofern keine Farbmarkierung vorhanden ist), damit die Trommel nachher wieder in der alten Lage aufgesetzt wird. Geht sie nicht gleich auf die Nabe, dreht man sie beim Aufsetzen etwas.

Trommeln, Bremsbacken und Beläge

Der Innendurchmesser einer neuen Trommel beträgt 200 mm. Wenn die Bremsfläche der Tommel Rillen aufweist, muß sie ausgedreht werden. Auch unrunde Trommeln (machen sich durch ›Rubbeln‹ bemerkbar) kann man ausdrehen (zentrieren) lassen, sofern die Materialstärke das zuläßt. Nach dem Ausdrehen darf das höchstzulässige Durchmesser-Übermaß 1,0 mm ausmachen. Bremstrommeln müssen innen sauber und trocken sein. Rost wird mit der Drahtbürste entfernt.

Der Bremsbelag ist auf den Bremsbacken aufgenietet und nicht, wie bei einigen anderen Fabrikaten, aufgeklebt. Man wird also, wenn man nicht über das entsprechende Werkzeug verfügt, den eventuell notwendigen Belagwechsel seiner Werkstatt überlassen müssen. Man kann aber zumindest feststellen, ob die Abnutzung so weit fortgeschritten ist, daß neue Beläge montiert werden müssen und ob die Bremse noch nachgestellt werden kann (Bremse nachstellen siehe nächsten Abschnitt).

Ein Bremsbelag darf nicht so weit abgenutzt sein, daß die Nieten, die den Bremsbelag festhalten, das Oberflächenniveau des Belags erreichen. Ebenso müssen verölte Beläge und solche mit Rillen ausgewechselt werden, Reinigen mit Benzin und Abschleifen ist wirkungslos. Bei verölter Bremse ist vermutlich das Wellenlager der Hinterachse undicht. Glatte, auch schwärzlich glänzende Oberflächen zeigen, daß die Beläge gut tragen. Die Trommelbremsbeläge halten etwa doppelt so lange wie die Scheibenbremsbeläge.

Bremsbeläge zum Aufnieten werden an Opel-Werkstätten in zwei Stärken geliefert. Die 5 mm starken Beläge brauchen nicht geschliffen zu werden und man kann sie nach dem Aufnieten direkt einbauen. Die 5,6 mm starken Beläge müssen auf einer Belagschleifmaschine nach dem Aufnieten auf ein Fertigmaß geschliffen werden, wobei der Radius um 0,2 – 0,5 mm kleiner als der gemessene Trommelradius eingestellt werden soll.

Wer es sich zutraut, die Beläge selbst auswechseln zu können, besorgt sich die

Um die Bremsbacken zu lösen, bedient man sich in der Werkstatt einer speziellen Zange, damit man die Rückzugfedern aus den Backen klinken kann. Die gekrümmten Federenden kann man aber auch bequem aus den Löchern einer Bremsbacke hebeln, indem man mit einem Schraubenzieher zwischen Feder und Bremsbackenplatte fährt. Wie auf dem Bild gezeigt, kann man die Federspannung durch Abwinkeln des Schraubenziehers überbrücken und das Federende seitlich aus dem Loch ziehen.
Der Pfeil zeigt auf den verstellbaren Nocken der Nachstellschraube, die auf der Rückseite des Bremsträgers zu erreichen ist.

5 mm-Beläge. Dann muß man die Nietköpfe an den Bremsbacken mit den alten Belägen vorsichtig wegbohren, die alten Beläge entfernen und die Backen sorgfältig reinigen. Mit Nieten, die man beim Kauf der neuen Beläge erhält, sind die neuen Beläge zu befestigen. Diese Hohlnieten muß man mit einem besonderen Nieteisen umbördeln, damit der Belag festen Halt hat. Mit dem Aufnieten beginnt man in der Mitte des Belags, und zwar nietet man immer zwei sich gegenüberliegende Nieten hintereinander fest und setzt die Arbeit wechselweise nach außen hin verlaufend fort. An einer Achse dürfen nur Beläge desselben Herstellers verwendet werden, und selbstverständlich sind alle Beläge gleichzeitig auszuwechseln, auch wenn nur ein Belag abgenutzt oder verölt ist.

Zu dieser Arbeit muß man selbstverständlich die Bremsbacken von der Bremsträgerplatte lösen. Auf dem Bild Seite 147 ist ersichtlich, wie und wo die Bremsbacken befestigt sind. Schwierigkeiten kann allenfalls das Lösen der Rückzugfeder bereiten, wenn man keine Federzange besitzt, um sie aus der einen Backe auszuklinken. Es gelingt aber auch, indem man mit einer Zange das Federende aus seinem Haltepunkt etwas lüftet und mit einem Schraubenzieher nachfährt. Danach muß man die Schraubenzieherklinge an einem festen Punkt innerhalb der Bremse ansetzen und die jetzt am Schraubenzieherschaft eingehakte Feder aus der Backe herausheben. Hat man auch die untere Feder einer Bremsbacke ausgehängt, lassen sich auch die beiden Bremsbacken entnehmen. Der Einbau erfolgt später in umgekehrter Reihenfolge der vorher verrichteten Arbeit.

In der Werkstatt hängt man allerdings zuerst die untere Bremsbackenfeder aus den Bremsbacken und das Handbremsseil aus dem Bremsseilhebel. Beide Bremsbacken werden etwas angekantet und die obere Feder ausgehängt. Nichts wird eingefettet! Anschließend müssen natürlich Fuß- und Handbremse eingestellt werden.

Trommelbremse nachstellen
Pflegearbeit Nr. 43

Wie schon erwähnt, stellen sich Scheibenbremsen entsprechend dem Belagverschleiß selbsttätig nach. Nachgestellt werden also nur die Trommelbremsen, wozu man die Räder nicht abnehmen muß. Die Verstellschrauben liegen jeweils vorn und hinten an der Bremsträgerplatte.

Zum Nachstellen der Bremsen:
- Wagen entsprechend hochbocken.
- Verstellschraube des Exzenters (gekröpfter Ringschlüssel 17 mm) so weit verdrehen, bis der Belag an der Trommel schleift. Schlüssel muß an beiden Nachstellschrauben nach unten bewegt werden.

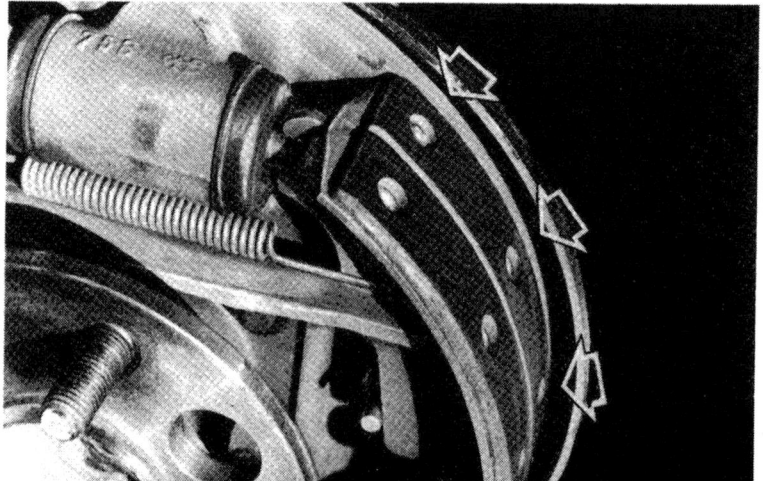

Die Bremsbeläge der Trommelbremse sind beim Kadett aufgenietet. Die Abnutzung des Bremsbelags darf nie so weit fortgeschritten sein, daß Nieten und Belagoberfläche in einer Ebene liegen. Das Auswechseln der Bremsbeläge ist auf diesen Seiten beschrieben.

- Verstellschraube lockern, bis Rad wieder frei ohne zu schleifen läuft.
- Das gleiche an der anderen Verstellschraube für den anderen Bremsbacken wiederholen.
- Die Radbremse des anderen Rades dieser Achse ebenso einstellen.

Empfehlenswert: Während des Einstellens das Bremspedal mehrmals durchtreten, damit die Bremsbacken gleichmäßig zum Anliegen kommen. Zu großer Unterschied im Nachstellweg zweier Backen eines Rades darf nicht vorhanden sein, weil es auf zu ungleichmäßige Abnutzung der Beläge schließen läßt. Gleich nach dieser Einstellarbeit sollte ein Probefahrt unternommen werden, um die Bremsen auf Wirkung und Gleichmäßigkeit zu prüfen.

Das fortschreitende Verschleißen der Bremsbeläge macht sich auch in der Wirkung der Feststellbremse bemerkbar. Hier kommt noch hinzu, daß sich die Seile mit der Zeit um geringe Beträge dehnen, was sich ebenfalls bei der Betätigung auswirkt.

Die Handbremse

Wie fast alle Autos besitzt der Kadett eine auf die Hinterräder mechanisch wirkende Seilzugbremse, die mit der Hand zu bedienen ist. Es handelt sich dabei um eine Feststellbremse, die in der Lage sein soll, den Wagen auch im Gefälle festzuhalten. Eine ›Betriebsbremse‹, mit der man während der Fahrt wirkungsvoll bremsen könnte, ist sie nicht, da ein aus schneller Fahrt nur hinten gebremstes Auto schwer kontrollierbar reagiert. Immerhin kann sie als eine Art Notbremse angesehen werden.

Leider haben moderne Handbremsen die Eigenart, ihre Wirksamkeit bald zu verlieren. Deshalb müssen sie regelmäßig nachgestellt werden. Der nachlassende Wirkungsgrad hängt mit der Dehnbarkeit eines Seils zusammen, auch wenn dieses aus Stahldrähten geflochten ist.

Man sollte es sich nicht angewöhnen, die Handbremse bei jedem Abstellen des Wagens anzuziehen. Am Berg legt man zum Festhalten einen kleinen Gang ein (als doppelte Sicherheit noch die Vorderräder zum Straßenrand einschlagen). In der Ebene braucht man das Auto überhaupt nicht zu blockieren. Dann fällt es etwa auf überfülltem Parkplatz leicht, das im Wege stehende Auto ein Stück weiterzuschieben. Es kann aber auch sein, daß es während Ihrer Abwesenheit im Haus, vor dem das Auto steht, brennt: Ohne Ansehen zerrt die Feuerwehr den Wagen fort, der sich mit gezogener Handbremse oder gar eingelegtem Gang sehr dagegen sträubt. Je weniger man die Handbremse unnötig benutzt, um so seltener muß sie nachgestellt werden und um so mehr kann man sich auf sie verlassen, wenn man sie wirklich braucht. Allerdings soll man sich gelegentlich von ihrer Einsatzbereitschaft überzeugen.

Jedes Auto muß über eine stets funktionsfähige Feststellbremse verfügen. Überprüfen Sie regelmäßig ihre tadellose Einsatzbereitschaft. Die Handbremse kann man nur unter dem Wagenboden nachstellen. Zu dieser Arbeit muß der Wagen hochgebockt und gut abgesichert werden. Die auf der Zugstange vorn sitzende Kontermutter ist etwas loszudrehen und die andere Mutter wird rechts herum gedreht. Somit spannt sich das Seil.

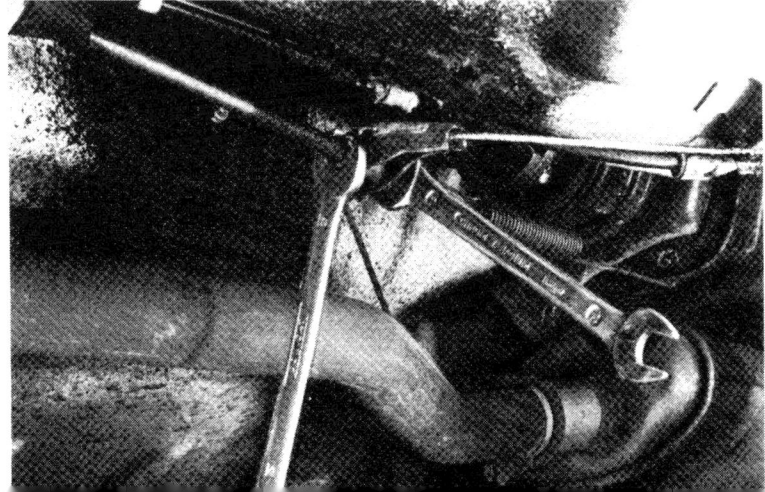

Handbremse einstellen
Pflegearbeit Nr. 16

Richtig eingestellte Hinterradbremsen sind Voraussetzung für die einwandfreie Funktion der Handbremse. Wie man diese Trommelbremsen einstellt, ist weiter oben beschrieben.

Zum Einstellen der Handbremse muß der Wagen wenigstens hinten hochgebockt und gut abgesichert sein; der besseren Zugänglichkeit wegen sollte man ihn auch vorn anheben. Beide Hinterräder müssen frei hängen und sich drehen lassen. Unter dem Wagen wird kontrolliert, ob das dort frei verlaufende Bremsseil gut beweglich ist. Dazu zieht man das Seil an beiden Seiten in Richtung Wagenfront oder auch schräg nach unten, bis man die Bremswirkung am Hinterrad feststellen kann. Man bringt also ein Rad mit der Hand in Umdrehung und spannt dabei das Seil.

Das Einstellen erfolgt durch Verdrehen der beiden Muttern, die auf der Zugstange am Seitenausgleich sitzen (siehe Bild auf Seite 150). Die erste Mutter wird etwas locker gedreht und die andere (beide SW 13) ist anzuziehen. Dadurch spannt man das Seil. Die Hinterräder werden einzeln in Umdrehungen versetzt und das Seil wird so weit gespannt, bis die Bremswirkung beider Bremsen gerade beginnt, gleichmäßig einzusetzen. Zum Abschluß wird die Kontermutter wieder festgedreht.

Diese Wartungsarbeit soll alle 10 000 km oder alle halbe Jahre einmal vorgenommen werden. Man tut nicht gut, sich um diese Einstellung erst dann zu kümmern, wenn man die Dienstbereitschaft der Handbremse bei irgendeiner Gelegenheit bereits vermißt hat.

Handbremsseil auf Zustand prüfen
Pflegearbeit Nr. 55

Die 40 000 km-Wegstrecke, die zwischen dieser Kontrolle zurückgelgt sein kann, stellt die äußerste Grenze des Prüfintervalls dar. Die Wintermonate mit Schnee und Auftausalzen können den Zustand des Handbremsseils sehr beeinträchtigen. Bestimmt bietet sich im Frühjahr einmal die Möglichkeit – eventuell im Zusammenhang mit einer anderen Arbeit – bei einer Tankstelle oder Werkstatt das Auto von unten zu betrachten und den Zustand des Handbremsseils zu kontrollieren.

Man kann die gute Beweglichkeit nur richtig feststellen, wenn man den Wagen hinten hochbockt und Räder und Bremstrommeln abnimmt. Ein womöglich eingerostetes Bremsseil wird mit Rostlösungsmittel eingesprüht und mehrmals hin- und hergezogen. Schmutzkrusten am Seil entfernt man mit der Drahtbürste, und dann wird das Seil so weit wie möglich, besonders am Anfangs- und Endstück des Führungsschlauches, mit Fett eingeschmiert. Bei Opel nimmt man dazu das Spezialschmiermittel mit der Katalog-Nr. 19 48 482. Durch Hin- und Herziehen des Seils verschiebt sich das Fett in das Innere der Führung.

Ein geknicktes, durchgerostetes oder sonst beschädigtes Seil muß ersetzt werden. Das ist aber besser eine Arbeit für die Werkstatt.

Bremsflüssigkeit wechseln

Wenn man der ausdrücklichen Opel-Weisung zum jährlichen Wechsel nicht folgt, sollte die Bremsflüssigkeit wenigstens alle zwei Jahre gewechselt werden, denn im Laufe der Zeit zieht sie Wasser an, das sich in mikroskopisch feinen Tröpfchen in der gesamten Bremsanlage verteilt. Wird nun die Bremse sehr stark beansprucht, etwa bei einer langen Paßfahrt, so beginnen die Wassertröpfchen zu kochen und es entstehen Dampfblasen.

Der Effekt ist dann der gleiche als wäre Luft in der Bremsanlage: Das Bremspedal fällt durch bis zum Anschlag, und nur durch schnelles Pumpen mit dem Pedal kann wieder Bremswirkung erzielt werden. Die Bremse funktioniert nach dem Abkühlen der Bremsen wieder völlig normal.

Doch lassen Sie sich nicht täuschen, die Bremsflüssigkeit ist unbrauchbar!

Doch so weit sollten Sie es erst gar nicht kommen lassen. Wechseln Sie lieber regelmäßig die Bremsflüssigkeit.

Bei Opel schließt man für den Wechsel ein mit Bremsflüssigkeit gefülltes Bremsentlüftungsgerät an den Bremsflüssigkeitsbehälter an und setzt diese Anlage unter Druck. Dann öffnet man nacheinander das Entlüftungsventil an jeder Radbremse um eine halbe Umdrehung und beobachtet das Herausfließen. Wenn nur noch neue, glasklare Bremsflüssigkeit blasenfrei heraustritt, wird das Ventil wieder geschlossen.

Mit der gebotenen Umsicht kann man diesen Wechsel der Bremsflüssigkeit auch selbst vornehmen. Besonders ist zu beachten, daß die Flüssigkeit den Lack angreift, also vorsichtig damit umgehen und nicht spritzen! Der Vorgang des Wechselns ist gleich dem des Entlüftens der Bremsen.

Bremsen entlüften

Wenn sich das Bremspedal zu tief durchtreten läßt, wenn das Pedal beim Betätigen federt oder wenn sich die richtige Bremswirkung erst nach ›Pumpen‹ mit dem Pedal einstellt, dann ist Luft in der Bremsleitung. Veranlassen Sie in solchem Fall, daß die Bremsleitung auf schnellstem Wege entlüftet wird. Vor dem Entlüften ist zu kontrollieren, ob die Bremsflüssigkeit im Ausgleichbehälter (Motorraum) richtig aufgefüllt ist.

Durch das Entlüften soll, wie schon der Name verrät, die Luft wieder aus der Bremsanlage herausgebracht werden. Ein zweiter Mann drückt mit dem Bremspedal pumpenderweise die Flüssigkeit aus den Leitungen, und zwar so lange, bis sie keine Luftbläschen mehr mit sich bringt. Die Reihenfolge für das Entlüften (rechtes Hinterrad, linkes Hinterrad, rechtes Vorderrad, linkes Vorderrad) wird oft von den Werkstätten eingehalten, um die Luft aus den längeren Leitungen eher entweichen zu lassen. Da aber die eventuell vorhandene Luft im Hauptbremszylinder dann immer mitgepumpt wird, ist es zweckmäßiger, die Bremsanlage völlig zu entleeren, neu zu befüllen und mit der Entlüftung des kürzesten Weges zu beginnen.

Man geht dann folgendermaßen vor: Schutzkappe von den dafür vorgeschriebenen Entlüftungsventilen entfernen (diese vorher mit Lappen von Schmutz säubern). Stramm sitzenden Schlauch über den Ventilnippel schieben. Schlauchende in Glasgefäß (altes Marmeladeglas, kleinere Flasche) stecken.

Bremsen entlüften: Hier wird an der vorderen Trommelbremse die Entlüftungsschraube mit einem Schraubenschlüssel geöffnet. Auf das Entlüftungsventil wird dann der Entlüftungsschlauch geschoben. Mit seinem anderen Ende liegt dieser in einem mit Bremsflüssigkeit teilweise gefüllten Glasgefäß, so daß man das Aufsteigen herausgepreßter Luftblasen beobachten kann. Steigen keine Blasen mehr auf, ist diese Bremse entlüftet und das Entlüfterventil wird geschlossen.

Das Gefäß muß schon mit Bremsflüssigkeit gefüllt sein, damit beim folgenden ›Pedalpumpen‹ keine Luft in die Leitung zurückgesaugt wird. Das Schlauchende muß demnach in der Flüssigkeit liegen. Mit Gabelschlüssel SW 9 Entlüfterventil etwa eine halbe Umdrehung lösen. Auf Zuruf des Mannes am Rad beginnt der Mann im Wagen mit dem Bremspedal zu pumpen (schnell treten, langsam zurückkommen lassen). Beobachtet der erste Mann, daß mit der Bremsflüssigkeit keine Luftblasen mehr herausgedrückt werden, ruft er ›halt‹. Der zweite Mann hält Pedal in seiner tiefsten Stellung und der erste schließt das Entlüfterventil. Schlauch abziehen, Staubkappen (gesäubert) aufsetzen.

■ Nach jeder Radentlüftung ist der Bremsflüssigkeits-Vorratsbehälter wieder aufzufüllen. Luft gerät wieder in Leitungen, wenn das Niveau zu weit absinkt.

■ Hochsiedende Original-ATE-Bremsflüssigkeit gibt es in der Werkstatt oder in jedem Zubehörgeschäft zu kaufen.

Fingerzeig: *Bremsflüssigkeit ist nicht mehr wie früher blau, sondern hell bis bernsteingelb. Damit auch tatsächlich Bremsflüssigkeit in den Vorratsbehälter gegossen wird, sollten Sie deshalb darauf auchten, daß auf dem Etikett die Spezifikation DOT 3 oder DOT 4 vermerkt ist (z.B. FM VSS 116 DOT 3).*

Bremskraftverstärker überprüfen
Pflegearbeit Nr. 19

Wie schon in diesem Kapitel im Abschnitt ›Scheibenbremse‹ erwähnt, entsteht kein selbstverstärkender Effekt, wenn die plananliegenden Beläge gegen die flache Bremsscheibe gedrückt werden. (Bei der Trommelbremse nimmt die umlaufende Trommel den gegen sie ›auflaufenden‹ Bremsbacken mit, was den Anpreßvorgang verstärkt.) Mit der Einführung von Scheibenbremsen wurde daher bei schweren Wagen ein gesonderter Bremskraftverstärker (Servobremse) erforderlich und er kommt erfreulicherweise auch im Kadett zum Einbau, serienmäßig jedoch nur bei Wagen mit Scheibenbremsen.

Dieser Bremsverstärker ist in zwei Kammern aufgeteilt, die jedoch mit der Bremsflüssigkeit nicht direkt in Verbindung kommen. In beiden Kammern - getrennt durch eine Membrane – herrscht normalerweise Unterdruck. Bei Betätigung des Geräts (von der Pedalseite her, wenn also die Bremse getreten wird) strömt in die kleinere Kammer Außenluft, deren Druck sich auf die Membrane fortpflanzt. Die Membrane drückt den luftverdünnten Raum der trommelförmigen großen Kammer, die über eine Leitung mit dem Ansaugrohr des Motors verbunden ist, zusammen und verstärkt dadurch den Druck auf den angeschlossenen Hauptbremszylinder.

Es handelt sich bei dem Bremskraftverstärker also um ein Zusatzgerät, das serienmäßig eingebaut wird. Bei fehlendem Vakuum wird die Fußkraft mechanisch auf den Hauptbremszylinder übertragen und die Bremse bleibt weiter wirksam, bei stehendem Motor liefert der Servo natürlich auch keine (zusätzliche) Bremskraft. Deshalb muß man z.B. beim Abgeschlepptwerden wesentlich kräftiger auf das Pedal treten.

Ob der Bremskraftverstärker funktioniert läßt sich feststellen, indem der Unterdruck bei abgestelltem Motor durch mehrmaliges Betätigen des Bremspedals abgebaut wird. Dann hält man das Pedal niedergetreten fest und startet den Motor. Wenn sich das Pedal infolge der neuerzeugten Hilfskraft weiter senkt, ist die Anlage in Ordnung. Senkt sich das Pedal dabei nicht weiter, sind wahrscheinlich die Unterdruckschläuche oder das Rückschlagventil nicht einwandfrei. Andernfalls ist der Bremsverstärker defekt und muß ausgetauscht werden. Es kann jedoch sein, daß der Filtereinsatz im Bremskraftverstärker verschmutzt ist, wodurch sich keine richtige Druckdifferenz aufbaut. Für die Korrektur dieses Mangels kann nur die Opel-Werkstatt sorgen.

Störungsbeistand
Bremsanlage

Die Störung	ihre Ursache	ihre Abhilfe
A Wagen zieht nach rechts oder links beim Bremsen	1 Reifendruck ungleich	Korrigieren
	2 Bereifung ungleichmäßig abgenutzt	Auswechseln, daß auf jede Achse gleichmäßig abgenutzte Reifen kommen
	3 Verschmierte oder verschlissene Beläge	Alle Beläge der betr. Achse erneuern
	4 Bremssattel oder Bremstrommel verschmutzt oder verrostet	Säubern und gängig machen
	5 Unrunde Bremstrommeln	Trommeln ausdrehen
	6 Kolben im Bremssattelzylinder verdreht	Kolbenstellung berichtigen
B Bremsen quietschen	1 Schmutz an oder in den Bremsen	Mit Preßluft ausblasen und mit Bürste säubern
	2 Federn der Bremsbeläge gebrochen	Federn ersetzen
	3 Bremsscheibe hat Schlag	Erneuern
C Pedalweg zu groß	1 Beläge abgenutzt	Beläge erneuern
	2 Bremsscheibe hat Schlag	Auswechseln
	3 Luft in der Anlage	Entlüften
D Pedalweg zu groß und federndes Durchtreten	1 Luft in Bremsanlage, evtl. Bremsflüssigkeit zu tief abgesunken	Bremsen entlüften, evtl. Vorratsbehälter auffüllen
	2 Beschädigte Manschette im Trommelbremszylinder	Auswechseln
	3 Undichtigkeit	Anlage kontrollieren
E Pedalweg zu groß, trotz Lüftung	1 Bremsklötze (-beläge) abgenutzt	Erneuern
	2 Dichtungen oder Bremsschläuche schadhaft	Beides auswechseln
F Pedal läßt sich ganz durchtreten, Bremswirkung läßt nach	1 Undichtigkeit in der Leitung	Anschlüsse kontrollieren, evtl. Leitung auswechseln
	2 Haupt- oder Radzylinder-Manschette beschädigt	Manschette auswechseln (Werkstatt)
G Schlechte Bremswirkung bei hohem Fußdruck	1 Gummidichtungen verquollen	Gummiteile und Bremsflüssigkeit erneuern
	2 Beläge in Trommelbremse verölt	Radlagerdichtung und Beläge erneuern
	3 Unterdruck in der Servo-Anlage zu gering	Werkstatt aufsuchen
H Bremse zieht von selbst	1 Ausgleichsbohrung im Hauptzylinder verstopft	Hauptbremszylinder überholen (Werkstatt)
	2 Gequollene Manschetten	Bremsanlage spülen, Manschetten auswechseln
	3 Bremsscheibe hat Schlag	Bremsscheibe zentrieren
I Bremsen schütteln	1 Beläge ungleichmäßig abgenutzt	Beläge auswechseln
	2 Bremsscheibe hat Schlag	Bremsscheibe zentrieren
	3 Bremstrommel unrund oder exzentrisch	Trommeln egalisieren oder auswechseln
K Langer und hoher Pedaldruck erforderlich	Ausfall eines Bremskreises	Sofort Werkstatt aufsuchen

Räder und Reifen

Die Schuhe Ihres Autos

Die Wahl der richtigen Reifen ist bei den Kadett-Modellen nicht ganz einfach, weil sie bereits ab Werk mit verschiedenen Reifengrößen ausgestattet werden, auch können diese Reifen von verschiedener Bauart sein. Allerdings darf nicht jeder beliebige Reifen montiert werden, da sich Opel in Zusammenarbeit mit der Zulassungsbehörde auf eine bestimmte Begrenzung hinsichtlich der Ausrüstung mit Reifen geeinigt hat. Die folgenden Seiten sollen Ihnen helfen, sich auch über dieses Gebiet zu informieren.

Bedeutung der Felgen- und Reifen-Bezeichnungen

Die Felgen für die Kadett-Reihe können einen unterschiedlichen Durchmesser und somit verschiedene Felgenmaulweiten aufweisen. Diese Felgenmaße umschließen die drei Größen 4,00 x 12, 5 J x 13 und 5½ J x 13. Mit den Bezeichnungen werden folgende, international gültigen Begriffe angedeutet:

4,00, 5, 5^1/2, 6	=	Felgenmaulweite in Zoll, an der Felgenhornbasis quer zur Laufrichtung gemessen,
J	=	Kennbuchstabe für die Hornhöhe
x	=	Zeichen für Tiefbettfelge
12, 13	=	Felgendurchmesser, von Wulst zu Wulst in Zoll gemessen.

Derartige Normangaben beziehen sich jedoch nur auf die für die Reifengröße wichtigen Felgenabmessungen, nicht aber auf die Art der Felgenbefestigung. Die Zahl der Radmuttern und der Radius ihres Lochkreises sowie die ›Schüsseltiefe‹ und andere Merkmale differieren trotz gleicher Normbezeichnung von Automarke zu Automarke. Beim Kauf von neuen Felgen sind deshalb Autofabrikat und -typ anzugeben.

In gleicher Weise verbergen sich hinter der für den Kadett möglichen Bezeichnung der Reifen verschiedene Bedeutungen:

6,00	=	Ungefähres Zollmaß der Breite eines Super-Niederquerschnitt-Reifens,
–	=	Zeichen für Diagonalreifen,
155, 175	=	Reifenbreite in Millimeter,
12, 13	=	Zollangabe für den Felgendurchmesser,
S	=	Kennbuchstaben für zulässige Höchstgeschwindigkeit von 175 km/h bei Diagonal- und 180 km/h bei Gürtelreifen (›Sport‹),
H	=	Zulässig für Geschwindigkeit bis 210 km/h.
R	=	Kennzeichen für Reifen in Gürtelbauart (Radialreifen),
/70	=	Höhen-/Breiten-Verhältnis des Reifens von 70 : 100,
4 PR	=	Hinweis auf die Belastbarkeit des Reifens.

Welche Reifen und welche Felgen tatsächlich für Ihren Kadett zugelassen sind, ersehen Sie aus der Tabelle auf Seite 228. Wenn Sie einen Kadett mit Scheibenbremsen vorn besitzen, sollten Sie aber wissen, daß Sie nur 13-Zoll-Reifen in Verbindung mit der Felgengröße 5 J x 13 oder 5½ J x 13 verwenden dürfen.

Sind Leichtmetallfelgen erlaubt?

Die typischen Opel-Lochfelgen mit Radkappen, die Zierkreuzfelgen mit kleinem Nabendeckel oder die ab 1975 serienmäßigen Lochfelgen sollen vielleicht eines Tages gegen eindrucksvollere Leichtmetallfelgen ausgetauscht werden. Solche stilistisch meist wesentlich vom Serienrad abweichenden Felgen haben neben ihrer optischen Wirkung den Vorteil, wegen ihres leichteren Gewichts die Radaufhängung weniger zu beanspruchen. Bei Autos, die in sportlichen Wettbewerben eingesetzt werden, haben Leichtmetallfelgen unzweifelhaft ihre Bedeutung.

In Deutschland wird diese Felgenart einer sehr strengen Kontrolle seitens des TÜV unterworfen, die sich auf verschiedene Belastungsfaktoren bezieht. Entweder müssen Leichtmetallfelgen ein TÜV-Zerfikat besitzen oder sie müssen eine Allgemeine Betriebserlaubnis (ABE) zu einem bestimmten Fabrikat und Typ erhalten haben oder sie müssen vom Fahrzeughersteller freigegeben sein. Keinesfalls darf man sich Leichtmetallfelgen anschaffen, zu denen eine derartige Freigabe fehlt oder eventuell nur für ein anderes Fahrzeug gilt. Anderenfalls erlöschen Betriebserlaubnis und Versicherungsschutz! Für alle Kadett-Modelle stehen bei Opel Leichtmetallfelgen der Größe $5^1/2$J x 13 zur Verfügung, und für Aero, Rallye und GT/E hat Opel 6 J x 13-Leichtmetallfalgen im Programm.

Unterschiedliche Reifentypen

Man unterscheidet grundsätzlich Diagonalreifen und Radialreifen. Ihr Charakter und die Bedeutung der daraus resultierenden Unterschiede wird nachfolgend erläutert. Dieses Wissen hat besonders dann seinen Wert, wenn man auf ein peisgünstiges Angebot stößt, bei dem es sich lohnt, zuzugreifen.

Diagonalreifen

In ihrer Karkasse – dem Unterbau – sind die Diagonalreifen durch Fäden in verschiedenen Gewebeeinlagen gekennzeichnet, die sich diagonal zur Reifenachse übereinander kreuzen. Sie entsprechen der althergebrachten Reifenbauweise und werden deshalb als ›konventionelle Reifen‹ bezeichnet.

Natürlich kann man auch die hubraumschwächeren Modelle mit Radial-Reifen bestücken, nur sollte man hier die vorgeschriebene Dimension (175/70 SR 13) beim Kadett S nicht überschreiten, wenn es nicht Ärger mit dem TÜV geben soll. Zudem ist es wenig zweckvoll, Reifen höherer Geschwindigkeitszulassung und höherer Belastbarkeit zu kaufen als in der Zulassung des Fahrzeugs angegeben ist, denn solche Reifen sind nicht nur teurer, sondern auch härter und damit unkomfortabler; sie verringern den Fahrkomfort. Ab Werk bekam man den Spar-Kadett bis März 1975 nur mit 12-Zoll-Diagonalreifen. Bei Umrüstung auf Gürtelreifen dürfen allerdings nur 13-Zoll-Reifen und Felgen montiert werden, 12-Zoll Gürtelreifen sind nicht zulässig. Wegen der anderen Wegdrehzahl muß außerdem das Tachometer ausgetauscht werden. Zusätzlich wird der Einbau eines Stabilisators an der Hinterachse notwendig. Seit 1975 werden alle Modelle mit Gürtelreifen geliefert. Der Kadett 12 S und der GT/E dürfen nur mit Gürtelreifen ausgerüstet werden. Das Problem der Reifenwahl ist bei diesen Wagen also wesentlich kleiner.

Radialreifen

Der Gürtelreifen besitzt unter seiner Lauffläche einen ziemlich stabilen ›Gürtel‹ aus verschiedenen Lagen von Stahl- oder Textilfäden, die je nach Fabrikat in unterschiedlicher Fadenrichtung liegen können. Bei wachsender Geschwindigkeit kann sich dieser Gürtel in seinem Durchmesser kaum verändern, so daß sich die Lauffläche nicht, wie beim Normalreifen, mit wachsender Geschwindigkeit aufbaucht und die Bodenberührungsfläche größer wird. Dadurch gibt es in der Lauffläche bei der Berührung der Fahrbahn keine Querbewegungen, wodurch eine besonders gute Bodenhaftung entsteht und

Von den auf dieser Seite aufgezählten Reifenfabrikaten, die man für den Opel Kadett auswählen kann, gehört der Uniroyal zur serienmäßigen Ausrüstung. Man muß sich keinesfalls an eine Marke gebunden fühlen, doch sollte man darauf bedacht sein, auf eine Achse immer Reifen des gleichen Fabrikats zu fahren. Trotz gleicher Bauweise können Reifen von zwei verschiedenen Herstellern unterschiedliche Laufeigenschaften besitzen, die man erst kennenlernen muß.

der Abrieb sehr gering gehalten wird. Dieser Gürtel-Reifen gibt hauptsächlich in den weichen Reifenflanken nach, so daß die Reifen oft den Eindruck machen, es fehle am richtigen Luftdruck. Trotzdem ist der Rollwiderstand etwas geringer, wodurch der Gürtel-Reifen etwas Benzinersparnis bringt.

Nicht »gemischt« montieren

Wegen ihrer besonderen Fahreigenschaften dürfen Gürtelreifen, die sich von den Diagonalreifen erheblich unterscheiden, nicht gemischt mit anderen Reifen gefahren werden. Ebenso soll man bei der möglichen Mischbereifung, Textil-Gürtel- und Stahl-Gürtelreifen, letztere grundsätzlich auf der Hinterachse montieren.

Mitbestimmung des TÜV

Wollen Sie Ihren Wagen auf andere »Beinchen« stellen, so sollten Sie zuerst einen Blick in Ihren Kraftfahrzeugschein werfen. Was dort schwarz auf weiß an Reifengrößen abgedruckt ist, dürfen Sie in Verbindung mit der richtigen Felgengröße montieren, ohne daß Sie zum TÜV vorfahren müssen.
Sollen den Kadett andere Reifendimensionen zieren, so lohnt sich eine Anfrage bei der zuständigen TÜV-Stelle vor dem Kauf der betreffenden Reifen und Felgen. Dort gibt man Ihnen gerne Auskunft, ob und welche Veränderungen am Fahrzeug getroffen werden müssen, um die anderen Pneus amtlich absegnen zu können.

Schlauchlose Reifen

Alle Wagen von Opel werden ab Werk mit schlauchlosen Reifen ausgestattet. In Verbindung mit diesen Reifen dürfen nur sogenannte »Hump«-Felgen verwendet werden. »Hump« nennt man eine ringförmige Erhebung auf der Felgenschulter, die den Reifenwulst gegen Abgleiten in das Felgenbett sichert.

Was so alles an Zahlen und Buchstaben auf eine Reifenflanke paßt, ist hier in diesem Bild zusammengefaßt.

Bei der Neubeschaffung kann man sich unbesorgt wieder schlauchlose Reifen anschaffen. Oder hatten Sie bisher Ärger gehabt?

Bei schlauchlosen Reifen kann der Einbau eines nicht notwendigen Schlauches gefährlich werden. Diese Reifen schließen nämlich so dicht am Felgenrand ab, daß sich beim Aufpumpen zwischen Schlauch und Decke Luftblasen bilden, die beim Fahren zum Scheuern des Schlauches im Reifen führen, den Reifen übermäßig erhitzen und ihn zum Platzen bringen können.

Muß aber aus echtem Grund einmal der schlauchlose Reifen mit Schlauch montiert werden, weil eine sonst noch gute Reifendecke nicht dicht geflickt wurde oder weil ein rostnarbiges Felgenhorn nicht mehr ganz luftdicht abschließt (größere Felgenschäden kann auch ein Schlauch nicht aufheben), ist das »schlauchlose Ventil« aus der Felge auszubauen. Beim Aufpumpen muß man das Schlauchventil öfter in die Felge drücken, damit die Luft zwischen Reifendecke und Schlauch entweicht.

Hat man jedoch die Absicht, in der Zukunft nur noch Reifen mit Schlauch zu fahren, müssen entsprechende andere Felgen besorgt werden. Kostenmäßig wird sich dies nur lohnen, wenn man solche Felgen – eventuell gebraucht, aber gut im Zustand – preisgünstig beziehen kann.

70er-Reifen

Zwangsläufig kam man bei der Suche nach mehr Sicherheit zu immer breiteren Reifen. Extrem in diese Richtung zeigen die Walzen der heutigen Rennwagen. Die Fahreigenschaften durch solche Reifen machen sich also eher bei hohen Geschwindigkeiten bemerkbar.

Die Reifen beteiligen sich an der Federung des Wagens und das wird in der Fahrwerkskonstruktion einkalkuliert. Die Eigenfederung der Reifenflanken wird durch Versteifen der Reifenseitenwände erreicht, was schon bei den Gürtelreifen Probleme aufwarf und die Hersteller von 70er-Reifen nicht minder bedrückt. Im Endeffekt kann eine solche Flankenversteifung nur härteres Abrollen bringen, was man inzwischen gelernt hat zu eliminieren.

Schließlich steht zu den genannten Vorteilen beim Fahrverhalten sowie einer fast gleichen Lebensdauer – sofern man seinen bisherigen Fahrstil nicht aufgibt und die flottere Fortbewegungsmöglichkeit nicht ausnutzt – ein weiterer Minus-Punkt zu Debatte. Die größere Aufstandsfläche der 70er-Reifen läßt den Druck pro Quadratzentimeter geringer werden, der sich vom Reifen auf die Straße überträgt. Das hat zur Folge, daß es dem Reifen schwerer wird, bei nasser Fahrbahn den Wasserfilm zu verdrängen (Aquaplaning!).

Bei der Umrüstung muß die eventuelle Anschaffung von 5½ J x 13-Felgen berücksichtigt werden, sofern das Auto diese Felgen nicht schon besitzt. Das bedeutet aber, daß Reifen und Felgen schwerer als vorher sind und sich somit das Gewicht der ungefederten Massen vergrößert. Allgemein werden dadurch die Eigenschaften des Fahrwerks etwas beeinträchtigt.

Die Reifenwahl

Vorschriften über Bauart und Größe des Reifens begrenzen, wie wir sahen, die Wahl beim Kauf neuer Reifen erheblich. Es bleibt nur noch übrig abzuwägen, welchem Reifenfabrikat man den Vorzug geben soll.

Alle Reifenhersteller rühmen die lange Lebensdauer ihrer Produkte und wir weisen hier auf die tatsächlich geringen Unterschiede besonders hin. Andererseits plädiert der eine Fabrikant mehr für Regentauglichkeit und der andere lobt die zusätzliche Wintereigenschaft seines Reifens. Wir wollen uns hier nicht festlegen, denn die individuelle Beurteilung hängt schließlich von verschiedenen Faktoren ab, die freilich auch die Gestaltung des Reifenprofils berücksichtigt. Denn bei dem Profil – die unterschiedlich breiten, sich wiederholenden

Einschnitte auf der Lauffläche – kommt es sowohl auf Griffigkeit an als auch auf die Gegebenheit, Wasser auf der Fahrbahn aufzunehmen und in Sekundenbruchteilen so verdrängen zu können, daß der Kontakt Reifen/Straßenoberfläche dauernd erhalten bleibt.

Neben diesen gängigen Reifenfabrikaten trifft man in Versandhäusern und Selbstbedienungsläden auf preisgünstige Angebote meist ausländischer Erzeuger. Normalerweise kann man davon ausgehen, daß die in namhaften Häusern offerierten Reifen von ordentlicher Qualität sind. Etwas Skepsis ist bei allzu billigen Reifen angebracht, weil die Abriebfestigkeit solcher »Occasionen« bisweilen begrenzt ist.

Der Reifenverschleiß

Verschiedene Einflüsse bestimmen die Lebensdauer eines Reifens. Da wäre zuerst die Beanspruchung, die sich durch Wagenbelastung, Geschwindigkeit, Fahrstil bemerkbar macht. Bedeutende Auswirkungen gehen von falschen Luftdrücken aus, wie noch später ausführlich erklärt wird.
Der Straßenzustand spielt nur eine untergeordnete Rolle, weil es heutzutage kaum noch Schotterstraßen in unseren Breiten gibt. Bei der Beurteilung der Abriebfestigkeit kann es sich natürlich nur um Durchschnittsangaben handeln, die auch die allgemeine Lebensdauer einzelner Reifenmarken unberücksichtigt lassen.
Allgemein haben Diagonalreifen einen höheren Verschleiß als Gürtelreifen und bei diesen wieder bestehen Unterschiede zugunsten der Stahlgürtelreifen. Man kann etwa davon ausgehen, daß die erstgenannten Reifen 20 000 – 25 000 km halten und auf eine Laufzeit von 22 000 – 35 000 km knann man bei Textilgürtelreifen kommen. Dabei ergeben sich noch Differenzen aus der Motorleistung: Der schwächere Spar-Kadett hat selbstverständlich einen geringeren Reifenverbrauch als der 60-PS-Kadett, der sich strammer fahren läßt.
Die Reifen am Automatik-Kadett haben in der Regel eine längere Lebensdauer, etwa um 5000 bis maximal 3000 km.

Reifenpreise

Für Autoreifen gelten, wie heute überall üblich, »empfohlene Richtpreise«, an die sich aber niemand halten muß. So gibt vielleicht ein Händler 10 % Rabatt auf den empfohlenen Richtpreis und außerdem sind Montage, Auswuchten und die dazu notwendigen Bleigewichte im Preis inbegriffen. Ein anderer Händler bietet dagegen 30 % Rabatt an, dafür muß aber Montage und Auswuchten extra bezahlt werden.
Lassen Sie sich deshalb nicht von hohen Rabattprozenten täuschen, das billigste Angebot kann hinterher teurer als gedacht ausfallen. Es lohnt sich also in jedem Fall, erst Angebote von mehreren Händlern einzuholen, ehe man sich neue Reifen kauft.
Auf dem Markt gibt es neben den bekannten Markenreifen solche von großen Kaufhauskonzernen und sogenannte Importreifen. Importreifen sind meist die billigsten. Bevor Sie aber bei völlig unbekannten Reifen zugreifen, sollten Sie erst das Urteil eines Fahrers (nicht des Verkäufers) hören, der schon längere Zeit diese Reifen aufgezogen hat oder, noch besser, Sie besorgen sich einen Reifentestbericht einer unabhängigen Fachzeitschrift.

Runderneuerte Reifen

Neu besohlte Reifen stehen bei vielen Autofahrern in schlechtem Ansehen, obwohl sie den Beweis ihrer Tüchtigkeit schon bei verschiedenen Tests erbracht haben. Solche Reifen sind wesentlich billiger als fabrikneue, allerdings erreichen sie auch nur kürzere Laufzeiten. Wenn Sie runderneuerte Reifen mit »RAL-Gütesiegel« kaufen, so weist das auf bestandene Schnellauftests hin.

Dennoch eignen sich nach unseren Erfahrungen runderneuerte Reifen eher für die schwächer motorisierten Kadetten oder für diejenigen Fahrer, die ihren Wagen nur selten in voll beladenem Zustand schnell fahren. Denn immer noch treten Defekte bei neu gummierten Reifen hauptsächlich bei hohen Geschwindigkeiten und bei voller Beladung auf – vor allem dann, wenn der regelmäßigen Luftdruckkontrolle zu wenig Bedeutung geschenkt wurde.

Fingerzeig: *Auch Reifen müssen eingefahren werden! Nicht nur wegen der vom Vulkanisieren her sehr glatten Profiloberfläche und der Reifenwülste, die sich erst während den ersten Fahrkilometern exakt in das Felgenhorn schmiegen. Der anfangs wenig verformungsfreudige Pneu muß sich durch einige Einlaufkilometer geschmeidig walken und vor den ersten harten Bremsmanövern oder starkem Beschleunigen muß das beim Reifenaufziehen verwendete Montagefett austrocknen. Am besten geschieht das Reifeneinfahren auf trockener kurvenreicher Landstraße, aber es genügt auch, wenn Sie die ersten 100 km nur mäßig Gas geben und Bremsen sowie die Höchstgeschwindigkeit Ihres Wagens nicht voll ausnutzen.*

Winterreifen

Ausführliche Hinweise zu den Reifen, die bei Glätte und Schnee über ausreichende Qualitäten verfügen, finden Sie im Winter-Kapitel ab Seite 45. Die gegenwärtig vom Handel angebotenen Winterreifen sind keine Alleskönner und man darf sich trotz teils großartiger Werbung für einzelne Fabrikate nicht darüber hinwegtäuschen lassen, daß sie immer nur relativ gute Eigenschaften für spezielle Straßenzustände besitzen. Gewöhnlich ist der Abrieb ihrer Lauffläche auf trockener Fahrbahn höher als bei »Sommer«-Reifen, weshalb man sie nicht über die ganze Winterperiode hinweg benutzen sollte. Bauart und Profilgestaltung bedingen außerdem die Einhaltung eines Tempolimits, das bei Diagonal-M+S-Reifen Größe 12 Zoll 135 km/h und 13 Zoll 150 km/h und bei Radial-M+S-Reifen der Geschwindigkeitsklasse »Q« 160 km/h beträgt.

Übersteigt die Spitzengeschwindigkeit Ihres Kadett die zulässige Höchstgeschwindigkeit der montierten Winterreifen, so sind Sie dazu verpflichtet, an auffälliger Stelle eine Plakette am Armaturenbrett anzubringen, die auf das Tempolimit hinweist.

Fingerzeige: *Ein M+S-Reifen mit weniger als 4 mm Profiltiefe taugt nichts mehr im Winter (und wird auch bei vorgeschriebener Winterausrüstung nicht mehr anerkannt!). Genauso müssen wintertaugliche Sommerreifen mindestens noch 4 mm Profil aufweisen.*

Wenn Sie sich zusätzliche Felgen für die Winterbereifung anschaffen, sparen Sie die Kosten für das Ummontieren der Reifen vor und nach dem Winter. Und ohne große Schwierigkeiten können Sie die Sommerreifen montieren, wenn im Winter wochenlang trockenes Wetter herrscht.

Die Reifenmontage

Bei der Reifenmontage braucht man Kraft und Umsicht. Wichtig ist es, den Reifen nicht mit scharfkantigen oder unsachlich geführten Werkzeugen an seiner Wulst zu zerstören. Zur Montage sind nur dafür bestimmte Montiereisen geeignet. In der höchsten Not helfen auch zwei großkalibrige Schraubenzieher, die dann sehr behutsam zu bedienen sind.

Das Abnehmen des Reifens von der Felge geschieht so: Luft ablassen – gegenüber Ventil einen Wulst in das Tiefbett drücken – dort beide Montiereisen ca. 20 cm voneinander entfernt zwischen Wulst und Felgenhorn ansetzen – einen Montierhebel festhalten, mit dem anderen Stück für Stück die Wulst über die Felge hebeln. Ist diese Felgenwulst aus dem Felgenbett befreit, bei eingelegtem Schlauch Ventil losschrauben und Schlauch aus der Decke heben. Der zweite Wulst läßt sich leicht von der Felge bringen, wenn ein Teil davon gut im Tiefbett der Felge liegt.

Bei den ab Werk gelieferten Hump-Felgen für schlauchlose Reifen erschwert der Höckerring im Felgenbett diese Montage beträchtlich. Sie wird erleichtert, wenn man das Rad seitlich dort unter den Wagen legt, wo der Wagenheber angesetzt wird. Zwischen Wagenheber und Reifen legt man ein Holzbrett und windet dann das Auto hoch: Der Reifenumfang löst sich vom Felgenhorn. Benutzt man Reifen mit Schlauch, so sind vor dem Auflegen des neuen Reifens Schlauch und Wulstpartie der Decke gleichmäßig mit Talkum einzureiben, die Innenseite des Reifens muß sauber und trocken sein. Schlauch schwach aufpumpen und in den Reifen einlegen. Felge mit Ventilloch nach oben auf den Boden legen – Rotpunktmarkierung des Reifens soll am Ventil liegen – an Ventilseite der Felge Reifen mit unterem Wulst in Tiefbett schieben – Schlauchventil durch Ventilloch stecken – mit den Händen restlichen Wulst über Felgenkante drücken – eventuell schräg sitzendes Ventil durch Verschieben des Schlauches im Loch zentrieren. Danach ist das Rad umzudrehen – den jetzt obenliegenden Reifenwulst gegenüber dem Ventil so tief wie möglich ins Felgenbett drücken (Daraufknien) – mit Montierhebel abschnittsweise in Richtung Ventil die Wulst in die Felge hebeln. Danach wird der Reifen noch etwas aufgepumpt und durch Schlagen oder Aufsetzen auf den Boden muß jetzt erreicht werden, daß der Schlauch falten- und spannungsfrei in der Decke sitzt und daß die Kennlinie über dem Reifenwulst sich überall im gleichen Abstand vom Felgenrand befindet. Noch sicherer ist es, die Luft erneut abzulassen und den Reifen danach wieder aufzupumpen, damit dem Schlauch Gelegenheit geboten wird, sich überall gleichmäßig an Reifen- und Felgenwand anzulegen.

Reifen lagert man möglichst nicht in der Garage, besser in einem kühlen und trockenen Keller. Gummi altert durch Sonnenlicht, Nässe, Wärme und Zugluft, schädlich sind Öl, Fett und Benzin. Auf eine starke Holzunterlage legt man bis zu vier Reifen übereinander; nicht montierte schlauchlose Reifen sollen stehend lagern. Gebrauchte Reifen sind vor der Lagerung sorgfältig zu säubern.

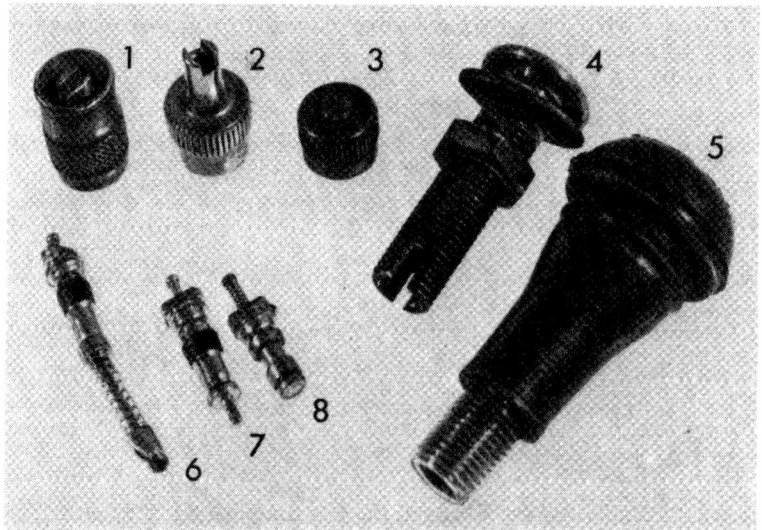

Es gibt unterschiedliches Reifenzubehör: 1 bis 3 - Ventilkappen, von denen man mit den ersten beiden auch das Ventil herausdrehen kann. Beim Wagenwaschen allerdings bleibt der Schwamm an Nr. 2 hängen, solche Kappen führt man besser im Handschuhfach mit. 4 - Ventil für Luftschlauch und 5 - Ventil für schlauchlose Reifen. 6 bis 8 - Ventileinsätze, wobei Nr. 6 die konventionelle Art darstellt. Die kleineren französischen Einsätze, z. B. von Michelin, sind besser, da sie keine Feder haben, die sich verbiegen kann.

Reifendruck-Vorschriften
Pflegearbeit Nr. 20

Als günstige Kombination zwischen guter Straßenlage, angenehmem Fahrkomfort und langer Lebensdauer hat Opel eine Reihe von Luftdruck-Empfehlungen gegeben. Wir geben diese Angaben in Form einer Tabelle im Kapitel ›Technische Daten‹ auf Seite 225 wieder.

Ein beispielsweise mit 1,5 angegebener Reifendruck bedeutet, daß der Luftdruck im Reifeninneren 1,5 kg auf 1 cm² beträgt, wobei dies üblicherweise in der Bezeichnung für den atmosphärischen Überdruck = atü angegeben wird. Die mathematische Luftdruckangabe kg/cm² entspricht der geläufigen, offiziell für die Einheiten im Meßwesen nicht mehr zulässigen Bezeichnung ›atü‹. Die für den Druck von Flüssigkeiten und Gasen festgelegte Grundeinheit heißt ›bar‹ und entspricht etwa 1,02 kg/cm².

Belastung des Wagens und die bei individueller Fahrweise erreichte Geschwindigkeit geben zudem Ausschlag auf die Reifendruck-Vorschriften. Man wird also bei der Gepäckraum- und Rücksitz- ›Ausnutzung‹ abwägen müssen, ob der Reifendruck zu erhöhen ist. Nun soll man natürlich nicht dauernd von einer Tankstelle zur anderen pendeln, um fortwährend dort die Luftpumpe zu strapazieren, sondern man wird sich nach der hauptsächlichsten Inanspruchnahme richten, wobei es kein Fehler ist, wenn der höhere Luftdruck gewählt wird.

Wenn das Ausnutzen der dem Wagen eigenen Geschwindigkeit seitens der Behörden erlaubt ist, soll zu flotter Fahrt auf der Autobahn der Druck um 0,2 – 0,3 bar (atü) auf allen Reifen erhöht werden. Das empfiehlt auch Opel. Die verstärkte Beanspruchung wirkt sich dann nicht übermäßig negativ auf die Lebensdauer der Reifen aus. Autofirmen raten gewöhnlich zu Reifendrücken, die für die entsprechenden Reifen gerade noch vertretbar sind. Dies geschieht aus Gründen des Fahrkomforts und der Kompromiß zwischen Fahreigenschaften und Komfort muß zu Lasten der Reifen geschlossen werden. Ein etwas angehobener Reifendruck schadet also weit weniger als zu niedriger Druck.

Kalte Luft ist maßgebend

Der Reifendruck muß stets am kalten Reifen gemessen werden. Da der Druck schon nach wenigen Kilometern zügiger Fahrt um 0,2 oder sogar 0,4 bar ansteigen kann, wäre es falsch, beim nächsten Halt an einer Tankstelle den Luftdruck entsprechend zu reduzieren. Denn diese Druckerhöhung durch Erwärmung ist von den Reifenkonstrukteuren bereits einkalkuliert. Der Erwerb eines eigenen Luftdruckmessers ist überaus empfehlenswert.

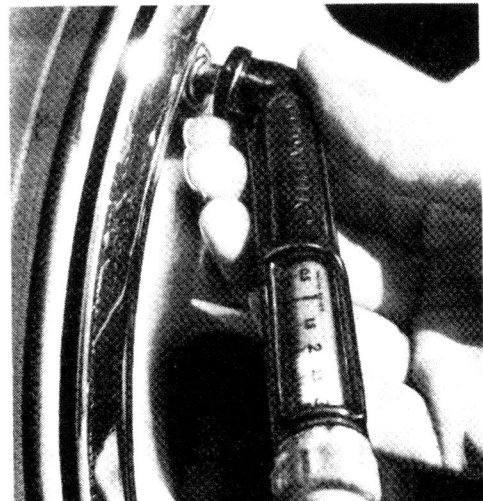

Ein eigener Reifendruckprüfer ist zur Kontrolle des Reifendrucks bei noch kaltem Reifen - vor Antritt der Fahrt - zu empfehlen. Durch Fahrt erwärmte Reifen zeigen höheren Luftdruck, der nicht abgelassen werden darf, aber auch keinen korrekten Vergleich zuläßt. Die Meßgenauigkeit des eigenen Reifendruckprüfers kann man von Zeit zu Zeit an einer gepflegt geführten Tankstelle mit dem großen Reifenfüllmesser durch eine Vergleichsmessung prüfen. Zu wenig Luftdruck schadet den Reifen in jedem Fall, dagegen ist höherer Luftdruck nicht so schädlich.

Wenn man keinen besonderen Verdacht auf mangelnden Luftdruck hat, ist es keinesfalls notwendig, täglich den Luftdruck zu prüfen. Alle ein oder zwei Wochen genügt es, denn ein moderner Reifen darf in sechs bis acht Wochen nur etwa 0,1 bar verlieren. Schnellerer Druckverlust bedeutet einen Defekt. Das zu häufige Luftdruckprüfen an den Tankstellen hat sogar auf die Dauer einen Nachteil. Bei dieser Tankstellen-Prüfung wird nämlich jedesmal zuerst ein kleiner Luftstoß in den Reifen gegeben. Dadurch wird zwangsläufig Kondenswasserdunst, Schmutznebel und Öldunst aus dem Gerät durch das Reifenventil gepreßt, wodurch auf die Dauer die Ventilnadel eine Schmutzkruste erhält und ihre Dichtfähigkeit nachläßt. Ein zu oft kontrollierter Reifen wird schließlich dauernd etwas Luft verlieren, ohne schadhaft zu sein.

Ein eigenes Luftdruck-Prüfgerät sichert Ihnen stets gleichbleibende Meßgenauigkeit zu. Wenn Sie mit diesem Luftdruckprüfer bei der regelmäßigen Prüfung Druckverluste feststellen, liegt es an einem undichten Ventil, oder ein Fremdkörper hat sich durch die Reifendecke gebohrt. Wenn Sie der Ursache nicht nachgehen, kann die Instandsetzung des Reifens nach einer Dauerschädigung unmöglich werden.

Reifenzustand prüfen
Pflegearbeit Nr. 39

Es ist viel sinnvoller, öfter als bei den vorgeschriebenen 10 000-km-Intervallen nach dem äußeren Zustand der Reifen zu sehen. Die beste Möglichkeit ergibt sich, wenn der Wagen in der Tankstelle zum Ölwechsel oder zu einer Unterwagenwäsche hochgebockt wird. Bei dieser Gelegenheit bohrt man mit einem kleinen Schraubenzieher Fremdkörper aus der Reifendecke und prüft nach, ob sie bereits ernsthaften Schaden gestiftet haben. Im Vordergrund der Reifenprüfung steht natürlich die Beobachtung der Reifenabnutzung. Sie können sehr zufrieden sein, wenn jeweils die Reifen einer Achse über den gesamten Reifenumfang und über die gesamte Profilbreite gleichmäßig abgenutzt sind. Zeigt sich jedoch eine einseitige Abnutzung oder hat das Profil wellige Vertiefungen in regelmäßigen Abständen, dann ist am Fahrgestell oder am Rad selbst etwas faul.

Ziehen Sie in diesem Fall einen wirklichen Fachmann zu Rate. Nur dieser kann durch die Art der ungleichen Reifenabnutzung erkennen, ob es sich um zu viel oder zu wenig Luftdruck, um unausgewuchtete Räder, um unwirksame Stoßdämpfer, um ausgeschlagene Gelenke, um Fehler in Vorspur oder Radsturz als Ursache handelt. Alle diese zahlreichen Fehlerquellen hinterlassen nämlich ihre individuellen Spuren auf dem Reifenprofil. Unter Umständen müssen dann die Räder abgenommen und neu ausgewuchtet werden oder die betreffende Achse ist zu vermessen. Das sind jedoch Arbeiten, die Ihnen auch mit guten Heimpflege-Hilfsmitteln nicht möglich sein werden. Die Kosten, die Sie in Ihrer Werkstatt dafür entrichten, haben Sie mit der gewonnenen Reifenersparnis schnell hereingeholt.

Der Radwechsel

Wenn einmal der heute seltene Fall eintritt, daß ein ›Plattfuß‹ die Weiterfahrt behindert, sehen sich manche Leute mit einer unbekannten Situation konfrontiert. Für diejenigen, die über keinerlei Übung beim Radwechseln verfügen, ist dieser Abschnitt eingefügt. Natürlich braucht man diese Kenntnisse auch, wenn man z. B. den Zustand der Bremsen kontrollieren möchte.

Während der Fahrt macht sich ein Reifendefekt durch einseitig ziehende Lenkung oder durch holperndes Rollen des Wagens bemerkbar; ein plötzlicher Reifenplatzer läßt den Wagen schlagartig instabil werden. Halten Sie sofort an (Warndreieck in gebührender Entfernung aufstellen)! Jeder Meter Weiterfahrt fügt dem Reifen mehr Schaden zu.

So wird der Wagenheber exakt angesetzt, damit er beim Hochkurbeln nicht so leicht umkippt. Schräg nach außen stehend, von der Seite gesehen, jedoch senkrecht, den Tragebolzen bis zum Anschlag in die Hülse der Quertraverse geschoben und bei lockerem Boden auf dem Boden ein Unterlegebrettchen gelegt, damit sich der Wagenheberfuß nicht in den Boden drückt (anstatt den Wagen hochzuheben). Der schräg nach außen stehende Wagenheber kommt beim Hochkurbeln immer mehr in die Senkrechte.

Damit der Radwechsel auch für zarte Damenhände keine – womöglich unausführbare – Tortur bedeutet, sind zweierlei Vorkehrungen zu treffen. Zum ersten muß sichergestellt sein, daß der Wagenheber leichtgängig funktioniert und zweitens dürfen die Radmuttern nicht festgerostet sein. Die Gewindespindel des Wagenhebers sollte mit zähem Fett oder (wegen der geringeren Verschmutzungsgefahr beim Umgang) mit Unterbodenschutzwachs, das es zur Fahrgestellkonservierung gibt, eingesprüht sein. Ein solcher Korrosionsschutz hält den Wagenheber stets einsatzbereit. Genau so sind die Gewinde der Radbolzen mit Fett zu bestreichen, bevor man die Muttern eindreht und das Rad befestigt. Verlassen Sie sich dabei nicht auf die Werkstatt, dort vergißt man Ihren diesbezüglichen Auftrag doch. Zudem werden die Radmuttern in Werkstätten und Tankstellen meist mit elektrischen Schlagschraubern angeknallt und sind später nur mit äußerster Kraftanstrengung zu lösen.

Wie man den Bordwagenheber zum Radwechseln ansetzt, zeigt das Bild dieser Seite oben. Die Hülsen am Wagenboden, die zum Einführen des Wagenheberzapfens bestimmt sind, verschmutzen leicht und sind im Winter sogar vereist. Es ist ärgerlich, bei dem ohnehin nicht sehr erfreulichen Radwechsel auch noch Dreck abkratzen zu müssen. Schützt man dagegen diese Öffnungen mit beispielsweise je einem passend zurechtgeschnittenen Korken, braucht man diesen im Bedarfsfall nur herauszuziehen und der Wagenheber läßt sich jederzeit ansetzen.

Ein mitgeführter Kreuzschlüssel erleichtert das Lösen der Radbolzen sehr, weil er beidhändig zu bedienen ist. Übermäßige Kraftanstrengungen bei fest-

Eine Reifenpanne ist niemals ein Vergnügen, läßt sich aber dennoch leicht meistern, wie das Lächeln dieser Autofahrerin beweist. Nach Aufstellen des Warndreiecks (in gebührender Entfernung!) und nach Einschalten des Warnblinklichts geht es ans Werk. Offensichtlich hatte die junge Dame einen 10er Schlüssel griffbereit, um die Bodenplatte des Stauraums im Caravan-Heck abzuschrauben, unter der sich der Wagenheber befand. Außerdem hat sie die Räder der gegenüberliegenden Wagenseite mit Steinen gesichert, damit der dann hochgewundene Wagen trotz angezogener Handbremse nicht abrutscht.

sitzenden Radmuttern lassen sich umgehen, wenn man den Hebelarm des Schlüssels z. B. durch ein aufgeschobenes Rohrstück verlängert – falls ein solches griffbereit ist. Man kann den Radmutterschlüssel aber auch ohne jede Gewalt drehen, wenn man den Wagenheberzapfen unter den leicht nach rechts unten geneigten Schlüssel ansetzt. Der Radwechsel geht nun so vor sich:

- Wagen möglichst auf ebenem und festem Boden anhalten
- Handbremse anziehen, kleinen Gang einlegen
- Räder der anderen Wagenseite mit Steinen oder Holz blockieren
- Radkappe mit einem kräftigen Schraubenzieher abheben
- Einsteckzapfen des Wagenhebers in die Steckhülse unter dem Wagenboden bis zum Anschlag einsetzen und Ersatzrad bereitlegen
- Fahrzeug hochkurbeln
- Die vier Radmuttern ganz abschrauben, in die Radkappe ablegen
- Rad abnehmen und Ersatzrad aufstecken
- Radmuttern über Kreuz gleichmäßig, zuerst leicht, dann abwechselnd so fest wie möglich anziehen
- Wagen ablassen, Wagenheber herausziehen
- Radmuttern über Kreuz fest anziehen und Radkappe mit Handballenschlag aufdrücken
- Defektes Rad und Wagenheber verstauen.

Entgegen der üblichen Regel halten wir es für besser, die Radschrauben bei noch nicht belastetem Rad, also bei noch nicht völlig herabgelassenem Wagen, fest anzuziehen. Das Rad zentriert sich dann besser, als wenn das Wagengewicht darauf lastet.

Hoffentlich hat Ihr Reserverad genug Luft. Sie brauchen sich darum keine Sorgen zu machen, wenn Sie beim Prüfen des Luftdrucks an der Tankstelle stets auch den Ersatzreifen kontrollieren lassen. Und zu aller Sicherheit geben Sie ihm immer volle 2 bar, den Druck kann man später reduzieren.

Ein für längere Zeit stillgelegter Wagen kann in seinen Reifen so viel Luft verlieren, daß die Fahrt bis zur nächsten Luftpumpe unmöglich wird. Um sich nicht mit jedem einzelnen Rad zur Tankstelle begeben zu müssen, stellt man sich einen ›Transfusionsschlauch‹ her, um aus einem mit etwa doppelt des normalen Drucks aufgepumpten Reifen in den erschlafften Reifen Luft überzuführen. 1 Meter Kompressorschlauch und zwei Luftschlauch-Klemmundstücke für dessen beide Enden, im Autozubehörhandel erhältlich, lassen sich zu einem hilfespendenden Requisit zusammensetzen.

Für diese Lufttranfusion muß natürlich ein mit wenigstens 4 bar aufgepumpter Reifen zur Verfügung stehen, den man an das mangelhafte aufgeblasene Rad rollt. Dann wird der Verbindungsschlauch mit beiden Mundstücken gleichzeitig auf die beiden Ventile gedrückt, und aus dem Hilfsrad strömt die Luft in den schwach gefüllten Reifen. Das nachlassende und schließlich aufhörende Füllgeräusch zeigt an, wenn der Druck in beiden Reifen gleich und der Pumpvorgang bendet ist.

Räder untereinander austauschen?

Vom regelmäßigen Reihum-Austauschen der Räder hält man bei Opel nichts. Das ist gut so, denn noch nicht alle Kraftfahrzeughersteller haben sich zur gleichen vernünftigen Erkenntnis durchgerungen. Durch das Auswechseln der Räder bei jedem Wartungsdienst werden nämlich Fehler der Lenkung, Stoßdämpfer, Gelenke usw. verschleiert. Bestimmte Fehlerquellen haben dann nicht genügend Zeit, ihre Kennmarken auf dem Reifenprofil zu hinterlassen. Gürtel-Reifen sollen sowieso nicht über Kreuz gewechselt werden, denn ihre Laufrichtung muß immer dieselbe sein.

Radmuttern anziehen
Pflegearbeit Nr. 21

Ab Werk und beim Opel-Service werden die Radmuttern mit einem Drehmoment von 90 Nm (9 kpm) angezogen. Diesen Wert kann man ohne Drehmomentschlüssel natürlich nicht genau ermitteln und die Einhaltung eines so genauen Maßes ist auch nicht erforderlich. Aber man kann den festen Sitz der Radmuttern alle 10 000 km kontrollieren. Dazu genügt es, wenn man nach Abnahme der Radkappen (sofern solche zur Ausstattung gehören) sich mit einem Kreuz- oder gekröpften Ringschlüssel SW 19 vom festen Sitz der Muttern überzeugt. Wenn sie nicht ohne mittlere Gewalt weiterbewegt werden können, dürfen sie nicht noch fester ›angeknallt‹ werden.

Unwucht der Räder kontrollieren
Pflegearbeit Nr. 40

Manchmal sieht man andere Fahrzeuge, an denen ein Rad oder gar mehrere ständig wackeln oder springen, obgleich das Auto auf ebener Fahrbahn rollt. Die Ursache dazu kann an einem defekten Stoßdämpfer liegen, der nicht mehr in der Lage ist, das Springen des federnden Rades zu verhindern. Sehr oft liegt dies jedoch an dem betreffenden Rad und dessen ungleicher Gewichtsverteilung. Diese ungleichmäßige Gewichtsverteilung nennt man Unwucht, von der es zwei Arten gibt: die statische und die dynamische. Die untenstehende Skizze dient zur Erklärung.

Derartige Kräfte, die an unausgewuchteten Rädern auftreten, sind beachtlich. Nicht nur, daß sich dabei die Fahreigenschaften verschlechtern, sondern auch die Radaufhängung und die Teile der Lenkung leiden unter den ständigen Vibrationen.

Die Kosten für das Auswuchten lohnen sich auf jeden Fall. Dazu müssen die Räder einzeln abgenommen und auf einer besonderen Auswuchtmaschine ausgewuchtet werden. Diese Maschinensysteme sind sehr unterschiedlich. Trotzdem erkennt man schnell, wie sie eine Unwucht anzeigen und kann durch Zuschauen die Qualität der Auswuchtarbeit unterstützen. In manchen Werkstätten stellt man nämlich die jüngsten Lehrlinge, denen es auf 20 Gramm mehr oder weniger nicht ankommt, an diese Maschine. Achten Sie auch beim Aufspannen des Rades auf die Maschine genau darauf, daß das Rad einwandfrei zentriert ist und mit allen vier Radmuttern – und nicht nur mit zwei oder drei – angeschraubt wird, sonst ergibt sich von vornherein eine Unwucht. Die Notwendigkeit des Nachwuchtens läßt sich mit feinem Fingerspitzengefühl am Vibrieren des Lenkrades erkennen.

Die Opel-Werkstätten sind angewiesen, die Unwucht der Vorderräder bei jeder 10 000 km-Inspektion zu überprüfen und gegebenenfalls auszugleichen. Wir wollen nicht für eine übertriebene Überprüfung plädieren, halten aber eine Nachprüfung für angemessen, wenn sich die Gelegenheit dazu bietet.

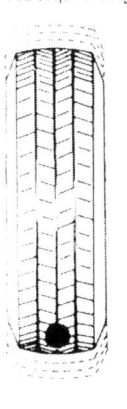
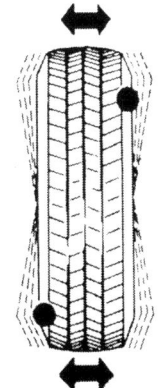

Unsere Skizze erläutert die Auswirkungen der Unwucht am laufenden Rad

Die **statische** Unwucht liegt senkrecht zur Radachse und ist durch ein entsprechendes Gegengewicht auf der gegenüberliegenden Seite des Rades zu beheben.

Die **dynamische** Unwucht ist durch Auspendeln des Rades nicht feststellbar, aber das schnellaufende Rad flattert und wackelt. Das läßt sich nur auf einer Auswuchtmaschine beheben. Die dynamische Unwucht steht irgendwie schräg zur Radachse, wie die schwarzen Punkte der Skizze andeuten.

Die Batterie
Energiekonserve

Elektrische Anlagen sind vielen Leuten nicht ganz geheuer. Vorsicht ist allerdings am Platze, wo Starkstrom im Spiel ist, denn oft genug passieren in Haushalt oder Gewerbe durch unachtsamen Umgang mit der Elektrizität Unfälle, die durch mehr Umsicht vermeidbar waren.
Im Auto aber, wo sich die Versorgung der elektrischen Verbraucher auf ein Schwachstromnetz aufbaut und nur an ganz wenigen Stellen der Zündanlage, wie wir noch sehen werden, mit hochgespanntem Strom gearbeitet wird, ist im Grunde alles recht einfach, wenn auch die große Zahl elektrischer Leitungen etwas verwirrend ist.

Strom kann nur in bestimmten ›eingeschalteten‹ Leitungen fließen und er kommt immer nur von dort her, wo er erzeugt oder gespeichert wird. Zum besseren Verständnis dient hierzu der Schaltplan in der hinteren Buchklappe, bei dem man wie auf einer Landkarte den Start und die Wege und Abzweigungen zu den verschiedenen Zielorten des elektrischen Stroms verfolgen kann. Gewissermaßen ›fließt‹ der ›Strom‹ wie Wasser durch die Leitungen. Bei diesem Vergleich läßt sich die Batterie als Stausee vorstellen, dessen abfließender Vorrat über allerlei Rohrleitungen eine Reihe von Maschinen antreibt. Und wie kommt neues Wasser in den See? Das besorgt eine Pumpe, in unserem Fall die Lichtmaschine, die demnach ein Stromerzeuger ist. Sie pumpt neue Reserven in die Batterie, die den Gleichstrom speichert.

Elektrik ohne Geheimnisse

Im Kadett sitzt die Batterie im Motorraum rechts hinten. Sie verfügt über sechs Zellen, von denen jede ungefähr 2 Volt Spannung hat, was 12 Volt Batteriespannung ergibt. Alle Verbraucher, vom Anlasser bis zum Schlußlicht, sind auf diese Spannung ausgelegt. Zu den in manchen Wagen anderer Fabrikate noch eingebauten 6-Volt-Batterien bietet die 12-Volt-Anlage den Vorteil leichteren Startens bei großer Kälte, eines kräftigeren Zündfunkens bei hohen Drehzahlen und eines geringeren Spannungsabfalls zwischen den verschiedenen Anschlüssen.
Außer Markennamen und fabrikinterner Typenbezeichnung sind auf der Batterie noch ihre wesentlichen Eigenschaften vermerkt: 12 V/36 Ah. Nach der Spannung (12 Volt) ist hinter dem Schrägstrich die Stromstärke, die in Ampere gemessen wird, in ihrer ›Menge‹ angegeben. Das sind Ampere-Stunden (= Ah), die auf die Batteriekapazität hinweisen. Die im Kadett eingebaute Batterie kann also theoretisch 36 Stunden lang 1 Ampere oder 1 Stunde lang 36 Ampere abgeben, sofern sie vollgeladen ist. Selten, höchstens im Sommer nach langer Autofahrt, ist sie ganz aufgeladen, so daß man praktisch nur mit 50 – 70 % ihrer Kapazität rechnen kann. In diesem Fall brennt die gesamte Außenbeleuchtung des Wagens – bei eingeschaltetem Fernlicht mit Instrumentenbeleuchtung – kaum länger als 2 Stunden!

Was die Batterie leistet

Wenn in dem Kadett neben den serienmäßigen noch zusätzliche Stromverbraucher angeschlossen werden, ist vom Werk die Benutzung einer 44-Ah-Batterie – wie im GT/E – vorgesehen. Die Kapazität der schwächeren Batterie reicht bei der serienmäßigen elektrischen Anlage normalerweise aus. Trotzdem möchten wir empfehlen, bei der eines Tages notwendigen Anschaffung einer neuen Batterie den Kauf der stärkeren Batterie ins Auge zu fassen, wenngleich diese teuer ist. Besonders in den Wintermonaten tritt immer einmal die Situation ein, daß durch viele eingeschaltete Stromverbraucher die Batterie kurz vor dem Ende ihrer Puste ist. Für besondere Fälle empfiehlt Opel sogar eine 55-Ah-Batterie.

Die eingebaute Drehstrom-Lichtmaschine macht die Stromversorgung nicht mehr derart von den Motordrehzahlen – wie bei einer Gleichstrom-Lichtmaschine – abhängig. Nächtliche Verkehrsstauungen auf der Autobahn haben im Hinblick auf das Laden der Batterie ihren Schrecken verloren, wie im Kapitel über die Lichtmaschine noch näher erläutert ist. Leuchtet die Ladekontrolle unter den genannten Umständen dennoch auf, sind sofort die Kontrollen vorzunehmen, die auf Seite 183 beschrieben sind.

Am meisten wird die Batterie vom Anlasser belastet, denn dieser leistet 0,5 – 0,8 PS. Im Kadett kommen zwei Anlasser-Typen zum Einbau: von Bosch mit einer Stromaufnahme von 230 – 300 Ampere oder von Delco Remy mit entsprechend 260 Ampere. Durch Reibungsverluste kommt ein Anlasser auf hohe Bedarfswerte, besonders im Augenblick des Einschaltens. Bei warmem Motor ist der Strombedarf des Anlassers geringer, weil er sich leichter durchdrehen läßt (Zähflüssigkeit des Öls ist verringert). Je tiefer die Temperatur sinkt, um so mehr muß der Anlasser leisten. Die Batteriespannung der Batterie sinkt sehr schnell auf etwa 9 und im Winter sogar auf 7,5 Volt ab. Denn die Batterie ist sehr temperaturabhängig, ihre Kapazität vermindert sich im Winter erheblich – gerade dann, wenn man am meisten von ihr erwartet.

Der Anlasser sollte jeweils nicht länger als 3 - 5 Sekunden betätigt werden. Dann muß der Batterie und dem Anlasser eine kleine Erholungspause gegönnt werden. Theoretisch könnte man bei einer zu zwei Dritteln geladenen Batterie den Anlasser etwa 100 mal je 5 Sekunden lang betätigen. In Wirklichkeit sieht es aber ungünstiger aus, da die Spannung schnell abfällt und dadurch den für

Bei allen Arbeiten an der elektrischen Anlage ist das Massekabel, das von der Batterie zur Karosserie führt, zu lösen und nur zu Kontrollzwecken zwischendurch aufzustecken. Auch bei Kurzschlüssen und eventuellen Kabelbränden soll man mit ruhiger Überlegung zuerst dieses Kabel abschrauben. Deshalb: Griffbereit einen Schraubenschlüssel SW 10 im Handschuhfach oder an einer anderen sofort zugänglichen Stelle halten! Umgekehrt wird beim Einbau der Batterie das Minus-Kabel zuletzt angeschlossen. Bei einer solchen Batterie mit weißem Kunststoffgehäuse kann man einen Riß, der durch Frost oder Schlag entstanden ist, mit Ameisensäure kleben.

den Anlasser notwendigen Strom nicht mehr zustande bringt. In der Praxis reicht es also oft nur zu 20 Startversuchen.

Säurestand der Batterie prüfen
Pflegearbeit Nr. 29

Bereits im Kapitel ›Wartung – wann und wo?‹ wurde darauf hingewiesen, daß der Säurestand in der Batterie alle 10 000 km geprüft werden soll. Wenn beim Starten der Motor nur noch träge dreht, liegt es meist am zu niedrigen Säurestand, viel seltener an einer Störung der Zündanlage. Wenn man Zündung und Scheinwerfer eingeschaltet und letztere nur noch schwach brennen, mangelt es der Batterie an Kraft. Ihr flüssiger Inhalt verdunstet - besonders im Sommer. Das macht sich in vorzeitiger Erschöpfung der Batterie bemerkbar.
Zur Kontrolle werden die sechs Stopfen (oder die für drei Zellenöffnungen zugleich vorgesehenen Verschlußleisten) abgeschraubt bzw. abgezogen. In den Batteriezellen muß der Säurestand etwa 1 cm über den Batterieplatten sichtbar sein. Wenn der Säurespiegel noch weiter abgesunken ist, wird es höchste Zeit, das fehlende Volumen zu ergänzen.
Zum Nachfüllen darf nur destilliertes Wasser, nie Batteriesäure, nachgefüllt werden, wobei auf völlige Reinheit der Nachfüllung zu achten ist. Leider bekommt man an einigen Tankstellen alles andere als saubere Nachfüllungen in die Zellen der Batterie, darum macht sich ein eigener Vorrat an destilliertem Wasser bezahlt (für wenige Pfennige aus der Drogerie).

Wartungsfreie Batterien

Bei herkömmlichen Autobatterien muß der Flüssigkeitsstand regelmäßig ergänzt werden. Wartungsfreie Batterien nach DIN 72 311 besitzen ein größeres Flüssigkeitsvolumen; unter normalen Bedingungen sollen sie ihr gesamtes Leben ohne Nachfüllen von destilliertem Wasser auskommen. Erhöhten Wasserverlust verursachen bei ihnen höhere Umgebungstemperaturen, längere Aufenthalte in heißen Regionen (Urlaub), defekter Spannungsregler der Lichtmaschine, Selbstentladung bei langen Standzeiten des Fahrzeugs oder Tiefentladung, etwa durch eingeschaltetes Standlicht über Nacht.
Völlig wartungsfreie Akkus sind die teuerste Version. Da man bei ihnen von keinerlei Flüssigkeitsverlust ausgeht, haben sie auch keine Verschlußstopfen mehr. Bislang konnten diese Batterien jedoch in bezug auf die Lebensdauer nicht voll befriedigen.

Ladezustand prüfen

Bei herkömmlichen Batterien sollte man den Ladezustand spätestens nach 2 Jahren Gebrauch überprüfen, damit man nicht eines Tages plötzlich von dem Desaster des Batterietodes überrascht wird. Dieses ›Ableben‹ kündigt sich an, wenn die Scheinwerfer beim plötzlichen Gasgeben heller aufstrahlen (was allerdings auch an einem defekten Regler liegen kann), oder wenn sich die vorschriftsmäßig aufgefüllte Batterie nicht mehr erholt.
Dann ist der Ladezustand jeder einzelnen Batteriezelle zu messen. Da in diesem Fall zumeist ein Nachladen der Batterie in der Werkstatt oder bei einem Autoelektrik-Dienst notwendig ist (ein Garagen-Kleinladegerät reicht dazu meist nicht aus), kann man den Ladezustand gleich dort prüfen lassen. Mit einem Hebesäuremesser läßt sich der Batteriezustand messen.
Die Meßergebnisse bedeuten:

Batterie vollgeladen	spez. Gewicht 1,285 kg/l	Anm.: Die Messung ist auf + 20 °C bezogen. Je 14 °C Temperaturunterschied ändern das spez. Gewicht um 0,01 kg/l
Batterie halb geladen	spez. Gewicht 1,20 kg/l	
Batterie entladen	spez. Gewicht 1,12 kg/l	

Wenn alle sechs Zellen eine gleichmäßig niedrige Säuredichte zeigen, kann es - wenn die Batterie noch nicht zu alt ist - mit Nachladen getan sein. Bedenklich wird es jedoch, wenn eine einzelne Zelle entladen ist: In der Fachwerkstatt nachprüfen lassen, ob die Batterie noch brauchbar ist oder ersetzt werden muß.

Batterie sauber halten

Mit Oxydationskristallen übersäte Batteriepole und Kabelklemmen schaden der Batterie, ganz davon abgesehen, daß der Anblick einer solchen Batterie von Nachlässigkeit des Wagenhalters zeugt. Den Oxydationsschmutz muß man von Zeit zu Zeit entfernen, wozu man warmes Wasser und eine alte Bürste benutzt. Nach Trocknen mit einem Lappen fettet man die Polköpfe und Anschlußklemmen mit Säureschutzfett ein (z.B. von Bosch: Ft 40 v 1). Dabei dürfen jedoch die eigentlichen Kontaktflächen kein Fett abbekommen, sonst können Kontaktschwierigkeiten auftreten.

Durch längere ungehinderte Oxydation können die Kabelklemmen so fest auf den Polklemmen verankert sein, daß man sie nur mit Gewalt abbekäme. Es ist aber verkehrt, dann Gewalt anzuwenden, da die Polköpfe abbrechen oder das Batteriegehäuse platzen würde. Kochendheißes Wasser oder besser Sodalösung rettet diese ›verklemmte‹ Situation.

So wird geladen

Sogar dann, wenn die Batterie nicht benutzt wird, findet eine allmähliche Entladung statt. Im Winter geht sie etwas langsamer als im Sommer vor sich. Man kann rechnen, daß eine vollgeladene Batterie in rund 100 Tagen leer ist, da die Selbstentladung pro Tag $1/2$ bis 1 Prozent ihrer Nennkapazität beträgt. Im entladenen Zustand leidet die Batterie Schaden. Batterien stillgelegter Wagen müssen ausgebaut und etwa jeden Monat nachgeladen werden. Günstig ist es, wenn man sie zu anderweitigem ständigen Gebrauch verleihen kann.

Bei tiefer Entladung oder gründlicher Batterieüberholung muß die Batterie an ein leistungsstarkes Ladegerät angeschlossen werden. Das besitzen nur Werkstätten. Vor dem Laden – und das gilt grundsätzlich – darf destilliertes Wasser nur bis zur Bedeckung der inwendigen Platten eingefüllt werden, damit die Säure bei der Aufladung nicht ›überkocht‹. Der Anfangs-Ladestrom soll nicht mehr als 10 Prozent der Ah-Kapazität einer Batterie betragen, bei der Batterie im Opel demnach knapp 5 Ampere. Mit zunehmender Batteriespannung wird die Ladestromstärke verringert, was automatische Ladegeräte gewöhnlich selbst regulieren, sonst bekommt man eine überladene und geschädigte Batterie zurück. Eigentlich ist es richtig, wenn die Werkstatt die Batterie zuvor völlig entlädt. Der Gesamtvorgang dauert 10 bis 15 Stunden.

Während der ganzen Zeit bilden sich Gasblasen, darum müssen die Verschlußstopfen der Batteriezellen geöffnet sein. Das Gas besteht aus Wasserstoff und Sauerstoff, ist also gefährliches Knallgas, in dessen Nähe man nicht mit Feuer hantieren darf. Auch können diese Gasblasen einen feinen Sprühnebel verursachen, der sich in der Nähe der Batterie niederschlägt. Deshalb sollte man beim Laden der eingebauten Batterie deren Umgebung mit Plastikfolie oder alten Zeitungen abdecken. Die Batterie ist geladen, wenn eine Zellenspannung von 2,6 bis 2,7 Volt erreicht ist und innerhalb von 2 Stunden die Säuredichte nicht mehr ansteigt. Beim Nachmessen der Säuredichte nach 2 Stunden muß noch einmal der Säurestand überprüft werden.

Man kann auch einen Transformator für Modelleisenbahnen zum Aufladen der Batterie benutzen. Dabei muß es sich um einen wenigstens 1 Ampere liefernden Gleichstrom-Transformator handeln. Die rote Klemme am Transformator wird mit dem Plus-Pol der Batterie und die blaue mit dem Minus-Pol verbunden, wozu man üblichen isolierten Draht benutzen kann. Bei der 12-Volt-Batterie muß der Reglerknopf bis zur höchsten Stufe eingestellt werden.

Mit einem Hebesäuremesser, wie er von der im letzten Abschnitt dieses Kapitels genannten Firma Neuber dem Mittel gegen Batterie-Korrosion beigefügt wird, läßt sich der Ladezustand bequem überprüfen. Wenn die rote Kugel in dem Säureheber oben schwimmt, ist die Batterie in Ordnung. Schwebt die Kugel etwa in den Mitte, ist der Ladezustand mäßig, und sinkt sie nach unten, muß Abhilfe geschaffen werden.

Das Laden mit dem Heimlader birgt für die konventionelle Batterie keinerlei Gefahren. Die bereits erwähnten ›wartungsfreien‹ Batterien, wie sie Bosch und Varta liefern, dürfen an Kleinladern nur nach der Formel Kapazität : Ladenennstrom = Ladezeit, in unserem Fall also über die Dauer von ungefähr 11 Stunden angehängt werden, wenn das Ladegerät einen angenommenen Nennstrom von beispielsweise 3 A liefert. Kann man nicht so lange warten, muß man die Batterie schnelladen lassen.

Schadet die Schnelladung?

Schnelladen ist eine Roßkur, die nur gesunde Batterien ohne weiteres überstehen, denn es wird mit fast 40 Ampere dabei geladen. Wenn sich eine einwandfreie Batterie beispielsweise über Nacht durch einen versehentlich eingeschalteten Stromverbraucher entladen hat, darf man sie ohne weiteres an einem Schnelladegerät wieder aufputschen lassen, damit man mit seinem Auto wieder davonfahren kann. Aber zur Regel soll man das nicht machen. Bei älteren Batterien heben sich beispielsweise die Plattenblöcke, und die Batterie ist hinüber. Fabrikneue Batterien und mit Gel gefüllte Trocken-Batterien dürfen auf gar keinen Fall an ein Schnelladegerät gehängt werden. Viele Batteriehersteller laden heute ihre Batterie trocken vor. Bei der Inbetriebnahme wird noch Säure eingefüllt und nach kurzer Wartezeit kann der Motor mit dieser Batterie gestartet werden. Allerdings muß sich sogleich eine längere Fahrt anschließen, damit die Lichtmaschine die neue Batterie langsam aufladen kann.
Wegen der Drehstrom-Lichtmaschine im Opel, die gegen Stromstöße sehr empfindlich ist, und wegen des eventuell vorhandenen Transistor-Radios müssen vor der Schnelladung die Batteriekabel gelöst werden. Spannungsspitzen können die Dioden in der Lichtmaschine und die Transistoren zerstören.

Fingerzeige: *In kalten Nächten ist es von Vorteil, die Batterie auszubauen (beim Opel unproblematisch), um sie in der Wohnung in Heizungsnähe aufzustellen. Der Wagen springt am nächsten Morgen mit einer warmen Batterie überraschend schnell an.*
Der Ausbau der Batterie bei scharfem Frost hat einen weiteren Grund: Eine tief entladene Batterie (versehentlich nicht ausgeschaltete Scheinwerfer) kann

schon bei – 10° C gefrieren; bei einer halb geladenen Batterie reicht es allerdings für – 27° C Frost. Eine gefrorene Batterie kann platzen und wird wertlos.

Start mit leerer Batterie
Starthilfekabel

Wenn der Wagen nicht zufälligerweise an einer abschüssigen Straße steht, wo Sie ihn zum Starten des Motors hinunterrollen lassen können, geht es am einfachsten mit einem Satz Starthilfekabel. Sie müssen aber einen genügend starken Querschnitt und kräftige Anschlußklemmen haben, um die notwendige Stromstärke für die Zündanlage und den Anlasser durchzulassen. Der Kabelquerschnitt sollte mindestens 10 mm² (ohne Isolierung) betragen. Zu dünne Kabel werden während des Startvorgangs so heiß, daß die Isolierung schmilzt und Sie sich beim Abnehmen der Klemmen die Hände verbrennen können.

Bitten Sie einen hilfsbereiten Fahrer, mit seinem Wagen so dicht an Ihren Kadett heranzufahren, daß die Batterien beider Fahrzeuge durch die Starthilfekabel miteinander verbunden werden können. Kontrollieren Sie noch, ob im Kadett sämtliche Stromverbraucher abgeschaltet sind. Ein Kabel an beide Pluspole anklemmen, dann das andere Starthilfekabel am Minuspol der eigenen und danach an der geladenen Fremdbatterie anschließen. Jetzt sollte Ihr Helfer seinen Motor mit mittleren Drehzahlen laufen lassen, damit die Lichtmaschine kräftig Strom spendet. So erhalten die Zündanlage und der Anlasser genügend Leistung für den Motorstart.

Anschieben oder Anschleppen

Mit zwei Helfern (einer allein wird es wohl nur an einer leicht abschüssigen Straße schaffen) läßt sich der Kadett ohne große Schwierigkeiten anschieben: Zündung einschalten, 1. Gang einlegen (im 2. oder 3. Gang wird der Motor und damit die Lichtmaschine beim Anschieben zu langsam durchgedreht, so daß nicht genügend Strom erzeugt wird). Kupplung durchtreten, Wagen anschieben lassen, bis er in Schwung ist. Jetzt Kupplung schnell kommen lassen, der Wagen macht einen Hopser und wird bei einwandfreier Zündanlage anspringen. Sofort Kupplung treten und den Motor durch Gasgeben am Laufen halten. Zum Anschleppen Zündung einschalten, 2. Gang einlegen und Kupplung durchtreten. Der Zugwagen muß langsam anfahren und bei einem Schleppseil dieses allmählich straff ziehen. Bei etwa 15 km/h die Kupplung langsam kommen lassen, dabei die rechte Hand an die Handbremse legen. Ist der Motor angesprungen, Kupplung treten und Gas geben, Handbremse sanft ziehen (Sie haben nur zwei Beine und können nicht auch noch die Fußbremse treten), damit Sie dem Vordermann nicht ins Hinterteil fahren, und dem Schleppfahrer Hupsignal geben. Jetzt Gang heraus, Kupplung loslassen und mit der Handbremse zusammen mit dem Schleppwagen langsam abbremsen.

Zum Aufladen der Batterie gibt es einfache Garagengeräte, die für 12-Volt-Batterien etwa ab 60 Mark kosten. Beim Laden, das mehrere Stunden in Anspruch nimmt, sollen die Verschlußstopfen der Batteriezellen geöffnet werden. Wie auf der vorangegangenen Seite beschrieben, eignet sich zum Laden auch ein Modellbahntransformator.

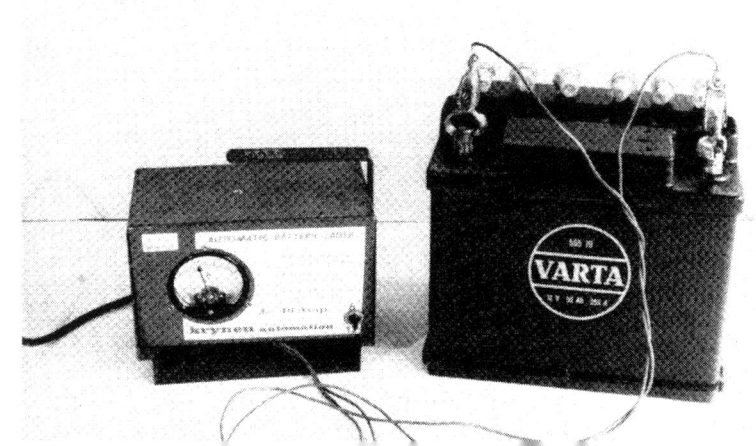

Fahren ohne Batterie nicht möglich

Die schon genannte Empfindlichkeit der Drehstrom-Lichtmaschine macht es nicht möglich ohne Batterie zu fahren. Bei Wagen mit herkömmlicher Lichtmaschine läßt sich das ohne weiteres unternehmen. Der mit Drehstrom-Lichtmaschine ausgerüstete Kadett läßt es daher auch nicht zu, daß man sich anschleppen läßt, wenn keine Batterie eingebaut und angeschlossen ist.

Ebenfalls darf im Opel keine defekte Batterie mit innerem Kurzschluß eingebaut werden. Die Lichtmaschine kann in ihr keinen Strom speichern. Die deshalb überlastete Lichtmaschine und der Reglerschalter schmoren in kürzester Zeit durch und die Stromversorgung bricht endgültig zusammen. Abschleppen lassen und teure Instandsetzungsarbeiten wären die Folge.

Kauf einer neuen Batterie

Nach drei bis vier Jahren ist es meistens so weit: Die Batterie ist durch den in ihrem Inneren ablaufenden Alterungsprozeß derart ermüdet, daß eine neue angeschafft werden muß. Das bedeutet eine Ausgabe, die ins Geld geht, aber man kommt nicht daran vorbei.

Wir möchten raten, in jedem Fall eine 44-Ah-Batterie zu kaufen, denn sie verfügt über eine höhere Kapazität, wie man aus den ersten beiden Seiten dieses Kapitels entnehmen kann.

Die Batterien deutscher Hersteller tragen zur Kennzeichnung eine einheitliche fünfstellige Typnummer, z. B. 53 624, 54 434 oder 55 530. Die auf die Ziffer 5 nachfolgende Zahl 36, 44 oder 55 gibt die Kapazität an, und die letzten beiden Ziffern kennzeichnen Konstruktionsmerkmale sowie die Ausführung. Die Typnummer ist eine gute Hilfe beim Neukauf. Anhand der Nummer können Sie auch aus einem Sonderangebot oder beim Autoverwerter den für Ihren Kadett passenden Akku heraussuchen.

Aufputschmittel für Batterien taugen nichts. Es gibt jedoch ein Mittel, das chemisch defekte, also sulfatierte Batterien wieder aufmuntert. In eine noch junge Batterie eingefüllt, kann diese »Cobalt-MG« ihre Lebensdauer erheblich verlängern. Einer drei Jahre alten Gebrauchsbatterie gaben wir das Mittel bei und erst nach weiteren vier Jahren versagte sie ihren Dienst. Der Vertrieb erfolgt über die Firma Walter Neuber, 5810 Witten, Jahnstraße 13, von wo es auch an Kaufhäuser und an den Fachhandel geliefert wird. Das Mittel darf nicht in ATSA-Batterien, die bereits mit Cobalt angereichert wurden, gegeben werden.

Elektrische Leitungen

Stromversorgung

Wie eine Batterie zwei Pole – Plus und Minus – besitzt, braucht auch jeder Stromverbraucher zwei Kabelanschlüsse. Der Strom muß in sie hineinfließen, seine Arbeit verrichten und wieder hinauskönnen. Sehen Sie sich daraufhin irgendein Elektrogerät zu Hause an: Es hat ein zweiadriges Zuführungskabel, passend zu den zweipoligen Steckdosen in der Wand.

Etwas anders ist es beim Auto. Die Karosserie und leitende Metallteile wie Motor und Rahmen machen es möglich, einen Weg des Stroms aufzunehmen. Während der ›Hinweg‹ in gewohnter Weise durch Kabel führt, können längere Drahtverbindungen für den ›Rückweg‹ eingespart werden – lediglich ein kurzes Stück Kabel, um Metallteile des Wagens zu verbinden - z. B. Motor und Karosserie – ist manchmal erforderlich. Gelegentlich steht auch für mehrere Verbraucher ein gemeinsames Massekabel zur Verfügung. Manches Gerät braucht überhaupt kein Stromrückführungskabel, weil es direkt auf Metall sitzt, das den Rückmarsch des Stroms aufnimmt. Diese Rückflut wird vom Minus-Pol der Batterie empfangen.

Die ›Masse-Kur‹

Die verschiedenen Masseverbindungen zwischen Stromverbrauchern und Minus-Pol können im Laufe der Zeit den rechten Kontakt verlieren, sei es durch Lockerung oder Korrosion. Gleichermaßen nachteilig sind die Ursachen, die zu Spannungsabfall in den Leitungen führen. Bei steigendem Alter des Wagens machen sich derartige Schwächen sogar mit immer müder leuchtenden Lampen bemerkbar. Schuld daran sind vor allem die Steckverbindungen der Kabel und Anschlußkontakte einzelner Aggregate, seltener die Schalterkontakte. Sie werden locker oder oxydieren allmählich.

›Vergammelte‹ Kabelklemmen und Anschlüsse schabt man mit Feile, Sandpapier oder mit dem Taschenmesser blank. Auch die Umgebung der Klemme muß gereinigt werden. Danach sind die Kontaktstellen vorsorglich mit Isoliersprühmittel einzusprühen, das eine Isolierschicht über die blanken Stellen legt und besonders Kurzschlüsse durch Wasser verhindert. Ein bösartiger Feind ist zudem das Streusalz im Winter, das –wenn angetrocknet – eine weißliche Schicht hinterläßt. Solche Salzrückstände sind elektrisch leitend und können die Zündanlage so verwirren, daß sie nur noch stotternd arbeitet.

Normung der Anschlüsse

Wenn die Kabel in Ihrem Opel einfarbig wären, vielleicht nur schwarz, gäbe es bei einer Störung in der elektrischen Anlage die übelste Sucherei. Aus gutem Grund hat man daher Kabel gewählt, deren Farbe man wie einem Wegweiser folgen kann. Die Verteilung der Farben erfolgte nicht wahllos, sondern gewisse Farben haben ihre Zugehörigkeit. So hängt ›grau‹ irgendwie mit der Außenbeleuchtung zusammen, ›lila‹ signalisiert die Zugehörigkeit zur Scheibenreinigung. Ein rotes Kabel ist beim Kadett stets stromführend und ein schwarzes nur bei eingeschalteter Zündung.

Diese Ordnung wird noch durch numerierte Anschlüsse ergänzt. Bei der Numerierung folgt man einer in verschiedenen europäischen Ländern gültigen Norm, die in Deutschland sehr ausgeprägt befolgt wird. Vergleichsweise tragen die stets stromführenden Kabel, die ständig mit der Batterie in Verbindung stehen, die Klemmenbezeichnung ›30‹. Eine Übersicht der wichtigsten Klemmenbezifferungen beim Opel Kadett ersehen Sie aus der letzten Textseite vor dem Schaltplan in der hinteren Buchklappe.

Die Ausnutzung des Stroms ist von der Stärke (Querschnitt) des zuführenden Kabels, aber auch von dessen Länge abhängig. Zu der Scheinwerferlampe mit 45 Watt Aufnahmemöglichkeit läuft ein Kabel mit größerem Querschnitt als zur 5-Watt-Kofferraumleuchte. Wie eine Dorfstraße nicht den Rückflutverkehr vom Fußballstadion verkraften kann, zwängt sich der elektrische Strom nur ungern durch dünne Drähte, wenn er am anderen Ende etwas leisten soll. Dies führt zu Spannungsabfall und statt der planmäßigen 12 Volt kommen dort nur 11 oder gar 10 Volt an. Außerdem heizt sich ein zu schwaches Kabel auf, es kann zu einem Kabelbrand kommen. Bei selbständiger Elektrobastelei ist zu beachten, daß der Querschnitt (nach deutschen Normvorschriften) für 4,5 bis 5,5 Ampere Dauerstrom je 1 mm² betragen sollte.

Einziehen neuer Kabel

Eine elektrische Leitung im Auto darf man nicht etwa durch Haushaltskabel ersetzen, das man daheim vielleicht für die Stehlampe benutzt. Die für die Autoelektrik verwendeten Kabel müssen benzin- und ölfest, scheuer- und weitaus hitzebeständiger sein. Am besten kauft man Kabel in der Opel-Werkstatt oder im Zubehörhandel und verlangt auch gleich die genormte Farbe, um späteren Ratespielen vorzubeugen. Die passenden Flachstecker, Endverbinder, Kabelschuhe usw. bekommt man dort gleichfalls. Mit diesen Kleinteilen erspart man sich das Löten, wenn man die abisolierten und blankgeschabten Kabelenden in die entsprechenden Verbindungsstücke eingeführt und mehrmals kurz nebeneinander mit einer Kombizange festklemmt. Mit dem Schneideteil dieser Zange kann man vorsichtig solche Verbindungen zusammenquetschen, ohne sie natürlich zu zertrennen. Fachwerkstätten besitzen eigens dafür vorgesehene Quetschzangen.

Beim Ersatz eines einzelnen Kabels wird man zunächst das Masse-(Minus-) Kabel der Batterie lösen, womit Kurzschlüsse vermieden sind. Um Spannungsabfall zu verhindern, soll das neue Kabel auf möglichst kurzem Wege verlegt werden, es darf jedoch auch nicht zu straff gezogen sein, damit es bei Vibrationen nicht abreißt. Mit Isolierband oder Tesafilm wird das neue Kabel an schon vorhandenen Strängen befestigt, jedenfalls darf es nicht lose herumhängen. Als fertig montierbare Ersatzteile hält Opel sogar ganze Kabelsätze bereit. Sie eignen sich bestens, wenn durch Brand oder Kurzschluß die bisherigen Kabelstränge unbrauchbar geworden sind.

Die Sicherungen

Eine elektrische Sicherung soll verhindern, daß durch Überlastung eines der angeschlossenen Stromverbraucher folgenreiche Schäden – etwa Kabelbrand – auftreten. Der metallene Sicherungsfaden schmort dann durch und die Stromverbindung ist unterbrochen. So schützen die Sicherungen auch bei Kurzschluß, wenn etwa ein durch Vibration blank gescheuertes Kabel mit Masse in Berührung kommt.

Der Opel Kadett verfügt über sechs Sicherungen, an denen hinter sinnreich angelegten Kabelabzweigungen die meisten der Stromverbraucher hängen. Allerdings nicht alle: Z.B. sucht der neue Opel-Besitzer die Sicherungen für die Hauptscheinwerfer vergeblich. Wie bei Opel üblich, sind Fern- und Abblend-

Links unten neben der Lenksäule, vom Innenraum erreichbar, befindet sich der Sicherungskasten. Welche Verbraucher im einzelnen abgesichert sind, zeigt die Tabelle der nächsten Seite. Ersatzsicherungen von 5 und 8 Ampere sollte man immer mitführen. Auch eine 16 Ampere-Sicherung kann in der Not weiterhelfen, wenn eine schwächere Sicherung immer wieder durchbrennt, weil die entsprechende Leitung aus irgendeinem Grund überlastet ist, so kommt man bis zur nächsten Werkstatt. Aber keine Sicherung flicken! Stromausfall trotz intakter Sicherung kann an oxydierten Halteklammern der Sicherung liegen: Sicherung mehrmals drehen, damit sich die Berührungsflächen gegeneinander blank reiben.(Siehe auch Bild Seite 216).

licht ohne Sicherungen direkt mit dem Signalschalter verbunden. Außerdem besitzen noch das Heizscheibenrelais, das Nebelscheinwerferrelais und das Fernscheinwerferrelais je eine Sicherung, also Teile der Installation, die ursprünglich nicht zur Serienausstattung gehörten.

Dagegen sind die Schaltungen zwischen Batterie, Lichtmaschine, Anlasser und Zündschloß nicht durch Sicherungen überwacht. Bei Zündstörungen hat es überhaupt keinen Sinn, nach einer defekten Sicherung zu suchen.

Wenn eine Sicherung durchbrennt, gilt dies als Alarmzeichen, denn sie wurde offensichtlich überlastet. Das Einsetzen einer neuen Sicherung nützt dann unter Umständen wenig; sie brennt ebenfalls sofort wieder durch. Deshalb nach der Ursache forschen, wobei eine Prüflampe recht nützliche Dienste leisten kann, weil mit ihrer Hilfe unschwer festzustellen ist, ob in einer Leitung Strom fließt oder nicht. Einer von den an dieser Sicherung hängenden Stromverbrauchern oder das dorhin führende Kabel muß ja die Ursache der Überlastung sein.

Im Gegensatz zu vorangegangenen Opel-Gepflogenheiten vermißt man in der Betriebsanleitung zum Kadett C eine Aufstellung der Sicherungen nebst ihren angeschlossenen Stromverbrauchern. Sie finden eine derartige Hilfestellung mit zusätzlicher Bezeichnung der einzelnen Kabelfarben im Anschluß an diesen Abschnitt. Diese Sicherungstabelle gilt für alle Kadett C-Modelle, wobei die spezielle Ausrüstung des ›SR‹-Modells in *Kursivschrift* angegeben ist.

Das beste Prüfgerät zum Auffinden eines Kurzschlusses ist ein Amperemeter. Es wird anstelle der Sicherung zwischen die Kontakte geklemmt. Dann schaltet man nacheinander die daran hängenden Stromverbraucher ein und liest ab, wieviel Ampere da beansprucht werden. So läßt sich der Übeltäter einkreisen. Ein hundertprozentiges Verfahren ist das aber auch nicht, wenn die Ursache in einem nur während der Fahrt auftretenden Wackelkontakt liegt. Beim Kadett sind drei der Sicherungen auf 5 Ampere ausgelegt und die anderen drei auf 8 Ampere. Um welche es sich jeweils handelt, ersehen Sie ebenfalls aus nachfolgender Tabelle. Stecken Sie für den Notfall auch eine 16-Ampere-Sicherung in das Reservekästchen mit Sicherungen. Diese können Sie einmal benutzen, wenn eine schwächere Sicherung immer wieder durchbrennt, weil die entsprechende Leitung aus einem vorerst unerfindlichen Grund überlastet ist. So kommen Sie wenigstens bis zur nächsten Werkstatt, wo der Fehler gefunden und beseitigt wird.

Manche Verbraucher sind nicht direkt mit einer Sicherung verbunden, sondern sie erhalten ihren Strom ›aus zweiter Hand‹ über ein anderes Bestandteil der elektrischen Anlage. Tritt in einer solchen Leitung eine Störung auf, kann eines jener zwischengeschalteten Geräte der Störenfried sein. Die Funktion des benötigten Endverbrauchers läßt sich notdürftig wieder herstellen, wenn man die Kabelabzweigungen zu ihm stillegt, indem man die dort angeschlossenen zusätzlichen Verbraucher von der Stromversorgung ausschließt (abklemmt) und/oder durch ein zusätzliches Kabel provisorisch überbrückt.

Sicherungstabelle

Sicherung Nr.	erhält Strom von	Kabelfarbe	angeschlossene Stromverbraucher	Kabelfarbe
1 5 Amp.	Lichtschalter	grau-grün	rechte Standleuchte	grau-rot
			Instrumentenleuchten	grau
			Motorraumleuchte	grau-rot/schwarz
			Kennzeichenleuchte	grau-rot
			rechte Schlußleuchte	grau-rot
			Zigarrenanzünderleuchte	grau-rot
			Nebelschlußleuchte	
			Wählhebelleuchte	grau
2 5 Amp.	Lichtschalter	grau-grün	linke Standleuchte	grau-schwarz
			linke Schlußleuchte	grau-schwarz
3 8 Amp.	Batterie (Klemme 30)	rot	Kofferraumleuchte	rot
			Innenleuchte	rot
			Lichthupe Fernlichtkontroll-Leuchte	weiß
			Radio	schwarz
			Zeituhr	rot
4 8 Amp.	Zündschalter Klemme 15	schwarz	Scheibenwischer	lila/grün/blau
			Scheibenwascher	lila/grün/blau
			Signalhorn	lila/lila
			Fußkontaktpumpe	*lila*
5 8 Amp.	Zündschalter Klemme 15	schwarz	Rückfahrleuchte Wählhebelschalter	weiß-schwarz
			Zigarrenanzünder	schwarz
			Spannungsstabilisator	*schwarz*
			Gebläse	weiß-schwarz/schwarz
6 5 Amp.	Zündschalter Klemme 15	schwarz	Blinker	schwarz/blau
			Bremslicht	schwarz-rot
			Warnblinker-Kontrolleuchte	schwarz/schwarz-rot

Lichtmaschine und Anlasser

Hilfsmaschinen

›Lichtmaschine‹ ist eine nur bedingt richtige Bezeichnung. Früher einmal war sie nur dazu da, wie ein Fahrraddynamo Licht zu erzeugen. Inzwischen muß sie aber wesentlich mehr leisten, weswegen man sie in zunehmendem Maß auch Generator nennt. Vordringlich dient sie zur Erzeugung des Zündstroms, der für den Zündfunken und damit für die Verbrennung des Kraftstoff-Luft-Gemischs sorgt. Daneben hat sie Gleichstrom zu erzeugen, um der Batterie, die bekanntlich keinen Wechselstrom speichern kann, wieder Strom zuzuführen. Das ist nötig, weil beim Anlassen des Motors und durch andere Stromverbraucher der Batterie die gespeicherte Energie entzogen wird.

Alle Kadett C-Typen sind mit einer Drehstrom-Lichtmaschine ausgerüstet. Nur noch sehr wenige andere Fabrikate sind – wie früher üblich – mit einer Gleichstrom-Lichtmaschine bestückt, die in ihrem Aufbau verhältnismäßig einfach ist, aber die Fessel eines begrenzten Drehzahlbereichs besitzt. Deshalb können die elektrischen Verbraucher eines solchen Autos nicht immer voll einsatzbereit sein.

Die Gleichrichtung des erzeugten Drehstroms erfolgt durch Halbleiterdioden und nicht, wie bei der alten Lichtmaschine, über Kohlebürsten und Kollektor, die den dort erzeugten Wechselstrom gleichrichten. Kohlebürsten und Kollektor sind dem Verschleiß unterworfen und nur bis zu einer gewissen Drehzahl einsatzbereit. Ohne diese Teile bringt die Drehstrom-Lichtmaschine ihre volle Leistung schon bei niedriger Drehzahl und sie vermag weitaus höhere Drehzahlen zu verkraften.

Die Drehstrom-Lichtmaschine

Die Lichtmaschine ist bei den 1- und 1,2-Liter-Motoren an der rechten Seite, bei den größeren an der linken Seite so befestigt, daß sie von der auf dem vorderen Kurbelwellenende sitzenden Riemenscheibe über den Keilriemen angetrieben werden kann. Der Riemen bewegt zugleich die Wasserpumpe. Das Übersetzungsverhältnis Motor : Lichtmaschine beträgt etwa 1 : 2, die Lichtmaschine dreht also ungefähr doppelt so schnell wie die Kurbelwelle. Je nach Bedarf (der sich nach der Ausstattung mit zusätzlichen Scheinwerfern oder mit heizbarer Heckscheibe richtet) sind im Kadett Lichtmaschinen mit entsprechender Leistung eingebaut. Die schwächere kann dauernd 28 Ampere Strom abgeben, die stärkere 45 Ampere. Letztere ist bei nachträglich eingebautem stromverbrauchenden Zubehör zu empfehlen. Die Nennspannung beträgt rund 14 Volt (genaue Regelspannung 13,9–14,8 V). Die angegebene Amperezahl mit der 14-Volt-Betriebsspannung multipliziert ergibt den Wert der Dauerleistung, nämlich 392 (oder 490) Watt. Das ist mehr als das Doppelte als bei einer üblichen Gleichstrom-Lichtmaschine. Kurzzeitig kann eine solche Drehstrom-Lichtmaschine sogar noch mehr Leistung abgeben, da die typgebundene Ampere-Leistung bereits bei Lichtmaschinen-Drehzahlen zwischen 6 000 und 7 000 U/min erfolgt.

Es muß hier eingeflochten werden, daß Lichtmaschinen sowohl von Bosch als auch von Delco Remy zum Einbau gelangen. Der wesentliche Unterschied zwischen beiden Fabrikaten: bei der Bosch-Anlage ist der Regler separat am Karosserieblech des Motorraums angeschraubt, während bei Delco Remy der Drehstromregler im Gehäuse der Lichtmaschine untergebracht ist. Außerdem ergeben sich leichte Unterschiede in der Leistung, wie nachfolgende Tabelle aufzeigt:

Drehstrom-Lichtmaschine	Motordrehzahl	Lichtmaschinendrehzahl	Ampereleistung
Bosch 28 Ampere	900 / 1300 / 4100	1500 / 2200 / 7000	10 / 18 / 28
Bosch 45 Ampere	750 / 1200 / 3500	1200 / 2000 / 6000	10 / 30 / 45
Delco Remy 28 Ampere	900 / 1300 / 4100	1500 / 2200 / 7000	10 / 17 / 28
Delco Remy 45 Ampere	900 / 1300 / 4100	1500 / 2200 / 7000	21 / 31 / 45

Aus diesen Angaben läßt sich ersehen, daß in jedem Fall schon bei Motor-Leerlauf (800 – 850 U/min) Strom erzeugt wird, wenngleich natürlich keineswegs ausreichend bei stundenlangem Standlauf und eingeschalteten Verbrauchern.

Der dreiphasige Wechselstrom (Drehstrom), den diese Lichtmaschinen erzeugen, wird durch dauerhafte Dioden (Halbleiter-Elemente) in den für Batterie und Zündanlage notwendigen Gleichstrom umgewandelt. Diese Dioden unterliegen zwar keinem mechanischen Verschleiß, aber sie sind gegen Spannungsspitzen, d. h. gegen hochgespannte Stromstöße, empfindlich. Sie können durch diese Spannungsspitzen, die sich beispielsweise beim Einschalten von Stromverbrauchern ergeben, zerstört werden. Deshalb hat bei der Drehstrom-Lichtmaschine die Batterie die Aufgabe, als Spannungbegrenzer zu dienen und ist darum mit der Lichtmaschine direkt durch Kabel über den Anlasser verbunden. Diese Kabelverbindungen zwischen Lichtmaschine und Batterie dürfen niemals bei laufendem Motor voneinander getrennt werden, was bei einer Gleichstrom-Lichtmaschine völlig harmlos ist. Batterie und Lichtmaschine (zusammen mit dem Regler) bilden in diesem Falle also eine fest zusammengehörende Einheit. Darum ist auch der Reglerschalter der Drehstrom-Lichtmaschine von einem anderen Typ als er bei Gleichstrom-Lichtmaschinen zur Verwendung kommt.

Nicht nur Vorteile

Wenn man durch Aufleuchten der Ladekontrollampe vermuten muß, daß an der Lichtmaschine oder am Regler etwas nicht in Ordnung ist, kann man die Lichtmaschine auch stillegen. Dieser Notbehelf zum Weiterkommen darf aber nicht bei laufendem Motor vorgenommen werden, sonst handelt man sich unweigerlich noch weitere Schäden ein. Ziehen Sie einmal probeweise den Mehrfachstecker von der Lichtmaschine ab. Der Motor läßt sich trotzdem in Gang setzen und man kann notfalls eine Elektrowerkstatt mit eigener Kraft anlaufen. Die Batterie wird dabei von der Lichtmaschine nicht geladen (der gesamte Strom wird der Batterie entnommen) und die rote Kontrolleuchte glimmt nur.

Wie man sich bei leerer Batterie verhält, um den Wagen zu starten, ist auf Seite 172 beschrieben. Hier sei nur wiederholt, daß man die Batterie bei laufendem Motor nicht abklemmen oder den Wagen nicht ohne angeschlossene Batterie anschleppen darf.

Wartung der Drehstrom-Lichtmaschine

Gegen ungeschickte Bastelübungen eines übereifrigen Heimwerker ist die Drehstrom-Lichtmaschine allergisch. Ihre Lager sind nur mit entsprechenden Abziehvorrichtungen zu lösen und vor allem sind etliche Bauteile sehr empfindlich gegen Hitze (beim unvermeidlichen Löten), gegen Verdrehen, ungenauen Zusammenbau und gegen das Berühren mit nicht zusammengehörenden Kontakten. Da kann der Heimwerker-Instandsetzungsversuch teuer werden. Also besser: Drehstrom-Lichtmaschine Werkstattsache.

Sollte einmal die Batterie im eingebauten Zustand am Schnelladegerät aufgeladen werden, muß der Ladestromkreis von der Batterie abgeschlossen werden. Das bedeutet, daß zumindest die Kabelklemme am Plus-Pol der Batterie abgenommen wird.

Da die Drehstrom-Lichtmaschine von Haus aus wartungsfrei ist, hat man mit ihr auch kaum Ärger. Um mögliches Quietschen des vorderen Wellenlagers bei der Delco Remy-Lichtmaschine zu verhindern, kann man bei stehendem Motor einige Tropfen Motoröl auf die Ankerwelle zwischen Gehäuse und Lüfterrad geben, wozu sich eine Injektionsspritze eignet. Größere Arbeiten kann man beruhigt einer Fachwerkstatt überlassen, denn – wie schon gesagt – dieser Stromerzeuger ist eine empfindliche Maschine. Bei der Kontrolle müssen die Schleifringe gereinigt werden und man hat zu kontrollieren, wie weit die Bürsten abgenutzt sind; gewöhnlich wird man sie bei dieser Gelegenheit ersetzen müssen.

Bevor man die Lichtmaschine abschraubt: Batterie abklemmen! Sodann zieht man den Mehrfachstecker von der Rückseite der Lichtmaschine ab und schraubt die beiden anderen Kabel los. Der Generator wird oben an dem Schwenkbügel von einer SW 13-Schraube festgehalten. Dieser Arm läßt sich erst nach oben bzw. unten schwenken, wenn man dessen Lagerung gelockert hat, (vorn Schraubenkopf SW 27, hinten Mutter SW 13). Nach Lösen des unteren Schwenkbolzens SW 13 läßt sich nun die Lichtmaschine in Richtung Motor drücken, so daß der Keilriemen und anschließend die Lichtmaschine abgenommen werden können.

Selbsthilfe an der Drehstrom-Lichtmaschine

Zerlegen und Pflegen der Drehstrom-Lichtmaschine sollte man nur dann durchführen, wenn man schon Erfahrungen auf diesem Gebiet gesammelt hat. Dann allerdings gibt es keine sehr großen Probleme.

Nach Abklemmen der Batterie und Lösen aller Zuleitungen wird die Lichtmaschine ausgebaut. An der hinteren Seite die Halterung der Lichtmaschinenkohlen abschrauben und herausnehmen. Unter der Kohle sitzt eine Feder, beide werden von der angelöteten Kohlelitze gegen die Schleifringe gedrückt. Springt eine Kohle heraus, muß die komplette Kohlehalterung mit Kohlen erneuert werden. Die Kohlen müssen wenigstens 10 mm (Bosch–45-Ampere-Lichtmaschine: 14 mm) aus der Halterung herausragen, sonst neue Kohlen einsetzen. Nach Abnahme der Riemenscheibe und des Lüfterrades an der Vorderseite der Lichtmaschine können die langen Zugschrauben gelöst werden, die beide Hälften der Lichtmaschine zusammenhalten.

Arbeiten an den Dioden sollten Sie unbedingt der Elektowerkstatt überlassen. Ist eine Diode defekt, muß die jeweilige Diodenplatte komplett ausgetauscht werden, Reparaturen sind daran nicht möglich.

Störungsbeistand
Batterie und Lichtmaschine

Die Störung	– ihre Ursache	– ihre Abhilfe
Rote Ladekontrollampe brennt nicht bei Motorstillstand und eingeschalteter Zündung	Anzeigelampe durchgebrannt	Neue Lampe einsetzen
	Batterie entladen	Batterie aufladen
	Batteriekabel gebrochen oder Kabelklemmen lose	Batteriekabel und Klemmen kontrollieren
	Zündschloß defekt	Behelfskabel zwischen Batterie und Zündspule ziehen
	Kabel zwischen Klemme D+ der Lichtmaschine und Lampe unterbrochen	Leitung überprüfen und instandsetzen
	Reglerschalter defekt	Austauschen
	Kurzschluß einer Plusdiode	Sofort Ladeleitung B+ abklemmen, sonst Entladung im Stand, mit Batteriestrom zur Werkstatt
	Kohlebürsten abgenutzt	Austauschen
	Oxydschicht auf Schleifringen, Unterbrechung der Läuferwicklung	Lichtmaschine instandsetzen lassen
Ladekontrollampe brennt nach Ausschaltung der Zündung weiter	Reglerschalter defekt oder Kurzschluß in der Lichtmaschine	Kabel B+ lösen und mit Batteriestrom zur Werkstatt
Ladekontrollampe erlischt bei höherer Drehzahl nicht	Keilriemen gerissen	Erneuern
	Leitung D+/61 hat Masseschluß	Leitung überprüfen und instandsetzen
	Reglerschalter defekt	Austauschen
	Gleichrichter schadhaft, Schleifringe verschmutzt, Masseschluß in Leitung DF oder Läuferwicklung	Lichtmaschine instandsetzen lassen
Ladekontrollampe brennt im Stand richtig, aber glimmt bei Motorlauf	Übergangswiderstände im Ladestromkreis oder in der Leitung zur Anzeigelampe	Leitung ersetzen, Anschlüsse festziehen
	Reglerschalter defekt	Austauschen
	Lichtmaschinendiode defekt	Kabelstecker an Regler sofort abziehen und mit Batteriestrom zur Werkstatt
Ladekontrollampe flackert bei mittlerer und hoher Drehzahl	Klemmen gelockert oder Kabel defekt	Kabel und Anschlüsse zwischen Lichtmaschine, Regler und Batterie prüfen
	Bei Kontaktreglern Einstellung falsch (Flattern) oder Reglerwiderstand durchgebrannt	Reglerschalter austauschen
	Batterie defekt	Gegenprobe mit zuverlässiger Batterie
	Kurzschluß in der Lichtmaschine	Instandsetzen lassen
Ladekontrollampe verlischt erst bei hoher Drehzahl	Lichtmaschine nicht in Ordnung	Prüfen lassen
	Reglerschalter arbeitet falsch	Austauschen
Ladekontrollampe erlischt, leuchtet aber wieder schwach auf	Oxydierte oder verschmutzte Kontakte bewirken Spannungsabfall	Kontakte der Kabel säubern
		Reglerschalter überprüfen lassen

Der Spannungsregler

Je schneller die Lichtmaschine dreht, um so mehr Strom liefert sie. Das führt zu Stromschwankungen, mit denen weder Batterie noch Stromverbraucher fertig werden. Besonders die Batterie muß gegen Überladen geschützt werden, aber auch das Licht der Scheinwerfer zum Beispiel wäre je nach Fahrgeschwindigkeit einmal schwach und einmal hell. Zur Maßhaltung des Lichtmaschinenstroms ist ein Reglerschalter an den Generator angeschlossen, der auf dessen Leistung auch abgestimmt sein muß.

Bei der Bosch-Lichtmaschine wird die Aufgabe von einem separat im Motorraum angeschraubten Regler übernommen (siehe Bild unten rechts). Der Austausch dieses Geräts im Fall eines Defekts ist problemlos. Anders bei der Delco Remy-Lichtmaschine, die teilweise zerlegt werden muß, wenn man an den Regler herankommen will. Dazu sind die drei Gehäuseschrauben herauszudrehen und Läufer mit Antriebslager und Riemenscheibe aus dem Ständer herauszuziehen. Dann werden die Ständerwicklungsenden vom Diodenträger abgeschraubt und der Ständer vom Schleifringlager abgenommen. Nachdem man die Erregerdioden und die Bürstenhalter ausgebaut hat, läßt sich auch der Regler ausbauen. Einen schadhaften Reglerschalter kann man nicht reparieren. Versuche, etwa durch Abschleifen der Kontakte oder Andrücken der Schaltfedern, machen die Sache zumeist noch schlimmer, denn bereits kleine Federspannungsänderungen verändern seine Schalterei vollkommen. Defekte Regler sind in krassen Fällen an „überkochender" oder ständig entladener Batterie, am Nichterlöschen oder Durchbrennen der Ladekontrollampe und grellem Aufleuchten der Scheinwerfer bei schnellem Gasgeben erkennbar. Leichtere Unstimmigkeiten des Reglerschalters sind mit elektrotechnischen Meßgeräten, wie sie gut ausgestattete Opel-Werkstätten zur Verfügung haben, feststellbar.

Der Reglerschalter verbindet die Lichtmaschine nach Erreichen ihrer Einschaltdrehzahl, wobei als Bestätigung die Ladekontrollampe erlischt. Bei der Einschaltdrehzahl ist die Lichtmaschinenspannung der Batteriespannung angeglichen, und ab diesem Moment kann die Lichtmaschine die Stromlieferung für Zündanlage, Stromverbraucher und Laden der Batterie aufnehmen. Der Reglerschalter veranlaßt, daß die Dioden in der Lichtmaschine diese von der Batterie trennen, wenn die Einschaltdrehzahl unterschritten wird. Dadurch wird verhindert, daß sich die Batterie über die dann schwächerwirkende Lichtmaschine entlädt.

Ein Defekt am Reglerschalter ist in krassen Fällen an ›überkochender‹ oder ständig entladener Batterie, am Nichterlöschen oder Durchbrennen der Ladekontrollampe und grellem Aufleuchten der Scheinwerfer beim Gasgeben erkennbar. Solche Unstimmigkeiten können nur Opel- oder Elektrowerkstätten beheben.

Das Bild links zeigt die Delco Remy-Drehstromlichtmaschine, bei der sich der Reglerschalter innerhalb ihres Gehäuses befindet. Bei der Lichtmaschine von Bosch ist der Regler gesondert rechts im Motorraum angeschraubt. An der Unterseite dieses Reglerschalters sind die drei von der Lichtmaschine kommenden Kabel durch einen gemeinsamen Steckanschluß auf drei Kontaktzungen geschoben. Der Deckelrand des Reglers ist gegen eindringende Feuchtigkeit durch Klebband geschützt. Beide Lichtmaschinen besitzen einen Masseanschluß über das kurze braune Kabel.

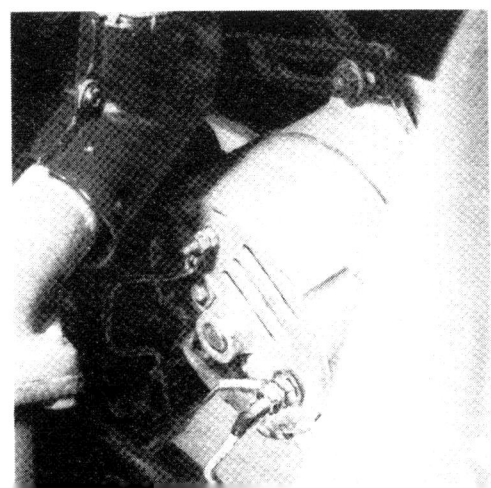

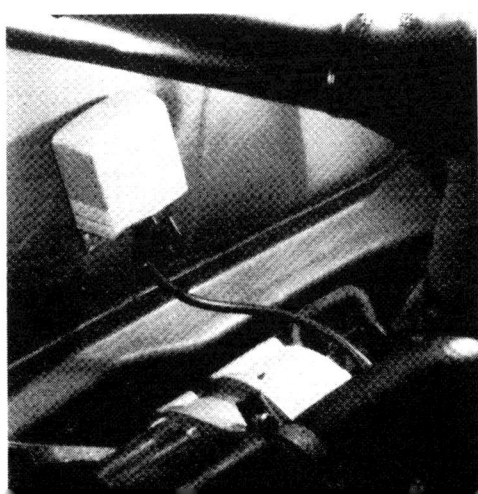

Die rote Ladekontrollampe

Die rote Ladestromkontrolleuchte, die im linken Instrument für die Kontrollleuchten sitzt, ist nur bedingt verläßlich. Ihr Verlöschen trügt insofern, als man glaubt, daß nun die Batterie aufgeladen wird, aber es kündet lediglich an, daß die Spannung jene der Batterie erreicht und der Reglerschalter umgeschaltet hat. Ob jetzt schon die Leistung der Lichtmaschine zum Laden der Batterie ausreicht oder ob diese noch für weitere Stromverbraucher (Licht, Radio, Scheibenwischer, Heizgebläse usw.) Strom aus eigenem Vorrat hinzuliefern muß, ist nicht zu ersehen. Man kann sich darüber nur durch den nachträglichen Einbau eines Amperemeters informieren. Dessen Skala muß auf der Minus-Seite ebenso weit wie auf der Plus-Seite reichen, denn ein solches Instrument nur mit Plus-Anzeige hat wenig Wert.

Wenn Sie einmal den Schaltplan in der hinteren Buchklappe prüfen, können Sie erkennen, daß die Ladekontrolleuchte im Anzeigeinstrument einerseits am allgemeinen Plus-Anschluß für die Instrumente und andererseits am Kabel zum Regler, unter eventuellem Kontakt zum nicht immer vorhandenen Heizscheibenrelais, hängt. Steht die Lichtmaschine oder läuft sie nur wenig, dann hat dieses Plus-Kabel der Lichtmaschine keinen oder nur wenig „Plus"-Strom, ist praktisch also „Minus"; so daß die rote Lampe brennt, weil sie über den allgemeinen Armaturenbrett-Anschluß von der Batterie her Plus-Strom erhält. Liefert die Lichtmaschine jedoch genügend Strom, liegt an beiden Kabelenden der Ladekontrolleuchte ›Plus‹, sie kann also nicht mehr leuchten. Ob es aber soviel Strom ist, daß die Batterie geladen werden kann, ist keineswegs damit erwiesen. So kann es vorkommen, daß bei nächtlichen Verkehrsstockungen trotz gemächlich laufendem Motor die Autobatterie plötzlich leer ist, obwohl die Ladekontrolle niemals brannte. Diese „Überraschung" kann man eher beim Betrieb mit einer Gleichstrom-Lichtmaschine erleben; gerade die Drehstrom-Lichtmaschine bietet ja den Vorteil, auch bei niedrigen Drehzahlen die Batterie zu laden.

Wenn das rote Licht aufleuchtet

Beginnt unterwegs die rote Ladekontroleuchte plötzlich zu brennen, halten Sie unbedingt sofort an! Öffnen Sie die Motorhaube und prüfen Sie
■ ob der Keilriemen überhaupt noch vorhanden ist (er kann zerrissen und weggeflogen sein) oder
■ ob der Keilriemen eventuell zerfranst ist oder nur noch lose über den Riemenscheiben herumrutscht.
Die Lösung beider Probleme finden Sie in den folgenden zwei Abschnitten beschrieben.
Sollte sich am Keilriemen kein Mangel feststellen lassen, prüfen Sie,
■ ob die Kabelverbindungen zwischen Lichtmaschine, Regler und Batterie in Ordnung sind - siehe Seite 180.
■ Lichtmaschine oder Regler können ausgefallen sein.
Die beiden letzten Möglichkeiten lassen es zu, mit eigener Kraft bis zur nächsten Autoelektrik-Werkstatt weiterzufahren (siehe Seite 179 unten).

Keilriemen-Probleme

Kaufen Sie sich einen Ersatzkeilriemen! Verstecken Sie ihn im Kofferraum - vielleicht brauchen Sie ihn nie. Aber wenn der alte zerrissen ist und Sie haben keinen neuen zur Hand, ist Ihre Reise beendet und Sie müssen auf Suche gehen. Der Keilriemen für den Kadett hat einen Keilwinkel von 40°, eine Länge von 950 mm (GT/E: 888 mm) und eine Breite von 9,5 mm. Er ist beim Opel-Service, in Ersatzteilgeschäften und manchmal auch bei Tankstellen zu haben.
Man hört es nicht immer, wenn der Keilriemen reißt und abfliegt. Aber man sieht es am Aufleuchten der Ladekontrollampe bei laufendem Motor sofort

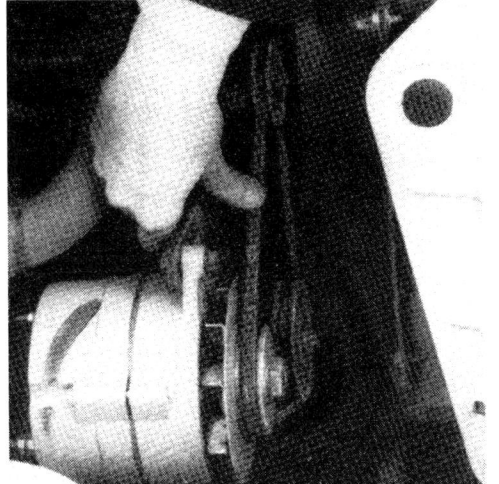 

Links: Ein richtig gespannter Keilriemen muß sich unter Daumendruck etwa 10–15 mm durchbiegen lassen. Geübte Leute haben das im ›Gefühl‹. Die Schrauben vom Schwenkarm (Bild Seite 185) und Schwenklager werden etwas gelockert, wenn der Keilriemen nachgespannt werden muß. Dann Lichtmaschine nach außen drücken und Schrauben bei richtiger Keilriemenspannung wieder festziehen.
Rechts: Anbringung der Lichtmaschine am 1,6-Liter-Motor.

Keilriemenspannung prüfen
Pflegearbeit Nr. 9

(weil die Lichtmaschine nicht mehr angetrieben wird). Ebenso kann die Lampe brennen, wenn der Keilriemen nicht die nötige Spannung hat und auf den Riemenscheiben durchrutscht. Der gleiche Verdacht auf einen gerissenen oder nicht genügend stramm sitzenden Keilriemen besteht, wenn plötzlich das Fernthermometer anzeigt, daß die Temperatur der Kühlflüssigkeit ihren Siedepunkt erreicht.

Halten Sie sofort an, wenn die besagte Lampe plötzlich brennt! Schäden durch unbedachte Weiterfahrt treten unweigerlich am Motor auf, wenn der Keilriemen nur noch wenig oder überhaupt nicht seine Aufgabe erfüllt. Der Umlauf des Kühlwassers wird unterbrochen, weil die Wasserpumpe nicht mehr fördert, und durch die Hitzeausdehnung im Motor kommt es zu Kolbenklemmern, die unreparierbare Zerstörungen zur Folge haben können (z. B. Abreißen der Pleuel). Im günstigsten Fall, wenn der Keilriemen gerade noch ›mitnimmt‹, ladet die Lichtmaschine zu wenig.

Andererseits, wenn zu stramm gespannt, beansprucht der Keilriemen die Lager der Wasserpumpenwelle und der Lichtmaschine zu sehr. Vorzeitiger Verschleiß oder Zerstörung der Lager ist die Folge.

Beim Kadett ist es einfach, die Spannung des gut erreichbaren Keilriemens zu regulieren. Man lockert die obere Befestigungsschraube der Lichtmaschine am Spannbügel sowie dessen Lagerung (beide SW 13) und dazu die untere Halterung (ebenfalls SW 13) und drückt dann die Lichtmaschine nach außen. Dadurch spannt man den Keilriemen. Zwischen Ventilator und Lichtmaschine soll sich der Keilriemen unter mäßigem Daumendruck (10 kg) ungefähr 10 - 15 mm durchbiegen lassen. Jedoch Vorsicht: Geraten Sie bei laufendem Motor nie mit der Hand in die Nähe des Keilriemens, der ebenso blitzartig Rockärmel oder Krawatte ergreifen kann! Die Demontage der Drehstrom-Lichtmaschine ist auf Seite 180 in diesem Kapitel beschrieben.

Wenn unterwegs kein Reservekeilriemen zur Hand ist, aber vielleicht eine Dame - nylon- oder perlonbestrumpft - mitfährt, wird das Unglück gemildert. Ein solcher Strumpf hält trotz eventueller Laufmaschen wenigstens bis zum nächsten Ersatzteillager, wenn er stramm genug aufgezogen wird. Vorher ist der Strumpf in die Länge zu ziehen und kräftig zu verdrillen, weil er sich sonst im Betrieb weitet und abfliegt. Möglichst zweimal über alle drei Riemenscheiben ziehen und bei jeder Wicklung so fest wie möglich anzurren, zum Schluß gut verknoten und die Enden nicht zu kurz abschneiden, sonst löst sich der Knoten. Selbstverständlich muß man nach der Montage solcher Behelfskeil-

riemen sowohl die Ladekontrolle wie auch die Warnlampe für die Kühlwassertemperaturanzeige scharf im Auge behalten und eventuell einen doch nicht stramm aufgezogenen Damenstrumpf durch einen zweiten ersetzen.
Fehlen aber Ersatzkeilriemen oder die besagten strumpftragenden Damenbeine, bleibt nichts anderes übrig, als sich abschleppen zu lassen.

Der Anlasser

Der zum Starten dienende Elektromotor, der Anlasser, sitzt am Motor rechts hinten. Er ist derart kräftig, daß man mit seiner Hilfe das Auto auch notfalls von der Stelle bringen kann. Es ist nämlich schon vorgekommen, daß durch irgendeinen unglücklichen Umstand der Motor ausgerechnet auf einem Bahnübergang abstirbt und in der Ferne schon der Zug herandonnert. Ruhig Blut, eingelegter Gang und betätigter Anlasser retten aus solcher Situation. Aber für eine weitreichende Reise eignet sich der Anlasser natürlich nicht, denn die Wicklungen aus Draht in seinem Innern schmoren bei zu langanhaltender Belastung durch.

Es kommen Bosch-Anlasser mit der Typenbezeichnung DF (R) 12 V 0,5 PS und EF 12 V 0,8 PS zum Einbau oder aber ein nicht näher gekennzeichneter von Delco-Remy. Sie alle ähneln sich im Aufbau und in ihrer Leistung. Allzusehr sollte man diese Anlasser jedoch nicht beanspruchen. Will der Motor nicht anspringen, müssen zwischen den Anlassversuchen kleine Pausen eingelegt werden, um den Anlasser abkühlen zu lassen.

Bei den genannten Anlassern handelt es sich um Schubschraubtrieb-Anlasser. Das bedeutet, daß solch ein Anlasser beim Schließen des Stromkreises sein Antriebsritzel (Zahnrad) auf den Zahnkranz des Schwungrades vom Motor schiebt und dieses erst dann - rechts herum - zu drehen beginnt. Ein Freilauf am Ritzel verhindert Belastungen des Anlassers, wenn der schnell startende Motor das Ritzel noch nicht gleich freigegeben hat, also auf dem Schwungrad noch mitdreht. Natürlich schiebt sich das Anlaßritzel selbsttätig zurück, sowie der Zündschlüssel aus der Stellung ›Starten‹ zurückgedreht wird. Der Anlasser hat Dauerschmierung, Störungen kommen selten vor.

Der Aufbau des Anlassers ist dem einer Gleichstrom-Lichtmaschine sehr ähnlich. Er stellt also kaum höhere Ansprüche, wird aber wegen der zum Überprüfen erforderlichen Demontage besser von der Werkstatt kontrolliert. Die Kohlebürsten und der Kollektor sind dem Verschleiß unterworfen und müßten eigentlich nach zwei bis drei Jahren einmal überprüft werden, aber wer tut das schon?

Überprüfen des Anlassers oder Reparaturen daran führen Bosch-Dienste schnell und sachgemäß aus.

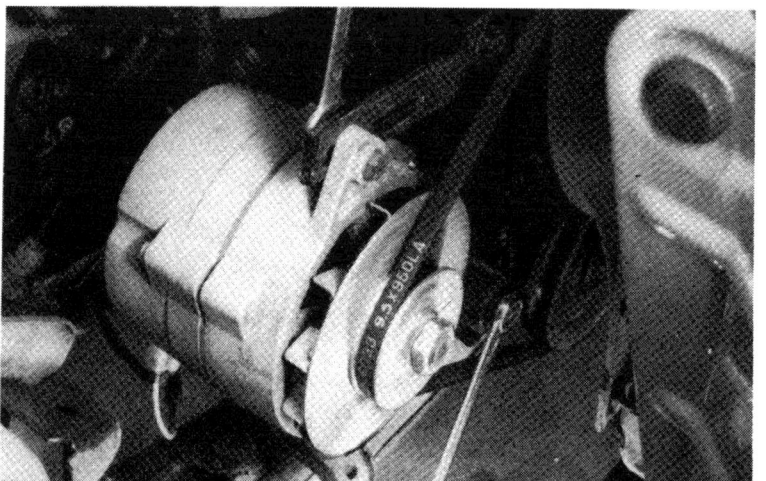

Dieses Bild veranschaulicht die Anbringung der Drehstrom-Lichtmaschine am Kadett-Motor. Wenn der Keilriemen gespannt werden soll, sind die Haltebolzen etwas zu lockern. Sodann wird die Lichtmaschine genach außen gedrückt, bis die Keilriemenspannung, wie auf diesen Seiten beschrieben, hergestellt ist. In diesem Zustand dreht man die obere Schraube wieder fest an, um den Halt der Lichtmaschine zu sichern, und dann werden die beiden anderen Befestigungsschrauben auch wieder gut festgezogen.

Die Zündanlage

Blitze im Zylinder

Mancher Autofahrer, der sich hier und da einige fachkundige Handgriffe an seinem Wagen zutraut, streckt bei Ärger mit der Zündanlage die Waffen. Sie erscheint ihm zu undurchsichtig. Dabei gehorchen die an der Zündung beteiligten Teile feststehenden und im Grund leicht verständlichen Regeln. Auf den hier folgenden Seiten wird die Zündanlage Stück für Stück beschrieben, damit es Ihnen möglich ist, erforderliche Wartungsarbeiten selbst vorzunehmen und eventuell auftretende Störungen zu beheben.

Ein paar Takte Theorie

Autos mit Verbrennungsmotor müssen eine elektrische Anlage besitzen, die für die Entzündung des vom Vergaser produzierten Benzin-Luft-Gemischs sorgt. Damit diese Verbrennung möglichst vollständig vor sich geht, wird sie für jeden Zylinder - sekundenbruchteilgenau - so gesteuert, daß der Kraftstoff optimal verwertet wird und die sich entfaltende Kraft am wirkungsvollsten ausgenutzt werden kann. Die Zündung muß in dem Augenblick erfolgen, wenn sich der auf- und abgehende Kolben in der für die Arbeitsaufnahme empfänglichsten Stellung befindet.

Die Zündkerzen sorgen für die Entflammung des Gemischs. An ihren Elektroden (Drahtstiften) springt der Funke über. Beim Start wird der Funken von der Batterie und während der Fahrt wird er von der Lichtmaschine geliefert. Die 12 Volt der Batterie reichen aber bei weitem nicht, um gegen den Druck des im Zylinder zusammengepreßten Gemischs einen derart kräftigen Zündfunken überspringen zu lassen, wie es erforderlich ist. Das läßt sich nur mit Hochspannung, mit mehr als 10 000 Volt erreichen. Diese Stromspannung hat schlagartig und zur rechten Zeit an jeder einzelnen Zündkerze vorhanden zu sein.

Wie entsteht der Zündfunke?

Elektrischer Strom kann nur in einem geschlossenen Stromkreis fließen. Dieser Weg führt im Auto vom Plus-Pol der Batterie oder Lichtmaschine zum Stromverbraucher und durch diesen zur ›Masse‹ (siehe Seite 174), von wo er wieder zum Minus-Pol der Batterie gelangt.

In der Zündung gibt es einen doppelten Stromkreis, zwei Stromkreise sind gewissermaßen ineinander verschlungen. Im ersten, dem Primärstromkreis, fließen die 12 Volt Spannung von Batterie oder Lichtmaschine und im zweiten, dem Sekundärstromkreis, der hochgespannte Strom für den kräftigen Zündfunken. Beim Primärstromkreis fließt der Strom vom Plus-Pol der Batterie über das Zündschloß zur Zündspule, darin durch eine Wicklung aus dickem Draht - die Primärwicklung - weiter zum ›Untergeschoß‹ des Zündverteilers. Dort wird der Primärstrom über den Unterbrecher, solange dieser geschlossen ist, wieder an „Masse" geleitet. Somit ist der Primärstromkreis geschlossen. In der dicken Drahtwicklung der Zündspule entsteht dabei ein magnetisches Feld, das durch einen Eisenkern in der Mitte noch verstärkt wird.

Wenn nun der Unterbrecher des Zündverteilers den Primärstromkreis unterbricht, fällt das Magnetfeld um die Primärwicklung der Zündspule schlagartig zusammen. Dabei entsteht in der zweiten Drahtwicklung der Zündspule, der Sekundärwicklung, die aus vielen Lagen dünnen Drahtes gewickelt ist, ein plötzlicher Stromstoß von weit über 10 000 Volt für den Zündfunken. Diese Erzeugung elektrischer Spannung wird auch Induktion genannt (Induktion = Entwicklung elektrischer Spannung durch Änderung des Magnetfeldes).

Das Lenk-Anlaß-Schloß
Pflegearbeit Nr. 4

Batterie und Lichtmaschine sind die Stromquellen für die Zündanlage und der Strom muß, um zum Motor zu gelangen, über das Lenk-Anlaß-Schloß, auch Zündschloß genannt, fließen. Dieses Schloß ist ein möglicher Störungsherd, will Ihr Opel einmal nicht anspringen. Die Anleitung des Störungsfahrplans in der vorderen Buchklappe gibt Ihnen die Möglichkeit, einen Fehler einzukreisen. Der Fall, daß Sie das Zündschloß als Ursache entdeckt haben, soll zunächst hier untersucht werden.

Prüfen Sie zuerst die Kabelverbindungen. Stecker an der Lichtmaschine, bei Bosch-Anlage: am Regler sowie die Anschlüsse an Verteiler und Anlasser müssen fest sitzen. Um festzustellen, ob überhaupt Strom - bei eingeschalteter Zündung - vorhanden ist, schalten Sie das **Standlicht** ein. Denn der Batteriestrom fließt über die Anlasser-Klemme 30 zur Lichtmaschine Klemme B, aber auch gleichzeitig zum Zünd-Anlaß-Schalter Klemme 30. Von diesem Schalter geht der Anschluß Klemme P über den Abblendschalter zum Standlicht. Brennt das Licht, dann ist zur weiteren Überprüfung das schwarz-rote Kabel an der Klemme 50 am Anlasser zu lösen, ein Helfer dreht den Zündschlüssel auf Start, und das blanke Kabelende wird zugleich an Masse getippt. Es muß funken. Funkt es nicht, liegt der Fehler am Zündschloß. Beim Kadett ist es etwas umständlich, an dieses Anlaß-Schloß heranzukommen (die Verkleidung ist abzunehmen, das Lenkrad muß nicht abgezogen werden). Deswegen ist es einfacher, auf dem eben beschriebenen Weg auf Fehlersuche zu gehen.

Wenn das Zündschloß defekt ist, kann man den Opel trotzdem in Gang setzen. Voraussetzung ist allerdings, daß das Lenkschloß nicht blockiert ist, denn ein laufender Motor nutzt wenig, wenn man nicht lenken kann. Überzeugen Sie sich ruhig einmal davon, daß man den Anlasser auf ganz einfache Art drehen lassen kann, und halten Sie - ohne Hemmung zu haben - einen Schraubenzieher zur Überbrückung der Klemmen 30 und 50 an die Anschlüsse. Vergessen Sie dazu nicht, den Ganghebel in Leerlaufstellung zu bringen.

Nun soll aber, wie bei eingeschalteter Zündung, der nötige Zündstrom zur Zündspule, zum Verteiler und zu den Zündkerzen fließen. Das funktioniert, wenn man ein zusätzliches Kabel zieht. Bei eingebauter Bosch-Lichtmaschine wird an der Plus-Klemme des Reglerschalters (rotes Kabel) ein Überbrückungskabel zur Klemme 15 an der Zündspule eingezogen. Dieser Anschluß entspricht bei der Delco Remy-Lichtmaschine der Klemme 1, wo das blau-weiße Kabel zum Heizscheibenrelais angeschlossen ist. Bei diesem Vorgang sollte man, so lange gearbeitet wird, das Minus-Kabel der Batterie lösen, um Kurzschlüsse zu vermeiden. Hat man für die genannte Überbrückung kein Kabel zur Hand, kann man in der Not das von der Kofferraumleuchte nehmen. Das orginale Kabel, das von der Zündspule Klemme 15 zum Anlaßschalter Klemme 16 führt, wird sicherheitshalber – um den eventuellen Kurzschluß nicht wieder aufzunehmen - abgeklemmt.

Auf diese Weise hat man das Zündschloß übergangen, der Anlasser wird, wie erwähnt, in Tätigkeit gesetzt, und man kommt vom Fleck. Das defekte Zünd-

Die wahlweise zum Einbau kommende Delmo Remy-Zündspule. Klemme 1 führt zum Verteiler, das schwarze Kabel an Klemme 15 zum Anlasser und das andere daran angeschlossene Kabel zum Zünd-Anlaß-Schalter. Das erstgenannte Kabel von Klemme 15 ist beim Opel ein Widerstandskabel, das vor der Zündspule den Spulenstrom begrenzt. Während des Betriebes kann es sich erwärmen. Durch dieses Widerstandskabel wird erreicht, daß bei Starten und während der Fahrt immer die volle Spulenleistung zur Verfügung steht.

schloß muß in der Werkstatt ausgewechselt werden. Das Glimmen der roten Ladekontrolle ist in diesem Falle bedeutungslos, weil sie jetzt ohne Gegenstrom bleibt, der sie verlöschen läßt. Auch die Funktion der anderen Instrumente ist nicht gewährleistet.

Die Zündspule

Die Zündspule ist am Innenblech des Motorraums links befestigt. Zu warten oder zu reparieren gibt es an ihr nichts. Sie soll aber immer sauber und trocken sein, damit Kriechströme und überspringende Funken vermieden werden. Folgende Zündspulen werden verwendet: Entweder der (konventionell trommelförmige) Bosch-Typ KW 12 V oder der äußerlich davon sehr unterschiedliche Delco Remy-Typ 12 V DR 502. Beide Typen sind auch in anderen Opel-Modellen eingebaut. Trotz der Aufschrift ›12 Volt‹ sind diese Zündspulen jedoch keine echten 12-Volt-Zündspulen. Sie sind auf 8,5 bis 9 Volt ausgelegt und dürfen deshalb nur mit vorgeschaltetem Widerstandskabel betrieben werden. Daher kommt auch das ›W‹ in der Bosch-Bezeichnung.

Zündspule prüfen

Zuerst prüfen, ob aus der Zündspule überhaupt hochgespannter Zündstrom durch das dicke Hauptzündkabel ›herauskommt‹. Dazu Hauptzündkabel aus Mittelbuchse des Zündverteilers ziehen. Motor (ohne Gasgeben) von Helfer starten lassen und blankes Hauptzündkabelende auf etwa 10 mm gegen Motorblockmetall halten (siehe Bild Seite 196). Springen kräftige Funken über, ist es wahrscheinlich nicht die Zündspule (sie kann es aber bei hohen Drehzahlen doch sein). War diese Hochspannungsprüfung unbefriedigend, müssen Sie feststellen, ob an den Kontakten der Zündspule überhaupt Strom anliegt. Dazu eignet sich am besten eine aus einer alten Scheinwerferbirne selbstgebastelte Behelfsprüflampe (zwei ausreichend lange Kabel andrillen oder festlöten, damit ein Lichtfaden brennt). Der Eigenverbrauch der Scheinwerferbirne (mind. 40 Watt) gibt durch unterschiedlich helles Leuchten den Hinweis, ob der Eigenwiderstand der Zündspule noch groß genug oder durch Kurzschluß überbrückt ist. Noch genauer ist ein parallel zur Behelfsprüflampe geschaltetes Voltmeter. Weniger geeignet ist eine gewöhnliche Elektrik-Prüflampe, denn deren geringer Eigenverbrauch zeigt nur, ob überhaupt Strom da ist, sagt aber nichts über die Widerstandswirkung.

Als Vorbereitung zu dieser Prüfung an Klemme 1 der Zündspule das grüne Kabel (zum Unterbrecher) lösen, damit der Stromweg über die Unterbrecherkontakte unterbrochen ist und durch die Behelfsprüflampe fließen muß.

■ Zündung einschalten: Lade- und Öldruckkontrolle müssen jetzt brennen.

Wie bei der Delco Remy-Zündspule im Bild links entsprechen die Klemmenbezeichnungen an der Bosch-Zündspule den gleichen, allgemeinverbindlichen Regeln. Das starke, am mittleren Anschluß sitzende Kabel führt zu zur Mittelbuchse des Zündverteilers (siehe Bild Seite 196). Die Bosch-Zündspule gilt als zuverlässiger als die von Delco Remy.

■ Ein Ende des Prüflampenkabels (und Plus-Klemme des Voltmeters) an Klemme 15 der Zündspule drücken, das andere Ende (und Minus-Klemme des Voltmeters) an Masse: Die Lampe brennt etwas trübe, das Voltmeter zeigt etwa 8,5 Volt an. Brennt sie nicht, so liegt der Fehler in der Zuleitung, also an dem Widerstandskabel, das vom Klemme-15-Verteilerpunkt ausgehend an die Klemme 15 der Zündspule führt. Das Kabel ist an seiner glasklaren Isolierung zu erkennen.

■ Prüfung an Klemme 1 der Zündspule: Die Behelfsprüflampe brennt sehr trübe (Voltmeter zeigt etwa 5 Volt). Brennt nichts, ist die Primärwicklung der Zündspule unterbrochen. Brennt sie recht hell, herscht Kurzschlußüberbrückung in der Zündspule. In beiden Fällen muß die Zündspule ersetzt werden.

■ Sind die Leucht- und (Meß)-Ergebnisse gut, gibt es aber trotzdem keinen guten Zündfunken, kann die Sekundär-(Hochspannungs-) Wicklung der Zündspule defekt sein. Oder es liegt am Kondensator.

Der Kondensator

Es kommt auf die Konstruktion des Zündverteilers an, wo der Kondensator untergebracht ist. Beim Bosch-Verteiler sitzt er außen am Verteilergehäuse, beim Delco Remy-Verteiler jedoch ist er zu finden, wenn man den Verteilerdeckel abnimmt. Er speichert Strom und hat die Aufgabe, Funkenbildung am Unterbrecher, der im folgenden Abschnitt besprochen wird, zu unterdrücken. Er hemmt den Abbrand der Unterbrecherkontakte und fördert das schlagartige Zusammenbrechen des Magnetfeldes in der Zündspule (je schneller das Magnetfeld zusammenfällt, um so höher wird die Spannung im Sekundärstomkreis und um so besser ist der Zündfunke).

Ein schwacher Zündfunke, dessen Ursache man in erster Linie in einem Fehler der Zündspule sucht, kann auch an einem defekten Kondensator liegen, der ja mit diesem durch Kabel über Klemme 1 der Zündspule verbunden ist. Eine genaue Prüfung des Kondensators auf ›Durchschluß‹, also Kurzschluß, Isolationsverlust und ausreichende Kapazität ist nur in der Fachwerkstatt mit einem entsprechenden Prüfstand möglich. Wenn der Kondensator allerdings total ausgefallen ist, läßt sich dies eventuell bei abgenommenem Verteilerkopf an überspringenden starken Funken zwischen den Unterbrecherkontakten erkennen. Dazu muß ein Helfer den Motor mit dem Anlasser in Bewegung setzen. Auch völliger Kurzschluß zur Masse ist bei voll geöffneten Unterbrecherkontakten an einer Prüflampe erkennbar, die zwischen Klemme 1 der Zündspule und das davon abgezogene grüne Kabel geschaltet wird. Da die Unterbrecherkontakte geöffnet sind, besteht bei eingeschalteter Zündung kein legaler Weg des Batteriestromes zur Masse; die Prüflampe darf also nicht aufleuchten. Fließt der Strom jedoch über einen Kurzschluß im Kondensator zur Masse, leuchtet die Prüflampe auf. Auch bei stark verschmorten Unterbrecherkontakten besteht der Verdacht, daß der Kondensator defekt ist.

Meist lohnt sich das umständliche Prüfen des Kondensators nicht. Wenn er verdächtig ist: Austauschen. Für den Fall, daß in abgelegener Gegend kein Opel-Dienst erreichbar ist, muß man beim Kauf im Autoelektrogeschäft die Kapazität des Kondensators genau angeben: Sie beträgt bei 50–100 Hz zwischen 0,15 und 0,23 µF.

Der Unterbrecher

Zusammen mit der Zündverteilerwelle dreht sich der Unterbrechernocken, der den Unterbrecherhebel abhebt. Wenn ein Helfer den Anlasser betätigt, kann man das bei abgenommener Verteilerkappe beobachten. Der Unterbrecher bestimmt den Zündzeitpunkt, indem er den Primärstrom in der Zündanlage unterbricht, damit in der Sekundärwicklung der Zündspule (durch „Induzieren") hohe Spannungen entstehen. Die Leistung des Motors ist vom Überspringen des Zündfunken im richtigen Augenblick - vom Zündzeitpunkt - abhängig. Wird der Zündzeitpunkt allerdings zu früh gelegt, schlägt das bereits entflammte Kraftstoff-Luft-Gemisch dem noch aufwärts strebenden Kolben entgegen: Der Motor klopft. Gibt man zu wenig Frühzündung, wird die Energie des Kraftstoffs nicht vollständig ausgenutzt und der Motor hat nur eine ungenügende Leistung.

Automatische Zündverstellung

Mit steigender Motordrehzahl muß der Zündfunke früher überspringen, weil weniger Zeit zur Verbrennung des Gemischs bleibt. Die Verstellung des Zündzeitpunktes wird fast über den gesamten Drehzahlbereich durch einen Fliehkraftregler besorgt, der im Verteiler sitzt. (Die Verteilerwelle wird von der Nockenwelle über ein Zahnrad mit halber Drehzahl des Motors angetrieben.) Eine zusätzliche Verstellung durch Unterdruck erfolgt bei Teillast.

Fliehkraftverstellung

Mit Anstieg der Drehzahl verschieben sich die Fliehgewichte auf der Scheibe der Fliehkraft-Zündverstellung durch ihr Eigengewicht und entgegen der Spannkraft ihrer Haltefedern nach außen. Bei dieser Ausdehnung wird durch eine kleine Übersetzung die Nockenwelle des Verteilers in ihrer Umlaufrichtung (rechtsdrehend) bis zu folgenden Werten vorgestellt: Bei 1200 U/min bis 7,5°, bei 1600 U/min 11 - 20°, bei 2000 U/min 15,5 - 21,5°, bei 3000 U/min 20–26° und bei 3800 U/min 24–30° (1- und 1,2-Liter-Motoren). Beim Motor 19 E liegen die Werte insgesamt zwischen 4° und 20°.

Verteiler-Nockenwelle und Verteiler-Antriebswelle sind nicht starr verbunden, sondern bis zu den erwähnten 30 Grad drehbar gelagert. Bei einer Reparatur des Verteilers müssen die aufeinander gleitenden Teile der Fliehkraftverstellung mit Kugellagerfett eingerieben werden.

Die Verstellmöglichkeit der Verteiler-Nockenwelle in ihrer Drehrichtung bewirkt, daß die Unterbrecherkontakte mit steigender Drehzahl früher öffnen und damit zunehmende Frühzündung erreicht wird. Bei abnehmender Drehzahl wird durch die kleinen Schraubenfedern die Frühzündung wieder vermindert. Die Fliehgewichte und deren Rückholfedern sind genau aufeinander abgestimmt. Eine fehlerhafte Veränderung oder eine Störung kann nur die Fachwerkstatt feststellen. Eine Störung kann man vermuten, wenn der Motor bei sonst einwandfreier Zündanlage in höheren Drehzahlbereichen nicht auf Leistung kommt, obwohl bei stillstehendem Motor der Zündzeitpunkt stimmt.

Unterdruckverstellung

Eine seitlich am Zündverteiler angebrachte Blechdose regelt die Unterdruckverstellung. Diese Unterdruckdose ist durch eine dünne Saugleitung mit der Ansaugleitung des Motors kurz vor der Drosselklappe im Vergaser verbunden. Wenn die Drosselklappe im Leerlauf vollkommen geschlossen oder bei Vollgas ganz geöffnet ist, herrscht an dieser Stelle kein nennenswerter Unterdruck. Ist jedoch bei halb durchgetretenem Gaspedal die Drosselklappe nur teilweise geöffnet, entsteht in der Ansaugleitung ein mehr oder weniger kräftiger Unterdruck, der die Saugleitung in der Unterdruckdose eine Membrane anzieht, von der eine kleine Zugstange in den Verteiler hineinreicht und dort die drehbare Unterbrecherplatte anzieht. Dabei wird die Unterbrecherplatte entgegen der Drehrichtung des Verteilernockens gezogen, so daß die Unterbrecherkontakte früher geöffnet werden. Die Unterdruckverstellung muß von 12,5° bis 17,5° (Grad Kurbelwelle) Verstellung in Richtung Frühzündung bewirken, beim GT/E von 11° bis 15°.

Die Unterdruckdose kann durch äußere Einwirkung oder Korrosion undicht geworden sein; es ist aber auch möglich, daß die Membrane bei einer Fehlzündung durch Rückschlag in den Vergaser gerissen ist. Dann muß die Unterdruckdose ersetzt werden, da sich sonst der Kraftstoffverbrauch erhöht und die Leistung des Motors im Teillast-Bereich abfällt.

Die Unterbrecherkontakte

An den Kontakten des Unterbrechers, am Hammer und am Amboß, die eine sehr dünne Auflage von Wolfram-Metall haben, bewirkt das ständige Öffnen und Schließen des Stromkreises einen unvermeidbaren Verschleiß durch Abbrand, Verschmoren oder Metallwanderung, obgleich gerade Wolfram hierin sehr widerstandsfähig ist. Durch den Gleichstrom bilden sich am Hammer kleine Krater und am Amboß kleine Höcker, die sich in den Krater einfügen. Das stört zu Anfang nicht weiter, macht aber eine genaue Messung des Kontaktabstandes mit der Fühlerlehre unmöglich.

Unterbrecherkontakte prüfen
Pflegearbeit Nr. 49

Es besteht keine Vorschrift, die Unterbrecherkontakte grundsätzlich bei jeder 20 000-km-Inspektion auf den Schrott zu werfen, wie es einige Werkstätten praktizieren. Bei einwandfreier Zündanlage müssen die Kontakte wesentlich länger aushalten.
Zum Prüfen der Kontakte ist die Verteilerklappe nach Lösen der beiden Halteklammern (beim Bosch-Verteiler) oder der beiden Schrauben (beim Delco Remy-Verteiler) abzuheben und der Verteilerläufer von der Verteilerwelle zu ziehen. Das Aussehen der Kontakte bedeutet:
■ Kontakte silberartig, wie hell poliert: Zündanlage in Ordnung

Beim Verteiler von Delco Remy, dem hier die Kappe abgenommen wurde, sind die folgend angezeigten Teile von Bedeutung: 1 - Kondensator, 2 - Unterbrecherkontakte, 3 - Stellschraube zum Verändern des Kontaktabstandes, 4 - Unterbrecherhebel, 5 - Schmierfilz, 6 Antriebswelle mit Unterbrechernocken, 7 - Unterdruckdose, 8 - Hebel der Unterdruckverstellung.

- grauer Überzug durch Oxydation: zu kleiner Kontaktabstand oder zu geringer Kontaktdruck.
- verbrannt, blau angelaufen: Kondensator oder Zündspule nicht einwandfrei
- verkrustet: Öl, Fett oder Schmutz zwischen die Kontakte geraten.

Sind die Kontakte verkrustet und verschmutzt, mit einem scharfkantigen Schraubenzieher oder Taschenmesser den Schmutz abschaben (keine Feile oder Schmirgelleinen dazu verwenden). Anschließend ein Läppchen um einen dünnen Holzstab wickeln und mit Tetrachlorkohlenstoff (als Fleckenreinigungsmittel in Drogerien bekannt) tränken. Damit die Kontakte abwischen. Benzin nicht dazu verwenden, da die Kontakte gegen Benzin empfindlich sind.

Das Wiederaufsetzen der Verteilerkappe, die beim Bosch-Verteiler mit federnden Spannklemmen versehen ist, kann beim Verteiler von Delco Remy zu Komplikationen führen, wenn man den Deckel nicht ganz genau aufsetzt und darauf bedacht ist, daß sich die Halteschrauben leichtgängig eindrehen lassen. Auch bei versetzt aufgebrachtem Deckel lassen sich die Schrauben festziehen, nur bricht dann die Feder auf dem Verteilerläufer ab. Es ist deshalb nicht verkehrt, wenn man immer einen Ersatz-Verteilerläufer für den Delco Remy-Verteiler mitführt.

Unterbrecherkontakte austauschen
Pflegearbeit Nr. 52

Nach Erfahrungen bei Opel sind die Kontakte nach 40 000 km verbraucht. Spätestens dann sollen sie ersetzt werden. Es sind beide Teile, also Hammer und Amboß, gleichzeitig zu ersetzen. Sind die alten Kontakte verschmort oder blau angelaufen, genügt allerdings das Austauschen allein nicht, es muß auch nach dem verursachenden Fehler in der Zündanlage (Kondensator oder Zündspule) gesucht werden. Zum Auswechseln der Kontakte die Sicherungsklammer auf der Unterbrecherwelle abziehen, ebenfalls Kabelschuh des Verbindungskabels zum Unterbrecherhebel innen im Verteilergehäuse. Unterbrecherhammer mit Blattfeder und Verbindungskabel herausheben. Dann Feststellschraube für Amboß und Schraube für Massekabel lösen und Amboß herausnehmen. Vor Einbau der neuen Unterbrecherkontakte wird die Nockenbahn der Verteilerwelle sauber gerieben und mit der Fingerspitze sparsam eingefettet (Bosch-Fett Ft 1 v 4), ebenso ist das Lager des Unterbrecherhebels zu fetten. Beim Einbau darauf achten, daß Hammer und Amboß in gleicher Höhe zu liegen kommen, notfalls müssen Ausgleichscheiben auf der Unterbrecherwelle unter den Unterbrecherhebel gelegt werden. Beim Anschrauben des Massekabels muß darauf geachtet werden, daß dieses nicht die Unterdruckverstellung behindern kann. Kontaktabstand und Zündzeitpunkt sind anschließend natürlich frisch einzustellen.

Schließwinkel prüfen
Pflegearbeit Nr. 47

Der Unterbrecher-Schließwinkel wird bei Leerlaufdrehzahl und bei rund 2000/min mit dem Schließwinkeltester gemessen. Da sich der Kontaktabstand und damit der Schließwinkel theoretisch über den gesamten Drehzahlbereich des Motors nicht ändern kann, deuten stark unterschiedliche Meßergebnisse bei diesen Drehzahlen auf eine verschlissene Verteilerwelle hin – Verteiler austauschen.

Der **Schließwinkel** soll in beiden Fällen **47–53°** (entsprechend **52–59 %**) betragen. Ist das nicht der Fall, muß er eingestellt werden:
- Halteschraube des Unterbrecherkontaktsatzes etwas lockern und Schraubenzieher zwischen Einstellwarzen und Einstellkerbe stecken.
- Motor jetzt von Helfer mit dem Anlasser durchdrehen lassen und Unterbrechergrundplatte so lange verdrehen, bis der Schließwinkel stimmt.
- Sind neue Unterbrecherkontakte eingebaut worden, Schließwinkel auf den unteren Toleranzwert einstellen, denn durch Abrieb am Unterbrecher-Gleit-

stück wird im Lauf der Zeit der Schließwinkel größer bzw. der Unterbrecher-Kontaktabstand geringer.
- Verteiler wieder zusammenbauen, Motor starten und Schließwinkel nachmessen.

Ist kein Schließwinkeltester zur Hand, geht die Messung des Schließwinkels auch so – nämlich über das Nachmessen des Unterbrecher-Kontaktabstands:
- Der Abstand zwischen den geöffneten Kontakten des Unterbrechers soll **0,4 mm** betragen. Zur Messung muß das Kontaktpaar geöffnet sein – d. h. das Unterbrecher-Gleitstück muß genau auf dem Gipfelpunkt einer Verteilerwellen-Nocke stehen. Motor entsprechend weit durchdrehen oder Wagen mit eingelegtem Gang vorwärtsschieben.
- Fühlerlehrenblatt 0,4 mm zwischen die Kontakte stecken. Es muß sich bei richtigem Abstand mit ganz leichtem Widerstand einschieben lassen. Bei gebrauchten Kontakten nur am Rand messen! Höcker und Krater auf der Kontaktfläche würden sonst die Messung verfälschen.
- Stimmt das Spiel nicht, Klemmschraube am Unterbrecheramboß öffnen, Schraubenzieher zwischen die Einstellwarzen und die Einstellkerbe stecken und damit den Amboß sanft verschieben, bis das Spiel stimmt.
- Klemmschraube festziehen und Abstand nochmals mit Fühlerlehre messen.
- Natürlich stimmt jetzt der Zündzeitpunkt nicht mehr. Einstellen!

Kontaktabstand behelfsmäßig einstellen

Nach jeweils 10 000 km muß der Zündzeitpunkt überprüft und eventuell neu eingestellt werden. Das hat selbstverständlich auch beim Neueinstellen oder Auswechseln der Unterbrecherkontakte, nach dem Zusammenbau des Motors oder dem Wiedereinbau des Zündverteilers zu geschehen.
Eine genaue Zündeinstellung ist für die optimale Motorleistung unerläßlich. Durch ihre Überwachung behütet man den Motor vor Schäden. Zu viel Frühzündung läßt den Motor zu heiß werden, läßt ihn »klingeln« (siehe Seite 16) und führt in krassen Fällen sogar zu Lagerschäden; zu späte Zündeinstellung vermindert die Leistung und erhöht den Benzinverbrauch, außerdem wird der Motor auch zu heiß.
Veränderungen des Unterbrecher-Schließwinkels verändern auch den Zündzeitpunkt, daher wird vor der Zündeinstellung zuerst der Schließwinkel gemessen und berichtigt. Umgekehrt muß nach jedem Verstellen des Unterbrecher-Schließwinkels oder nach dem Einbau neuer Kontakte die Zündung neu eingestellt werden.
Zur fachgerechten Einstellung bei laufendem Motor werden eine Blitz- oder Stroboskoplampe und ein exakter Drehzahlmesser benötigt. Vor der Einstellung wird der Motor warmgefahren. Der richtige Zündzeitpunkt der 1-, 1,2-, 1,6- und 2-Liter-Motoren liegt bei 5° vor OT, der 1,9-Liter-Motoren bei 10° vor OT, jeweils bei Leerlauf-Drehzahl.
Die Zündlichtpistole wird an das Zündkabel des 1. Zylinders (in Fahrtrichtung vorn) angeschlossen. Die Lichtblitze sind auf die nachstehend genannten Markierungen zu richten:
1- und 1,2-Liter-Motoren: Kerbe an der Kurbelwellenriemenscheibe und Markierung am Steuergehäusedeckel; 1,6-, 1,9- und 2-Liter-Motoren: Zeiger am Schauloch im Schwungradgehäuse und Kugel im Schwungrad.
Zum besseren Erkennen beim Aufblitzen macht man je einen Kreidestrich auf die Bezugsmarken. »Stehen« diese Marken beim Aufblitzen der Lampe zueinander, dann ist die Zündung richtig eingestellt. Andernfalls muß man das Zündverteilergehäuse verstellen, wie nachstehend beschrieben wird. Man kann die Zündeinstellung auch provisorisch prüfen und einstellen. Dazu

Zündzeitpunkt kontrollieren
Pflegearbeit Nr. 33

Behelfsmäßige Zündeinstellung

braucht man eine Prüflampe mit 12 Volt Spannung. Die Arbeit erfolgt bei stehendem Motor.

Zum Einstellen des Zündzeitpunktes muß der Kolben im ersten Zylinder (vorderster Zylinder direkt hinter dem Kühler) ganz oben stehen. Das ist der Punkt, in welchem der Kolben von der Aufwärtsbewegung in die Abwärtsbewegung übergeht. Man nennt ihn den ›Oberen Totpunkt‹ (Kurzzeichen: OT). Um den Kolben des ersten Zylinders in OT zu bringen, muß zur ›Grobeinstellung‹ die Verteilerkappe abgenommen werden. Auf dem Rand des Bosch-Verteilergehäuses, gegenüber der Unterdruckdose, findet sich eine Kerbe, auf welche die Mittelkerbe des Verteilerfingers zeigt, wenn der Zündfunke zum ersten Zylinder geleitet wird, mithin also der Kolben darin oben ›steht‹. Beim Delco Remy-Verteiler soll der Verteilerfinger auf die Befestigungsschraube der Masseverbindung zeigen.

Nach dieser Grobeinstellung auf die Kompressionsstellung muß noch eine Feineinstellung erfolgen. Zu einer Sichtkontrolle verhilft die Kerbe auf der Keilriemenscheibe, die mit der kleinen Wulst auf dem Steuergehäusedeckel des Motors in einer Flucht liegen muß.

Man kann diese Position kaum durch Schieben des Wagens mit eingelegtem Gang erreichen, es sei denn, man schraubt alle Zündkerzen heraus, um die Kompression in den Zylindern auszuschalten, und man hat eventuell noch Gelegenheit, das Auto auf leicht abschüssigem Gelände besser rollen zu lassen. Stehen Kerbe und Wulst genau übereinander, was ein zweiter Mann exakt beobachten muß, ist der Wagen sofort abzubremsen.

Eine andere Methode ist es, den Motor an der Keilriemenscheibe der Kurbelwelle zu drehen. Das geschieht mit einem Ringschlüssel SW 15, der allerdings am besten von einem Helfer bedient wird. Die Riemenscheibe wird rechts herum gedreht. Niemals am Kühlerventilator drehen.

Ist man durch ruckartiges Nachgeben des Motors beim Drehen der Riemenscheibe oder Schieben des Wagens schon über die zuständige Markierung hinausgerutscht, muß die Kurbelwellen-Keilriemenscheibe noch einmal etwa ein viertel nach links gedreht und dann wieder mit Vorsicht nach rechts gedreht werden, bis die Einstellung stimmt.

Nun müßte, wenn der Motor drehen würde, genau im vorgeschriebenen Einstellungsmoment der Zündfunke überspringen, was durch das Abheben der Unterbrecherkontakte genau in diesem Moment bewirkt würde. Um dies zu gewährleisten, muß das ganze Zündverteilergehäuse (wenn die Zündeinstellung nicht stimmt) gelockert und so verdreht werden (es geht dabei nur um Millimeter).

Rechts: Vorn am 1,- und 1,2-Liter-Motor auf dem Steuergehäusedeckel befindet sich eine Wulst, die als Markierung für die Zündeinstellung dient. Wenn die Kerbe bzw. der kleinen Nocken auf der Keilriemenscheibe den geringsten Abstand zu jener Wulst einnimmt, steht der Kolben des 1. Zylinders in OT, was somit die Überprüfung des Zündzeitpunktes ermöglicht.

Links: Um den Zündzeitpunkt zu verändern, wird zuerst mit einem Schraubenschlüssel SW 13 die Sockelschraube (2) am Verteiler leicht gelockert. Die Krokodilklemme der Prüflampe ist an das blanke Ende des angeschlossenen, von der Zündspule kommenden dünnen Kabels oder an dessen Befestigungsmutter anzuklemmen (1). Dann wird die Prüflampennadel gegen ›Masse‹ gedrückt (3). Nun ist der Verteiler wie auf dieser Seite beschrieben, zu verstellen.

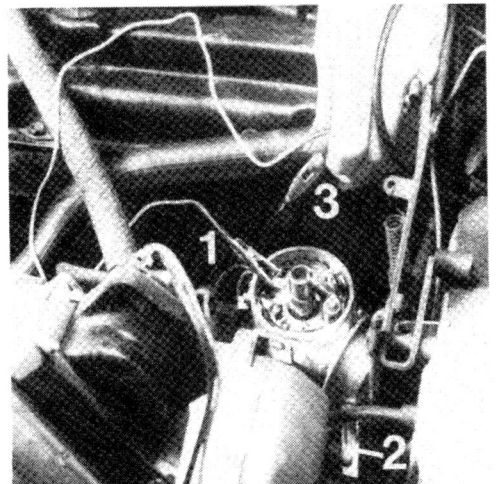

daß die Nocken der jetzt feststehenden Verteilerwelle entsprechend früher oder später die Unterbrecherkontakte trennen. Dazu wird mit einem Schraubenschlüssel SW 13 unten hinter dem Verteiler (schräg unterhalb der Unterdruckdose) die Schraube gelockert, welche die Klemmlasche gegen den Verteilerfuß preßt, so daß sich der Verteiler normalerweise nicht um seine Achse verdrehen kann.

Den Verteiler im Uhrzeigersinn verdrehen ergibt Spätzündung und links herum drehen heißt in Richtung Frühzündung stellen.

Nun Zündung einschalten, Prüflampe mit einem Pol an Klemme 1 der Zündspule oder des Verteilers (jedenfalls an einen blanken Kontakt des grünen Kabels) anklemmen, wobei das grüne Kabel ebenfalls an seinen Klemmen verbleibt. Den anderen Pol der Prüflampe, zumeist eine Nadelspitze, fest an Masse drücken. Nun muß die Prüflampe brennen, wenn die Unterbrecherkontakte bereits geöffnet sind, da der Primärstrom nicht über die Kontakte zur Masse fließen kann, sondern die Prüflampe dazu benutzen muß. Sind die Kontakte dagegen geschlossen, verlöscht die Prüflampe, weil der Weg über die Kontakte zur Masse für den Primärstrom leichter ist. Verteilergehäuse nach rechts drehen, bis Kontakte schließen und Prüflampe verlöscht.

Um das Zahnflankenspiel zwischen Verteilerritzel und Nockenwelle des Motors auszuschalten, Verteilerwelle am Verteilerfinger nach links bis zum Anschlag drücken und loslassen. Dadurch werden auch die Fliehgewichte der Fliehkraftverstellung auf Null gestellt. Nun das Verteilergehäuse langsam nach links, im Gegenuhrzeigersinn, drehen, bis Prüflampe gerade aufleuchtet.

Das ist der Öffnungsbeginn der Unterbrecherkontakte. In dieser Stellung des Verteilergehäuses Klemmlaschenmutter wieder fest anziehen, Zündung ausschalten, Prüflampe abziehen und Verteilerkappe wieder sorgfältig aufsetzen.

Der Zündverteiler

Es wurde schon gesagt, daß im Kadett entweder ein Verteiler von Bosch oder einer von Delco Remy eingebaut ist. Im Aufbau unterscheiden sie sich kaum, aber die differierende Befestigung des Verteilerdeckels ist von Bedeutung (siehe Abschnitt ›Unterbrecherkontakte prüfen‹!).

Im Grunde besteht der Verteiler nur aus dem Verteilerläufer und dem Verteilerdeckel. Dennoch bezeichnet man das ganze Aggregat, also auch den Unterbrecher und den Fliehkraftversteller, als Verteiler. Sein Antrieb geschieht über eine Welle mit Zahnrad, das mit einem solchen der Nockenwelle in Eingriff steht. Die Verlängerung der Verteilerwelle treibt die in der Ölwanne befindliche Ölpumpe an.

Auf dem oberen Ende der Welle sitzt der Verteilerläufer, dessen Metallzunge in geringerem Abstand an den vier Kontakten der Hochspannungsanschlüsse im Verteilerdeckel vorbeidreht. Der Läufer hat also die Aufgabe, den im richtigen Zündzeitpunkt produzierten hochgespannten Stromstoß an die Zündkerzen weiterzuleiten.

Diesen Stromstoß bekommt er über den Mittelanschluß im Verteilerdeckel von der Zündspule, und von der Metallzunge fließt der Strom zu dem in Drehrichtung des Läufers nächsten Kerzen-Hochspannungsanschluß. Bei einem Viertaktmotor leistet jeder Zylinder auf zwei Kurbelwellenumdrehungen nur einen Arbeitstakt, auf zwei Kurbelwellenumdrehungen entfallen also vier Zündungen, eine für jeden der vier Zylinder. Daraus geht hervor, daß die Drehzahl der Verteilerwelle und der sie antreibenden Nockenwelle gleich der halben Drehzahl der Kurbelwelle ist.

Auf den Docht in der Mitte der Verteilerwelle sollen alle 10 000 km einige

Tropfen Motoröl geträufelt werden. Dieser Docht ist (nach Abnehmen des Verteilerdeckels) zugänglich, wenn man den Verteilerläufer abgezogen hat. Außerdem kann gelegentliches Säubern der Deckelinnenseiten nicht schaden. Wenn man Kratzer oder gar Risse entdeckt, muß der Deckel ausgewechselt werden. Die Kohle, die in der Mitte durch Federkraft gegen die Metallzunge gepreßt wird, soll in ihrer Führung leichtgängig sitzen.

Es ist lobenswert, daß Opel für den Zündverteiler eine Schutzkappe liefert, die von dem sonst empfindlich reagierenden Gerät nahezu alle Nässe abhält. Dennoch sollte man bei einer Motorwäsche vorsichtig sein, zumal wenn der Motor noch warm ist, da der sich entwickelnde Wasserdampf durch alle Ritzen kriecht und Zündstörungen verursachen kann.

Fingerzeige: *Poröse, undichte oder durch Öl verquollene Gummikappen auf dem Verteilerdeckel müssen gegen neue ausgetauscht werden.*
Es gibt Zündstörungen, die ihre Ursache in feinsten Haarrissen oder strichartigen Schmutzansammlungen im Verteilerdeckel haben. Das kann Stromüberschläge ergeben. Abhilfe schafft meist nur ein Austausch des Verteilerdeckels. Notbehelf: Risse mit Fingernagellack überpinseln.

Die Zündkabel

Vernünftig sind Zündkabel eigentlich nur mit einer dicken Kupferlitze. Wegen der vorgeschriebenen Funkentstörung müssen sich die Autohersteller aber etwas einfallen lassen, das zugleich nicht viel kosten darf. So kam man sogar auf die Idee, Zündkabel mit einer Nylonseele anstelle von Metallfäden einzusetzen. In Ihrem Opel finden Sie solche Kabel, die nur Verdruß bereiten, glücklicherweise nicht.

Häufig werden jedoch sogenannte Reaktanz-Zündkabel eingebaut, die zwar in der Mitte einen Metalldraht haben, bei dem es sich aber um einen eng gewickelten Wendeldraht handelt. Solche Kabel erfüllen durch ihren inneren Widerstand die Grundforderung der Funkentstörung. Das Nachprüfen des richtigen Widerstandes ist allerdings kompliziert und wird nicht von jedem Mechaniker beherrscht, deshalb empfehlen wir, bei Zündstörungen diese zu den Zündkerzen führenden Kabel zuerst herauszuwerfen. Aufschneiden von wenigen Millimetern am Ende eines Kabels gibt Aufschluß, ob Drahtwendel oder gedrilltes Drahtlitzenbündel vorhanden ist; bei letzterem kann das Kabel weiterhin benutzt werden.

Einwandfreies Kupferlitzenkabel (Bosch-Neoprene) kostet pro Meter etwa eine Mark. Dazu gehören Widerstandsstecker mit 1 Kilo-Ohm; zusammen verfügen Sie dann über eine zuverlässige Kabelgarnitur.

Wenn der Motor nicht anspringen will, ist dies die erste wichtige Prüfung: Liefert das Hauptzündkabel Zündstrom an den Verteiler? Dazu Hauptzündkabel aus der Mittelbuchse des Verteilers ziehen (anderes Kabelende muß fest in der Mittelbuchse der Zündspule sitzen) und blankes Kabelende (Gummi-Regenschutzkappe zurückstreifen) auf etwa 10 mm Abstand gegen Motorblock oder an eine der nahesitzenden Befestigungsschrauben halten. Durch Helfer Motor - ohne Gasgeben - starten lassen. Bei jedem Abheben der Unterbrecherkontakte (kann man bei abgenommenem Verteilerkopf beobachten) muß ein kräftiger Funke zwischen Kabelende und Motorblock überspringen. Kein Zündfunke bedeutet: Zündspule oder Unterbrecher defekt.

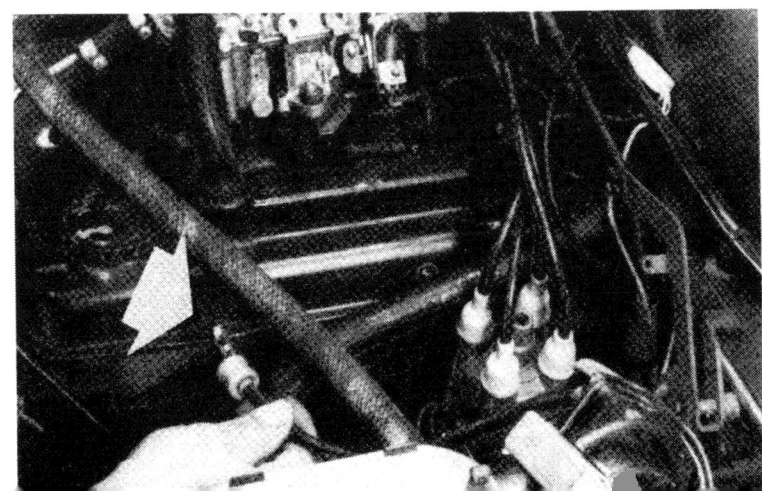

Nach eigenen Erfahrungen eignen sich sogar die gelben Kabel der Fassaden- und Neonreklame als Zündkabel (Abfälle davon sieht man oft an Baustellen und dort, wo Neonschrift montiert oder repariert wird). Sowohl der Querschnitt der Isolierung als auch der Metallseele ist der gleiche wie bei normalen Kerzenkabeln, wobei die Metallitze natürlich aus Kupfer bestehen sollte. Doch selbst, wenn es statt Kupfer andere Metallfäden sind, ist die Lebensdauer den Nylonkabeln überlegen. Lediglich das Festlöten der Kabelklemmen an der Litze dieser gelben Kabel erfordert etwas Routine, da die Isolierung aus Kunststoff besteht und schnell abschmilzt. daher muß rasch und zielstrebig gelötet werden.

Entstörung bei Radio-Einbau

Übliche Entstörstecker am Ende der Zündkabel auf den Zündkerzen dienen einem selbst nicht. Sie sind nur deswegen vorgeschrieben, um anderer Leute Radios oder Fernsehen durch den Funkenregen an den Zündkerzen nicht knattern zu lassen, das Radio im eigenen Auto bleibt weiterhin störanfällig. Ähnlich verhält es sich bei Zwischenstücken zur Funkentstörung für die Kerzenkabel (die so dicht wie möglich am Verteilerkopf sitzen sollen). Für den Betrieb eines Radios muß also noch ein Entstörsatz eingebaut werden, der für den Opel unter Beachtung einer stets mitgelieferten Anleitung installiert wird. Falls sich ein etwa eingebautes Radio durch Störgeräusche unbeliebt macht oder ein Radio eingebaut werden soll, kann man sich sowohl von der Kundendienstabteilung der Robert Bosch GmbH, 7016 Gerlingen-Schillerhöhe, Robert-Bosch-Platz 1, wie auch von der Blaupunkt Werke GmbH, 32 Hildesheim, Robert-Bosch-Straße 200, eine Liste mit den zum Kadett C passenden Radio-Entstörmitteln schicken lassen.

Die einschlägige Industrie bietet Entstörteile in der ersten Stufe für Mittel- und Langwelle, in der zweiten Stufe auch für UKW an. Vernünftigerweise wird man gleich die UKW-Entstörung vornehmen. Wenn Sie solche kaufen, müssen Sie jedoch vorher unbedingt in der sogenannten Typenliste des Herstellers sorgfältig überprüfen, ob und welche Entstörsätze gerade für Ihren Wagen berechnet sind.

Der Opel-Entstörsatz

In der Opel-Werkstatt entstört man den MW- und UKW-Empfang wie folgt: An der Delco Remy-Lichtmaschine wird ein Entstörkondensator an Klemme + und an Masse angeschlossen, wobei man den Kondensator mit der Masseschraube befestigt. Für die Bosch-Anlage gibt es einen Entstörer, der mit einer Befestigungsschraube des Reglers anzuschrauben ist; der von der Lichtmaschine kommende Dreifachstecker wird am Entstörer und der Stecker des Entstörers am Regler angeschlossen. Weitere Arbeiten gelten für die Bosch- und die Delco Remy-Zündanlage gemeinsam.

Hierbei wird das Kabel der Klemme 1 am Zündverteiler abgelängt, eine ovale Gummitülle darüber geschoben und eine Flachsteckerhülse angebracht. Das Kabel der Klemme 4 zwischen Verteiler und Spule wird gegen eine hochohmige Ausführung des Einbausatzes ausgewechselt. Sodann ist die abschirmende Zündverteiler-Schutzhaube mit angenieteter Entstördrossel über den Verteiler zu stecken und ihre Druckknöpfe werden zusammengedrückt. Das eben behandelte Kabel von Klemme 1 steckt man an die Entstördrossel und schiebt die Gummitülle über den Flachsteckeranschluß. Die Schutzhaube besitzt ein Masseband, das mit der linken hinteren Schraube der Zylinderkopfhaube angeschraubt wird. Während der Innenleiter von Kabel 1 an der Zündspule angeschlossen wird, muß die Kabelabschirmung an Masse gebracht werden.

Der Entstörer für den Scheibenwischermotor wird dort mit einer Schraube des Getriebedeckels befestigt. Die beiden vom Scheibenwischermotor kommenden Kabel sind von den Flachsteckern des Getriebedeckels abzulöten und mit den Klemmverbindern des Entstörers an deren Kabel anzuschließen. Beide blanken Kabelenden des Entstörers sind an die Lötösen der Flachstecker anzulöten. Dabei dürfen die Kabel nicht verwechselt werden, sonst läuft der Wischermotor mit vertauschten Geschwindigkeiten.

In ähnlicher Weise gibt es auch noch einen Entstörer für die Scheibenwascherpumpe. Die Kabel zwischen Entstörer und Pumpe müssen kurz gehalten sein, deshalb ist der Entstörer am Radeinbau anzuschrauben.

Auch als Laie kann man zur guten Funktion des Autoradios beitragen. Wesentlichen Einfluß auf den Empfang haben Einbaustelle, Gestalt und Qualität der Antenne. Sie soll auf der von Zündspule und Verteiler abgewendeten Seite der Karosserie angebracht und das Antennenkabel muß zwecks Entstörung zuverlässig abgeschirmt sein. Wenn man die Antenne nicht richtig bis zum Anschlag herausgezogen hat, macht das Radio wenig Freude.

Manche Leute klagen über störende Geräusche beim Abspielen schon älterer Kassetten. Zunächst sollte man die Kassetten nicht lose im Wagen herumliegen lassen, sondern vor Staub und Zigarettenrauch geschützt unterbringen. Gelegentlich muß aber trotzdem der Tonkopf des Gerätes gesäubert werden. Dazu bietet die Industrie besondere Reinigungsbänder an, die man ablaufen läßt. Da diese den Staub jedoch auch an die Seiten des Tonkopfes verschieben und dort ›stapeln‹, erfüllt ein in Spiritus getauchter Tupfer die Reinigungsaufgabe noch besser.

Zündkerzen ersetzen
Pflegearbeit Nr. 53

Obwohl die Zündkerzen an sich die größten Leistungen innerhalb der Zündanlage vollbringen müssen, hat man ihnen normalerweise den wenigsten Ärger. Natürlich kommt es vor, daß eine fehlerhafte Zündkerze jede noch so gute Funktion der Zündanlage in Frage stellt, auch dann, wenn sie den richtigen Wärmewert besitzt. Daher empfehlen die Kerzenhersteller, ihre Produkte alle 15 000 km zu wechseln, obwohl das in den meisten Fällen nicht notwendig ist. Oft genügt das Nachprüfen des Elektrodenabstandes, der 0,7 bis 0,8 mm betragen soll.

Beim Kadett-Motor sind ab Werk die Zündkerzen AC 42 FS oder Bosch W6B (W 200 T 35) eingebaut. Daneben können auch die im Kapitel ›Technische Daten‹ aufgezählten Fabrikate gute Dienste leisten. Alle diese Zündkerzen haben das metrische Gewinde M 14 x 1,25.

Bei der Opel-Inspektion werden die ersten Zündkerzen nach 20 000 km Lauf-

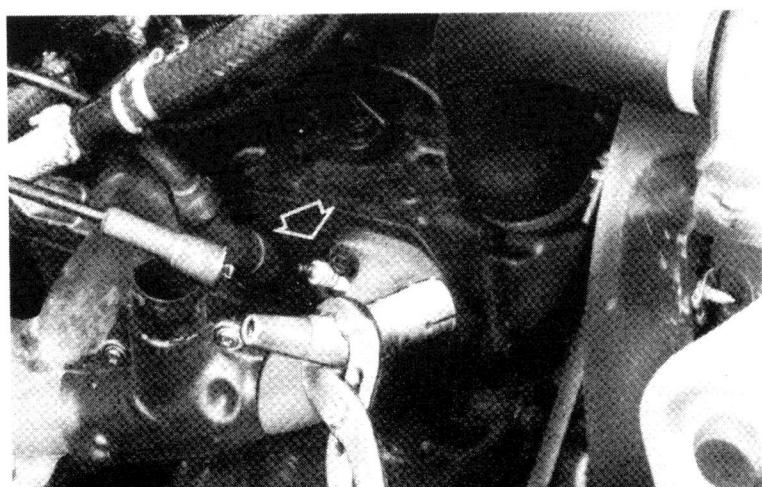

Die Entstörstecker sitzen relativ fest auf den Zündkerzen. Sie lassen sich oft nur mit Hilfe einer Rohrzange von der Zündkerze abziehen. Sie dürfen jedoch nicht gegen konventionelle Kerzenstecker ohne Entstörungseinsätze ausgetauscht werden.

strecke, die nächsten jeweils nach 40 000 km ersetzt. Es hängt von den hier nachfolgend beschriebenen Faktoren ab, ob sie jedoch tatsächlich ausgetauscht werden müssen. Es kann sich bei vorwiegendem Stadtverkehr aber empfehlen, die Kerzen schon alle 10 000 bis 12 000 km (mindestens einmal im Jahr vor Winterbeginn) zu wechseln.

Da die verschiedenen Benzinmotoren je nach Verdichtung und Leistung unterschiedliche Temperaturen in ihren Verbrennungsräumen entwickeln, müssen die Zündkerzen speziell auf die vom Motor erzeugte Hitze abgestimmt sein. Die Kerze darf beim Betrieb nicht zu heiß werden, sie muß also Wärme ableiten können. Andererseits wird bei zu starker Wärmeableitung nicht die ›Selbstreinigungstemperatur‹ der Zündkerze erreicht, die bei etwa 500° C liegt. Die heißen Zündkerzenelektroden müssen sich selbst von Rußansatz freibrennen können.

Richtiger Wärmewert

Die Wärmeableitfähigkeit wird mit einer Kennzahl angegeben, dem ›Wärmewert‹. Bei den deutschen Zündkerzenherstellern geschieht dies einheitlich, wobei die früheren dreistelligen Ziffern durch Einzelzahlen ersetzt wurden. Bei Beru und Bosch gelten 145 = 8, 175 = 7, 200 = 6. Ausländische Kerzenhersteller haben sich eigene Kennziffern ausgedacht.

Man schraubt die Zündkerzen mit einem Sechskant-Steckschlüssel SW 21 aus dem Motor. Werkstätten und manche Tankstellen besitzen Prüfgeräte, die sich zum Kontrollieren und Reinigen der Zündkerzen am ehesten eignen. Ihr Sandstrahlgebläse ist unter den Reinigungsverfahren das kleinere Übel. Doch diese Reinigungsmethode lohnt sich bei den heutigen hohen Arbeitslöhnen kaum noch. Neue Kerzen – zumal wenn sie im Kaufhaus erstanden wurden – sind auf längere Sicht oft billiger.

Zündkerzen prüfen
Pflegearbeit Nr. 48

Weniger von Vorteil sind Reinigungsversuche mit Taschenmesser oder Drahtbürste. Man sollte sie vorsichtig nur dann anwenden, wenn sich durch Verbrennungsrückstände, beispielsweise bei hochverbleitem Benzin, zwischen den Elektroden der Zündkerze eine Strombrücke mit Kurzschlußwirkung gebildet hat, die unterwegs beseitigt werden muß. Natürlicher Verschleiß (Abbrand) erweitert den Elektrodenabstand, so daß es dem Zündfunken schließlich nicht immer möglich ist, unter dem Kompressionsdruck von der Mittelelektrode zur Masseelektrode überzuspringen.

Mit einer Zündkerzenlehre (beispielsweise von Champion) kann man den Elektrodenabstand sehr genau nachmessen. Die keilförmige, sich verdickende Kante der Lehre wird zwischen die Elektroden der Kerzen geschoben und an der Stelle, wo sie sich nicht weiter verschieben läßt, ist das Maß abzulesen. Bei Abweichungen wird die hakenförmige äußere Elektrode entsprechend nachgebogen (zu enger Abstand: vorsichtig mit Schraubenzieher oder Taschenmesser abwinkeln; zu weiter Abstand: mit dem Griff dieses Werkzeugs leicht gegenklopfen).

Aussehen und Färbung der Kerzenelektroden geben Rückschlüsse über Vergasereinstellung, Wärmewert der verwendeten Kerze sowie Einsatzbedingungen des Wagens (Fahrweise). So urteilt man über das ›Kerzengesicht‹:

- mittelbraun oder mittelgrau = gute Vergasereinstellung, Zündkerzen und Motor arbeiten richtig
- schwarz = Vergaser zu fett eingestellt oder Zündkerze ist im Betrieb durch vorwiegende Kurzstreckenfahrten zu kalt. Zündkerze mit nächstniedrigem Wärmewert probieren, wenn Vergasereinstellung stimmt

- hellgrau = Vergaser zu mager eingestellt
- silbrig = Zündkerze wird zu heiß, eventuell durch scharfe Langstreckenfahrten; Zündkerze mit nächsthöherem Wärmewert probieren. Oder Zündung zu früh gestellt
- verölt = Zündkerze setzt aus oder Kolbenringe undicht; wenn bei allen Zündkerzen, Fehler in der Zündanlage.

Diese Zusammenstellung läßt erkennen, daß man unter Umständen den Wärmewert der Zündkerzen für Ihren Opel nach der vorherrschenden persönlichen Fahrweise abändern kann. Wer immer sehr verhalten fährt, wird vielleicht eine verrußte Zündkerze vorfinden und sollte es einmal mit dem nächstniedrigen Wärmewert versuchen. Und umgekehrt kann dem gleichen Motor bei hochsommerlicher Urlaubsfahrt - mit vollem Wagen - ein höherer Wärmewert besser tun. Es kommt auf den Versuch an, aber man sollte immer daran denken, daß die Autowerke - und so auch Opel - die Zündkerzen nicht zum Scherz vorschreiben. Am besten ist es doch, Sie richten sich nach den zu Anfang dieses Zündkerzenabschnitts gemachten Angaben.

Die einwandfreie Funktion einer Zündkerze läßt sich nur im Zündkerzenprüfgerät mit ziemlicher Gewißheit prüfen. In diesem Gerät wird die Zündkerze unter etwa 8 bar Druck geprüft, denn die Funkenbildung ist in der freien Luft wesentlich leichter als bei dem Druck, der im Zylinder bei Beendigung des Kompressionstaktes herrscht. Deshalb sagt eine zur ›Prüfung‹ herausgeschraubte und am Zündkabel auf den Motorblock gelegte Zündkerze gar nichts darüber aus, ob sie den dann gezeigten schönen Zündfunken auch im Zylinder zustandebringt. Im Zündkerzenprüfgerät läßt sich dagegen durch kleine Sichtfenster die Funkenbildung unter Druck beobachten.

Ist Ihr Auto diebstahlsicher?

Die mit dem Zündschloß gekoppelte Diebstahlsicherung hat – nach mancher trauriger Erfahrung – auch schon ihre ›Meister‹ gefunden. Aber die vom Autohersteller eingebaute Maßnahme zum Schutz vor unbefugtem Benutzen durch fremde Personen entspricht dem Paragraphen 28 a der Straßenverkehrszulaßungsordnung. Das Befolgen dieser Bestimmung schützt freilich kaum vor Diebstahl der im Wagen zurückgelassenen Sachen.

Je länger ein Ganove braucht, ein Fahrzeug zu öffnen (um daraus Gegenstände zu stehlen oder um den Motor in Gang zu setzen), um so wirkungsvoller ist die Sicherung.

Eine einfache, aber wirkungsvolle Sicherung ist es, den Verteilerläufer abzuziehen.

Der Begriff ›Diebstahlsicherung‹ ist gewissermaßen irreführend, denn jedes Auto kann hochgehoben, abgeschleppt oder geknackt werden. Diese Unwägbarkeiten können Sie nur nahezu ausschalten, wenn Sie

- den Wagen immer richtig verschließen, nachdem auch das Lenkradschloß hörbar eingerastet ist
- alle Fenster schließen
- keine Wertgegenstände liegen lassen
- nie nachlässig beim Verlassen des Wagens sind
- das Auto möglichst in verkehrsreichen Bezirken parken
- über die Sicherung keine falschen Vorstellungen hegen, denn sie erfüllt nicht alle Erwartungen
- die Versicherungsbedingungen (das Kleingedruckte) gut lesen, denn es wird nicht alles ersetzt, was gestohlen wird.

Scheinwerfer und Leuchten

Sehen und gesehen werden

Für den einwandfreien Zustand der Beleuchtungsanlage ist der Autofahrer selbst verantwortlich. Später vor Gericht, falls ein Unfall passiert ist und wenn beurteilt werden muß, wie es dazu kam, gilt die Ausrede nicht, man wäre gerade auf dem Wege zum Kauf einer neuen Lampe gewesen. Diese Ersatzbirne hätte man bereits zur Hand haben müssen.

Jede ausgefallene Leuchte am Auto - sei es Standlicht, Bremslicht oder Blinker - ist eine Gefahrenquelle. Wenn Sie einäugig, nur mit einem brennenden Scheinwerfer, daherkommen, wirkt Ihr Auto auf den Gegenverkehr wie ein Motorrad. Das gleiche gilt für die Rückleuten und die Alarmglocke muß bei Ihnen vor allem dann klingeln, wenn das Licht - vorne oder hinten - links am Wagen erloschen ist.

Licht schafft Sicherheit

Sollten Sie in diesem Fall wirklich keine Reservebirne zur Hand haben, dann setzen Sie wenigstens die noch intakte Birne von der rechts angebauten Lichtquelle in die linke. Auf diese Weise haben Sie zumindest die der Fahrbahnmitte zugewendete Seite des Wagens für Gegenverkehr oder Überholer gesichert.

Sorgen Sie auch immer für saubere Scheinwerfer und Leuchtgläser. Besonders im Winter, wenn auch Aussteigen manchmal keinen Spaß macht. Die Lichtstärke verschmutzter Streuscheiben kann bis zu einem Viertel der ursprünglichen Helligkeit abfallen. Das gilt auch bei beschlagenen Reflektoren und geschwärzten Glaskolben der Glühbirnen. Solche vielleicht aus Leichtfertigkeit nicht behobene Mängel können Anlaß zu einer lebenslangen Reue sein.

Falls Sie einmal von der Polizei wegen einer nicht funktionierenden Lampe gestoppt werden, kommen Sie nur dann ohne Strafmandat davon, wenn Sie sofort eine Ersatzbirne dabeihaben und den Defekt beheben können. Ein vorsorglicher Autofahrer mit griffbereitem Ersatzlampenkasten ist nach der Rechtssprechung glaubwürdig, wenn er behauptet, die Lampe müsse „gerade eben" durchgebrannt sein. Niemand kann man dafür verantwortlich machen. Wissen Sie, welche Birne an Ihrem Auto als nächste durchbrennt? Die Hersteller geloben, z. B. für den Abblendfaden in den Hauptscheinwerferbirnen eine Lebensdauer von 150 Brennstunden. Aber wer garantiert dafür? Deshalb ist es vorteilhaft, wenn Sie sich für Ihren Kadett zu jeder der vorhandenen Beleuchtungseinrichtungen wenigstens eine Ersatzbirne kaufen. In einem stabilen Kästchen, ausgelegt mit Watte, Schaumstoff oder Papiertaschentüchern, nehmen diese Birnen in Ihrem Auto kaum Platz weg.

Im Autozubehörhandel erhält man praktische Ersatzlampenkästchen von Osram und Philips, die im Ablagefach unterzubringen sind und vorsortierte Ersatzbirnen als Vorrat enthalten. Man kann die Lampen auch in einem kleinen Karton in Watte unterbringen. Wir geben Ihnen hier eine Aufstellung der Birnen

Ersatzlampen auf Vorrat

aller äußeren Beleuchtungseinrichtungen für Ihren Opel, damit Sie sich über die spezielle Ersatzlampenbestückung im klaren sind. Selbstverständlich muß es sich dabei um Lampen mit 12 Volt Spannung handeln.

Hauptscheinwerfer:	Asymmetrische Zweifadenlampe	45/40 Watt
oder	Zweifaden-Halogen-Lampe –H4–	60/55 Watt
Standlicht:	Röhrenlampe	4 Watt
Blinkleuchte:	Kugellampe	21 Watt
Brems- und Schlußleuchte:	Zweifaden-Kugellampe	21/5 Watt
Kennzeichenleuchte:	Röhrenlampe	10 Watt
Rückscheinwerfer:	Kugellampe	21 Watt
Nebelscheinwerfer, Fernlichtscheinwerfer:	Halogen-Lampe H3	55 Watt

Prüfen der Beleuchtungsanlage
Pflegearbeit Nr. 30

Ob die Außenbeleuchtung einwandfrei funktioniert, davon sollte man sich vor Antritt jeder Fahrt überzeugen. Die gute Funktion der einzelnen Leuchten zu überprüfen ist auch möglich, wenn man allein ist. Vor einer Wand kann man kontrollieren, ob zwei Reflexionen an zwei nebeneinanderliegenden Punkten vorhanden sind. Wenn ja, brennen beide Scheinwerfer, und durch Auf- und Abblenden erhält man zugleich Gewißheit über die richtige Einsatzbereitschaft von Fern- und Abblendlicht. Mit Hilfe des Rückspiegels hat man in gleicher Weise die Möglichkeit, das Aufleuchten der Schluß- und Bremslichter sowie der rückwärtigen Blinker zu beobachten. Dasselbe läßt sich in einer Parkreihe bewerkstelligen, wo die Stoßstange und die Lackierung des vorderen und hinteren Wagens den Schein der Lampen widerspiegeln, wenn diese aufleuchten. Sollte eine Leuchte ausgefallen sein, so ist nicht immer die Birne daran schuld. ›Tote‹ Birnen soll man etwas näher ansehen, ehe sie weggeworfen werden. Sie können noch selbst in Ordnung sein, aber die Stromzufuhr klappt irgendwo nicht. Lampenfassung, Kabelverbindung oder die dazu gehörige Sicherung behindern den Stromzufluß und die neue Birne brennt auch nicht.
Abhilfe: Birne bei eingeschaltetem Strom leicht hin- und herdrehen. Flackert sie auf, Licht ausschalten und Lampenfassung und Kontaktzungen mit Taschenmesser vorsichtig blankschaben. Gleiches Verfahren bei der entsprechenden Schmelzsicherung (siehe Seite 175). Bleiben beide Versuche erfolglos, kann nur eine Kabelverbindung lose oder oxydiert sein. Hierbei hilft ebenfalls die Tabelle im Kapitel ›Elektrische Leitungen‹, sowie der Schaltplan in der hinteren Buchklappe.
Schließlich sei noch vermerkt, daß das Auswechseln von Glühbirnen, von einer Werkstatt vorgenommen, von dieser auch - neben dem Glühbirnen-Neupreis - berechnet wird.

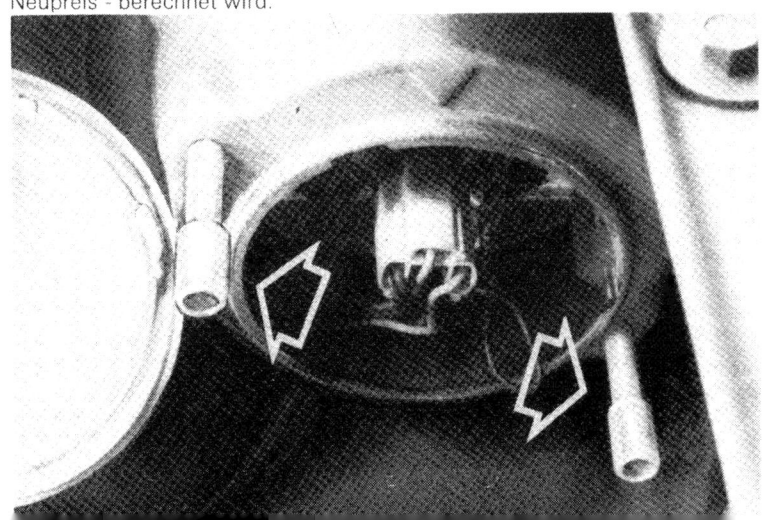

Hier sind die beiden Stellschrauben für die Seiten- und Höhenverstellung des Scheinwerfers zu erreichen. Es ist zu vermeiden, diese Schrauben beim eventuellen Birnenwechsel oder schon bei der Abnahme des Gehäusedeckels zu verdrehen. Die Einstellung soll nur so ausgeführt werden, wie es auf der vorhergehenden Seite beschrieben ist.

Scheinwerfer einstellen
Pflegearbeit Nr. 31

Opel-Vertretungen, Bosch-Dienste, andere Autoelektrik-Werkstätten und viele Tankstellen verfügen über Scheinwerfer-Einstellgeräte, so daß man jederzeit eine Kontrolle oder Neueinstellung vornehmen lassen kann. Will man die Einstellung selbst ausführen, muß zuvor folgendes beachtet werden: Vorgeschriebener Reifendruck, völlig ebener Boden. Ferner benötigt man eine senkrechte glatte Wand, die man sich in einer Garage mit beispielsweise ausgefüllten Regalwänden durch ein davorgespanntes Bettuch herstellen kann. Außerdem muß der Sitzplatz hinten in der Mitte mit einer Person oder mit 70 kg belastet sein. Ist hinten keine Sitzbank eingebaut, sind die Vordersitze mit zwei Personen oder mit 140 kg zu belasten. Der Gepäckraum hat leer zu sein.

Man rollt den Wagen bis dicht vor die Wand und kennzeichnet auf dieser die Mittelpunkte der beiden Scheinwerfer. Werden die Punkte durch eine Linie verbunden, muß dieselbe waagrecht sein. Danach schiebt man das Auto 5 m zurück, wobei es auf dem neuen Platz auch noch exakt waagrecht stehen muß. Nun wird das Abblendlicht eingeschaltet. 5 cm unterhalb der vorher eingezeichneten Markierungspunkte sollen sich jetzt die Knickpunkte der durch das asymmetrische Licht erzeugten Hell-Dunkel-Grenze befinden. Von den Mittelpunkten nach rechts hat die Lichtgrenze im Winkel von 15° anzusteigen.

Die Neigung des Lichtbündels soll bei 10 m Entfernung genau 10 cm ausmachen. So ergibt sich bei kürzerem Abstand die entsprechend geringere Neigung. Stimmen die Lichtgrenzen nicht, ist die Stellung der Scheinwerfer entsprechend zu verändern. Das geschieht mittels der Stellschrauben vom Motorraum aus. Bei manchen Scheinwerfern im Kadett sind es Rändelschrauben aus weißem Kunststoff, andere Scheinwerfer verfügen über Kreuzschlitzschrauben. Die obere Schraube dient zur Regulierung der Höheneinstellung und mit der schräg unten gegenüber sitzenden Schraube reguliert man die Seiteneinstellung.

Scheinwerfer ausbauen

Der Kadett kann mit Scheinwerfern ausgestattet sein, die entweder ein rundes oder ein eckiges Gehäuse besitzen. Der ›eckige‹ Scheinwerfer wird ausgebaut, indem man vom Motorraum aus seine Schutzkappe abdreht und die Anschlußkabel abzieht. Die Glühbirnen werden entnommen. Dann löst man die beiden Muttern rechts und links oberhalb des Scheinwerfers und die dritte unten, mit der auch das Massekabel angeschraubt ist. Beim ›runden‹ Scheinwerfer muß man die Scheinwerferabdeckung abnehmen. Diese ist mit einer senkrecht sitzenden Kreuzschlitzschraube oberhalb des Scheinwerfers befestigt. Außerdem wird der Scheinwerfer noch von vier Blechgewindeschrauben festgehalten, die von vorn zugänglich sind.

Vor der Wand, auf der Sie die im Text beschriebenen Markierungen zum Einstellen der Scheinwerfer anbringen, müssen Sie etwas über 9 m ebene Fläche haben, damit auch die Hinterräder des Wagens noch darauf stehen, wenn das Auto 5 m zurückgerollt wird. Die beiden senkrechten Linien L und R zeigen die Entfernung der beiden Abblendscheinwerfer voneinander, die bei O in einer Waagerechten in der Höhe A zu markieren sind. Danach rollt man das Auto 5 m von dieser Wand zurück, wo jetzt das Abblendlicht in der Höhe B erscheinen soll. An den Knickpunkten X verläuft die Hell-Dunkel-Grenze des asymmetrischen Lichtes.

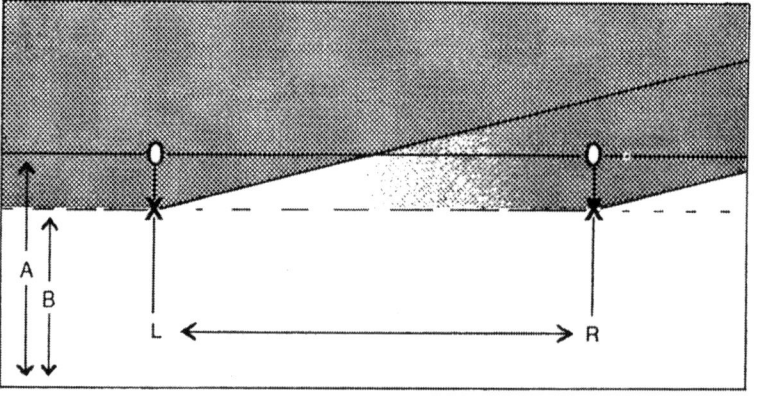

Bei ab 1977 gebauten Modellen befinden sich die vorderen Blinkleuchten in Höhe der Scheinwerfer außen. Zum Lampenwechsel sind lediglich die beiden Kreuzschlitzschrauben herauszudrehen und die Lichtscheibe wird frei.

Lampenwechsel

Neue Lampen – und besonders die für die Hauptscheinwerfer – faßt man nicht mit bloßen Händen am Glaskolben an. Auch bei sauberen Händen bleiben daran Schweißabsonderungen zurück, die bei Einschalten der Lampe durch die Hitze verdampfen und den Reflektor trüben. Ein verschmutzter Glaskolben muß mit einem unbenutzten Taschentuch saubergerieben werden.

Scheinwerfer

Die Lampen der Hauptscheinwerfer sind vom Motorraum aus zugänglich. Je nach Ausrüstung handelt es sich dabei um konventionelle Zweifadenbirnen für asymmetrisches Licht mit tellerförmigem Sockel oder um Halogen-Lampen vom Typ H4, die ebenfalls für Abblend- und Fernlicht eingerichtet sind.

Zum Birnenwechsel wird die Abdeckkappe links herum gedreht und abgenommen. Der Kabelstecker ist vom Birnensockel abzuziehen. Der Verschlußring muß leicht angedrückt und nach links gedreht werden, wodurch er ausrastet und abgenommen werden kann. Danach läßt sich die Glühlampe aus dem Reflektor herausziehen. Bei der neuen Birne beachte man die am Rande ihres Sockels angebrachten Aussparungen, die mit der entsprechenden Negativform der Fassung übereinstimmen, wobei die Nase in der Fassung der wichtigste ›Schlüssel‹ für das Einsetzen ist.

Soll die Standlichtbirne ausgetauscht werden, braucht man den Kabelstecker nicht abzuziehen. Der eben erwähnte Verschlußring wird zusammen mit der Zweifadenlampe entnommen und die kleine Standlichtlampe, die unter der anderen sitzt, wird einfach herausgezogen. Die neue Standlichtlampe muß mit beiden Nasen am Sockel in die Aussparungen im Reflektor eingesetzt werden.

Nach Abnahme des Deckels für das Scheinwerfergehäuse ist der Scheinwerfereinsatz vom Motorraum aus zugänglich. Hier sitzt der Dreifachstecker noch auf dem Sockel der Halogen-Lampe. Diese darf man nicht an ihrem Glaskolben anfassen. Am unteren Rand des Lampensitzes im Reflektor erkennt man die Fassung für die Standlichtbirne, zu der ein einzelnes Kabel führt. Sowohl die runden wie auch die Rechteck-Scheinwerfer des Kadett können nachträglich mit H4-Halogen-Einbausätzen versehen werden, z. B. von Bosch.

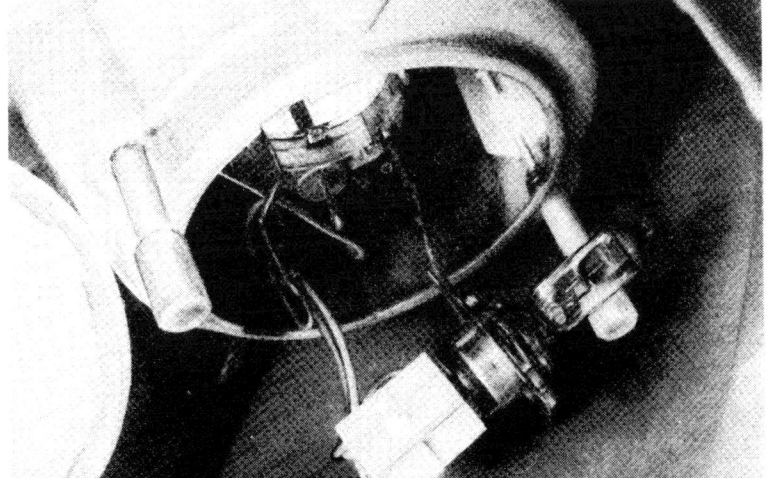

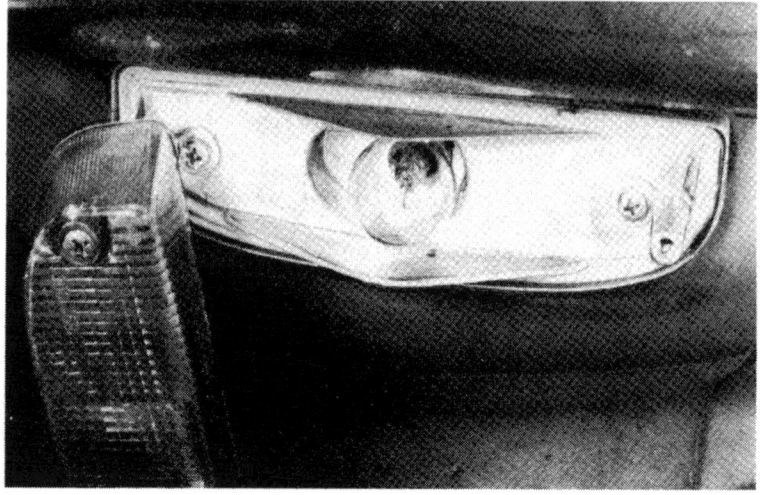

Die vorderen Blinker sitzen bei Wagen bis 1977 unter der Stoßstange, ihre Lichtscheibe wird von zwei Kreuzschlitzschrauben gehalten. Bei älteren Wagen kann die Gummidichtung am Rande der Leuchte brüchig werden, wodurch sich Korrosionsgefahr ergibt. Wenn die Lampe ausgefallen ist, zunächst prüfen, ob sie überhaupt über guten Kontakt verfügt.

Blinkleuchten

Die vorderen Blinker sitzen beim Kadett entweder unter der Stoßstange oder seitlich der Scheinwerfer und ihre Lichtscheibe wird von zwei Kreuzschlitzschrauben festgehalten. Nach Lösen derselben kann die Birne aus der Fassung (durch Eindrücken und Drehen nach links) entnommen werden. Beim Einsetzen der neuen Birne verfährt man in umgekehrter Reihenfolge.

Die hinteren Blinkleuchten befinden sich gemeinsam mit den Brems- und Schlußleuchten unter einer zusammengefaßten Lichtscheibe. Dieses Lampengehäuse ist bei der Limousine und beim Coupé waagerecht angeordnet und besitzt eine Lichtscheibe mit zwei Befestigungsschrauben, beim Caravan ist das senkrechte Lampengehäuse von einer viermal angeschraubten Lichtscheibe bedeckt.

Unter dem Rand jeder Lichtscheibe ist eine Dichtung angebracht, die nicht beschädigt werden darf. Beim Anschrauben des Deckglases ist auf ihre richtige Lage zu achten, damit in das Lampengehäuse keine Feuchtigkeit eindringt.

Brems- und Schlußleuchte

Die Lichtscheibe am Wagenheck wird wie eben beschrieben abgenommen. Bei allen Wagen ist die mittlere der im Gehäuse untergebrachten Lampen für das Brems- und Schlußlicht zuständig. Diese Zweifadenlampe hat in der Höhe verschieden angeordnete Nasen am Birnensockel, die dafür sorgen, daß die Birne nicht verkehrt eingesetzt wird. Man darf diese Birne also nicht mit Gewalt in die Fassung drücken, sondern man muß sich zuvor überzeugen, wie sie eingesetzt wird. Siehe auch Bild Seite 208.

Bei Limousine und Coupé sind die Rückleuchten waagerecht angeordnet. 1 (innen) - Rückfahrleuchte, 2 (Mitte) - Brems- und Schlußleuchte, 3 (außen) - Blinkleuchte. Die Lichtscheibe ist mit zwei Schrauben befestigt. In das Lampengehäuse darf keine Feuchtigkeit eindringen.

Nach Abnahme der Lichtscheibe (hier: Caravan mit 4 Schrauben) von der Rückleuchteneinheit kann man an die Glühlampen herankommen.
1 - Blinkleuchte; 2 - Rückfahrleuchte, die bei der Limousine innen liegt; 3 - Brems- und Schlußleuchte. Durch Hineindrücken und Linksdrehen lassen sich die Lampen herausnehmen.

Bei vielbrennenden Birnen, wie es die Schlußleuchten sind, sinkt die Leuchtkraft - durch Schwärzung des Glases von innen - in zwei Jahren um die Hälfte. Deshalb ist ein Birnenwechsel auch ohne Ausfall der Birne nach längerem Gebrauch vernünftig.

Rückfahrleuchte

Die Lampen für die Rückfahrleuchten sind in den inneren Heckleuchten (beim Caravan in den unteren) untergebracht. Nach dem eben Gesagten bedarf es zum Auswechseln dieser Birnen keiner weiteren Erklärung. Der Schalter für die Rückfahrleuchten sitzt hinten am Getriebe und läßt sich abschrauben. Er ist über die Sicherung Nr. 5 gesichert.

Kennzeichenleuchte

Das hintere polizeiliche Kennzeichen wird von einer Lampe beleuchtet, die in einem besonderen Gehäuse auf der Stoßstange sitzt. Dieses Gehäuse läßt sich - sofern nicht stark verschmutzt - von unten nach oben drücken, indem man hinter die Stoßstange greift. Mit Schraubenzieher oder Taschenmesser kann man gegebenenfalls am Gehäuserand nachhelfen. Der Gehäuseboden ist zugleich Lampensockel. Nach Wechsel der Birne muß man dafür sorgen, daß beim Einsetzen des Lampensockels in das Gehäuse die seitlichen Klemmen an den Kontaktzungen richtig anliegen. Diese Zungen, die am Gehäuse wiederum als Halterung dienen, sorgen nämlich für den Massekontakt. Bei nicht brennender Birne ist also hier zuerst zu kontrollieren, ob sich durch entsprechendes Biegen (oder Blankschaben) der eventuell verlorengegangene Kontakt wieder herstellen läßt.

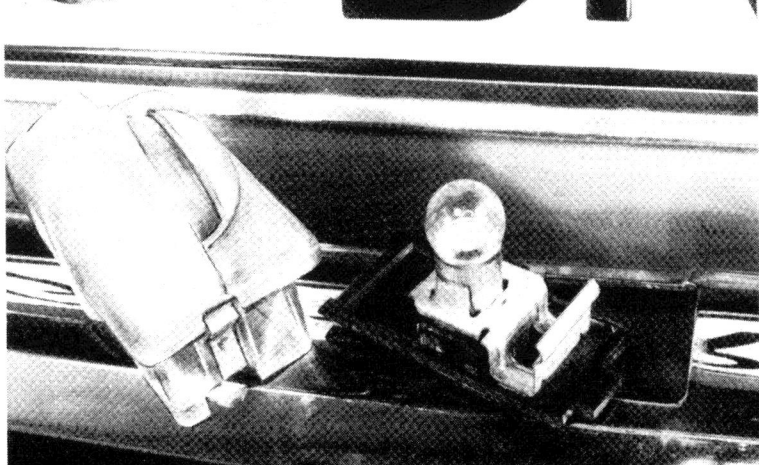

Das Gehäuse einer Kennzeichenleuchte ist von unten nach oben aus der Stoßstange zu drücken. An den Seiten des durchscheinenden Gehäusedeckels sitzen lose Halteklammern, von denen eine den Massekontakt zwischen Stoßstange und Kontaktzunge am Gehäuseboden herstellt. Verschmutzung kann hier zu Störungen führen.

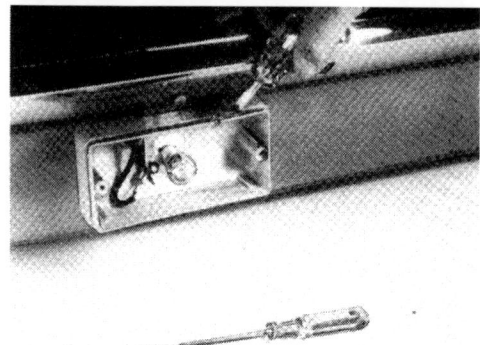

Bei der Nebelschlußleuchte, die links unter der hinteren Stoßstange sitzt, muß man darauf achten, daß der schmale Gummistreifen am Gehäuserand richtig aufliegt. Er dient dem Schutz vor eindringender Nässe. Die Lichtscheibe ist mit zwei Kreuzschlitzschrauben befestigt und sie trägt auf ihrer Innenseite den Reflektor.

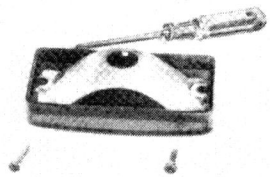

Nebelscheinwerfer und Weitstrahler

Die auf Wunsch angebauten runden Nebelscheinwerfer sind unterhalb der vorderen Stoßstange oder die wahlweise installierten Fernlicht-Weitstrahler sind oberhalb derselben angebracht. Am Scheinwerferring unten hält eine Kreuzschlitzschraube den Reflektor samt Streuscheibe mit dem Gehäuse verbunden. Nachdem man die Schraube losgedreht und den Einsatz abgehoben hat, rastet man die Federklemme der Lampenfassung aus ihrer Halterung und schwenkt die Feder in die andere Richtung. Jetzt läßt sich die Halogen-Lampe herausnehmen, und ihr Kabel wird abgezogen. Die neue Halogen-Lampe paßt nur in einer Stellung auf die Fassung und kann also nicht verkehrt eingesetzt werden.

Nebelschlußleuchte

Diese von Opel nur als Sonderausstattung gelieferte Leuchte sitzt hinten links unterhalb der Stoßstange. Ihr Deckglas wird von zwei Kreuzschlitzschrauben gehalten. Die Kugelbirne wird durch leichtes Andrücken aus der Fassung herausgedreht. Beim Anschrauben des Reflektors ist der korrekte Sitz der Rahmendichtung zu beachten, um zu verhindern, daß Feuchtigkeit eindringt.

Innenraumleuchte

Die Innenraum-, Kofferraum- und Motorraumleuchten sind untereinander gleich. Die gesamte Leuchte wird mit einem Schraubenzieher aus ihrem Sitz herausgehebelt. In Abweichung zu den bisher beschriebenen Birnen sitzt hier eine Soffittenlampe, und zwar eine solche mit 5 Watt.. Diese Lampe ist links und rechts in Kontaktzungen festgeklemmt. Vor dem Einsetzen einer neuen Birne ist es angebracht, diese Zungen etwas gegeneinanderzudrücken.

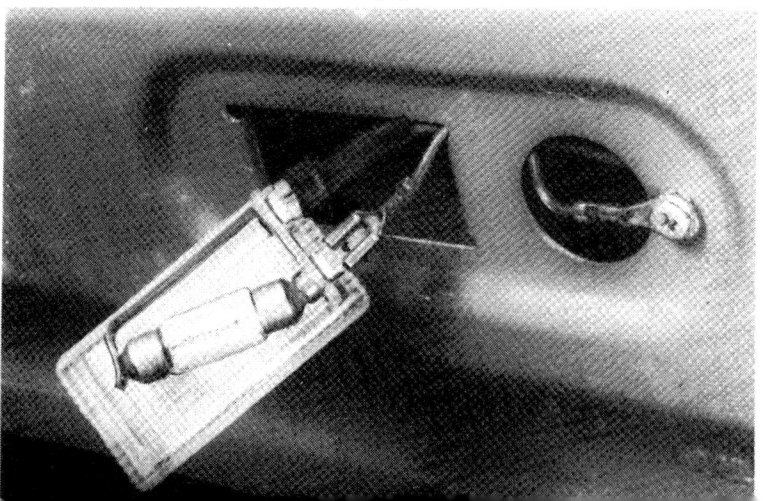

Wie hier die Motorraumleuchte, so sitzen auch die Innenraum-, Kofferraum- und Laderaumleuchten in einer Aussparung im Blech, aus der sie sich mittels Schraubenzieher herausheben lassen. Rechts im Bild befindet sich der Masseanschluß für die Soffittenlampe, die fest zwischen den beiden Kontaktzungen sitzen muß.

Die Signaleinrichtungen

Absichtserklärungen

Blinkleuchten, Bremslichter oder Hupe sind wichtige Nachrichtenübermittler für die Absichten des Autofahrers. Damit ist gesagt, daß diese - vom Gesetzgeber vorgeschriebenen - Einrichtungen auch wirklich funktionieren müssen.

Die Blinkanlage
Pflegearbeit Nr. 6

Die Sicherung Nr. 6, die rechts außen sitzt, sichert die Blinkanlage ab. Stromführend zwischen Sicherung und Blinkgeber ist zuerst das schwarze Kabel nach Klemme 15 am Signalschalter, dann von der gegenüberliegenden Klemme 49 weiterlaufend das blaue Kabel.

Der Blinkgeber ist links hinter dem Instrumentengehäuse aufgesteckt und kann aus seiner Mehrfachsteckdose nach oben herausgezogen werden. Der Klemme 49 a an diesem Blinkgeber stehen die Klemmen L und R am Signalschalter gegenüber, wo je nach Schalterstellung der Strom zu den linken oder den rechten Blinkern geleitet wird. So schließt sich über die Blinkerlampe, deren zweiter Kontakt an Masse liegt, der Stromkreis und das Relais schaltet den Strom ein und aus. Der Blinkgeber ist im Bild Seite 212 zu erkennen.

Links sind die Blinker durch schwarz-weiße und rechts durch schwarz-grüne Kabel an den Blinkerschalter angeschlossen. Jeweils ein Kabel gleicher Farbe liefert die Stromimpulse an die Blinkerkontrolleuchte im Armaturenbrett. Da die Minusleitung der Blinkerkontrolle jeweils durch das nicht unter Strom stehende zweite Kabel dargestellt wird, hat man beim Ausfall der Blinkerkontrollampe diese beiden Anschlußkabel zu überprüfen, vorausgesetzt, das Glühlämpchen selbst ist in Ordnung.

Der Blinkgeber kann natürlich bei Ausfall nicht repariert werden. Er ist dann so schnell wie möglich zu ersetzen. Auch Reparaturversuche am Signalschalter sind gewöhnlich zwecklos und irgendwelche Defekte sind beim Opel-Dienst beheben zu lassen. Normalerweise tun beide Geräte unverdrossen ihren Dienst. Fällt eine Blinkleuchte aus, was sich durch wesentlich schnelleres Aufleuchten

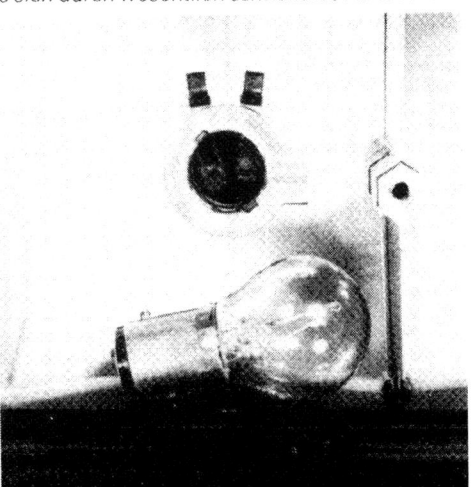

Die Zweifadenlampe für Brems- und Schlußlicht besitzt an ihrem Sockel zwei in der Höhe versetzt angeordnete Nasen. Sie sollen ein verkehrtes Einsetzen der Lampe verhindern. Die Lampe läßt sich mit leichter Hand einsetzen; geht es schwer, dann muß sie um 180° gedreht werden.

des Kontrollichts als üblich bemerkbar macht, ist zuerst eine defekte Blinkerlampe zu vermuten. Diese Verkehrsgefährdung ist duch Einsetzen einer neuen Birne sofort abzustellen. Es kann aber auch sein, daß die betreffende Birne nur locker in ihrer Fassung sitzt oder einen oxydierten Sockel hat. Eventuell hemmen auch korrodierte Kabelanschlüsse den Stromfluß.

Das Warnlicht

Rechts in der Lenksäulenverkleidung, vor dem Zündschloß, befindet sich der rote Knopf zur Betätigung der Warnblinkanlage. Er besitzt eine eigene Kontrolllampe im Kontrolleuchteninstrument und steht an der Klemme K des Signalschalters mit den vorher beschriebenen Blinkeranschlüssen mit den Zahlen 49 in Verbindung. Für den Heimwerker sind ihre Anschlüsse innerhalb des Signalschalters nicht verfolgbar, und auch bei Opel werden die einzelnen Instrumente dieser Anlage bei Ausfall nur ausgetauscht, aber nicht repariert. Wenn das Warnlicht trotz funktionierender Blinkanlage nicht arbeitet, muß man eine Werkstatt aufsuchen.

Die Warnblinkanlage ist noch eigens abgesichert, nämlich über die Sicherung Nr. 3, an der alle Geräte hängen, die auch bei ausgeschalteter Zündung arbeiten. Diese Sicherung empfängt direkten Batteriestrom von dem roten Kabel, das von der Klemme 30 am Anlasser heranführt.

Das Bremslicht

Auf das Aufleuchten der Bremslichter besteht kein direkter Einfluß. Sie leuchten nur auf, wenn tatsächlich gebremst wird, denn ihre Einschaltung hängt von der Betätigung des Bremspedals ab. Die Funktion beider Bremslichter ist regelmäßig zu kontrollieren. Mit Absicht enthält der Inspektionsplan hier eine Lücke, weil keine noch so sorgfältige Pflegearbeit die dauernde Einsatzbereitschaft der Bremslichtlampen sicherstellen kann.

Brennen die Bremslichter trotz einwandfreier Birnen nicht, muß die zuständige Sicherung überprüft werden. Es handelt sich um die Sicherung ganz rechts mit der Nummer 6. Da hier außerdem nur noch die Blinkanlage abgesichert ist, fällt die Einkreisung eines eventuellen Defekts nicht schwer. Das Bremslicht kann nur bei eingeschalteter Zündung brennen, weil die Sicherung den Strom von Klemme 15 am Zünd-Anlaß-Schalter erhält. Dies ist dann wichtig zu wissen, wenn man sich abschleppen lassen muß.

Als Störungsursache kann der Bremslichtschalter infrage kommen. Er sitzt im Fußraum direkt über dem Bremspedal und hat zwei Kabelanschlüsse. Zu dem einen Anschluß führt das schwarz-rote Kabel von der Sicherung, und vom anderen wird der Strom zu den Bremsleuchten gelenkt. Lockere Kabelstecker sind hier von Übel.

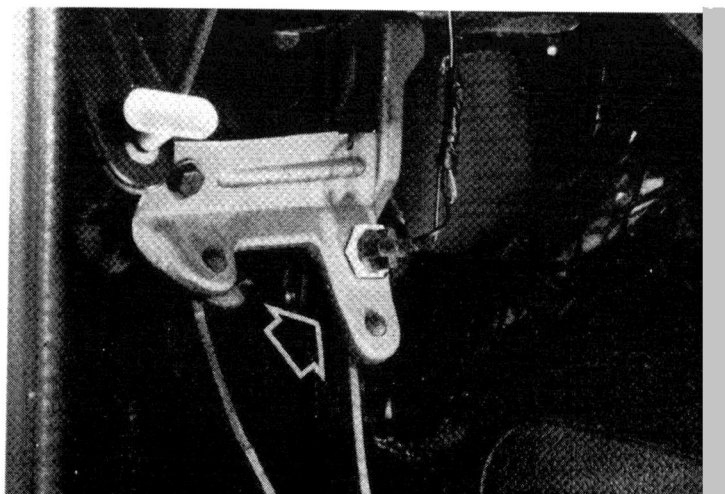

Der Bremslichtschalter sitzt beim Opel über dem auf dem Bild nach unten ragenden Bremspedalhebel. Zum Fahrer hin sind am Bremslichtschalter die Kabel aufgesteckt. Zum Ausbau des Schalters oder zu seiner Justierung löst man die grosse Sechskantmutter.

Das elektrische Horn ist im Motorraum links, bequem zugänglich, untergebracht. Für den Anschluß der beiden Kabel sind zwei Kontaktzungen bestimmt, auf die man die Steckanschlüsse der Kabel schiebt. Zum Auswechseln dieser Hupe brauchen nur die Kabel abgezogen und die Mutter an der Rückseite des Hupengehäuses (Bildmitte) gelöst zu werden.

Möglicherweise muß der Schalter eingehender geprüft werden. Sein Schalterstift drückt auf den Bremspedalhebel und schließt (überbrückt) beim Niedertreten des Pedals den Stromkreis der beiden Kabelanschlüsse, indem der Schalterstift - durch Federkraft - dem Pedalhebel folgt. Bei niedergedrücktem Pedalhebel kann man mit einem Finger probieren, ob der Schalterstift ein- und ausfedert. Wenn nicht, muß der Schalter ausgebaut und ausgetauscht werden. Dazu löst man die an der Trägerplatte anliegende Befestigungsmutter des Schalters und zieht diesen (nach Abnahme der Kabel) heraus. Es läßt sich jedoch auch bei ausgebautem Schalter (und bei aufgesteckten Kabeln, Massekontakt ist zu seiner Funktion nicht nötig) prüfen, ob der Schalterstift vielleicht klemmt. Dabei ist es egal, welche Kabel an welchen Anschlüssen sitzen. Etwas Graphitöl kann einen schwergängigen Schalterstift wieder beweglich machen.

Spätestens nach 2 cm Pedalweg sollen die Bremslichter aufleuchten. Weil die Länge des Schalterstifts für das Ansprechen der Bremslichter mit von Bedeutung ist, kann es auch vorkommen, daß die Bremslichter ständig brennen oder im umgekehrten Fall nur bei völlig durchgetretenem Pedal aufleuchten. Dann muß man den Schalter ausbauen und unter oder über das Halteblech Ausgleichscheiben beilegen. Dadurch erhält der Schalter einen höheren oder tieferen Sitz und garantiert somit das rechtzeitige Aufleuchten der Bremslichter.

Das Signalhorn
Pflegearbeit Nr. 32

Alle Kadett-Modelle verfügen über eine einzelne Hupe, die im Motorraum verhältnismäßig gut zu erreichen ist. Diese Hupe ist mit einer Mutter SW 13 an einer Halterung angeschraubt.

Wenn die Hupe tonlos ist, soll man zuerst die Sicherung prüfen. Es ist die Sicherung Nr. 4, die dritte von rechts im Sicherungskasten. Sie steht nur bei eingeschalteter Zündung unter Strom. Wie der Blick auf den Schaltplan in der hinteren Buchklappe zeigt, erfolgt die Stromverbindung Sicherung/Hupe über das lila Kabel und Klemme 53a am Scheibenwischermotor. Der andere Anschluß der Hupe ist über das braun-weiße Kabel mit dem Signalschalter verbunden, wo auch ein Masseanschluß besteht, weswegen jenem Kabel die Massefunktion zukommt. Beide Anschlüsse der Hupe können trotz Gummikappen oxydieren.

Die Tonhöhe einer Hupe läßt sich regulieren. Auf ihrer flachen Rückseite befindet sich seitlich eine Schlitzschraube, die mit einem Farbklecks verdeckt und zugleich fixiert ist. Durch Drehen der Tonstellschraube rechts herum nimmt der erzeugte Ton zu (wird heller), Drehen links herum läßt den Ton abfallen.

Die elastische Hupenplatte ist mit dem Hupenknopf nur zusammengesteckt und letzterer läßt sich ohne Mühe aus seinem Sitz in Lenkradmitte herausziehen. Im Hupenknopf befindet sich eine federnd angebrachte Metallplatte, die mit dem Kontaktfingerkabel verbunden ist. Beim Niederdrücken des Hupenknopfes wird - im zusammengebauten Zustand - der Stromkreis geschlossen und das Signalhorn tönt.

In gleicher Weise kann ein Horn, das nur noch krächzt, wieder zu einer vernünftigen Tonlage gestimmt werden. Voraussetzung ist natürlich, daß die Hupe nicht durch übergroße Verschmutzung derart gelitten hat, daß ihre Membrane nicht mehr richtig arbeitet. Reparaturversuche lohnen sich meist nicht und eine defekte Hupe ist auszuwechseln.
Der Hupenknopf in Lenkradmitte und dessen Kontaktbetätigung ist relativ unanfällig gegen Störungen. Bei der Lenkrad-Normalausführung sitzt die abziehbare Hupenplatte auf einem gleichgroßen Verbindungsstück, an das ein sogenanntes Kontaktfingerkabel angeschlossen ist. Innerhalb des offenen Verbindungsteils drückt bei Betätigung eine schüsselförmige Metallplatte eine Schraubenfeder nieder, wobei der Kontakt zur Hupe hergestellt wird. Beim Sportlenkrad muß der Hupenknopf mittels Schraubenzieher aus seinem Sitz in der Vierspeichenplatte herausgehebelt werden.
Der direkt hinter dem Lenkrad untergebrachte Signalschalter ist für eventuelle Störungen verantwortlich, sofern sich nicht die Zuleitungen zur Hupe bzw. deren Sicherung als defekt erweisen. Wie schon mehrmals erwähnt, sind eigene Reparaturversuche an dem Schaltgerät, das auch für Blinker, Scheibenwischer und Lichthupe zuständig ist, zu unterlassen.

Der Signalhebel links am Lenkrad muß gezogen werden, wenn man Lichtzeichen geben will. Das geschieht dann mittels des Fernlichts. Aus dem Schaltplan der hinteren Buchklappe geht hervor, daß am Signalschalter ein von Sicherung 3 stromführendes rotes Kabel zur Klemme 30 führt. An der Klemme 56 liegt nur Strom, wenn der Lichtschalter entsprechend eingeschaltet ist, und wegführend zum Abblendlicht (Klemme 56 b) und zum Fernlicht (Klemme 56 a) können die genannten Kontakte innerhalb des Schalters miteinander verbunden werden. Unabhängig davon ist es jedoch möglich, durch Anziehen des Abblendhebels auf die Klemme 56 a am Signalschalter direkt Strom von der Klemme 30 mit stets bereitem Batteriestrom zu geben.

Die Lichthupe

Instrumente und Geräte

Heinzelmännchen

Die im Blickfeld des Fahrers liegenden Anzeigegeräte sind nicht zur Dekoration gedacht - dann hätte sie sich der Autohersteller lieber gespart. Sie dienen der Sicherheit, denn sie geben Auskunft über den jeweiligen Zustand von Motor und Fahrzeug.

Die Instrumententafel

Links in der Armaturenplatte ist das Tachometer mit dem Kilometerzähler untergebracht. Im rechten Drittel sitzt ein Kombiinstrument, dessen oberer Teil die Kühlmitteltemperatur anzeigt, während unten der Kraftstoffvorrat abgelesen werden kann. Zwischen diesen beiden Geräten befindet sich oben eine Zeituhr und unten sind sechs Kontrolleuchten angeordnet.
Beim Kadett SR findet man statt des Kombiinstumentes rechts einen Drehzahlmesser. In einer besonderen Konsole oberhalb des Getriebetunnels sind Voltmesser, Öldruckmesser, Fernthermometer und Kraftstoffmesser gruppiert.

Instrumentengehäuse ausbauen

Wie man das Instrumentengehäuse aus seinem Sitz herauslöst, muß man schon deshalb wissen, wenn eine durchgebrannte Kontrolleuchte ersetzt werden muß. Andere Arbeiten an den eingebauten Instrumenten sind im Do-it-yourself-Verfahren kaum zu erledigen.
Zuerst muß die Tachowelle vom Tachometeranschluß gelöst werden. Man ertastet diesen Renkverschluß (siehe Bild) von unten hinter dem Armaturenbrett mit der Hand und verdreht die Verschlußrosette, bis sie ausrastet. Danach drückt man das Gehäuse von hinten in Richtung Lenkrad aus seiner Umrandung so weit wie möglich, damit man die aufgesetzten Kabelstecker abziehen kann. Das unten in der Mitte sitzende Fassungsgehäuse der Kontrolleuchten ist beiderseits von Federklammern festgehalten und nach Andrücken derselben läßt sich dieses Gehäuse herausziehen. Schon in dieser Position können die Kontrolleuchten ausgetauscht werden.

Um das Instrumentengehäuse aus dem Armaturenbrett herausnehmen zu können, löst man zuerst die Welle vom Tachometer (1). Das Gehäuse ist noch mit dem Kabel der Zeituhr verbunden (rechts der 2) und (im Bild darunter) mit dem Fassungsgehäuse der Kontrolleuchten. Außerdem ist der Mehrfachstecker (3) abzuziehen und die vier Fassungen der Instrumentenleuchten löst man aus ihrem Sitz. In der Öffnung links unten erkennt man den Blinkgeber, der sich nach Ausbau des Instrumentengehäuses auswechseln läßt.

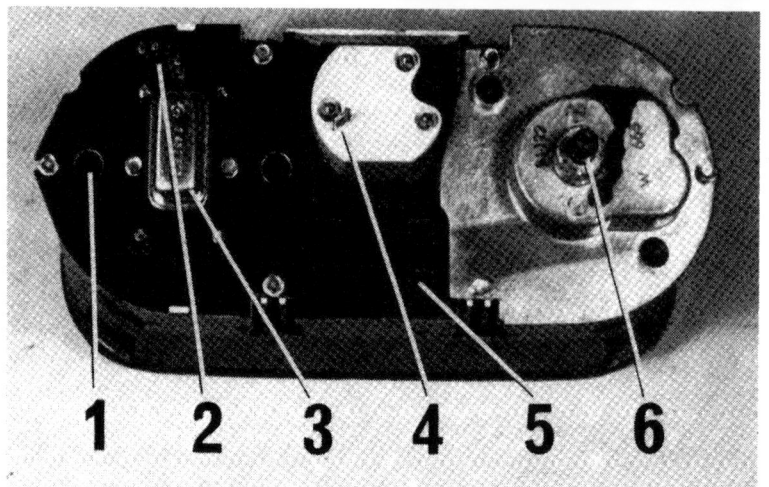

Die Rückseite des Instrumentengehäuses offenbart folgende Teile: 1 - eine der vier Fassungen für die Instrumentenbeleuchtung, 2 - Kontakte für den Mehrfachstecker, 3 - Spannungsstabilisator, 4 - Kontaktzunge für den Flachstecker zur Zeituhr, 5 - Sitz für das Gehäuse der Anzeigenleuchten, 6 - Tachometerwellenanschluß.

Auf der linken Rückseite des Instrumentengehäuses ist ein halbrunder Mehrfachstecker von der Leiterplatte abzuziehen, ferner eine Flachsteckerhülse samt Kabel von der Zeituhr sowie vier durch ein fortlaufendes Kabel verbundene Fassungen der Instrumentenbeleuchtung. Der Austausch dieser Glühlampen ist problemlos. Jetzt läßt sich das Instrument ganz herausheben.

Die beiden Anzeigeinstrumente sowie die Uhr lassen sich einzeln aus der Grundplatte ausbauen. Aber eigenhändige Reparaturversuche daran sind nahezu zwecklos. Sollte eines der Instrumente ausgefallen sein, dann empfiehlt sich eine Rücksprache bei der nächsten Opel-Werkstatt. Den Austausch eines Instruments kann man eventuell beschleunigen, wenn man sich vorher anmeldet, das ausgebaute Instrumentenbrett hinbringt,und sich dort ein neues Instrument einsetzen läßt.

Das gemeinsame Glas der Instrumente läßt sich entfernen, indem man auf der Rückseite des Instrumentengehäuses zwei Blechschrauben löst. Die beiden Halterungen des Glasrahmens sind mit einem Schraubenzieher über die Zungen am Gehäuserand zu drücken.

Die Öldruck-Kontrolle

Alle Schmierstellen im Motor sollen ständig mit Motoröl versorgt werden, das mit dem notwendigen Druck herangeführt werden muß. Um das überprüfen zu können, ist in den Ölkreislauf ein Öldruckschalter eingebaut. Mit diesem ist die rote Öldruck-Kontrollampe im Anzeigengerät des Armaturenbretts verbunden, und zwar durch ein blau-grünes Kabel. Strom erhält die Öldruck-Kontrollampe über ein schwarzes Kabel von Klemme 15 am Zündschloß.

Der Öldruck ist bei kaltem und daher zähem Motoröl höher, so daß die Lampe schon bei geringen Motordrehzahlen erlöscht. Beim Wiederstarten eines im Hochsommer heißgefahrenen Motors mit dementsprechend dünnflüssigem Motoröl ist der Öldruck geringer, weshalb die Öldruck-Kontrollampe erst bei höheren Drehzahlen erlischt.

Brennt die rote Lampe während der Fahrt, so ist das ein Alarmzeichen. Natürlich kann es auch ganz harmlos sein, weil der Öldruckschalter defekt ist oder weil das blau-grüne Kabel zwischen Kontrollampe und Druckschalter irgendwo Kurzschluß zur Masse hat. Aber in der Regel zeigt die Lampe, daß der notwendige Öldruck zur Schmierung aller Motorteile aus irgendeinem Grund nicht aufgebaut wird, manche Teile demnach ohne Schmierung laufen und bei sorgloser Weiterfahrt schwere Schäden am Motor auftreten können. Zuerst soll deshalb beim Aufleuchten der Kontrollampe der Ölstand geprüft werden. Es ist immerhin möglich, daß das Motoröl aus irgendeinem Grunde auf den letzten Kilometern Straße verteilt liegt, weil sich beispielsweise die Ölablaßschraube lockerte. Ebenso kann eine Schmierstelle defekt sein, so daß das Motoröl ohne Widerstand aus dem defekten Lager läuft. Der Fehler kann auch an einer schadhaften Ölpumpe liegen, was allerdings ein seltener Fall wäre. Wenn sich der Fehler nicht unterwegs als harmlos herausstellt, ist unter Umständen ein Abschleppen zur nächsten Werkstatt unvermeidbar, falls kein größerer Motorschaden riskiert werden soll.

Der Öldruckschalter sitzt am Motorblock links hinten. Der Ausbau hat in Heimwerkerei wenig Sinn, weil an dem Öldruckschalter doch nichts zu reparieren ist. Ein neuer Schalter ist mit 25 Nm (2,5 mkg) festzuziehen. Der Öldruckmesser des Kadett SR gibt über die Druckverhältnisse bessere Auskunft. Bei betriebswarmem Motor soll der Öldruck im Leerlauf nicht unter 0,8 bar (atü), während der Fahrt keinesfalls unter 2,0 bar (atü) absinken.

Störungsbeistand
Öldruckanzeige

Die Störung	– ihre Ursache	– ihre Abhilfe
Lampe leuchtet beim Einschalten der Zündung nicht auf	Steckkontakte locker?	Kabelsteckverbindungen überprüfen
	Kontrollampe defekt?	Lampe austauschen
	Öldruckschalter defekt?	Austauschen
Lampe leuchtet während der Fahrt auf	Ölmangel?	Motoröl auffüllen
	Kurzschluß am Kabel zwischen Lampe und Druckschalter?	Kabel auf Scheuerstellen untersuchen. Anderes Kabel zwischenschalten
	Ölkreislauf unterbrochen?	Zur nächsten Werkstatt. Motor wird nicht mehr geschmiert
	Öldruckschalter undicht?	Schalter auswechseln
Lampe verlischt erst bei Vollgas	Öldruck zu niedrig?	Zur nächsten Werkstatt
	Ölpumpe schadhaft?	Untersuchen lassen
Lampe leuchtet bei heißem Motor im Leerlauf auf	Ansprechdruck des Öldruckschalters zu hoch?	Heißes, dünnflüssiges Motoröl bringt weniger Druck als kaltes Öl. Kein Grund zur Sorge.

Die Kraftstoffanzeige

Geber im Tank und Anzeigegerät im Instrumentengehäuse sorgen für die Kraftstoffanzeige. Beide Teile sind durch ein blau-schwarzes Kabel verbunden. Innerhalb des Instrumentengehäuses erhält die Meßuhr den Strom über den Spannungsstabilisator, der auf der +-Seite mit der Klemme P 30 am Lichtschalter angeschlossen und auf diesem Wege noch von einer besonderen Sicherung geschützt ist. Der Geber im Tank hat Verbindung zur Masse. Er sitzt auf einer demontierbaren kleinen Platte am Tank (siehe Abschnitt ›Der Tank‹ auf Seite 104).

Im Geber der Kraftstoffanzeige befindet sich ein elektrischer Widerstand, über dessen Wicklungen ein mit dem Schwimmer des Gebers verbundener Schleifkontakt läuft. Am anderen Ende sitzt als Anzeigegerät ein elektrisch aufgeheiztes Bimetall-Thermogerät. Wenn der Tank leer ist, schaltet der Schwimmer und mit ihm der Schleifkontakt den ganzen Widerstand des Gebers ein: Es kann nur wenig Strom durch die Anlage fließen, das Bimetall wird nicht oder nur wenig aufgeheizt, so daß der Zeiger keinen oder nur einen geringen Ausschlag hat. Je mehr der Tank gefüllt ist, um so kleiner hält der höher stehende Schwimmer den eingeschalteten Widerstand. Dadurch kann mehr Strom durch die Anlage fließen, das Bimetall wird stärker aufgeheizt und gibt dementsprechend dem Zeiger einen stärkeren Ausschlag. Da zum Aufheizen des Bimetalles etwas Zeit notwendig ist, bringt der im Tank schwappende Kraftstoff den Zeiger nicht zum ständigen Hin- und Herpendeln.

Falsche Kraftstoffanzeige

Mit ziemlicher Sicherheit kann man nur bei leerem oder vollem Tank am Zeigerausschlag erkennen, ob Kraftstoffmeßuhr und Geber richtig arbeiten. Im Zwischenbereich ist die Kraftstoffanzeige nicht genau zu ermitteln und man muß die Zwischenwerte ›über den Daumen peilen‹. Stimmt jedoch die Angabe bei leerem oder vollem Tank nicht oder zeigt die Meßuhr gar nichts an, so kann der Fehler sowohl im Anzeigegerät wie auch im Geber (oder in den zwischenliegenden Kabeln) stecken. Zuerst sollten deshalb einmal die Kabelverbindungen überprüft werden. Ist nichts daran zu entdecken, müßten Anzeigegerät und Geber ausgebaut werden. Das hat aber in Heimwerkerei nur Sinn, wenn gleichartige Geräte zum Vergleich zur Verfügung stehen. Allenfalls ist eine Falschanzeige am Geber zu justieren.

Der Geber muß dazu ausgebaut werden: Tank teilweise entleeren, Kraftstoffschlauch von Kraftstoffleitung nach Lösen der Klemme und Anzeige-Kabel an der Geberplatte abziehen. Die fünf Sechskantschrauben der Geberplatte herausdrehen und Geberplatte mit Saugrohr und Schwimmer aus dem Tank ziehen (beim Wiedereinbau muß eine neue Dichtung verwendet werden, sonst tritt Kraftstoff aus).

Am ausgebauten Geber wird zuerst geprüft, ob der Schwimmer ein Loch hat und ganz oder teilweise mit Kraftstoff vollgelaufen ist (schwappt beim Schütteln Kraftstoff darin?). Wenn nicht, kann man zur Justierung den langen Schwimmerarm zweckentsprechend biegen. Wird der Schwimmerarm etwas nach oben gebogen, zeigt die Meßuhr im Armaturenbrett entsprechend weniger an, oder man biegt ihn entsprechend nach unten, wenn der Zeiger bei völlig leerem Tank nicht ganz links steht. Von seiner tiefsten bis zur höchsten Stellung soll der Schwimmer einen Weg von 158 mm (Caravan 299 mm) beschreiben.

Diese Heimwerkerei ist allerdings nur sinnvoll, wenn man sorgfältig arbeitet und Ersatzteile, besonders eine neue Dichtung für die Geberplatte, zur Hand hat. Zweifellos kann sie aber billiger sein als ein voreiliger Austausch des Gebers oder des Anzeigeinstrumentes, den die Werkstatt vorschlägt.

Die Kühlwasseranzeige

Vorn oben auf dem Motor sitzt ein Wärmefühler zur Aufnahme der Kühlwassertemperatur. Zum Herausschrauben ist es nötig, das Kühlwasser teilweise abzulassen. Dieser Temperaturfühler gibt seine Meldung über ein blaues Kabel dem Anzeigeinstrument weiter. Dort ist der Stromverlauf wie bei der Kraftstoffanzeige.

Zeigt das Kühlmittel-Fernthermometer falsche Werte an, läßt sich mit Heimwerkermitteln nicht prüfen, woran der Fehler liegt. Natürlich ist zuerst das blaue Kabel zu untersuchen und ebenso kann die Nicht-Anzeige auch an einem defekten Spannungsstabilisator liegen. Im übrigen ist es aber Werkstattsache, dem Übel auf den Grund zu gehen.

Ein neuer, auch als Geber bezeichneter Fühler darf nur nach Einstreichen seines Gewindes mit Dichtungsmasse eingebaut werden.

Das Tachometer

Im Tachometer sind Geschwindigkeitsmesser und Kilometerzähler vereinigt. Das Gerät wird zwar nicht elektrisch betrieben, doch beruht die Wirkung des Geschwindigkeitsmessers auf einem ringförmigen Magneten, der durch die biegsame Antriebswelle Wirbelströme erzeugt, die ihrerseits wieder eine dar-

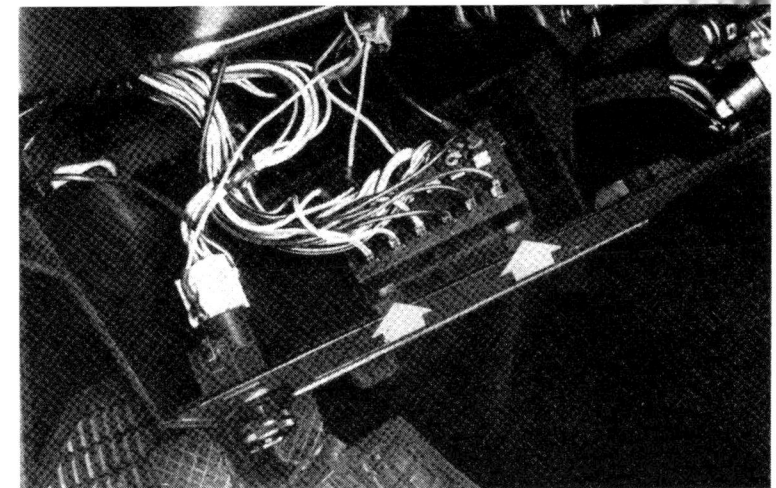

Nach Lösen der Schaltertafel an der linken Instrumententafelunterseite läßt sich der Sicherungskasten ausbauen. Dazu drückt man ihn in der Mitte zusammen und zieht ihn aus seinen Halterungen (Pfeile). Der Lichtschalterknopf links wird demontiert, indem man die Haltefeder im Schalterknopf mit einem schmalen Schraubenzieher niederdrückt und gleichzeitig den Knopf von der Schalterwelle abzieht.

über gestülpte Metallglocke mit sich zu ziehen versuchen. An dieser ist der Zeiger befestigt, der auf der Skala die jeweilige Geschwindigkeit anzeigt. Die Tachometerwelle bedarf keiner besonderen Pflege. Ist sie gebrochen oder macht sie durch eine zitternde Tachonadel darauf aufmerksam, daß sie bereits einen Knick hat und bald brechen wird (Ursache für die zitternde Tachonadel kann aber auch eine verschlissene Antriebsschnecke am Getriebe sein), muß die Welle baldmöglichst ausgetauscht werden. Das sollte man der Werkstatt überlassen, denn bei ungeübtem Einbau wird sie leicht geknickt, was bereits der Anfang zum Bruch der Welle ist. Sie darf beim Einbau auch nicht gezerrt oder in zu engem Radius verlegt werden.

Wenn außer der Tachometernadel auch der Kilometerzähler ausfällt, liegt die Schuld sicher an der Tachowelle. Es ist dann zu kontrollieren, ob der Renkverschluß am Gerät richtig verschlossen ist oder ob sich eventuell die Welle am Getriebe gelöst hat.

Weil die Kilometerangabe auf dem Tacho beim Verkauf des Wagens als Dokument gewertet wird - es soll ja über die gehabte Beanspruchung des Wagens aussagen -, darf man natürlich nicht mit gelöster Tachowelle fahren. Auch den Umtausch eines eventuell defekten Tachometers läßt man sich mit den entsprechenden Kilometerangaben von der Werkstatt bestätigen.

Bleibt die Tachonadel am Anschlag hängen, was bei warmem Wetter vorkommen kann, nutzt der Austausch gegen ein neues Tachometer womöglich nichts, weil bei diesem die Nadel ebenfalls wegen klebrigen Lacks haften bleibt. Vielmehr sollte man das Instrument ausbauen und mit einer Rasierklinge die klebrig gewordene Farbe an der Anschlagseite des Zeigers und am Anschlagstift abschaben.

Der Drehzahlmesser

Dieses beim Kadett SR serienmäßige Instrument sitzt an dem Ort, wo bei der Normalausführung das Kombiinstrument mit Kühlwasser- und Kraftstoffanzeige zu finden ist. In den Kapiteln ›Prüfen ohne Werkzeug‹ und ›Des Motors Innenleben‹ wurde dargelegt, weshalb es ratsam sein kann, die Motordrehzahl zu überwachen. Bei diesem Opel-Drehzahlmesser gilt, was Ausbau und Reparatur betrifft, das gleiche wie für die vorher beschriebenen Instrumente. Am Plus-Anschluß ist der Drehzahlmesser über das schwarze Kabel an Klemme 15, an Minus-Anschluß über das braune Kabel an Klemme 31 geschlossen, und die Impulse vom Zündverteiler kommen über das grüne Kabel.

Wer seinen Wagen häufig hochtourig fährt, bei dem lohnt sich der nachträgliche Einbau eines solchen elektronischen Geräts als Zusatzinstrument. Man kann dazu auch ein Instrument einer anderen Herkunft wählen. Man sollte sich jedoch nur für ein Rundinstrument entschließen (z.B. von Moto Meter, Daimlerstraße, 725 Leonberg, oder von VDO, Postfach 6140, 6231 Schwalbach, mit Montage-Erläuterungen) und auf ausreichende Größe achten, die gutes Ablesen ermöglicht. Anbringen des Instruments in der Nähe des vielleicht vorhandenen Radios ist wegen eventueller Empfangsstörungen zu vermeiden. Drehzahlmesser zur Selbstmontage gibt es ab rund 60 Mark.

Das Voltmeter

Ein solches Instrument, wie man es beim Kadett SR antrifft, vermittelt Auskunft über die Spannung im Bordnetz. Wenn der Zeiger während des Startens nicht unter 10 Volt absinkt, ist die Batterie noch in Ordnung. Während der Fahrt sollte sich der Zeiger in der Nähe der 12-V-Anzeige bewegen. Auch bei eingeschalteten Verbrauchern darf der Zeiger nicht unter die 12 fallen. Bei dauernder Anzeige unter 12 Volt liefert die Lichtmaschine nicht genügend Strom oder der Regler arbeitet nicht richtig. Es kann dann auch ein Kurzschluß vorliegen, der sich eventuell mit Hilfe des Instruments einkreisen läßt, wenn man einzeln die Verbraucher abschaltet und beobachtet, wann der Zeiger zur normalen Anzeige springt.

In einer Elektrowerkstatt kann dieses zur Sonderausstattung gehörende Gerät überprüft, normalerweise aber nicht repariert werden.

Wenn man in seinem Opel ein solches Instrument aber nicht besitzt und dennoch gerne den Stromhaushalt überwachen will, kann man sich zusätzlich ein Voltmeter am Armaturenbrett anbauen. Die oben genannten Hersteller liefern verschiedene Voltmeter zusammen mit einem verständlichen Schaltplan.

Der Spannungsstabilisator

Die genaue Funktion der Instrumente ist nur dann sichergestellt, wenn sie bei stets gleichbleibender Spannung arbeiten können. Eine solche Regulierung besorgt der Spannungsstabilisator, der als kleines Kästchen an der Rückseite der Instrumententafel aufgesteckt ist. Er erhält den Strom bei eingeschalteter Zündung über Klemme 15 vom Zündschloß. Bei Ausfall dieses Geräts ist es entweder möglich, daß Kühlmitteltemperatur und Kraftstoffstand überhaupt nicht angezeigt werden oder aber, daß der Zeiger in jenen Instrumenten pendelt und somit falsche Werte angibt.

Schalter, Instrumente und Kontrolllampen überprüfen
Pflegearbeit Nr. 5

Die ordnungsgemäße Funktion der bis hier in diesem Kapitel beschriebenen Instrumente ist laut Inspektionsplan alle 10 000 km zu überprüfen. Bei einiger Übung wird Ihnen das auch während der Fahrt möglich sein. Man sollte sich angewöhnen, diese Geräte so weitgehend wie möglich zu überwachen, weil sie der Aufsicht über das Wohlbefinden des Motors und seiner Aggregate dienen.

Natürlich muß dazu die Einsatzbereitschaft der Kontrollampen gewährleistet sein. Um sich zu vergewissern, ob z.B. die Öldruck-Kontrollampe noch funktioniert, kann man - bei eingeschalteter Zündung - das Kabel vom Öldruckschalter abziehen und an Masse tippen. Brennt die Lampe, ist man ihrer Funktion (aber nicht der des Öldruckschalters!) sicher. Wie die übrigen Kontrollampen arbeiten, das ist in dem jeweiligen Abschnitt in diesem oder in den beiden vorangegangenen Kapiteln gesagt. Im Kapitel ›Lichtmaschine und Anlasser‹ wurde die Ladestrom-Kontrolleuchte beschrieben.

So bleiben nur noch die Schalter der elektrischen Anlage übrig. Passiert beim Betätigen eines Schalters nichts, dann ist entweder der Verbraucher defekt oder seine Zuleitung nicht in Ordnung oder aber es hapert irgendwie im Schalter. Darum wollen wir die eingebauten Schalter nachfolgend näher betrachten.

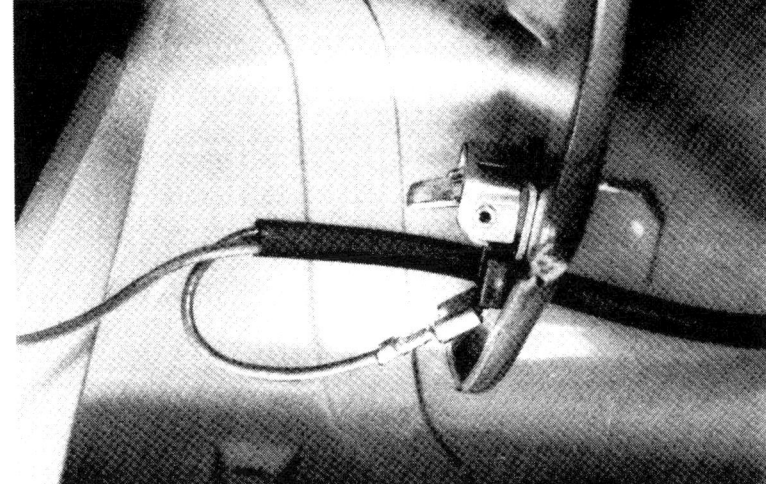

Das ist der Schalter für die Kofferraumbeleuchtung. Er sitzt am linken Scharnierschenkel. Zum Ausbau löst man seine Sechskantschraube – der Schalter läßt sich abnehmen. Das Kabel ist am Schalter aufgesteckt

Elektrische Schalter

Der Schließzylinder und der Kontaktteil des Zünd-Anlaß-Schlosses lassen sich ohne Ausbau des Lenkrades ersetzen. Da dies dennoch eine Arbeit für den Opel-Service ist, sei hier nicht näher darauf eingegangen. Ebenso verhält es sich mit dem Ausbau des Signalschalters, zu dem das Lenkrad abgezogen werden muß. Dies ist nur mit einer Abziehvorrichtung möglich, deren Klauen bei dem Vorgang nach außen zeigen müssen. Einige weitere Hinweise:

Nach Abziehen des Lenkrades kann man die Kabelsätze für den Signalschalter sowie für das Lenk- und Zündschloß abziehen. Danach schraubt man die Schalterleiste links und rechts ab und der Schalterhebel läßt sich vom Signalschalter losziehen. Die geteilte Signalschalterverkleidung wird abgeschraubt und ihre Hälften nimmt man ab. Für den Ausbau des Schließzylinders muß die Arretierungsfeder mit einem 3 mm-Drahtstift bei)(-Stellung eingedrückt werden.

In der Werkstatt werden anschließend der Abreißschlitten und die Lenkstützrohrbefestigung demontiert, und erst danach gelingt es, den Kontaktteil vom Zündschloß abzuschrauben (zwei Madenschrauben). Das Schleifkontaktgehäuse ist aus dem Signalschalter mit einem Schraubenzieher herauszuhebeln. Das Signalhorn ist mit der Kontaktplatte fest verlötet. Wenn der Blinkerrückstellnocken ersetzt werden muß, sind Sprengring und Joch vom Signalschalter abzubauen, wozu man das Signalhornkabel etwa 3 cm hinter seinem Anschluß durchtrennen muß. Später sind die beiden Kabelenden wieder zusammenzulöten und zu isolieren. Beim Zusammenbau ist der Rückstellnocken mit Wälzlagerfett zu schmieren und die Schleiffläche des Kontakt-

Im Fußraum an der linken Seitenwand sind – je nach Ausstattung – bis zu drei Schaltelemente untergebracht:
1 – frei für Weitstrahler-Relais,
2 – Nebelscheinwerfer-Relais,
3 – Heizscheiben-Relais.
Ihre Schaltung ist aus dem Schaltplan in der hinteren Buchklappe ersichtlich.

Der Rückfahrleuchtenschalter ist am Getriebe eingeschraubt und nur am Wagen von unten zu erreichen. Seine beiden Kabel sind aufgesteckt. Zwischen Schalter und Getriebe sitzt ein Dichtring; der Schalter ist mit 25 Nm (2,5 kpm) angezogen.

fingers auf der Kontaktplatte wird mit Kontaktfix (von der Chemischen Fabrik Hans Bauer, Heidelberg) eingefettet.

Zur Einführung des Lenkspindel in den Ritzelflansch ist ein zweiter Mann zur Hilfe nötig. Die Klemmschraube der Lenkspindel ist mit 20 Nm (2,0 kpm) mit neuer, selbstsichernder Mutter festzuziehen, ebenso beide Muttern der Abreißschlittenbefestigung mit 15 Nm (1,5 kpm). Das Lenkrad muß bei Geradeausstellung der Räder aufgesteckt werden, wobei die Lenkspindel von einem Helfer nach oben gegen das Kugellager gedrückt wird. Die Lenkradmutter ist - unter Verwendung eines neuen Sicherungsbleches - mit 15 Nm (1,5 kpm) anzuziehen.

Der Bremslichtschalter wurde im Kapitel ›Die Signaleinrichtungen‹ beschrieben.

Zum Ausbau des Lichtschalterknopfs ist die Haltefeder in der Schalterwelle mit einem kleinen Schraubenzieher niederzudrücken, wobei sich der Knopf abziehen läßt. Die seitlichen Klammern der Schalterrosette sind in Richtung Schalter zu drücken und dabei kann man den Schalter von hinten aus seinem Sitz drücken. Auf dem Schalter ist hinten ein Mehrfachstecker aufgesteckt.

Ähnlich verhält es sich mit dem Gebläse- und Heizscheibenschalter.

Die Türkontaktschalter sowie der Schalter für die Laderaumleuchte werden von einer Blechschraube festgehalten. Das Kabel ist jeweils aufgesteckt. Der Schalter für die Kofferraumleuchte ist am linken Scharnierbock angeschraubt, wobei die Arretierungsnase in einem Loch eingesetzt sein soll.

Einen Türkontaktschalter kann man nach Herausdrehen der Blechschraube abnehmen. Vorsicht, daß bei eventuellem Auswechseln des Schalters nicht das Kabel in die Karosserie zurückrutscht. Der Schalterstift muß leichtgängig und deshalb etwas eingefettet sein.

Beim Schalter der Nebelscheinwerfer/Fernscheinwerfer muß man die beiden seitlichen Haltefedern gegen das Schaltergehäuse drücken und dann läßt er sich von hinten aus dem Armaturenbrett herausdrücken. Ebenso ist der Nebelschlußleuchtenschalter auszubauen. Hinten ist auf beide Schalter ein Mehrfachstecker aufgesetzt.

Hat man die Störung eines der an die Schalter oder Relais (siehe Bild Seite 218) angeschlossenen Verbraucher so weit eingekreist, daß der Fehler nur noch im Schalter oder Relais liegen kann, spart man bei der Werkstatt Wartezeit und Geld, wenn man das defekte, ausgebaute Teil einfach vorlegt und ein neues kauft. Daheim baut man es dann ein.

Der Scheibenwischer
Pflegearbeit Nr. 28

Je älter die Wischerblätter sind, umso schlechter können sie für gute Sicht sorgen. Das liegt natürlich manchmal auch an der verschmierten Windschutzscheibe, die mit einem verfetteten Fensterleder ›blank‹ gerieben wurde.

Die Sommersonne macht den Scheibenwischergummi porös, und gerade bei Nachtfahrten im regnerischen Herbst ist eine schlecht gewischte Windschutzscheibe besonders unangenehm und gefährlich. Schließlich sollen die Wischerblätter selbst auch von Zeit zu Zeit gereinigt werden, denn an ihnen setzen sich Fettrückstände von der Windschutzscheibe ab. Man reibt die Wischerblätter am besten mit einer festen Nylonbürste (Nagelbürste) und einer starken Waschmittellösung oder auch Brennspiritus ab.

Das Scheibenwischerlager ist gelegentlich für einen Tropfen Öl dankbar, der bei zurückgeklapptem Wischerarm und laufendem Wischermotor an die Scheibenwischerwelle gegeben wird.

Der Schaltplan in der hinteren Buchklappe läßt erkennen, daß zwischen Wischerschalter und Wischermotor eine Reihe von Kabelverbindungen bestehen, die z. T. beim Kadett SR noch über die Fußkontaktpumpe laufen. Außerdem ist mit dem Wischermotor noch das Wascherrelais verbunden. Die Anlage hat eine Zweistufen-Schaltung, die zwei verschiedene Geschwindigkeiten ermöglicht. Ferner wird bewirkt, daß nach dem Ausschalten des Wischermotors die Wischerblätter nicht sofort stehen bleiben, sondern in ihre Ausgangsstellung zurücklaufen. Dies ist ein besonderer Schalteffekt im Wischermotor, durch den der Motor noch so lange Strom erhält, bis die Wischerblätter in Ruhelage stehen. Die Endstellung funktioniert nicht, wenn die Zündung ausgeschaltet wird und die ganze Wischeranlage keinen Strom mehr erhält.

Abgesichert ist der Scheibenwischer durch die 8-Ampere-Sicherung Nr. 4 im Sicherungskasten. Bleibt der Scheibenwischermotor nach dem Ausschalten nicht stehen, dann hat sich an irgendeinem Aggregat dieser Anlage ein Massekontakt eingeschlichen und man kann als erste Abhilfe die Sicherung herausnehmen, bis man den Schaden beheben läßt. Sollte es zwischenzeitlich wieder beginnen zu regnen, setzt man die Sicherung einfach wieder ein.

Bleiben jedoch die Wischerblätter, etwa bei Schneetreiben, Frost oder durch trockene Reibung außerhalb ihrer Ruhestellung stehen, während die Zündung eingeschaltet ist, wird die Ankerwicklung des Wischermotors durchbrennen, auch wenn der Wischerschalter ausgeschaltet wurde. Denn durch den Endstellungs-Schalteffekt bleibt der Wischermotor trotzdem unter Strom, kann sich aber nicht drehen. Abhilfe: Wischerblätter sofort von der Windschutzscheibe abheben, damit sie in Ruhestellung laufen können.

Der Scheibenwischermotor

Vor der Windschutzscheibe, vom Motorraum aus zugänglich, sitzt links der Motor für den Scheibenwischer. Soll er ausgebaut werden, muß vom Wageninneren aus die Sechskantmutter der Kurbelbefestigung abgeschraubt werden.

Durch Abschrauben seiner drei Haltemuttern ist der Motor von seinem Träger zu trennen. Der Mehrfachstecker wird abgezogen und der Motor kann herausgenommen werden. Der Einbau erfolgt in umgekehrter Reihenfolge; dabei hat der Motor in Parkstellung zu stehen, wenn der Kurbelarm angeschraubt wird, und die Wischerarme müssen sich in Ruhestellung befinden.

Vier verschiedene Motortypen kommen zum Einbau: von Bosch, Delco Remy, SWF oder Siemens. Sie unterscheiden sich nur gering voneinander. Die Kolektoren dieser Motoren haben einen Mindestdurchmesser von 17,2 – 18,0 mm und die Mindestlänge der Kohlebürsten soll etwa 3 mm betragen.

Erfahrungen zeigten, daß das hintere Wellenlager beim Delco Remy-Motor im Betrieb leiden kann. Vorbeugend gegen sogar mögliches Ausglühen dieses Gleitlagers wirkt dort aufgetragenes Wälzlagerfett. Freilich muß man dazu den Scheibenwischermotor ausbauen und zerlegen.

Da man zum Ausbau der Scheibenwischeranlage ein Demontage-Werkzeug für die Wischerarme benötigt, ist das eine Arbeit für die Werkstatt.

Scheibenwischer-Intervallschaltung

Zur Nachrüstung gibt es einen Intervallschalter, den man bei Opel auf der linken Oberseite des Armaturenbretts anbaut, Drehknopf nach oben gerichtet. Dazu ist etwa 90 mm links der Halteschraube neben dem Frischluftschlitz ein 7,5-mm- Loch zu bohren. Neben dem Sicherungskasten, der nach unten herauszuziehen ist, wird der schwarze Mehrfachstecker des Scheibenwischerschalter-Kabelsatzes abgezogen. Der weitere Arbeitsgang für den elektrischen Anschluß ist wie folgt:

Grünes Kabel vom Wischerschalter Klemme 53e durchschneiden, ein Ende mit Kabel 31 B 1 und das andere mit Kabel 31 B 2 des Intervallschalters verbinden. Kabel 53 des Schalters mit dem gelben Kabel des Wischerschalters Klemme 53a verbinden. Kabel +49 am lila Kabel zur Sicherung 4 anschließen. Braunes Massekabel des Intervallschalters zusammen mit einer Befestigungsschraube des Relaisträgers anschrauben. Mehrfachstecker wieder aufstecken und Sicherungskasten einsetzen. Der Intervallschalter muß so montiert sein, daß seine Kabel nicht in den Schwenkbereich des Scheibenwischergestänges geraten.

Der Scheibenwascher

Das Kapitel ›Winterschutz‹ behandelt unter der Pflegearbeit Nr. 27 auch die Füllung der Scheibenwaschanlage. Diese Anlage besteht aus der Wascherpumpe, dem Wasserbehälter, den Verbindungsschläuchen und den Spritzdüsen. In der Standardausführung wird die Pumpe, die ganz links im Fußraum sitzt, durch Niedertreten betätigt oder bei montierter Fußkontaktpumpe treten die Scheibenwischer gleichzeitig zum Waschen ihre Arbeit an. Als Sonderausstattung gibt es noch eine elektrische Scheibenwaschanlage, die – anstelle der Fußkontaktpumpe angebracht – Waschen und Wischen veranlaßt. Nach dem Einbau einer neuen Fußpumpe müssen die Befestigungsschrauben von der Motorraumseite abgedichtet werden. Ferner ist zu beachten, daß die dünnen Wasserschläuche – auch unterhalb der Windschutzscheibe – nicht in einem Knick verlegt sind. Ebenfalls kann es vorkommen, daß diese Schläuche beim Hantieren im Motorraum aus ihren Verbindungen rutschen, wodurch der Wasserfluß unterbrochen ist.

Die Fußkontaktpumpe wie auch die eventuell eingebaute elektrische Scheibenwaschanlage sind zugleich mit dem Scheibenwischermotor an der Sicherung Nr. 4 angeschlossen. Bei Kurzschluß oder Ausfall der Pumpe des elektrischen Scheibenwaschers kann man die Anschlüsse zu diesen Geräten abklemmen oder überbrücken, wodurch die Funktion des Wischermotors erhalten bleibt.

Elektronische Benzineinspritzung

Gemisch aus dem Computer

Bei dem mit 1,9- oder 2-Liter-Motor ausgerüsteten Kadett sorgt ein elektronisches Einspritzsystem von Bosch für die Gemischaufbereitung. Diese ›L-Jetronic‹ stellt eine Weiterentwicklung der ›D-Jetronic‹ dar. Sie zeichnet sich durch günstige Beeinflussung des Kraftstoffverbrauchs und durch geringen Ausstoß schädlicher Abgase aus. Daneben hebt sich der Motor, der mit Vergaser ausgestattet in den Opel-Typen Ascona, Manta und Rekord anzutreffen ist, durch die Einspritzanlage mit einer spürbaren Leistungssteigerung hervor.

Arbeitsweise

Wie beim Vergasermotor wird die Ansaugluft zuerst von einem Luftfilter gereinigt. Dann jedoch gelangt die Luft zu dem Luftmengenmesser, wo die Menge der angesaugten Luft auf die bewegliche Stauklappe eine bestimmte Kraft ausübt. Dabei bewegt sich diese Klappe entgegen der Rückstellkraft einer Feder. Um ein gutes Übergangsverhalten beim Betrieb von geschlossener zu geöffneter Klappe (und umgekehrt) zu erzielen, ist noch eine Kompensationsklappe mit Spalt zu einem Dämpfungsvolumen vorhanden. Die jeweilige Stellung der Stauklappe wird von einem Potentiometer registriert und entsprechend in elektrische Spannung umgesetzt. Dieses Spannungssignal gelangt zum Steuergerät.

Das Verhältnis Kraftstoff/Luft kann unabhängig davon an einem Bypass eingestellt werden, durch den ein kleiner Teil der angesaugten Luft an der Stauklappe vorbeigeleitet wird.

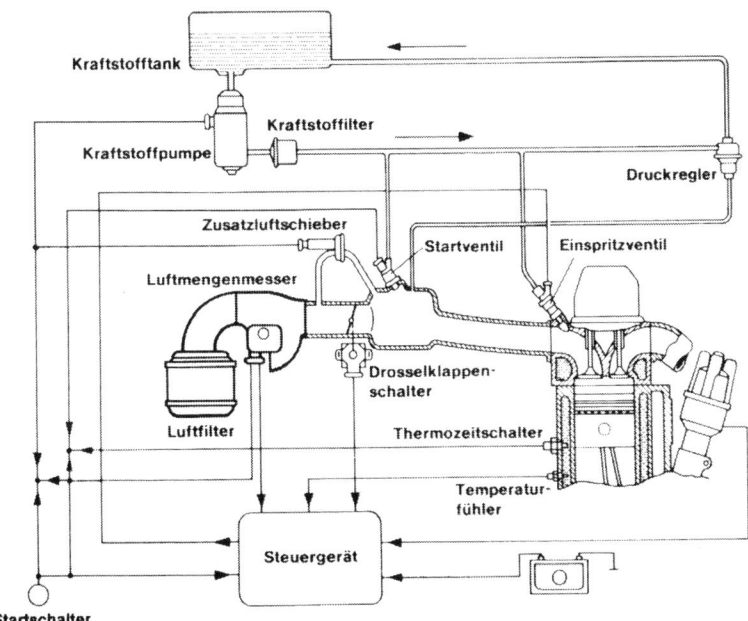

In diesem Schemabild ist die elektronisch gesteuerte Benzineinspritzung beim Opel Kadett GT/E dargestellt. Es handelt sich dabei um die L-Jetronic (Einspritzung mit Luftmengenmesser) von Bosch. Das Steuergerät empfängt Angaben über die Luftmenge, über Kühlwasser- und Zylinderkopftemperatur, Stellung der Drosselklappe, den Startvorgang sowie über Motordrehzahl und Einspritzzeitpunkt. Die verarbeiteten Daten werden in Form elektrischer Impulse an die Einspritzventile geleitet

Neben dem Luftmengenmesser, der am Luftfilteroberteil sitzt, sammeln verschiedene Aggregate Informationen für das Steuergerät. Im Bild sind zu sehen:
1 – Thermozeitschalter mit braunem Kabelstecker (temperaturabhängig, mit zeitlicher Begrenzung der Einschaltdauer); 2 – schwarzer Kabelstecker für den Zusatzluftschieber, zu dem auch der vorn in Bildmitte nach rechts oben verlaufende Schlauch gehört; 3 – weißer Kabelstecker für den Temperaturfühler II; 4 – blaues Kabel zum Temperaturfühler (sitzt vor dem Thermozeitschalter). 5 – grauer Kabelstecker für ein Einspritzventil.

Aus dem Luftmengenmesser tritt die Ansaugluft an der Drosselklappe vorbei in den Saugverteiler. Von diesem führt zu jedem Zylinder ein eigenes Saugrohr. Jedem Zylinder ist ein elektromagnetisches Einspritzventil zugeordnet, das durch elektrische Impulse vom Steuergerät betätigt wird.

Alle vier Einspritzventile sind elektrisch parallel geschaltet, was bedeutet, daß sie gleichzeitig – zweimal pro Nockenwellenumdrehung – spritzen. Der Einspritzzeitpunkt wird direkt vom Unterbrecherkontakt des Zündverteilers ausgelöst. Dabei richtet sich die Menge des eingespritzten Kraftstoffes im wesentlichen nach der vom Steuergerät vermerkten Motordrehzahl und nach der angesaugten Luftmenge.

Das elektronische Steuergerät ist austauschbar und durch einen sogenannten Kabelbaumstecker mit den einzelnen Aggregaten der Anlage verbunden. Dieses Gerät enthält gedruckte Schaltungen, Halbleiterbauelemente, Abgleichwiderstände und Kondensatoren. Sein Aufbau konnte im Vergleich zur D-Jetronic wesentlich vereinfacht werden.

Beim Starten des kalten Motors spritzt ein elektromagnetisches Startventil zusätzlich Kraftstoff in das Saugrohr. Gesteuert wird dieses Ventil vom Thermozeitschalter. Die veränderten Betriebsverhältnisse beim Warmlauf werden durch zusätzliches Gemisch ausgeglichen, das vom Zusatzluftschieber – betätigt durch ein Thermobimetall – unter Umgehung der Drosselklappe gesteuert wird. Ferner bestimmt ein mit dem Steuergerät verbundener Thermofühler die Anreicherung des Gemischs.

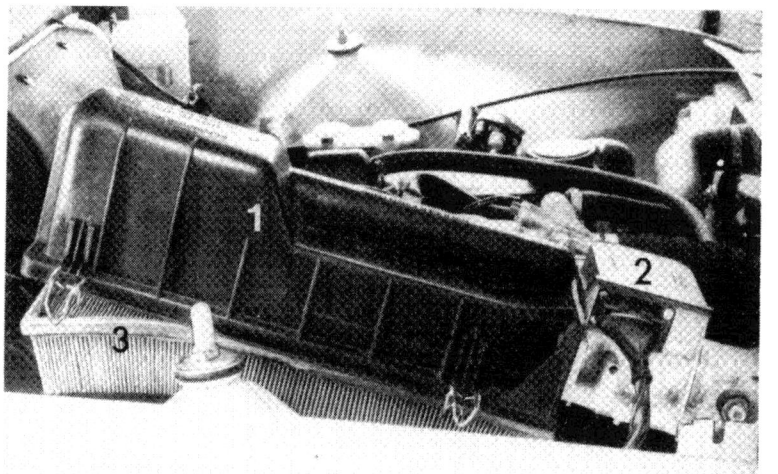

Zum Auswechseln des Luftfiltereinsatzes löst man die vier Spannverschlüsse und lockert die Mutter SW 10 vor dem Luftmengenmesser (ganz rechts im Bild), dann kann man das Luftfilteroberteil am Gummibalg nach oben drücken. Das rechteckig geformte Filterelement (3) läßt sich anschließend aus dem Luftfilteroberteil (1) entnehmen. Der neue Filtereinsatz muß gut in seinen Sitz gebracht werden, alle vier Spannverschlüsse müssen richtig schließen. Das gesamte Oberteil mit dem Luftmengenmesser (2) kann man abnehmen, wenn man den Sechsfachstecker abzieht, die Schlauchschelle vor dem Luftmengenmesser löst und den Gummibalg abzieht.

Für die Kraftstoffzufuhr sorgt eine elektrische Förderpumpe, die zugleich den Einspritzdruck erzeugt. Die Pumpe schickt den Kraftstoff durch ein Filter in die Druckleitung zum Druckregler, der den Kraftstoffdruck unabhängig von der geförderten und abgespritzten Kraftstoffmenge regelt. Überschüssiger Kraftstoff wird von dem Regler wieder in den Tank geleitet. Von der Druckleitung führen Abzweigungen zu den Einspritzventilen.

Zwischen Druckregler und Ansaugrohr besteht eine Schlauchverbindung. Sie bewirkt die Abhängigkeit des Kraftstoffdruckes vom Unterdruck im Saugrohr. Somit bleibt der Unterschied zwischen Kraftstoff- und Saugrohrdruck konstant und die eingespritzte Kraftstoffmenge hängt nur von der Öffnungsdauer des Einspritzventils ab.

Das ist zu beachten

Kontrollen und womöglich notwendige Arbeiten an der Einspritzanlage überlasse man unbesorgt der Opel-Werkstatt, wo man mit vorgegebenen Prüfmethoden sehr rasch eventuell aufgetretene Störungen einkreisen kann. Auch dort beachtet man sorgfältig die nachstehenden Hinweise:

- Niemals den Motor ohne fest angeschlossene Batterieklemmen starten.
- Niemals bei laufendem Motor die Batterie abklemmen.
- Bei müder Batterie kein Schnelladegerät zum Starten verwenden; beim Schnelladen ist die Batterie vom Bordnetz zu trennen.
- Alle Anschlußstecker der Einspritzanlage müssen einwandfrei und fest sitzen.
- Niemals bei eingeschalteter Zündung den Kabelbaumstecker des Steuergerätes abziehen oder aufstecken.

Gewisse Arbeiten am Auto verlangen besondere Vorkehrungen. So ist zu beachten, daß

- vor jeglicher Prüfung der Anlage Zündzeitpunkt, Schließwinkel und Zündkerzen kontrolliert werden sollen,
- vor der Kompressionsdruckprüfung die Verbindung durch das rote Kabel zwischen Batterie und Relaiskombination unterbrochen wird.
- vor Lacktrocknung im Trockenofen (ab 80° C) das Steuergerät ausgebaut werden muß.

Als Eigenpfleger kann man freilich den Wechsel des Papierelements im Luftfilter selbst vornehmen (siehe vorhergehende Seite Bild unten). Was diesen Filtereinsatz betrifft, so kann man generell die auf den Seiten 120–121 gegebenen Ratschläge befolgen, die sich auf den Luftfilter beim Vergaser beziehen.

Zur Prüfung der L-Jetronic verwendet man in der Werkstatt eine 2-Watt-Prüflampe (12 V), ein Ohmmeter mit Anzeigebereich von 0–5000 Ohm und einen Drehzahlmesser. Die Kontaktklemmen am Kabelbaumstecker sind nicht numeriert, man zählt sie nach dem in der Werkstatt vorliegenden Schaltplan ab.

Notmaßnahmen unterwegs

Bevor man beim Stehenbleiben des Fahrzeugs die Einspritzanlage überprüft, sollte sichergestellt sein, daß die Zündanlage in Ordnung und das überhaupt Strom vorhanden ist (Hupe betätigen). Falls dann angenommen werden kann, daß an der Einspritzanlage etwas nicht stimmt, ist dieses in zwei Schritten zu untersuchen:

- Hydraulischen Teil der Anlage (Benzinversorgung) prüfen. Läuft die elektrische Kraftstofförderpumpe? Dazu den Starter betätigen, während zweite Person hinten am Wagen hört, ob die unter dem Kraftstofftank angebaute Pumpe läuft. Oder vom Kaltstartventil den Kraftstoffschlauch abziehen und einen Behälter, z. B. die Kappe des Wandreiecks, unter das Schlauchende

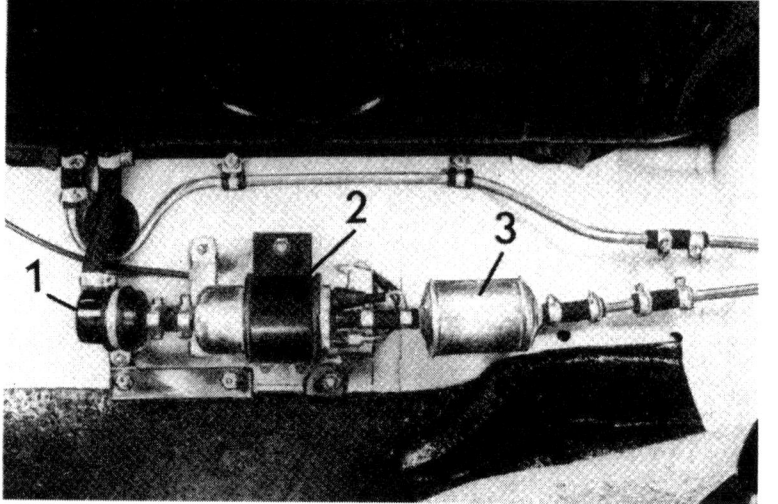

Im Kofferraum, unterhalb des Tanks und von einer Verkleidung geschützt, befinden sich die Teile der Kraftstofförderung: 1 – Druckregler, 2 – elektrische Kraftstoffpumpe, 3 – Kraftstoffilter. Wenn die Kraftstoffpumpe ausgetauscht werden soll, muß zuerst die Batterie abgeklemmt werden, dann kann man die Kabel von der elektrischen Pumpe abziehen. Siehe auch Seite 107.

halten. Beim Starten muß Benzin gefödert werden (Vorsicht, Brandgefahr), andernfalls sind Kraftstoffpumpe und deren Anschlüsse zu kontrollieren. Auch können Kraftstoffleistung oder Filter verstopft sein.

■ Elektrischen Teil der Anlage (Geber und Steuergerät) prüfen. Hierzu Prüflampe zwischen das abgezogene Kabel eines Einspritzventils schalten. Wird beim Betätigen des Anlassers kein Auslöseimpuls durch regelmäßiges Aufleuchten der Lampe sichtbar, so liegt der Fehler in der elektrischen Anlage. Festen Sitz der Kabel an Klemme 15 der Zündspule kontrollieren, denn von hier kommt der Auslöseimpuls für die Benzineinspritzung. Der Anschluß der zentralen Masse am Doppelrelais oder am Sammelrohr ist zu überprüfen, auch sollte man an der Steckerverbindung des Luftmengenmessers wackeln und ferner prüfen, ob alle Luftschläuche fest aufgesteckt sind.

Bleibt auch der nächste Startversuch erfolglos, muß eine Fachwerkstatt aufgesucht werden. Wenn die Entfernung dorthin nicht zu groß ist, kann man eventuell mit dem Kaltstartventil fahren. Man zieht den blauen Stecker vom Kaltstartventil ab und verbindet die Kontaktzungen des Steckers mit isolierten Drahtstücken, deren andere Enden an den Klemmen 1 und 15 der Zündspule angeschlossen werden, wobei die Reihenfolge der Kabel gleichgültig ist.

Der Kraftstoffilter, der zur Reinigung des Benzins in die Kraftstoffleitung eingebaut ist, muß alle 40 000 km ausgewechselt werden. Dieser Filter ist rechts von der elektrischen Kraftstoffpumpe unterhalb des Tanks angeordnet und im Kofferraum erreichbar. Dazu löst man die drei Klammern des Bodenbelages vor dem Tank und schlägt den Belag zurück. Dann ist die freigelegte Abdeckung abzunehmen, indem man oben drei und unten zwei kleinere Kreuzschlitzschrauben herausdreht.

Zum Wechsel des Kraftstoffilters sind die beiderseits am Filter angeschlossenen Schlauchstücke abzuziehen, nachdem man die Schlauchklemmen gelockert hat. Es darf nicht versucht werden, den alten Filter mit irgendeiner Methode reinigen zu wollen – derartige Experimente sind nutzlos und man würde nur die noch vorhandene Filterwirkung vernichten. Die neue Filterpatrone wird wieder angeschlossen und es ist darauf zu achten, daß die Schlauchenden gut auf den Stutzen des Filters sitzen. Die Schlauchbinder müssen genügend angezogen werden. Zur Kontrolle, ob die Leitung dicht ist, startet man den Motor und beobachtet, ob irgendwo Kraftstoff heraustritt.

Kraftstoffilter wechseln
Pflegearbeit Nr. 60

Technische Daten

Zahlen und Werte

Alle Angaben, die sich auf ein Auto mit Zahlen beziehen lassen, bezeichnet man als ›Technische Daten.‹ Diese mit international gültigen Maßeinheiten angegebenen Werte werden von Kurzbezeichnungen für Teile des Motors, des Fahrgestells und der Karosserie ergänzt. Sie sind Bestandteil der Allgemeinen Betriebserlaubnis (ABE) und dürfen nicht oder nur unter besonderen Bedingungen verändert werden. Neben der Möglichkeit, Aufschluß über den Charakter der in diesem Buch beschriebenen Wagen zu gewinnen, lassen diese Daten auch den Vergleich zu anderen Automobilen zu. (Änderungen der auf den nachstehenden Seiten gemachten Angaben auf Grund von werksseitigen Verbesserungen vorbehalten.)
Die Produktion der Opel Kadett C 12 und 12 S lief Ende August 1973 mit der Fahrgestell-Nr. 3 300 000 an, die des Kadett C 10 begann im März 1974 mit der Fahrgestell-Nr. 3 453 604, die des City im Mai 1975 mit der Nr. 52 648 504, die des GT/E im Juli 1975 mit der Nr. 3 262 500 174 und die des 16 S im Juni 1977 mit der Nr. 9 772 716 716. Die Typenbezeichnung vor der eigentlichen siebenstelligen Fahrgestell-Nr. lautet (Modell-Kurzbezeichnung in Klammern):

31	(LZ)	– Limousine zweitürig	38	(LZL)	–	Limousine zweitürig Luxus
32	(SZ)	– Coupé	39	(KDL)	–	Caravan dreitürig Luxus
34	(KD)	– Caravan dreitürig	33	(HB)	–	City
36	(LV)	– Limousine viertürig	35	(HBL)	–	City Luxus
37	(LVL)	– Limousine viertürig Luxus				

Motor

Typ		10	12 N bis/ab August 1976	12 S bis/ab März 1975	16 S	19 E/20 E	20 EH
Bauart		Viertakt-Kurzhub-Reihenmotor, wassergekühlt					
Zylinder		4	4	4	4	4	4
Bohrung	mm	72	79	79	85	93/95	95
Hub	mm	61	61	61	69,8	69,8/69,8	69,8
Hubraum effektiv	ccm	993	1196	1196	1584	1897/1979	1979
Hubraum nach Steuerformel	ccm	987	1187	1187	1566	1875/1956	1956
Höchstleistung	kW (PS)	29 (40)	38 (52)/40 (55)	44 (60)	55 (75)	77 (105)/85/115	81 (110)
bei U/min		5400	5600/5400	5400	5200	5400/5690	5400
Drehmoment	Nm (kpm)	70 (7,0)	80 (8,0)	90 (9,0)	115 (11,5)	152 (15,2)/162 (16,2)	162 (16,2)
bei U/min		2600–3000	3000–3400	3000–3800/2600–3400	3800–4200	3400–4600/3000	3000
Verdichtung		7,9	7,8	9,2/9,0	8,8	9,2/9,6	9,4
Oktanbedarf	ROZ	92 (91)	92/91	98	98	98	98
Kurbelwellenlager		3	3	3	5	5	5
Ventiltrieb	10/12/12 S	Seitlich liegende Nockenwelle durch einfache Rollenkette angetrieben und auf hängende Ventile wirkend.					
	16 S/19 E/20 E	Im Zylinderkopf liegende Nockenwelle, durch endlose Duplex-Rollenkette angetrieben, auf hängende Ventile wirkend.					
Ventilspiel (warm)							
Einlaß	mm	0,15	0,15	0,15	0,30	0,30	Hydro-
Auslaß	mm	0,25	0,25	0,25	0,30	0,30	Stößel
Ventilsteuerung							
Einlaß öffnet vor OT		39°	46°	46°	44°	44°	34°
Einlaß schließt nach UT		93°	90°	90°	86°	88°	88°
Auslaß öffnet vor UT		65°	70°	70°	84°	84°	74°
Auslaß schließt nach OT		45°	30°	30°	46°	48°	48°
Schmiersystem		Druckumlaufschmierung durch Zahnradpumpe mit Ölwechselfilter im Hauptstrom					
Kühlung		Wasserlauf mit Flügelradpumpe, thermostatisch geregelt. Dauerflüssigkeit mit Frostschutz					

Kraftstoffanlage

		10	12 N	12 S	16 S	19 E/20 E/20 EH
Vergaser		Fallstrom-Vergaser				Elektronische Benzineinspritzung (Bosch L-Jetronic)
Typ		Solex 30 PDSI	Solex 30 PDSI	Solex 35 PDSI	Solex 32/32 DIDTA – 4	
Kennummer		9 276 047	52 PS: 9 276 049 55 PS: 9 276 043	9 276 051 Automatik: 9 276 052	9 276 062	
Anzahl		1	1	1	1	
Beschleunigungspumpe		ja	ja	ja	ja	
Starterklappe		manuell	manuell	manuell	automatisch	
Lufttrichter	mm	24	26	26	26/26	
Hauptdüse		x 122,5	x 127,5	x 127,5	x 145	
Leerlaufdüse		47,5	47,5	47,5	50 –	
Luftkorrekturdüse		90	85	80	140 125	
Anreicherung (Deckel)		95	110	100	80 –	
Anreicherung (Gehäuse)		50	50	70	100 –	
Schwimmernadelventil		1,75	1,75	1,75	2,0	
Luftfilter		Trockenfilter mit Papiereinsatz und Ansauggeräuschdämpfer				Papierelement
Kraftstoffpumpe		Mechanische Membranpumpe, von Verteilerwelle angetrieben				Elektrische Förderpumpe

Elektrische Anlage

		10	12 N	12 S	16 S	19 E/20 E/20 EH
Zündung		Batterie – Zündung, 12 V Spannung				
Batterie		12 V/36 Ah	12 V/36 Ah	12 V/36 Ah	12 V/36 Ah	12 V/44 Ah/55 Ah
Zündspule		Bosch KW 12 V oder Delco Remy 12 V DR 502				
Zündverteiler		Bosch Kennummer 0 231 170 012 oder Delco Remy Kennummer 3 470 222				
Zündverstellung		durch Fliehkraft und Unterdruck				
Fliehkraft	bis °kW	24 – 30	24 – 30	24 – 30	24 – 30	16 – 20
Unterdruck	bis °kW	12,5 – 17,5	12,5 – 17,5	12,5 – 17,5	12,5 – 17,5	11 – 15
Unterbrecherkontaktabstand	mm	0,4	0,4	0,4	0,4	0,4
Schließwinkel		47 – 53°	47 – 53°	47 – 53°	47 – 53°	47 – 53°
Zündzeitpunkt-Grundeinstellung		Kerbe Riemenscheibe zu Markierung Steuerräderdeckel/Zeiger Schauloch zu Markierung Schwungrad				
Zündfolge		1 – 3 – 4 – 2	1 – 3 – 4 – 2	1 – 3 – 4 – 2	1 – 3 – 4 – 2	1 – 3 – 4 – 2
Zündkerzen (alle Typen außer 20 EH: AC 42-6 FS)		Bosch W 6 B (W 200 T 35) oder AC 42 FS oder Beru 14–5 BU (200/14 A) oder Champion UL-82 y oder Eyquem 705 S oder KLG GT 6 oder Marchal 35 oder Marelli CW 260 N oder Motorcraft AE 22				
Elektrodenabstand	mm	0,7 – 0,8	0,7 – 0,8	0,7 – 0,8	0,7 – 0,8	0,7 – 0,8
Lichtmaschine		Delco Remy: Kennummer 3 472 004 oder Bosch: Kennummer 0 120 300 530/531		Kennummer 3 472 014 Kennummer 0 120 400 838/839	Bosch 45 A	Bosch 45 A
Regler		Bosch AD 1 / 14 V oder ADN 1 / 14 V				
Anlasser		Delco Remy Kennummer 3 471 143 oder Bosch Typ DF(R)12 V 0,5 PS			Bosch Typ EF 12 y 0,8 PS	Bosch Typ EF 12 y 0,8 PS
Scheinwerfer		Fernlicht 45 Watt, asymmetrisches Abblendlicht 40 Watt				

Kraftübertragung

		10	12 N	12 S	16 S		19 E/20 E/20 EH
Kupplung		Einscheiben-Trockenkupplung mit Belleville-Feder					
Schaltgetriebe		Schrägverzahntes, voll- und sperrsynchronisiertes Zahnrad-Vorgelegegetriebe					
Übersetzungsverhältnisse	1. Gang	3,733	3,733	3,733	3,640	3,428	3,875/2,991
	2. Gang	2,2243	2,243	2,2243	2,120	2,156	2,399/1,736
	3. Gang	1,432	1,432	1,432	1,336	1,366	1,763/1,307
	4. Gang	1,0	1,0	1,0	1,0	1,0	1,259/1,000
	5. Gang						1,000/0,874
	R-Gang	3,9	3,9	3,9	3,522	3,317	3,663/3,663
Automatisches Getriebe		Hydraulischer Dreielement-Drehmomentwandler und automatisch schaltendes Dreigang-Planetenradsystem					
Übersetzungsverhältnis	1. Gang	–	–	2,40	2,4	–	
	2. Gang	–	–	1,48	1,48	–	
	3. Gang	–	–	1,0	1,0	–	
	R.-Gang	–	–	1,92	1,92	–	
Kardanwelle		Einteilige Rohrgelenkwelle			Automatik: 2		
Hinterachsgetriebe		Hypoidverzahnter, geräuscharmer Kegelradantrieb					
Übersetzungsverhältnis		4,11	4,11	4,11	3,89 (3,67)	Fünfgang: 2 Kreuzgelenke 3,44 oder 3,67 oder 4,75	

Fahrwerk

		10	12 N	12 S	16 S	19 E/20 E/20 EH
Vorderachse		Einzelradaufhängung mit ungleichen Querlenkern, trapezförmiger oberer Lenker, schmaler unterer Lenker mit Ausleger, Schraubenfedern mit linearer Rate, Stabilisator				
Stoßdämpfer		Teleskop	Teleskop	Teleskop	Teleskop	Teleskop
Hinterachse		Deichselachse mit Zentralgelenk, zwei Längslenker und ein Querlenker, Schraubenfedern mit progressiver Rate; Drehstabstabilisator bei Typ 12 S, 16 S, GT/E, Aero und Caravan serienmäßig, bei Typ 10 und Typ 12 auf Wunsch				
Stoßdämpfer		Teleskop	Teleskop	Teleskop	Teleskop	Teleskop
Lenkung		Gedämpfte Zahnstangenlenkung mit Schrägverzahnung, Gitterrohrlenksäule mit Teleskopspindel und Abreißschlitten, Gesamtübersetzung 18,75				
Spurkreisdurchmesser m		9,20	9,20	9,20	9,20	9,20
Wendekreisdurchmesser m		9,95	9,95	9,95	9,95	9,95
Nachlauf unbelastet	Limousine, City		+ 2° 30' bis + 5°			+ 3° bis + 5° 30'
	Coupé		+ 2° 45' bis + 5° 15'			
	Caravan		+ 2° bis + 4° 30'			–
belastet	alle Modelle		+ 4° bis + 6° 30'			+ 4° bis + 6° 30'
Vorspur unbelastet	Limousine, City		0° 40' bis 1°			
	Coupé		0° 35' bis 0° 55'			0° 20' bis 0° 40'
	Caravan		0° 20' bis 0° 40'			–
belastet			0° 10' bis 0° 30'			0° 10' bis 0° 30'
Sturz unbelastet	alle Modelle		–1° 15' bis +0° 15'			–1° 15' bis +0° 15'
belastet	Limousine, City		–1° bis +0° 30'			
	Coupé		–1° bis +0° 30'			–1° 30' bis 0°
	Caravan		–1° bis +0° 30'			
Bremsanlage		Hydraulische Zweikreis-Vierradbremse, gegebenenfalls mit Bremskraftverstärker und Bremskraftregler				
Fußbremse vorne		Simplex-Trommelbremsen bei Typ 10 und 12; Scheibenbremsen mit festem Bremssattel, zwei gegenüberliegende Bremskolben je Scheibe, bei Typ 12 auf Wunsch, bei Typ 12 S serienmäßig, ab 1975 bei allen Modellen				
Fußbremse hinten		Simplex-Trommelbremsen mit schräg abgestützten Gleitbacken				
Bremstrommel Durchmesser mm (vorn bzw. hinten)		200	200	200		230
Bremssch. Höchstzul. Durchmesser mm		201	201	201		231
Durchmesser mm		238	238	238		244
Nennstärke mm		11	11	11		12,7
Mindeststärke mm		10	10	10		
Bremskraftverstärker		Serienmäßig bei allen Modellen mit Scheibenbremsen vorn				
Felgen	Limousine, Coupé (Aero wie GT/E)	4,00 x 12 5 J x 13 5½ J x 13	4,00 x 12 5 J x 13 5½ J x 13	5 J x 13 5½ J x 13	5 J x 13 5½ J x 13	5½ J x 13 6 J x 13
	Caravan	4,00 x 12 5 J x 13	4,00 x 12 5 J x 13	5 J x 13		
Reifen	Limousine, Coupé (Aero wie GT/E)	6,00 – 12/4 PR 155 – 13/4 PR 155 SR 13 175/70 SR 13	6,00 – 12/4 PR 6,00 S – 12/4 PR 155 – 13/4 PR 155 SR 13 175/70 SR 13	155 – 13/4 PR 155 SR 13 175/70 SR 13	155 SR 13 175/70 SR 13	175/70 HR 13
	Caravan	6,00 – 12/6 PR 155 – 13/6 PR 155 SR 13	6,00 – 12/6 PR 155 – 13/6PR 155 SR 13	155 – 13/6 PR 155 SR 13		
	SR			175/70 SR 13		

Fahrwerte (Werksangaben)

			10	12 N	12 S	16 S	19 E/20 E/20 EH
Höchstgeschwindigkeit mit Schaltgetriebe							bei Hinterachsübersetzung
							3,44 3,67 3,89
Limousine und Caravan (City)		km/h	122 (122)	132 (132)	142 (140)	155	
Coupé (Aero)		km/h	125	136	146 (142)	160 (157)	184 173 189/190
mit autom. Getriebe							
Limousine und Caravan (City)		km/h	–	–	137 (135)	150	
Coupé (Aero)		km/h	–	–	141 (137)	155 (152)	
Steigfähigkeit bei halber Zuladung mit Schaltgetriebe							
Limousine	1. Gang	%	37	42,5	46	52,5	
	2. Gang	%	20,5	23	25		
	3. Gang	%	11,5	13	14,5		
	4. Gang	%	7	7,5	9		
Caravan	1. Gang	%	35	40,5	44	50	
	2. Gang	%	19,5	22	24		
	3. Gang	%	11	12,5	14		
	4. Gang	%	6,5	7	8,5		
Coupé	1. Gang	%	38	43,5	47	54	58 (60) 60 (60)
	2. Gang	%	21	23,5	25,5		32,5 (37) 35 (40)
	3. Gang	%	12	13,5	15		18 (25) 19,5 (27,5)
	4. Gang	%	7,5	8	9,5		11,5 (16,5) 13 (18)
	(5. Gang)						(11,5) (13)
mit autom. Getriebe maximal							
Limousine		%	–	–	35,5		
Caravan		%	–	–	34		
Coupé		%	–	–	36		

		10	12 N	12 S	16 S	19 E/20 E/20 EH
Beschleunigung von 0 auf 100 km/h mit Schaltgetriebe/ab 1976						
Limousine	s	27	21	17	13	–
Caravan	s	28,5	22	18,5	14	–
Coupé (Fünfgang-Getriebe)	s	26	20,5	16,5	13	10,2 (9,8)
City, Aero	s	27	21	18	13	
mit autom. Getriebe						
Limousine	s	–	–	21,5	15,5	–
Caravan	s	–	–	22,5	15,5	–
Coupé	s	–	–	21	15,5	–
City, Aero	s	–	–	21,5	15,5	
Kraftstoffverbrauch (DIN) mit Schaltgetriebe						
Limousine	Liter	7,5	8,5	8,1	9,7	–
Caravan, City	Liter	7,5	8,5	8,1	9,7	–
Coupé	Liter	7,4	8,3	7,9	9,2	8,9/8,8
mit autom. Getriebe						
Limousine	Liter	–	–	8,9	10,3	–
Caravan, City	Liter	–	–	8,9	10,3	–
Coupé	Liter	–	–	8,7	9,7	–
Ölverbrauch je 100 km	Liter	0,075	0,075	0,075	0,1	0,1

Füllmengen

		10	12 N	12 S	16 S	19 E/20 E/20 EH
Kraftstoff (City)	Liter	44 (37)	44 (37)	44 (37)		44
Kühlsystem	Liter	4,9	4,7 (55 PS: 4,6)	4,7	6,5	6,8
bei automat. Getriebe	Liter	–	–	4,7	7,2	–
Ölwanne ohne Filterwechsel	Liter	2,5	2,5	2,5	3,5	3,5
mit Filterwechsel	Liter	2,75	2,75	2,75	3,8	3,8
Schaltgetriebe	Liter	0,6	0,6	0,6	1,1	1,1 (Fünfgang: 1,6)
Automatisches Getriebe (bei Ölwechsel)	Liter	–	–	2,5	2,5	–
Hinterachse	Liter	0,65	0,65	0,65	1,1	1,1
Scheibenwascher	Liter	1,3	1,3	1,3	1,3	1,3
Scheinwerferwaschanlage	Liter	5	5	5	5	5

Reifendruck in bar (atü)

Modell	Reifen	bei Belastung bis drei Personen		bei maximaler Belastung	
		vorn	hinten	vorn	hinten
Limousine Coupé SR /Typ 16 S	6.00–12/4 PR 6.00 S 12/4 PR 155–13/4 PR	1,3	1,7	1,5	2,1
	155 SR 13	1,4/1,7	1,7/1,8	1,5/1,8	2,0/2,1
	175/70 SR 13	1,3/1,6	1,5/1,6	1,4/1,7	1,8/1,9
Caravan /Typ 16 S	6.00–12/6 PR 155–13/6 PR	1,3	1,7	1,6	2,5
	155 SR 13	1,4/1,7	1,7/1,8	1,6/1,9	2,4/2,5
	175/70 SR 13	1,6	1,6	1,9	2,8

Zulässige Anhängelasten

Motor	Getriebe	ungebremst	gebremst		
			16 % Steigung	14 % Steigung	12% Steigung
10	Schalt.	430 kg	450 kg	600 kg	700 kg
12/12 S	Schalt.	430 kg	650 kg *)	750 kg	800 kg
12 S	Autom.	430 kg	400 kg	450 kg	500 kg
16 S	Schalt.	485 kg			1 000 kg
16 S	Autom.	485 kg			1 000 kg
19 E/20 EH	Schalt.	495 kg			1 000 kg

*) Caravan mit Motor 12: 600 kg

Maße und Gewichte

		Limousine 2türig	Limousine L 2türig	Limousine 4türig	Limousine L 4türig	Coupé (GT/E)	Caravan	Caravan L/ Berlina	City (Aero)	City L/ Berlina
Radstand	mm	2395	2395	2395	2395	2395	2395	2395	2395	2395
Spurweite vorn	mm	1300	1300	1300	1300	1300 (1304)	1300	1300	1300	1300
Spurweite hinten	mm	1301	1301	1301	1301	1301 (1300)	1301	1301	1301	1301
bei 13"-Reifen	mm	1299	1299	1299	1299	1299	1299	1299	1299	1299
Bodenfreiheit	mm	174	174	174	174	175	176	176	174	174
Länge über alles	mm	4124	4124	4124	4124	4124	4138	4138	3893	3922
mit Stoßfängerhörnern	mm	4154	4154	4154	4154	4154	4168	4168	(4154)	
Breite über alles	mm	1570	1580	1570	1580	1580	1570	1580	1570 (1580)	1580
Höhe (unbelastet)	mm	1375	1375	1370	1370	1335 (1340)	1385	1385	1380 (1370)	1380
Zulässiges Gesamtgewicht										
Motor 10/12	kg	1180	1180	1190	1190	1140	1250	1250	1205	1205
Motor 12 S mit Schaltgetriebe	kg	1210	1210	1220	1220	1170	1280	1280	1220 (1220)	1220
Motor 12 S mit autom. Getriebe	kg	1235	1235	1245	1245	1195 (1290)	1305	1305	1245	1245
Motor 16 S mit Schaltgetriebe	kg	1320	1320	1320	1320	1270	1385	1385	1320 (1320)	1320
Motor 16 S mit autom. Getriebe	kg	1340	1340	1340	1340	1290	1405	1405	1340 (1340)	1430
Zulässige Vorderachslast										
Motor 10/12	kg	505	505	505	505	500	490	490	530	530
Motor 12 S mit Schaltgetriebe	kg	525	525	525	525	520	510	510	540	540
Motor 12 S mit autom. Getriebe	kg	545	545	545	545	540	530	530	560	560
Zulässige Hinterachslast										
Motor 10/12	kg	695	695	695	695	655	810	810	700	700
Motor 12 S mit Schaltgetriebe	kg	710	710	710	710	670	820	820	710	710
Motor 12 S mit autom. Getriebe	kg	710	710	710	710	670	820	820	710	710
Leergewicht										
Motor 10/12	kg	765	770	785	790	775	820	820	795	795
Motor 12 S mit Schaltgetriebe	kg	795	800	815	820	805	830	835	810 (820)	810
Motor 12 S mit autom. Getriebe	kg	820	825	840	845	830 (915)	855	860	835	835
Motor 16 S mit Schaltgetriebe	kg	900	900	920	920	905	935	935	910 (920)	910
Motor 16 S mit autom. Getriebe	kg	920	920	940	940	925	955	955	930 (940)	930
Zuladung	kg	415	410	405	400	365 (375)	450	445/ 450	410 (400)	410

Änderungen am Opel Kadett
Entwicklungsjahre

1936
2. Dezember: Vorstellung des ersten Opel Kadett. Zweitürige, viersitzige Limousine mit selbsttragender Ganzstahlkarosserie. Einzeln aufgehängte Vorderräder mit Oepl-Synchronfederung (Spezial) oder mit Blattfedern (Normal), hinten Starrachse mit Blattfedern. Hydraulische Stoßdämpfer und hydraulische Vierradbremse. Schneckenlenkung, Bereifung 4.50 x 16. Vierzylinder-Reihenmotor wie Opel P 4 mit seitlich stehenden Ventilen, 1074 ccm, 23 PS bei 3550 U/min, Verdichtung 6 : 1. Kardanwelle mit zwei dauergeschmierten Gelenken. Höchstgeschwindigkeit ca. 95 km/h.

1937
Modernisierte Karosserie. Neben zweitüriger auch viertürige Limousine und Cabrio-Limousine. Preise zwischen RM 1795,– und 2250,–.

1947
Die als Kriegsreparation in die UdSSR verlegten Fertigungsanlagen des Opel Kadett ließen bei der Moskovskii Zavod Malolitrajnikh Automobilei den Moskvitch 400 mit unveränderten 23 PS entstehen, der 1954 als 401 mit 26 PS bis 1956 gebaut wurde.

1962
Neuer Opel Kadett Typ A. 1-Liter-Motor mit 40 PS bei 5000 U/min oder 48 PS bei 5400 U/min, Verdichtung 7,8 : 1 oder 8,8 : 1. Opel Fallstromvergaser, 6 Volt-Anlage. Zweitürige Limousine, Caravan (›Privat‹-Ausführung als 5-Sitzer) und Coupé. Zahnstangenlenkung, Trommelbremsen. Vorn Einzelradaufhängung mit Weitspalt-Halbfeder, doppelten Querlenkern, Dreibett-Querfeder. Hinten Starrachse mit Zentralgelenk und Längsblattfederung; schräggestellte Stoßdämpfer. Bereifung Limousine und Coupé: 5.50x12. Caravan: 6.00x12. Höchstgeschwindigkeit 120 km/h bzw. 135 km/h.

1965
Vorstellung des Opel Kadett B. Karosserie gegenüber der des Vorgängers länger und breiter. Zwei- und viertürige Limousine. Fastback-Coupé und dreitüriger Kombiwagen. 1,1-Liter-Motor mit 45 PS und mit 55 PS. Letzterer ›S‹-Motor in Verbindung mit vorderen Scheibenbremsen und 13-Zoll-Rädern. 12-Volt-Anlage, auf Wunsch mit Drehstrom-Lichtmaschine. Überarbeitetes Fahrwerk.

1966
Modernisierte Ausstattung. Rallye-Kadett Coupé mit sportlichen Attributen. Zweikreis-Bremsanlage und Bremskraftverstärker. ›SR‹-Motor mit 60 PS bei 5600 U/min, Serienmäßige Drehstrom-Lichtmaschine, zwei Solex-Vergaser.

1967
Modell Olympia auf der Basis des Kadett, serienmäßig mit 1,1-Liter-SR-Motor, 1,7-Liter-Motor und im Coupé 1,9-Liter-Motor. Kadett LS mit Olympia-Karosserie und Kadett Kühlergrill. Caravan auch fünftürig. Hinterachse mit Schraubenfedern, zwei Längslenkern und einem Querlenker.

1968
Neue Dreigang-Automatik in Verbindung mit 1,7- oder 1,9 Liter-Motor lieferbar.

1969
Getriebe-Automatik auch bei 1,1-Liter-S und -SR-Motoren lieferbar.

1970
Produktionsende der Olympia-Modelle, der Kadett LS-Modelle außer Coupé, des normalen Coupé und des fünftürigen Caravan. 1,7-Liter-Motor entfällt, 1,9-Liter-Motor nur auf Wunsch, 1,1-Liter-SR-Motor nur im Coupé. Alle Modelle mit 340 Watt-Drehstrom-Lichtmaschine (gegen Aufpreis 420 Watt).

1971
Nur noch 1,1-Liter-Motor mit 50 PS und neuer, auf 1,2 Liter vergrößerter Motor mit 60 PS. Automatisches Getriebe bei dem größeren Motor möglich.

1973
August: Produktionsbeginn des Kadett C mit modernisierter Karosserie. 1,2-Liter-Motor mit 52 PS (Typ 12 N) und 60 PS (Typ 12 S), beide mit Solex-Vergaser 35 PDSI. Typ 12 S auf Wunsch mit automatischem Getriebe. Fahrwerk vorn mit Querlenkern, Schubstreben, Schraubenfedern, Stabilisator; starre Zentralgelenk-Hinterachse mit Längslenkern, Panhardstab, progressiven Schraubenfedern. Fast senkrecht stehende (Caravan hinten: schräge) Stoßdämpfer. Hinterer Stabilisator bei Motor 12 S und Caravan, sonst als Sonderausstattung. Zahnstangenlenkung. 52 PS-Modell mit Trommelbremsen, 60 PS-Typ mit vorderen Scheibenbremsen und Bremskraftverstärker, wahlweise auch in Verbindung mit schwächerem Motor. Zwei- und viertürige Limousine, Coupé und dreitüriger Caravan. SR-Ausstattung für Typ 12 S und Coupé. Standard-Ausführung mit runden Scheinwerfern. Luxusversion mit rechteckigen Scheinwerfern. Vordere Kotflügel angeschraubt. Produktion bis Jahresende: 259171 Exemplare.

1974
März: Ab Fahrgestell-Nr. 345 3604 zusätzlich Typ 10 N mit 1-Liter-Motor und 40 PS des Kadett A; neue Nockenwelle, Vergaser 30 PDSI. Durch verstärkte Zylinderkopfdichtung vom Typ 12 N, Verdichtungsverhältnis 7,9 : 1, Betrieb mit Normalkraftstoff.
September: Scheinwerfer - Wischer/ Wasch-Anlage als Sonderausstattung in Verbindung mit elektrischer Scheibenwaschanlage.
Kadett-Produktion im Jahr 1974: 256613 Exemplare.

1975
Januar: Erweiterte Grundausstattung bei Normalmodellen mit Scheibenbremsen vorn, 13 Zoll-Reifen, Sportschaltung, innenbetätigter Haubenverschluß. Dazu bei L-Versionen heizbare Heckscheibe und 45 Ah-Drehstromlichtmaschine.
Sonderserie ›Swinger‹ in begrenzter Stückzahl mit farbigem Karosseriedekor.
März: alle Modelle mit Stahlgürtelreifen und verbesserter Scheibenwaschanlage, Vordersitze mit höherer Rückenlehne.
Mai: Einführung des Kadett City, zweitürige Limousine mit Heckklappe, in der seit Jahresbeginn üblichen Ausstattung. Alle Kadett-Typen mit heizbarer Heckscheibe, 45 Ah-Lichtmaschine und Bremskraftverstärker. Luxusmodelle mit Automatikgurten und Kopfstützen vorn.
August: Produktionsbeginn des Kadett GT/E mit 1,9-Liter-Einspritzmotor (L-Jetronic), 105 PS bei 5400 U/min. Auf Wunsch mit Schalensitzen, Fünfgang-Getriebe, Sperrdifferential, verschiedenen Hinterachsübersetzungen und 6-Zoll-Aluminiumfelgen. Für Sporteinsätze auch mit Querstrom-Zylinderkopf und 210 PS Leistung verfügbar.
September: Neue Sonderausstattung mit Quarz-Uhr, Handschuhfach-Deckel und innen verstellbarem Außenspiegel.
Kadett-Produktion 1975: 244061 Wagen.

1976
Januar: Serienmäßig Automatikgurte vorn, Verbundglas-Frontscheibe auf Wunsch ohne Mehrpreis.
März: Einführung des neuen Inspektions-Systems.
Neuvorstellungen auf dem Genfer Salon: Typ GT/E mit ›vierventiligem‹ Zylinderkopf und 240 PS. Typ Aero, auf der Basis des Zweitürers mit 12 S-Motor, bei Baur in Stuttgart gefertigte Cabrio-Version mit Hardtop, hinterem Faltverdeck und Überrollbügel. Reifendimension 175/70 SR 13. Für den schweizer Markt E-Limousine mit vereinfachter Ausstattung und 48 PS starkem 1-Liter-Motor.
August: Leistung des 12 N-Motors auf 55 PS angehoben, Vergaser 35 PDSI. Für alle Modelle "längere" Übersetzung der Hinterachse 3,89 auf Wunsch.

September: Kadett J mit 1.2 N-Motor, ohne Chromzierrat, für jugendliche Käufer.
Dezember: Sonderserie Euro-Kadett mit preiswerten Extras
Kadett in Österreich meistgekauftes Auto.
Kadett-Produktion im Jahr 1976: 312 573 Wagen.

1977

März: Im Opel-Werk Antwerpen läuft der einmillionste Kadett vom Band.
Mai: Von der Baureihe Ascona/Manta übernommener 75-PS-Motor in dem neuen Typ Kadett 16 S vorgestellt. Dazu neue Berlina-Baureihe mit luxuriöser Ausstattung. Geänderte Frontpartie, auch beim L: Höherer Kühlergrill, flache Motorhaube, Rechteckscheinwerfer, vordere Blinker an Außenkanten.
Oktober: Typ Rallye mit 16 S-Motor und mit 2-Liter-Einspritzmotor (20 E; mit L-Jetronic) lieferbar. Stramm abgestimmtes Fahrwerk, Fünfgang-Getriebe und Alufelgen auf Wunsch. Stoßstangen und Heckspoiler mattschwarz
Kadett-Produktion im Jahr 1977: 311 025 Wagen

1978

Januar: Sonderserie Caravan als Jagdwagen mit verstärkten Federn, größerer Bodenfreiheit, Sperrdifferential und leistungsstärkerer Heizung.
Der GT/E als Basismodell für Wettbewerbe ist mit 115 PS starkem 2-Liter-Einspritzmotor erhältlich. Dazu Fünfgang-Getriebe, Sperrdifferential mit 40 Prozent (wahlweise 75 Prozent), geschmiedete LM-Felgen.
August: Alle Modelle mit elektrischer Scheibenwaschanlage. Auch Grundversionen mit seitlich neben den Scheinwerfern angeordneten Blinkern und verstärkten Stoßfängern.
Kadett-Produktion im Jahr 1978: 296 354 Exemplare

1979

Januar: Sonderversionen der Modelle City und Kadett unter der Bezeichnung ›Schneekönig‹ mit Halogen-Scheinwerfern, Nebelschlußleuchte, Vierspeichenlenkrad, Sportfelgen und von innen verstellbarem Außenspiegel.
Mai: Sonderserie ›Kadett aho‹ der Typen 12 N und 12 S mit erweiterter Ausstattung.
Ende Juli: Kadett C wird von dem neuen Modell D abgelöst.
Produktion 1979 bis zu diesem Zeitpunkt: 167 986 Exemplare.

Stichwortverzeichnis

Wegweiser

	Seite
Abblendlicht	203
Abgas-Sonderuntersuchung (ASU)	115
Abschleppen	32
Achsswellen	139
Achsschenkel	134
Altöl	68
Amperemeter	217
Anhängerbetrieb	34
Anlasser	185
Anlasser, Stromverbrauch	168
Anschieben des Wagens	172
Anschleppen	172
Arbeitswerte (AW)	23
Aufbocken des Wagens	63
Auslandsreisen, Ersatzteile	30
Auspuffanlage	89
Auspuffgase, Farbe	89
Austauschteile	20
Automatisches Getriebe	130
Auto-Shampoo	39
Batterie ausbauen	171
Batterie-Kapazität	167
Batterie laden	170
Batterieladezustand prüfen	169
Batteriepflege	170
Batterie-Säurestand prüfen	65, 169
Batterie, Störungsbeistand	181
Beleuchtungsanlage	201
Benzinpumpe	106
Benzinverbrauch messen	92
Benzinverbrauch, Einflüsse	14
Bereifung, siehe Reifen	
Beschleunigungspumpe	112
Betriebsanleitung	20
Blinkerlampen auswechseln	205
Blinker-Relais	208, 212
Blinker-Kontrollampe	217
Blinkanlage	208
Bordwerkzeug	25
Bosch-Anschrift	24
Bremsanlage, Funktion	141
Bremsanlage prüfen	141
Bremsanlage, Störungsbeistand	153

	Seite
Bremsbeläge prüfen	144, 148
Bremsbeläge auswechseln	145, 149
Bremse entlüften	152
Bremsflüssigkeit prüfen	65, 141
Bremskraftverstärker	153
Bremsleitungen	64, 142
Bremslichter auswechseln	205
Bremslichtschalter	209
Bremsproben	141
Bremstrommeln	147
Chrompflege	40
CO-Messung	115
Destilliertes Wasser	169
Diagonal-Reifen	43, 156
Diebstahl	200
Differential	132
Drehzahlen	93, 179
Drehzahlmesser	216
Drosselklappe	110
Drehstrom-Lichtmaschine	178
Düsen	118, 223
Dynamische Unwucht	166
Eigenkontrolle	9
Einfahren	92
Einspritzanlage	222
Eimerwäsche	36
Elektrische Leitungen	174
Elektrodenabstand	199
Entlüftung	91
Entstörung der Zündanlage	197
Ersatzlampen	201
Ersatzteile	21
Ersatzteile für Auslandsreisen	30
Fahrgestell-Konservierung	47
Federung	134, 139
Fenster austauschen	56

	Seite
Felgenabmessungen	155
Filtereinsatz	120
Fliehkraftregler	190
Frostschutz	42
Frostschutz für Scheibenwascher	43
Fußbremse prüfen	141
Garantie	19
Geschwindigkeiten	224
Getriebe Funktion	128
Getriebeölsorten	75
Getriebeölstand prüfen	75
Getriebeölwechsel	76
Gleichstrom-Lichtmaschine	178
Gleitschutzketten	45
Gürtel-Reifen	44, 156
Halogen-Scheinwerfer	204
Handbremse	150
Haubenverschlusse	53
HD-Öl	69
Heizung	75, 101
Hinterachse	74, 132, 139
Hilfsmittel unterwegs	30
Höchstgeschwindigkeit	17
Hohlraumversiegelung	48
Hubraum	77
Hupe	210
Innenraum reinigen	58
Inspektionsarbeiten	61
Instrumente	212
Isolier-Spray	30
Kabelquerschnitte	175
Kardanwelle	132
Karosserieschäden	51
Keilriemenspannung	64, 184
Keilriemensatz	101

	Seite		Seite		Seite
Kennzeichenbeleuchtung	206	Ölpeilstab	72	Stoßdämpfer	140
Kipphebel	83	Ölfilter wechseln	69	Stößel	79
Klemmenbezeichnung	175	Ölpumpe	90	Stoßstangen ausbauen	54
Klingeln oder Klopfen	16	Ölsorten	70	Sturz der Räder	138
Kofferraumhaube	53	Öltemperatur	70		
Kohlebürsten	185	Ölverbrauch	71		
Kolben	78	Ölviskosität	70	Tachometer	215
Kompressionsdruck prüfen	84	Ölwechsel	67, 131	Tank	104
Kondensator	189	Ölzusätze	73	Tankstellen	23
Konservierungsmittel	48			Technische Daten	222
Kontaktabstand	192			Teile-Motor	21
Kontrollampen	213, 217	Pannenhilfe	24	Temperaturanzeige	215
Kostenvoranschlag	20	Pflegeplan	62	Temperatureinfluß auf die Batterie	168
Kraftstoffanlage	104	Pflegeplatz	63	Temperaturfühler	215
Kraftstoffanzeige	214	Poliermittel	41	Thermostat	99
Kraftstoffilter	107, 225	Primärstromkreis	186	Totpunkt	193
Kraftstoffleitung	106	Probefahrt	10	Trommelbremse	147
Kraftstoffpumpe	106, 226	Prüfen im Stand	9	Türen	54
Kraftstoffqualität	15	Prüfen während der Fahrt	10	Türschloß schmieren	75
Kraftstoffsieb	107			TÜV-Kontrolle	11
Kraftstofftank	104				
Kraftstoffverbrauch	12	Räder auswuchten	166		
Kühler	97	Radwechsel	163	Unterbrecher	190
Kühlerverschluß	98	Radial-Reifen	44, 156	Unterbrecherkontakte	191
Kühlung	42, 95	Radiostörungen	197	Unterbodenschutz	47
Kühlflüssigkeit	42, 96	Radlagerspiel	134	Unwucht der Reifen	166
Kühlwasseranzeige	100, 215	Regler der Lichtmaschine	182		
Kundendienst-Scheckheft	20	Reichweite einer Tankfüllung	105		
Kupplung	123	Reifenabmessungen	155	Ventile einstellen	85
Kupplungs-Störungsbeistand	127	Reifendruck prüfen	45, 65, 162	Ventilfedern	83
Kupplung nachstellen	124	Reifendrucktabelle	225	Ventilspiel	84
Kurbelgehäuse-Entlüftung	91	Reifengröße	155	Verbrauchermessung	12
Kurbelwelle	78	Reifentypen	156	Verbrennungsraum	88
		Reifen-Runderneuerung	159	Vergaserbeschreibung	108
		Reifen-Unwucht	166	Vergaserbestückung	223
Lackpflege	38	Reifenzustand prüfen	163	Vergasereinstellung	113
Lackpflegemittel	40	Rostschutz	49	Vergaser reinigen	118
Ladekontrollampe	183	Rückfahrscheinwerfer	206, 219	Vergaserstörungen	121
Laden der Batterie	170	Runderneuerte Reifen	159	Vergaser zerlegen	118
Lagerschäden	79			Verkehrssicherheit	11
Lampen auf Funktion prüfen	65	Säuredichte der Batterie	169	Verteiler, Funktion	195
Lampen auswechseln	204	Säurestand der Batterie	65, 169	Verteiler ölen	195
Leerlauf	55	Schalter	217	Viskosität des Öls	71
Leerlauf einstellen	87, 115	Schaltgetriebe	128	Voltmeter	217
Leichtmetallfelgen	156	Scheibenbremse	143	Vorderachse	133
Lenk-Anlaß-Schloß	187	Scheibenwaschwasser	43, 67	Vorspur	138
Lenkgetriebe	137	Scheibenwascher	221		
Lenkung	136	Scheibenwischer	220		
Lenkung einstellen	137	Scheibenwischermotor	221	Wagenheber ansetzen	164
Lichtanlage prüfen	67, 202	Scheinwerferlampen wechseln	204	Wagenpflege-Hilfsmittel	29
Lichthupe	211	Scheinwerfer einstellen	203	Wagenwäsche	35
Lichtmaschine	178	Schlauchlose Reifen	157	Wärmewert der Zündkerzen	198
Luftfilter	120	Schlauchwäsche	36	Warnblinkanlage	209
Lufttrichter	110	Schließwinkel	193	Wartungsarbeiten	62
Luftdrucktabelle	225	Schlösser pflegen	77	Waschkonservierer	39
		Schlüsselweiten	26	Wasserpumpe	100
		Schlußlichter wechseln	205	Weitstrahler	207
Masse	174	Schmierung	66, 90	Werkstattprobleme	18
Mehrbereichsöle	71	Schneeketten	45	Werkzeug	25
Motor, Funktion	77	Schutzkappen der Kugelgelenke	136	Widerstandskabel	188
Motoröle	47	Schwimmer im Vergaser	111, 119	Windschutzscheibe reinigen	36
Motorölwechsel	67	Sekundärstromkreis	186	Winterschutz	42
Motorölstand prüfen	65, 66	Servo-Bremse	153	Winterhilfen unterwegs	46
Motorhaube	53	Sicherheitsinspektions-Programm	61	Winter-Reifen	43, 160
Motorreiniger	37	Sicherungen	175		
Motorschmierung	(90) 90	Sicherungstabelle	177		
Motorwäsche	37	Signaleinrichtungen	208	Zubehör für den Winter	46
M + S-Reifen	44	Signalhorn	210	Zündanlage	186
		Sitze ausbauen	57	Zündeinstellung	193
		Shampoo-Wäsche	39	Zündfunke	186
Nebelscheinwerfer	207	Solex-Vertretungen	24	Zündkabel	196
Nebelschlußleuchte	207	Spannungsabfall	175, 217	Zündkerzen	198
Nockenwelle	82	Spezialwerkstätten	23	Zündschloß	187
Normverbrauch	12	Spitzengeschwindigkeit	17	Zündspule	188
Nummernschildbeleuchtung	206	Spurstangengelenke	136	Zündverteiler	76, 195
		Spray-Dosen	29	Zündzeitpunktverstellung	193
		Stabilisator	138	Zusatzgemischsystem	111
Oberer Totpunkt	193	Standlicht	204	Zusatzscheinwerfer	207
Öl absaugen	69	Startfehler	47	Zylinderkopf	88
Öldruckanzeige	214	Starterklappe	111		
Öldruckschalter	214	Starten mit leerer Batterie	8, 172		
Öldruckkontrollampe	213	Stillegung	49		

233

Erläuterungen zum Schaltplan in der hinteren Buchklappe

Das Kabelgewirr unserer Zeichnung erscheint nur auf den ersten Blick erschreckend. Nehmen Sie sich einige Minuten Zeit und verfolgen Sie nur einmal zur Übung ein oder zwei Kabel von einem Gerät zum anderen und Sie werden feststellen, daß sich bei der elektrischen Installation in einem Auto sehr bald Zusammenhänge erkennen lassen. Am Besten, Sie vergleichen diesen Schaltplan mit einer Landkarte, auf der Sie eine Strecke von A nach B suchen, die womöglich über C führt – dort finden Sie sich doch auch zurecht!

Der Orientierung dienen zudem die Kabelstärken, die als unterschiedlich breite Linien wiedergegeben sind. Ferner stimmen die angegebenen Kabelfarben mit denen im Kadett C überein; die Abkürzungen sind nachstehend erläutert. Ebenso verhelfen die Buchstaben und Ziffern der nachfolgenden Tabellen zu weiterer Übersicht im Schaltplan.

Kabelfarben

bl	=	blau	hbl =	hellblau
br	=	braun	li =	lila
ge	=	gelb	rt =	rot
gn	=	grün	s =	schwarz
gr	=	grau	w =	weiß
			WID =	Widerstandskabel

Teile der elektrischen Installation

A	–	Anlasser			und Abblendlichtlampe (innen),	P_2 –	Brems- und Schlußleuchte rechts
B	–	Batterie			Standlichtlampe (außen)	P_3 –	Handbremskontrolleuchtenschalter
C_B	–	Drehstromlichtmaschine (Bosch)	L_2	–	Scheinwerfer rechts mit Fern- und Abblendlichtlampe (innen),	P_4 –	Handbremskontrolleuchte
C_{DR}	–	Drehstromlichtmaschine (Delco Remy)			Standlichtlampe (außen)	Q –	Rückfahrleuchtenschalter
C_1	–	Regler (Bosch)	L_3	–	Fernscheinwerfer links	Q_1 –	Rückfahrleuchte links
C_2	–	Ladekontrolleuchte	L_4	–	Fernscheinwerfer rechts	Q_2 –	Rückfahrleuchte rechts
D	–	Zünd- und Anlaßschalter	L_5	–	Fernscheinwerferrelais	R –	Radio
E	–	Sicherungskasten	L_6	–	Nebelscheinwerfer links	S –	Scheibenwischermotor
F	–	Blinkgeber	L_7	–	Nebelscheinwerfer rechts	S_1 –	Scheibenwascherpumpe
F_1	–	Blinkleuchte vorn links	L_8	–	Nebelscheinwerferrelais	S_2 –	Scheibenwascherrelais
F_2	–	Blinkleuchte vorn rechts	L_9	–	Nebelscheinwerferschalter	S_3 –	Fußkontaktpumpe
F_3	–	Blinkleuchte hinten links	L_{10}	–	Nebelschlußleuchte	S_4 –	Signalschalter
F_4	–	Blinkleuchte hinten rechts	L_{11}	–	Nebelschlußleuchtenschalter mit Kontrolleuchte	T –	Zigarrenanzünder mit Leuchte
F_5	–	Blinkerkontrolleuchte	L_{12}	–	Fernlichtkontrolleuchte	U –	Instrumente
F_6	–	Warnblinkkontrolleuchte	L_{13}	–	Parkleuchte links	W –	Temperaturgeber
G	–	Gebläse	L_{14}	–	Parkleuchte rechts	W_1 –	Fernthermometer
G_1	–	Gebläse- und Heizscheibenschalter	M	–	Motorraumleuchte mit Schalter	X –	Wählhebelschalter
G_2	–	Heizscheibe	M_1	–	Kofferraumleuchte	X_1 –	Wählhebelleuchte
G_3	–	Heizscheibenrelais	M_2	–	Kofferraumleuchtenschalter	Y –	Anhängersteckdose
H	–	Signalhorn	M_3	–	4 Instrumentenleuchten	Y_1 –	Anhängerkontrolleuchte
J	–	Innenleuchte	M_4	–	Instrumentenleuchte	Z –	Zündspule
J_1	–	Türkontakt links	N	–	Kennzeichenleuchte	Z_1 –	Zündverteiler
J_2	–	Türkontakt rechts	O	–	Öldruckschalter	Z_2 –	Zündkerzen
K	–	Kraftstoffmeßgerät	O_1	–	Öldruckkontrolleuchte	Z_3 –	Drehzahlmesser
K_1	–	Kraftstoffanzeige	O_2	–	Öldruckmanometer	Z_4 –	Zeituhr
L	–	Lichtschalter	P	–	Bremslichtschalter	Z_5 –	Spannungsstabilisator
L_1	–	Scheinwerfer links mit Fern-	P_1	–	Brems- und Schlußleuchte links	Z_6 –	Voltmeter

Die wichtigsten genormten Klemmenbezeichnungen im Schaltplan

Die nachstehenden Klemmenbezeichnungen sind im Schaltplan in der hinteren Buchklappe an den betreffenden Stellen eingedruckt als auch auf den meisten Bauteilen im Auto eingeprägt. Diese Klemmenbezeichnungen sind übrigens allgemeinverbindlich für alle Kraftfahrzeuge genormt.

Klemme	Kabel von – zu	Klemme	Kabel von – zu
1	Primärstrom Zündspule -Verteiler (Unterbrecher)	51	Lichtmaschine (+-Pol) - Reglerschalter - Ladeanzeige
4	Sekundärstrom Zündspule - Verteiler	53	Wischerschalter – Wischermotor Betriebsstrom
15	Strom bei eingeschalteter Zündung: Zündschloß – Zündspule	53 a	Wischerschalter – Wischermotor Endabstellung
30	Stets stromführende Leitungen: Batterie + – Anlasserschalter – Reglerschalter Klemme B + – Zündschloß Zündschloß – Abblendhebel, Strom für Lichthupe Reglerschalter Klemme B + – Lichtschalter	53 b	Wischerschalter – Wischermotor 2. Stufe
		56	Stromführend bei gedrücktem Lichtschalter: Lichtschalter – Abblendhebel am Lenkrad
		56a	Abblendhebel – Scheinwerfer-Fernlicht
		56 b	Abblendhebel – Scheinwerfer-Abblendlicht
30/51	Relais	58	Standlichtschalter
31	Masseanschluß-Leitungen	D +	Lichtmaschine Ankerwicklung – Reglerschalter
31 b	Endabstellung Wischermotor – Wischerschalter	D –	Reglerschalter – Lichtmaschine Masse
49	Blinker-Relais	DF	Lichtmaschine Feldspulen – Reglerschalter
49 a	Blinker-Relais - Blinkerhebel am Lenkrad	B +	Batterie +-Pol – Reglerschalter
50	Anlaß-Strom Zündschloß – Anlasser	P	Nur bei ausgeschalteter Zündung: Zündschloß – Blinkerhebel (Parklicht-Strom)

Erläuterungen zum Schaltplan siehe Seite 234.

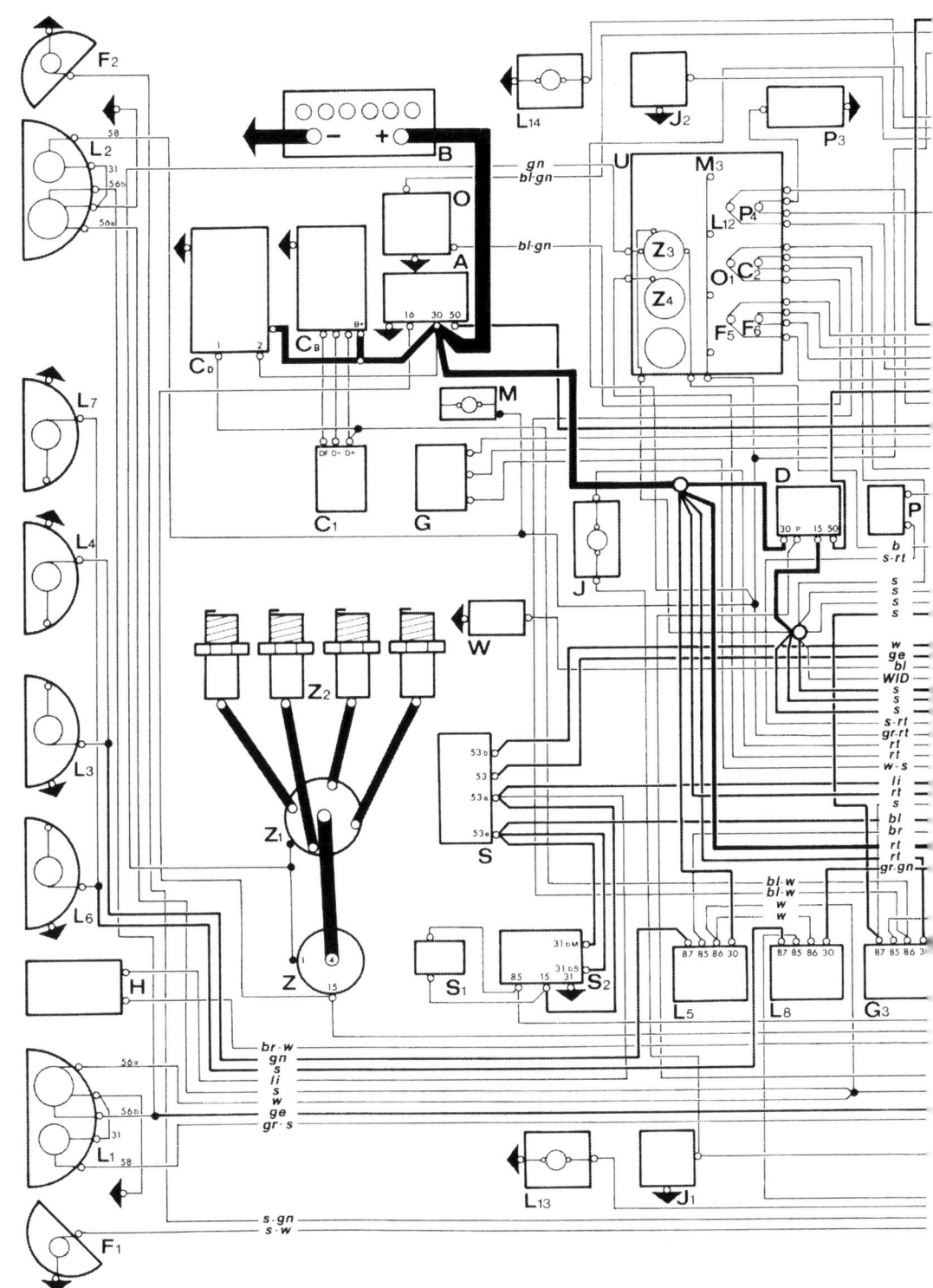

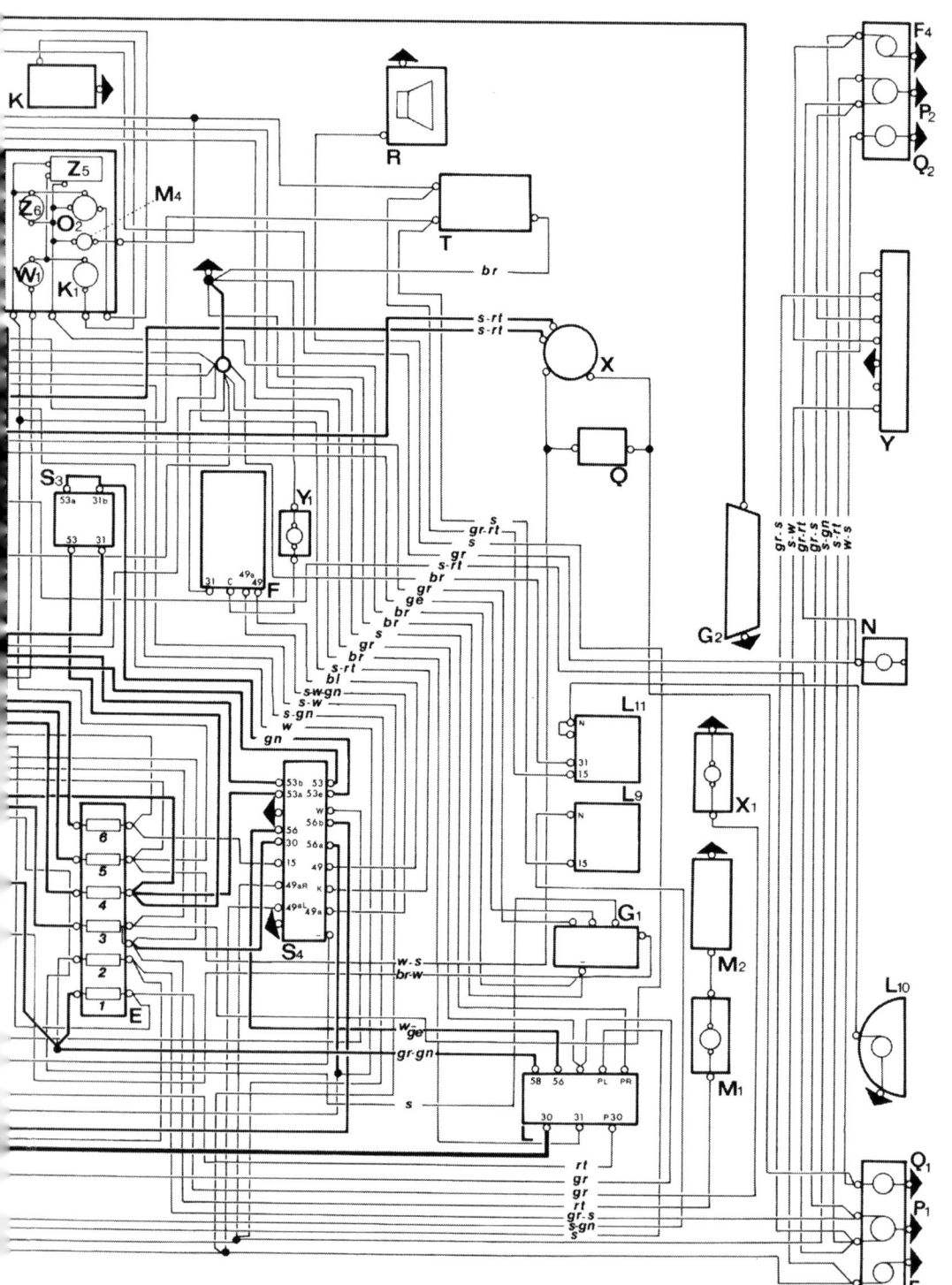

Zeitfracht Medien GmbH
Ferdinand-Jühlke-Straße 7
99095 Erfurt, Deutschland
produktsicherheit@kolibri360.de